安徽省“十三五”规划教材

图论导引

许胤龙　吕敏　李永坤　主编

科学出版社

北京

内 容 简 介

本书主要分为基础知识与应用两个部分. 在基础知识部分, 系统地介绍了图论的基本概念、理论和方法, 具体内容包括图的基本概念、树、图的连通性、平面图、匹配理论、Euler 图与 Hamilton图、图的着色、有向图、网络流理论以及图矩阵与图空间, 共十章. 在应用部分, 主要介绍了近年来图计算方面的一些典型应用和系统, 具体内容包括无标度图与图计算系统两章. 每章后面都附有一定数量的习题, 供读者练习和进一步思考.

本书可以作为高等学校应用数学、计算机科学技术、信息技术以及管理等专业高年级本科生与研究生的必修课或选修课教材, 也可作为图计算相关研究方向的高校老师与科研工作者的参考书.

图书在版编目(CIP)数据

图论导引 / 许胤龙, 吕敏, 李永坤主编. —北京: 科学出版社, 2021.1
安徽省"十三五"规划教材
ISBN 978-7-03-066673-4

Ⅰ.①图… Ⅱ.①许… ②吕… ③李… Ⅲ.①图论 Ⅳ.①O157.5

中国版本图书馆 CIP 数据核字 (2020) 第 216884 号

责任编辑: 张中兴 蒋 芳 梁 清 / 责任校对: 杨聪敏
责任印制: 张 伟 / 封面设计: 蓝正设计

科学出版社 出版
北京东黄城根北街 16 号
邮政编码: 100717
http://www.sciencep.com
北京凌奇印刷有限责任公司 印刷
科学出版社发行 各地新华书店经销
*
2021 年 1 月第 一 版 开本: 720 × 1000 B5
2023 年 8 月第五次印刷 印张: 19
字数: 383 000

定价: 59.00 元
(如有印装质量问题, 我社负责调换)

前 言

图是描述对象间关系的数学模型，是描述半结构化数据的理想工具，具有独特的数学理论与数学思想. 现实生活中很多问题都可以用图进行描述，如网络流、资源分配、电路优化、网页排序、搜索、工序安排等等. 同时，图也是描述许多数据结构的重要手段，如树结构是计算机操作系统与众多应用系统必不可少的模型. 所以，图论是计算机专业学生必修的专业数学基础课.

图是描述许多应用问题和数据结构的重要数学工具，学习图论对锻炼学生的数学思想与思维能力有积极促进作用，能够培养学生如何将现实问题描述成一个数学模型. 进而采用合适的数据结构进行刻画，为算法与计算机系统设计打下基础. 另一方面，图论是处理半结构化数据的重要理论与方法，随着大数据处理技术的发展，半结构化数据的相关应用越来越广泛. 所以，图论的应用也越来越广泛，图计算系统也成为近年来的研究热点.

本书介绍图论的基本知识、基础理论与应用，以及图计算系统. 在不失数学思想与数学严谨性的前提下，尽量从计算机专业学生的角度来介绍相关基础知识与基本理论，使得计算机专业的学生更易理解. 在介绍图论应用时，尽量采用与数据结构、计算机应用相关的例子，提高计算机专业学生的学习兴趣，也加深学生对相关知识的理解. 最后，还介绍了图论的典型应用——影响力传播、网页排序等，以及当前的研究热点——图计算系统.

本书作者在中国科学技术大学有多年从事计算机专业“图论”本科课程的教学实践经验. 在编写本书过程中，参考了国内外多本教材，总结了部分最新的研究成果.

本书适用于计算机、计算与信息科学、应用数学等专业的高年级本科生与研究生，也可供从事相关专业的教学、科研与技术工作的人员参考.

本书在撰写过程中，得到了中国科学技术大学教务处、计算机科学与技术学院和科学出版社的大力支持，多位研究生参与了绘图工作，在此表示衷心的感谢! 本书的初稿曾于 2019 年在中国科学技术大学计算机科学与技术学院的“图论”课程中试用，感谢所有同学在试用过程中提供的宝贵意见!

前 言

目　录

绪　论

图论是应用数学的一个分支, 它是反映一些元素之间关系 (一般是二元关系) 的数学模型. 图论的概念与成果以及它的应用非常广泛, 既有许多来自生产实践的应用问题, 也有许多来自其他学科研究的理论问题. 下面我们先举几个例子, 让读者对图论有些感性的认识.

Königsberg 七桥问题

普瑞格尔 (Pregel) 河流过古城哥尼斯堡 (Königsberg), 河中有两个岛屿, 两个岛屿与两岸之间连着七座桥, 如图 1(a) 所示.

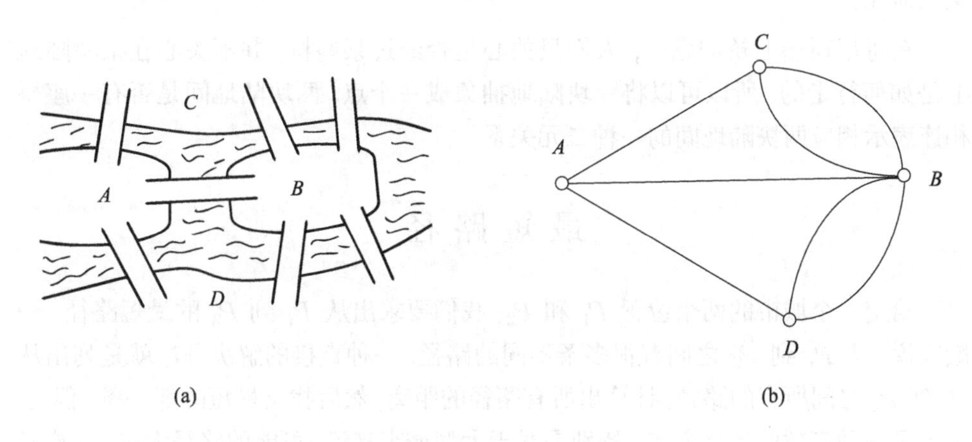

图 1　Königsberg 七桥

当地人流传着这样的一个游戏: 能否从某处出发, 经过每座桥一次且仅一次, 再回到原出发点. 很多人实验了很多次, 都找不到一个满足条件的走法, 所以大家都相信不存在这样的一个走法, 但却无法给出一种解释, 说明这样的走法一定不存在. 问题被提到当时在 St. Peitersburg 的数学教授 Euler (1707~1782) 面前, 他用两个点 A, B 分别表示两个岛屿, 两个点 C, D 分别表示两岸, 当且仅当两块陆地之间有一座桥时, 相应的两个点之间连一条线, 四个点的位置以及连线的形状无关紧要, 形成图 1(b). Euler 称他所画出来的图形为图 (graph). 这样, 七桥问题对应于从图 1(b) 中某个点出发, 经过每条边一次且仅一次, 再回到出发点. 基于图 1(b), Euler 给出了七桥问题否定的答案. 假如该问题有肯定的答案, 不妨设从 D 点出发, 经过每条边一次且仅一次, 最后回到了 D 点. 这样, 每经过一个点一次, 必然一进一出 “用掉” 与该点相连的两条边, 而对于 D 点来说, 开始出发的一条边与最后停于 D 点的一条边也配成一对, 两条边. 这样, 若能走完图 1(b) 中所有的边, 则图中每个点必须连着偶数条边. 而图 1(b) 不满足这样的条件, 所以七桥问题没有解. Euler 的这一结果发表于 1736 年, 被公认为是第一篇有关图论的文章.

七桥问题看似一个游戏, 但它所反映的是一类应用问题. 我国数学家管梅谷 1960 年提出了中国邮路问题：一个邮差从邮局出发, 经过每条街道至少一次, 将信送到住户手中, 然后回到邮局, 求最短路径. 这里, 我们将路口看作一个点, 两个路口间有街道, 就连一条边, 边的权为街道的长度, 构成一个加权图. 则中国邮路问题变成经过图中每条边至少一次, 再回到出发点, 求最短路径. 当然, 若图中存在一条经过每条边一次且仅一次的回路, 则肯定是最短的；若不存在这样的回路, 又如何呢?

在哥尼斯堡七桥问题中, 人们只关心是否经过某座桥, 并不关心在某块陆地上是如何行走的, 所以可以将一块陆地抽象成一个点, 两块陆地间是否有一座桥相连表示相应两块陆地间的一种二元关系.

最短路径

给定一个城市的两个位置 P_1 和 P_2, 我们要求出从 P_1 到 P_2 的最短路径. 一般来说, 从 P_1 到 P_2 之间有很多条不同的路径, 一种直接的解决办法就是列出从 P_1 到 P_2 之间所有的路径, 计算出所有路径的距离, 然后找出最短的那一条. 但是, 这不是一种有效的计算方式. 特别是对于大型城市来说, 可能的路径太多, 计算量太大, 以致难以在合理的时间内得到问题的解. 我们需要的是一个有效的计算方法, 该方法的计算复杂度不至于超过问题规模的多项式函数, 从而计算时间不至于随着问题规模增长而增长得太快.

我们可以用一个点代表一个交叉路口或一条道路的终点, 当两个路口 (或道路终点) 之间有街道直接相连时, 在相应的两点间连边, 边的权值为对应街道的长度. 则街道上两个位置 P_1 和 P_2 之间的一条路径就对应于图中的一个点的序列, 该序列的第一个与最后一个点分别为 P_1 和 P_2, 而且两个相继的点之间在图中一定有边相连. 例如, 图 2 可以理解为一个简单的城市街道对应的图. 序列 FGE 与

序列 $FGHE$ 都是 F 和 E 之间的路径, $FGHE$ 是 F 和 E 之间的最短路径, 而 FGE 则不是. 在我们用一个图来表示一个城市的街道互连结构之后, 我们还需要设计一个高效的算法, 把任意两个点间的最短路径求出来.

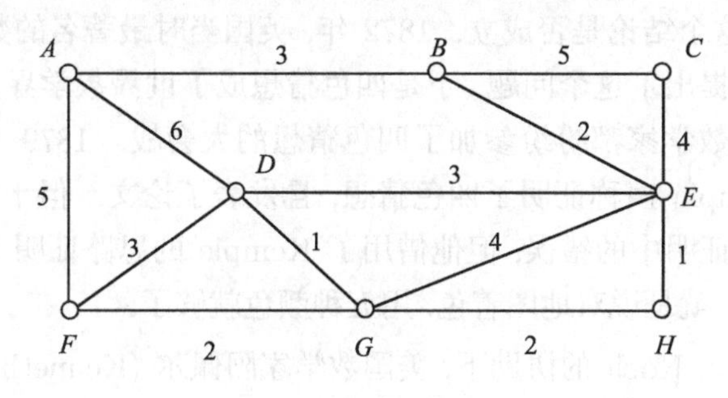

图 2 最短路径

事实上, 在大规模集成电路的优化、分布式程序优化分析、复杂工程调度等诸多领域都存在类似的最短路径问题, 有广泛的应用背景.

在最短路径问题中, 我们将每个路口看作一个点, 一条街道作为连接两个点之间的边, 一条边表示的是两个路口间的二元关系.

四色定理

在印刷世界地图时, 为了明确区分国家间的边界, 相邻的国家会用不同的颜色. 而从成本的角度, 我们又希望所使用的颜色数越少越好. 那么, 给定一个世界地图, 至少需要多少种颜色, 才能保证每个国家一种颜色, 而相邻的国家不同色?

如图 3(a) 所示, 若地图上仅有四个国家 A, B, C, D, 而这四个国家间两两相邻, 即使是这样一个如此简单的地图就需要四种颜色, 所以四种颜色是必需的. 但是, 对于任意一个地图来说, 四种颜色是否肯定就够了呢?

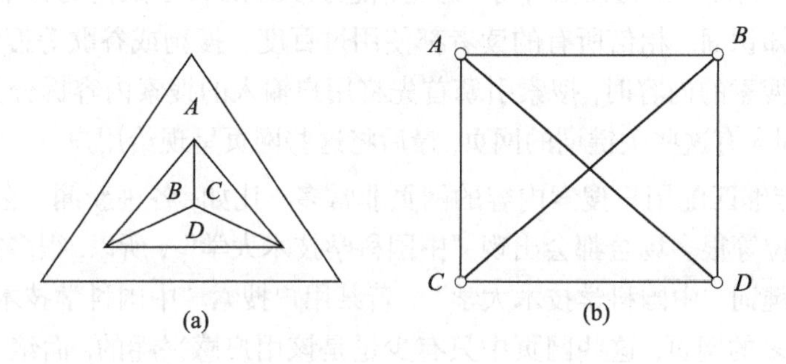

图 3 四色定理

1852 年, 英国的一名大学生格思里 (Guthrie) 向他的老师德 · 摩根 (De Morgan) 请教这样一个问题: 任意给定一个世界地图, 仅用四种颜色是否可以给每个国家着一种颜色, 使得相邻的国家不同色. 当时的大数学家德 · 摩根也无法给出答案, 他不能判断这个结论是否成立. 1872 年, 英国当时最著名的数学家凯利正式向伦敦数学学会提出了这个问题, 于是四色猜想成了世界数学界关注的问题, 世界上许多一流的数学家都纷纷参加了四色猜想的大会战. 1879 年, 英国伦敦数学学会会员 Kemple 声称证明了四色猜想, 且发表了论文. 但十年后, Heawood 指出了 Kemple 证明中的错误, 但他借用了 Kemple 的思路证明了一个较弱的命题——五色定理. 就是说对地图着色, 用五种颜色就够了.

1976 年, 在 J. Koch 的协助下, 美国数学家阿佩尔 (Kenneth Appel) 与哈肯 (Wolfgang Haken) 用了 1200 个机时, 做了 100 多亿次判断, 完成了四色定理的证明, 从而得到四色猜想的计算机证明. 一个多世纪以来, 许多数学家为证明四色定理做出了很多努力. 尽管没有得到四色定理的形式化证明, 但为了证明四色定理所引进的概念与方法刺激了拓扑学与图论的发展. 相关成果在资源调度与编码设计等方面都得到了应用.

我们用一个点代表一个国家, 若两个国家相邻, 则在相应的两个点之间连一条边, 这样图 3(a) 就变成了图 3(b). 如此地图着色问题就转化为这样一个问题: 给每个点着一种颜色, 若两个点之间有边相连, 这两点就不能着同一种颜色. 那么至少需要多少种颜色?

这里, 我们用点代表国家, 而相邻作为两个国家之间的二元关系.

网 页 排 序

随着网络与信息技术的发展, 互联网上的信息非常丰富, 有国际政治经济形势、体育娱乐新闻、旅行住宿等等. 这些信息极大地方便了人们的日常生活, 也扩大了人们的知识面. 相信所有的读者都使用过百度、搜狗或谷歌等搜索引擎. 当用户输入待搜索的内容时, 搜索引擎首先将用户输入的搜索内容拆分为一些关键词, 然后找到含有这些关键词的网页, 最后将这些网页呈现给用户.

通常, 能够匹配用户搜索内容的网页非常多. 比如, 各种新闻、公告、合同、论文作者单位等很多场合都会出现“中国科学技术大学”, 所以, 很多很多的网页中都含有关键词“中国科学技术大学”. 若某用户搜索“中国科学技术大学”, 则能够找到很多的网页, 这些网页中只有少量是该用户感兴趣的, 而绝大多数是该用户不感兴趣的. 那么, 搜索引擎又是如何对搜索到的网页进行排序, 将该用户可能最感兴趣的网页排在前面, 呈现给用户? 比如, 在搜索 "中国科学技术大学" 时, 通常都是将中国科学技术大学的主页或类似于百度百科对中国科学技术大学的简介放在前面呈现给用户.

如果你曾建立过一个网页, 你应该会列入一些你感兴趣的链接, 这样很容易使你点击到其他含有重要、可靠信息的网页. 这样就相当于你肯定了你所链接页面的重要性. 我们用一个点来代表一个网页, 若网页 A 引用了网页 B, 则从 A 向 B 引一条有向边, 所以可以用一个有向图来表示网页间的引用关系. 图 4 就是一个含有 7 个网页、互相引用的示例图. 当然, 互联网上的网页引用关系比这个要复杂很多, 有几百亿到几千亿个网页.

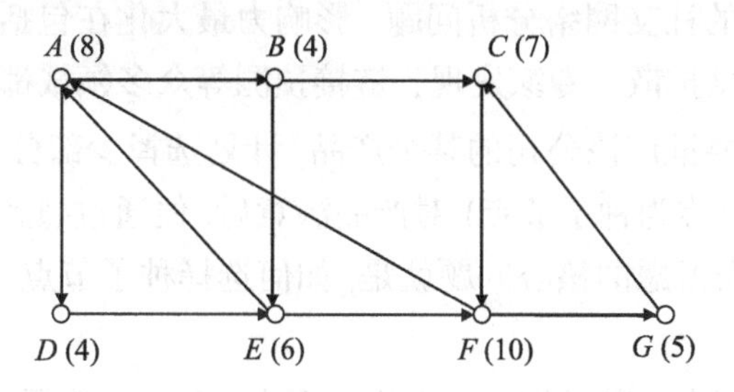

图 4 网页排序

对任意一个网页 p, 我们用 $I(p)$ 来表述其重要性, 并称之为网页排序 (page ranking). 例如, 在图 4 中, 我们在每个点的旁边标出了各个网页的重要性. 一个网页将其重要性平均分配给其引用的所有链接, 而一个网页的重要性是由链接到它的其他网页的数量及其重要性来决定的. 例如, 网页 p_j 有 l_j 个链接, 其中某个链接指向网页 p_i, 则 p_j 将会将其重要性的 $1/l_j$ 赋给 p_i. 网页 p_i 的重要性就是所有指向 p_i 的其他网页所贡献的重要性总和. 设链接到网页 p_i 的网页集合为 S_i, 那么

$$I(p_i) = \sum_{p_j \in S_i} \frac{I(p_j)}{l_j}.$$

当然, 这似乎又是一个矛盾的问题, 要得到一个网页的重要性, 需要引用该网页的所有链接的重要性, 那这些链接的重要性又是如何得到的呢? 又如像图 4 中的网页 A, D 和 E, 三者是互相引用的, 又如何计算重要性呢? 这个问题则是一个更复杂的数学问题.

事实上, 除了网页间的引用关系, 用户的偏好、网页的类型、领域知识等很多因素都会影响网页的重要性. 网页排序是做好搜索引擎的基础, 是影响搜索引擎用户体验的最根本因素.

在网页排序问题中, 我们将每个网页看作一个点, 网页的引用关系是网页之间的二元关系. 注意, 与前面的几个例子不同的是, 网页的引用关系不是对称的. 所以, 在这个例子中, 表示两者二元关系的是一条有向边.

影响力最大化

随着互联网的发展, 特别是 QQ、微信、LinkedIn、Facebook 等多种个人通信工具的快速发展, 社会成员之间的交流越来越方便, 使得近二十年间, 在线社交网络得到了蓬勃发展, 社交网络分析与有效利用得到了广泛关注. 社交影响力分析便是一种最常见的社交网络分析问题. 影响力最大化在包括病毒传播、市场营销、推荐系统、信息扩散、专家发现、链接预测等众多领域都有应用.

设想一个公司要推广该公司的某个产品, 计划选择少部分人免费试用该产品, 当这些选中的用户 (称为种子节点) 对产品满意后, 便通过熟悉的关系或网络推荐该产品. 那公司所需考虑的核心问题就是, 如何选择种子节点, 使得最终购买该产品的人数最多.

给定一个社会群体, 我们将每个人用一个点来表示, 若两人互相认识, 则在相应的两人之间连一条边, 这样我们就可以用一个图来表示一个群体组成的社交网络. 图 5(a) 就是一个简单的社会网络. 我们现在回到前述的广告投放问题. 假想公司准备从中选取两个种子节点, 也就是在图 5(a) 中选择两个点, 使得他们两个认识的人总数最多. 例如, 在图 5(a) 中, A 和 D 认识的人为 B, C, E, F 和 G, 共 5 个人, 人数最多, 其中 A 和 D 都认识 C. 尽管, A 认识的人数与 B 认识的人数这两个数字最大, 但是, A 和 B 同时认识的人多, 所以, 他们两个认识的人是 C, E, F 和 G, 总数为 4, 不是最多的.

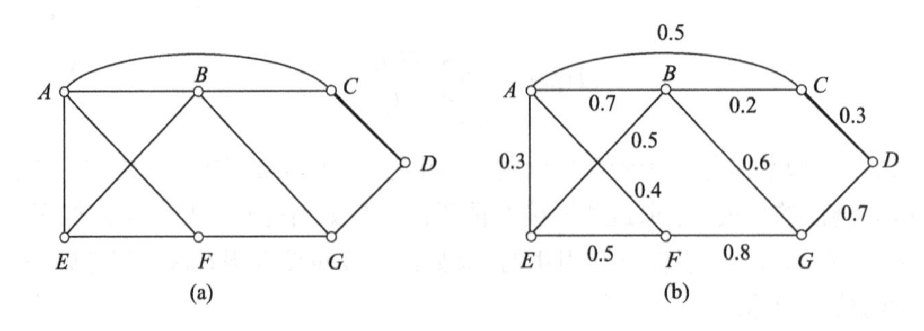

图 5　影响力最大化

上面是一个非常简单的模型. 事实上, 每个种子节点不一定能够说服他认识的每个人去购买一个产品, 只能是有一定的概率去说服他人. 而且, 在一个群体里, 不同人的地位、爱好、习惯、可信度等不一样, 不同人之间能够被说服的概率也不同. 不妨设我们已知图 5(a) 中任意两点间互相能够说服的概率, 在每条边加上概率后, 变成了边加权图 5(b). 这样, 影响力最大化问题就变成: 给定边加权图, 如何选择 k 个节点作为种子节点, 使得种子节点能影响的节点数最多.

除了种子节点之外, 若某个人被种子节点影响之后, 购买了该产品, 他又会影响到与他有联系的人. 因此, 我们将节点定义成两种状态, 激活状态和待激活状态, 处于激活状态的节点会以一定的概率将与其相连的处于待激活状态下的节点激活. 这就是影响力的传播问题, 典型的传播模型有独立级联模型 (independent cascade model, IC).

(1) 在初始状态下, 即 $t=0$ 时, 有且仅有种子集合 S 中的节点全部被设置为激活状态.

(2) 当 $t=k$ 时, 所有在 $t=k-1$ 时由待激活状态转变为激活状态的节点, 以一定的概率去尝试影响它们所有处于待激活状态的邻居节点. 例如, 节点 i 在 $t=k-1$ 时被激活, 则 $t=k$ 时, 如果节点 i 的邻居节点 j 仍处于待激活状态, 则节点 i 以概率 p_{ij} 去尝试激活节点 j. 无论激活行为是否成功, 在下一时刻, 节点 i 都将不再具备激活其他节点的能力.

由于不同人的地位不同、性格不同等多方面的因素, 在两个人之间, 互相影响的概率也不同. 也就是, 给定 A, B 两个人, A 影响 B 与 B 影响 A 的概率一般不同, 所以图 5(b) 就不能很好地刻画这个情形. 同时由于应用背景不同, 影响力的传播方式不尽相同, 也就有了不同的传播模型. 因此, 近年来影响力最大化问题得到许多专家学者、政府与业界的关注.

在影响力最大化问题中, 我们用一个点代表一个人, 相互之间的影响力作为两者之间的二元关系.

习　　题

1. 从日常生活中举出五个实例, 它们的数学模型是图.

第 1 章　图的基本概念

1.1 图 的 定 义

定义 1.1　一个**无向图** G 是一个有序三元组 $G=(V(G),E(G),\psi_G)$, 其中,

- $V(G)\neq\varnothing$ 是顶点集合, 任给 $v\in V(G)$ 称为一个**顶点**.
- $E(G)$ 是边集合, 任给 $e\in E(G)$ 称为一条**边**.
- ψ_G: $E(G)\to\{\{u,v\}|u,v\in V(G)\}$ 称为边与顶点之间的**关联函数**.

例 1.1　$G=(V(G),E(G),\psi_G)$, 其中, $V(G)=\{v_1,v_2,v_3,v_4,v_5\}$, $E(G)=\{e_1,e_2,e_3,e_4,e_5,e_6,e_7,e_8,e_9\}$, ψ_G 的定义为 $\psi_G(e_1)=\{v_1,v_2\}$, $\psi_G(e_2)=\{v_1,v_3\}$, $\psi_G(e_3)=\{v_1,v_4\}$, $\psi_G(e_4)=\{v_2,v_3\}$, $\psi_G(e_5)=\{v_3,v_4\}$, $\psi_G(e_6)=\{v_2,v_5\}$, $\psi_G(e_7)=\{v_4,v_5\}$, $\psi_G(e_8)=\{v_4,v_5\}$, $\psi_G(e_9)=\{v_2,v_2\}$.

图的图示

我们在平面上以一个点代表 G 的一个顶点, 若存在 $\psi_G(e)=\{u,v\}$, 则在顶点 u,v 对应的点之间画一条边；点的大小与位置、边的粗细与形状不定, 则得到一个图的图示. 例如, 由例 1.1 中的图可以得到图 1.1 所示的图示. 在画图的图示时, 有时我们不关心边与顶点的编号, 就将边的标记, 甚至是顶点的标记省去.

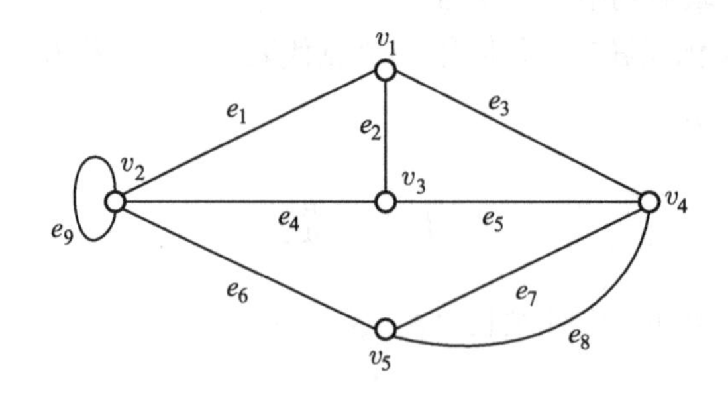

图 1.1　无向图示例

需要说明的是, 图与图的图示不同. 图是一个代数的概念, 它是一个三元组, 表示的是一个集合中元素之间的二元关系. 而图的图示则是图在平面上的一种表示形式, 不是我们常规意义上的图形. 利用图的图示, 我们可以直观地观察图, 容

易得到和理解图的许多性质. 一般情况下, 图示的不同画法对图的性质没有什么影响. 但是, 在考虑图的平面性的时候, 不同的画法对某些问题会得到不同的结果, 见第 4 章平面图. 在不引起混淆的情况下, 我们就不区分图与图的图示.

给定图 G, 顶点的个数 $|V(G)|$ 称为图 G 的**阶**, 记为 $\nu(G)$, 例 1.1 中图的阶为 5. 图 G 的边数 $|E(G)|$ 记为 $\varepsilon(G)$. 若 $\nu(G)+\varepsilon(G)$ 为无穷大, 则称 G 为**无限图**, 否则称 G 是**有限图**. 本书仅涉及有限图. 在不引起混淆的情况下, 我们经常将 $V(G)$, $E(G)$, $\nu(G)$, $\varepsilon(G)$ 和 ψ_G 分别简记为 V, E, ν, ε 和 ψ. 在图 G 中, 若 $\psi_G(e)=\{u,v\}$, 则称边 e 与两个顶点 u,v **关联**, 也称 u,v 是 e 的**端点**, 同时称 u 与 v **相邻**, 或称 u 和 v 是**邻顶**. 若两条边关联同一个顶点, 则称这两条边**相邻**. 若 $\psi_G(e)=\psi_G(f)=\{u,v\}$, 则称 $e=f$ 是**重边**; 若 $\psi_G(e)=\{u,u\}$, 也就是边 e 的两个端点重合, 则称 e 为**环**. 例如, 在例 1.1 中, e_7 与 e_8 是重边; 而 e_9 则是一条环边.

无环, 也没有重边的图叫做**简单图**. 由于环与重边对于图的许多性质没有影响, 所以没有特指的情况下, 本书一般指的是简单图.

为了方便, 我们通常将边与顶点间的关联关系 $\psi_G(e)=\{u,v\}$ 简记为 $e=\{u,v\}$, 特别是在不引起混淆的情况下, 就简记为 $e=uv$. 注意, 在无向图中, 边没有方向, 所以 $e=uv=vu$. 也为了方便, 我们有时将图直接表示成二元组 $G=(V(G),E(G))$, 将 $E(G)$ 中的每条边直接写成一个顶点对. 例如, 例 1.1 中的图可以简单地表示成

$G=(V(G),E(G))$, 其中, $V(G)=\{v_1,v_2,v_3,v_4,v_5\}$, $E(G)=\{e_1=v_1v_2,e_2=v_1v_3,e_3=v_1v_4,e_4=v_2v_3,e_5=v_3v_4,e_6=v_2v_5,e_7=v_4v_5,e_8=v_4v_5,e_9=v_2v_2\}$.

若我们仅关心顶点间的二元关系, 不在意边的编号, 例 1.1 中的图可以更简单地表示为

$G=(V(G),E(G))$, 其中, $V(G)=\{v_1,v_2,v_3,v_4,v_5\}$, $E(G)=\{v_1v_2,v_1v_3,v_1v_4,v_2v_3,v_3v_4,v_2v_5,v_4v_5,v_4v_5,v_2v_2\}$.

由于这个例子中有两条重边连接 v_4 与 v_5, 所以 v_4v_5 需要写两次, 与普通集合的定义略有不同.

以下是几种特殊的图.

• **完全图** n 个顶点的完全图 K_n 是一个简单图, 其中任意两个顶点都相邻. 图 1.2 (a) 与图 1.2 (b) 分别为 K_3 与 K_4.

• **二分图** 二分图 G 的顶点集合可以划分为 $V(G)=X\cup Y$, 其中 $X\neq\varnothing$, $Y\neq\varnothing$ 且 $X\cap Y=\varnothing$, 使得 X 内任意两个顶点不相邻, Y 内任意两个顶点之间也不相邻. **完全二分图** G 是一个简单图, 其中 X 中的任意一个顶点与 Y 中的任意

一个顶点都相邻. 完全二分图记为 $K_{|X|,|Y|}$. 图 1.2(c) 为一个二分图, 而图 1.2(d) 则是一个完全二分图 $K_{3,3}$.

- **星图**　星图是一个完全二分图 $K_{1,n}$ 或 $K_{n,1}$. 图 1.2(e) 就是一个星图 $K_{1,5}$.
- **零图**　图中仅有顶点, 没有边. 图 1.2(f) 就是 4 个顶点的零图.

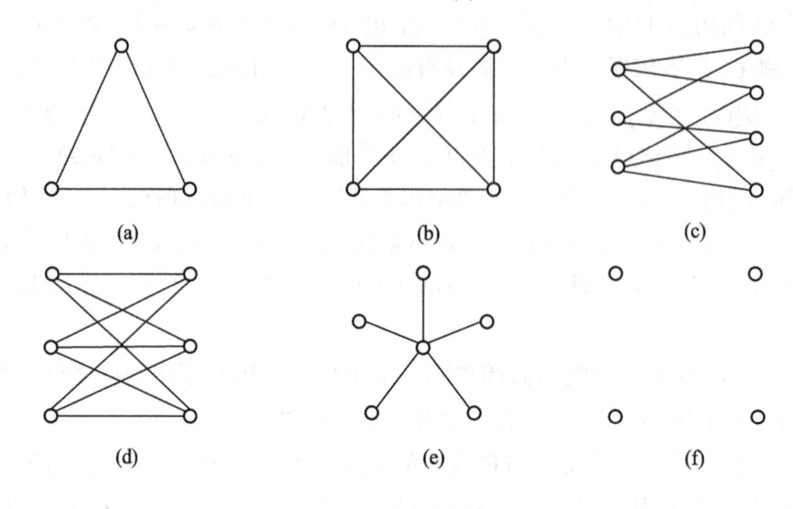

图 1.2　一些特殊的图

1.2 顶点度数

定义 1.2　给定无向图 G, $v \in V(G)$ 是 G 的一个顶点, v 的**度数** $\deg(v)$ 定义为

$$\deg(v) = d_1(v) + 2 \times l(v),$$

其中, $d_1(v)$ 为 v 关联的非环边数, $l(v)$ 为 v 关联的环边数.

另外, 我们定义图 G 的最小度数与最大度数分别为图 G 中所有顶点度数的最小值与最大值, 即

$$\delta(G) = \min_{v \in V(G)} \deg(v), \quad \Delta(G) = \max_{v \in V(G)} \deg(v).$$

将图 G 中所有顶点的度数按照从大到小的顺序排列, 称为图 G 的度数序列.

例如, 在例 1.1 中, $\deg(v_1) = 3+2\times 0 = 3$, $\deg(v_2) = 3+2\times 1 = 5$. $\delta(G) = 3$, $\Delta(G) = 5$. 例 1.1 中图的度数序列是 5, 4, 3, 3, 3.

定理 1.1 (Euler, 1736) 任给无向图 G,

$$\sum_{v \in V(G)} \deg(v) = 2\varepsilon(G).$$

证明 我们以两种方法来计算图中所有顶点的度数和.

(1) 任给 $v \in V(G)$, 我们先计算出 v 的度数 $\deg(v)$, 然后再对图中所有顶点的度数进行求和, 则得到左式. 这样得到的是图中所有顶点的度数和.

(2) 另一种方法是: 先假想图中仅有顶点, 没有边, 是 ν 个顶点的零图, 然后再将边逐条加上去. 例如, 假定例 1.1 中的图开始时没有边, 这时所有顶点的度数均为 0, 所以所有顶点的度数和为 0. 然后, 若我们加上边 v_1v_2, 则 v_1 和 v_2 的度数均增加 1, 对图中所有顶点来说, 度数总和增加 2. 若我们在图中增加一条环边 v_2v_2, 则 v_2 的度数增加 2, 对图中所有顶点来说, 度数总和也同样增加 2. 我们在图中每增加一条边, 图中所有顶点的度数和就增加 2. 所以, 从零图开始, 我们在图中增加 ε 条边, 图中所有顶点的度数和增加到 2ε, 从而得到右式.

以上是计算图中所有顶点度数和的两种方法, 结果应该相同. 所以, 定理成立. 证毕.

定理 1.1 所反映的无非是这样一个简单的事实: 每条边有两个端点 (环的两个端点重合), 每个端点对图的度数总和均贡献 1. 由定理 1.1, 我们很容易得到下面的推论.

推论 1.1 任给图 G, G 中度数为奇数的顶点个数为偶数.

证明 记 G 中度数为奇数的顶点集合为 V_o, 度数为偶数的顶点集合为 V_e, 则有

$$\sum_{v \in V(G)} \deg(v) = \sum_{v \in V_o} \deg(v) + \sum_{v \in V_e} \deg(v).$$

由于 $\sum_{v \in V(G)} \deg(v)$ 与 $\sum_{v \in V_e} \deg(v)$ 均为偶数, 所以 $\sum_{v \in V_o} \deg(v)$ 为偶数. 只有偶数个奇数的和才是偶数, 所以 $|V_o|$ 为偶数, 即 G 中度数为奇数的顶点个数为偶数. 证毕.

例 1.2 在一次晚会上, 朋友间互相握手致意. 试证明: 握手次数为奇数的人数为偶数.

证明 构作图 $G = (V, E)$, 其中 V 为参加晚会的人员集合, 每个人作为一个顶点, 当两人握过一次手, 则在两人间连一条边. 这样对于每个人 p 来说, 他握手的次数就是 p 在图 G 中的度数 $\deg(p)$. 由推论 1.1 知, 握手次数为奇数的人数为偶数. 证毕.

例 1.3　任意的碳氢化合物中, 氢原子的个数都是偶数.

证明　构作图 $G = (V, E)$, 其中 V 为该化合物中所有碳原子和所有氢原子构成的集合, 每个碳/氢原子作为一个顶点, 若两个原子间存在化学键, 则相应的顶点间连一条边. 由于碳原子与氢原子的化合价分别为 4 与 1, 所以在图 G 中, 碳原子与氢原子对应的顶点的度数分别为 4 和 1. 由推论 1.1 知, G 中度数为 1 的顶点数为偶数, 所以该化合物中氢原子的个数是偶数. 证毕.

例 1.4　一个 n 维超立方体是这样的一个图 $H^n = (V, E)$, 其中每个顶点为一个 n 维 0-1 向量, 即 $V = \{i_1 i_2 \cdots i_n | i_k = 0$ 或 $1, k = 1, 2, \cdots, n\}$; 当且仅当两个顶点仅有一位不同时, 在相应的两个顶点间连一条边, 即 $E = \{\{i_1 i_2 \cdots i_n, j_1 j_2 \cdots j_n\} | |i_1 - j_1| + |i_2 - j_2| + \cdots + |i_n - j_n| = 1\}$. 证明: H^n 是二分图.

图 1.3 (a) 与图 1.3 (b) 分别为一个 3 维超立方体与一个 4 维超立方体. 在 n 维超立方体中, 共有 2^n 个顶点, 每个顶点的度数均为 n, 所以共有 $n \times 2^{n-1}$ 条边. 由于超立方体结构规整, 不同顶点之间的距离短, 而且易于对顶点进行编码, 路由算法简单易实现, 所以是一种常见的网络互连结构.

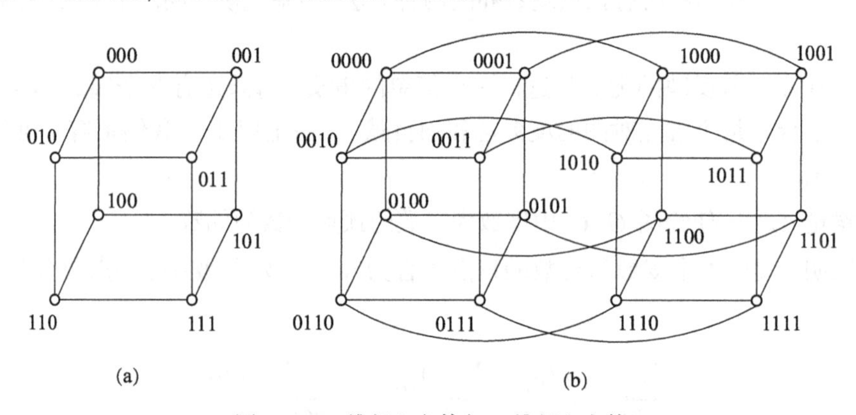

图 1.3　3 维超立方体与 4 维超立方体

证明　记

$V_o = \{i_1 i_2 \cdots i_n | i_k = 0$ 或 $1, k = 1, 2, \cdots, n, i_1, i_2, \cdots, i_n$ 中有奇数个 $1\}$,

$V_e = \{i_1 i_2 \cdots i_n | i_k = 0$ 或 $1, k = 1, 2, \cdots, n, i_1, i_2, \cdots, i_n$ 中有偶数个 $1\}$,

则 $V = V_o \cup V_e$ 且 $V_o \cap V_e = \varnothing$. 任给 V_o 中两个顶点 $i_1 i_2 \cdots i_n$ 和 $j_1 j_2 \cdots j_n$, 记 $i_1, i_2, \cdots, i_n$ 与 $j_1, j_2, \cdots, j_n$ 中 1 的个数分别为 l_1 与 l_2, 则 l_1 与 l_2 均为奇数. 设 $i_1 i_2 \cdots i_n$ 和 $j_1 j_2 \cdots j_n$ 有 l 个分量同时为 1, 即 $l = |\{k | i_k = j_k = 1, k = 1, 2, \cdots, n\}|$, 则 $|i_1 - j_1| + |i_2 - j_2| + \cdots + |i_n - j_n| = (l_1 - l) + (l_2 - l) = (l_1 + l_2 - 2l)$. 由于 l_1 与 l_2 均为奇数, 所以 $l_1 + l_2 - 2l$ 为偶数, 不等于 1, 从而顶点 $i_1 i_2 \cdots i_n$ 和 $j_1 j_2 \cdots j_n$ 不相邻. 同理, V_e 中任意两个顶点也不相邻. 所以 H^n 是二分图. 证毕.

1.3 子图与图的运算

定义 1.3 给定图 $G=(V(G),E(G))$ 与 $H=(V(H),E(H))$, 若 $V(H)\subseteq V(G)$ 且 $E(H)\subseteq E(G)$, 则称 H 是 G 的一个**子图**, 记作 $H\subseteq G$.

定义 1.4 在有些应用中, 或者在讨论图论的某些性质时, 需要考虑一些特殊的子图, 下面列出一些定义.

- **真子图** 若 $H\subseteq G$ 且 $H\neq G$, 则称 H 是 G 的真子图, 记作 $H\subset G$.
- **生成子图** 若 $H\subseteq G$ 且 $V(H)=V(G)$, 则称 H 是 G 的生成子图. 在网络优化、路网建设等许多应用中, 需要考虑所有的顶点, 然后在边的选择上进行优化, 在这种情况下, 考虑的就是生成子图. 在第 2 章中, 将要介绍的生成树, 就是生成子图的一个特殊例子.
- **顶点导出子图** 设 $V'\subseteq V(G)$ 是图 G 的顶点子集, 由 V' 导出的顶点导出子图 $G[V']=(V',E')$, 其中 $E'=\{uv|uv\in E(G),\ u,v\in V'\}$. 也就是将两个端点都在 V' 中的边要放到顶点导出子图中.
- **边导出子图** 设 $E'\subseteq E(G)$ 是图 G 的边子集, 由 E' 导出的边导出子图 $G[E']=(V',E')$, 其中 $V'=\{v|$ 存在边 $uv\in E'\}$. 也就是每条边的两个端点都放入边导出子图中.

在图 1.4 中, 图 1.4 (a)~(d) 中的图都是图 1.4 (a) 中图 G 的子图, 其中也解释了一些特殊的子图.

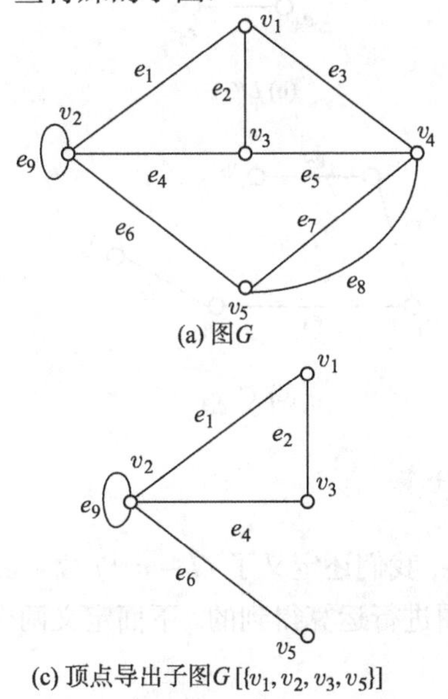

(a) 图G

(c) 顶点导出子图$G[\{v_1,v_2,v_3,v_5\}]$

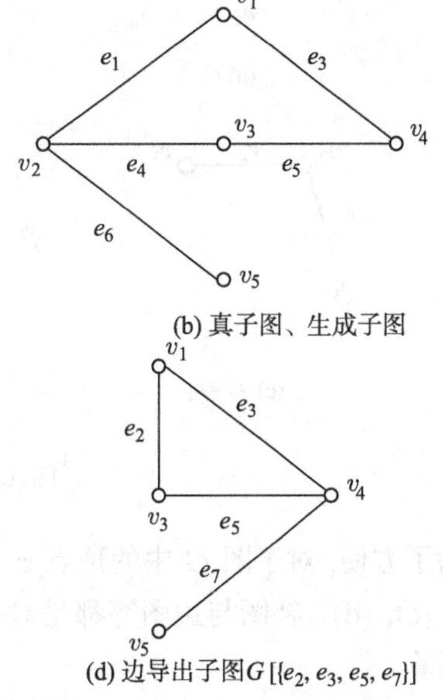

(b) 真子图、生成子图

(d) 边导出子图$G[\{e_2,e_3,e_5,e_7\}]$

图 1.4 子图示例

定义 1.5　给定简单图 $G=(V(G),E(G))$, G 对应的补图与边图定义为

• **补图**　图 G 的补图定义为 $G^c=(V(G^c),E(G^c))$, 其中, $V(G^c)=V(G)$, $E(G^c)=\{uv|u,v\in V(G^c)=V(G)$ 且 $uv\notin E(G)\}$. 也就是补图与原图的顶点集合相等, 补图两顶点相邻等价于在原图中相应的两个顶点不相邻. 参见图 1.5.

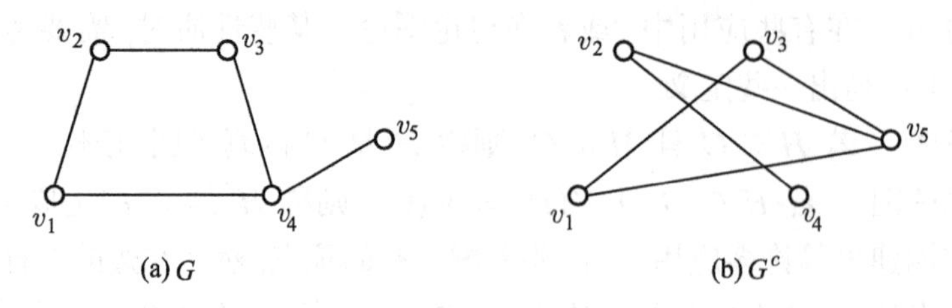

图 1.5　补图

• **边图**　图 G 的边图定义为 $L(G)=(V(L(G)),E(L(G)))$, 其中, $V(L(G))=E(G)$, $E(L(G))=\{e_1e_2|e_1,e_2\in E(G)$ 且 e_1,e_2 在 G 中相邻$\}$. 也就是边图的顶点对应于原图的边, 而边图中两顶点相邻对应于原图中相应的两条边相邻. 参见图 1.6 (a), (b).

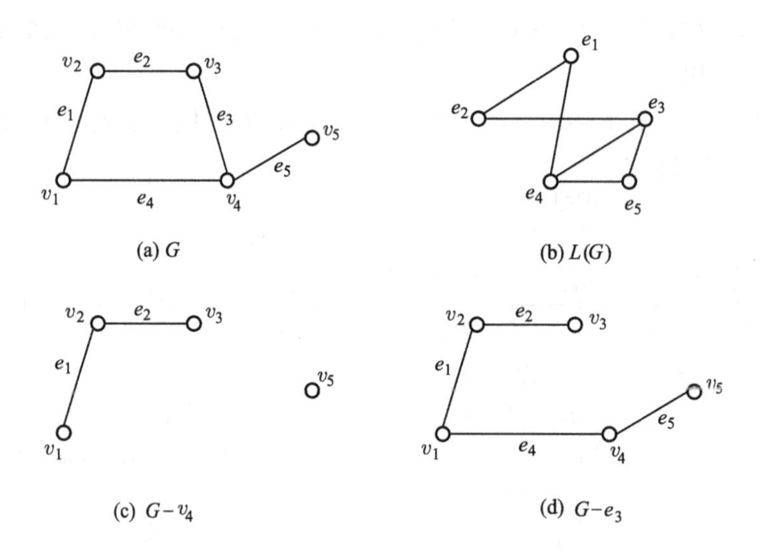

图 1.6　图运算

为了方便, 对于图 G 中的顶点 v 与边 e, 我们还定义了 $G-v$ 与 $G-e$, 参见图 1.6 (c), (d). 补图与边图等都是对一个图进行运算得到的. 下面定义两个图之间的运算.

定义 1.6　给定简单图 $G=(V(G),E(G))$ 和 $H=(V(H),E(H))$, 图 G 与

图 H 的并、交和积分别定义为

- **并** 图 G 与 H 的并定义为 $G\cup H=(V(G)\cup V(H),E(G)\cup E(H))$.
- **交** 图 G 与 H 的交定义为 $G\cap H=(V(G)\cap V(H),E(G)\cap E(H))$.
- **积** 图 G 与 H 的积定义为 $G\times H=(V',E')$, 其中 $V'=V(G)\times V(H)=\{(u,v)|u\in V(G),v\in V(H)\}$, $E'=\{(u_1,v_1)(u_2,v_2)|u_1=u_2$ 且 $v_1v_2\in E(H)$；或者 $u_1u_2\in E(G)$ 且 $v_1=v_2$；或者 $u_1u_2\in E(G)$ 且 $v_1v_2\in E(H)\}$. 也就是图 $G\times H$ 的顶点集合为 $V(G)$ 与 $V(H)$ 的积, 而其边集合分为三类: ① 两个顶点的第一个分量相同且第二个分量在 H 中相邻；② 两个顶点的第一个分量在 G 中相邻且第二个分量相同; ③ 两个顶点的两个分量分别在 G 与 H 中相邻.

图 1.7 (a), (b) 给出了两个图 G 与 H, 而图 1.7 (c) 与图 1.7 (d) 分别给出了图 G 与 H 的并与交. 若两个图没有公共顶点, 则称这两个图不相交. 若两个图没有公共边, 则称这两个图是边不相交的. 若两个图不相交, 则称这两个图的并为不相交的并. G 与 H 的不相交的并简记为 $G+H$. 两个不相交图的交为空图 (即没有顶点和边的图). 注意, 图的并与交运算都满足结合律与交换律, 因而可以扩展为多个图的并与交.

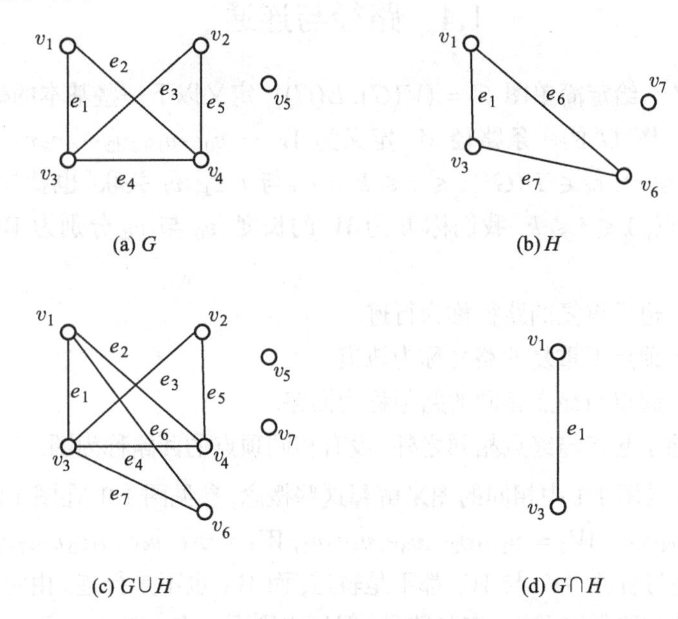

图 1.7 图的并与交

图 1.8 (a), (b) 中给出了两个图 G 与 H , 而图 1.8 (c) 则给出了图 G 与 H 的积. 图的积可以用在可靠性编码领域.

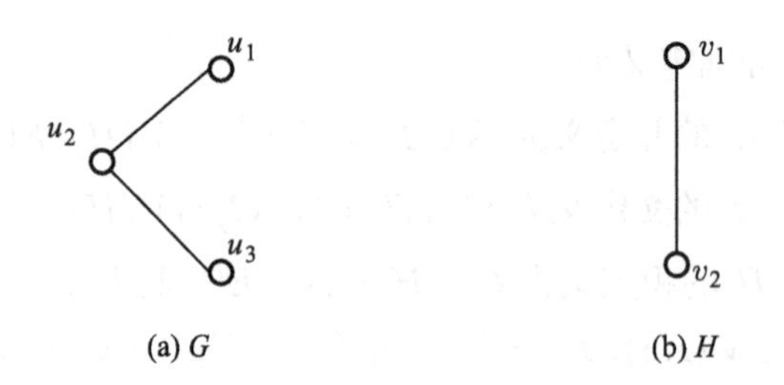

(a) G　　(b) H

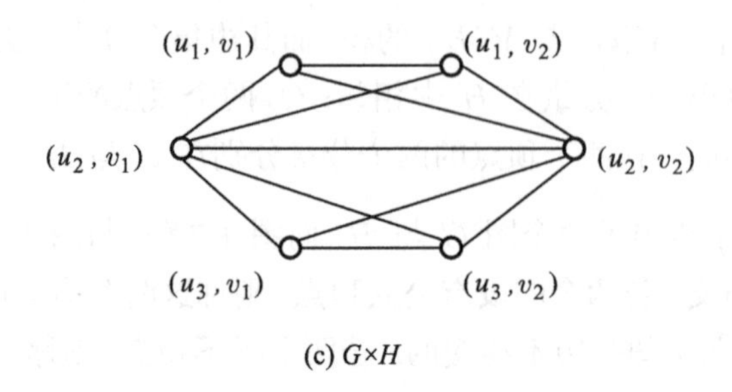

(c) $G\times H$

图 1.8　图的积

1.4　路径与连通

定义 1.7　给定简单图 $G = (V(G), E(G))$, 定义以下一些基本的概念.

- **路径**　图 G 的一条路径 W 定义为 $W = v_0e_1v_1e_2v_2\cdots e_kv_k$, 其中 $v_i \in V(G)$ $(0 \leqslant i \leqslant k)$; $e_i \in E(G)(1 \leqslant i \leqslant k)$; e_i 与 v_{i-1}, v_i 关联, 也就是说 v_{i-1} 和 v_i 是 e_i 的端点, $1 \leqslant i \leqslant k$. 我们称 k 为 W 的长度, v_0 与 v_k 分别为 W 的起点与终点.
- **行迹**　边不重复的路径称为行迹.
- **轨道**　顶点不重复的路径称为轨道
- **回路**　起点与终点相同的路径称为回路.
- **圈**　除了起点与终点相同之外, 没有相同顶点的回路称为圈.

我们采用与图 1.1 中相同的图来解释这些概念, 参见图 1.9. 在图 1.9 中, $W_1 = v_1e_1v_2e_1v_1e_2v_3e_5v_4$, $W_2 = v_1e_1v_2e_4v_3e_2v_1e_3v_4$, $W_3 = v_1e_1v_2e_4v_3e_5v_4e_7v_5$ 分别为一条路径、行迹与轨道, W_1 与 W_2 都不是轨道, 而 W_1 也不是行迹. 由定义可知, 轨道一定是行迹与路径, 行迹一定是路径, 但反之则不一定. $W_4 = v_1e_1v_2e_1v_1e_2v_3e_4v_2e_1v_1$ 为一个回路, 而 $C_1 = v_1e_2v_3e_4v_2e_1v_1$ 则为一个圈. 直觉上来说, 一个回路会含一个圈作为其子图, 例如 W_4 就含有一个圈 C_1. 但这不一定. 例如, 回路 $L_1 = v_1e_1v_2e_1v_1$ 就不含圈.

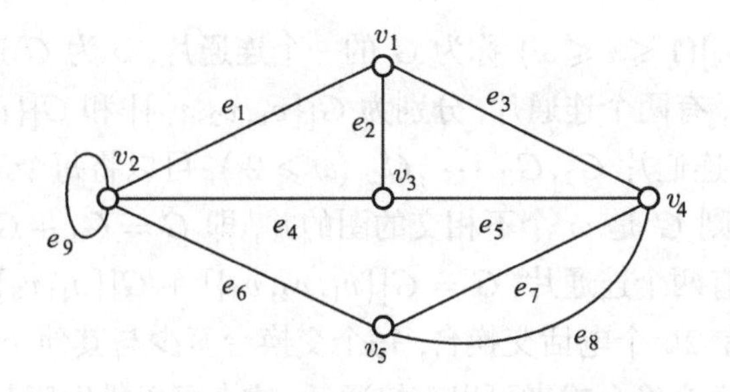

图 1.9 路径、行迹与轨道示例

若图 G 是简单图, 则若两个顶点相邻, 它们之间的边唯一. 这样在表示一条路径等概念时, 可以仅用顶点序列就可以了, 不会引起混淆. 比如, 在上面的例子中, W_1 可以表示为 $W_1 = v_1v_2v_1v_3v_4$. 本书的后面, 在不引起混淆的情况下, 我们将仅用顶点序列来表示路径等.

若顶点 u 与 v 之间存在路径, 则称 u 与 v **连通**, 否则称 u 与 v **不连通**. 若 u 与 v 连通, u 与 v 之间最短轨道的长度称为 u 与 v 之间的**距离**, 记为 $\mathrm{dist}(u,v)$; 若 u 与 v 不连通, 则记 $\mathrm{dist}(u,v)=\infty$. 若图 G 的任意两个顶点间都连通, 则称图 G **连通**. 例如图 1.10 中, 图 1.10 (a) 就是一个连通图, 而图 1.10 (b) 则是一个非连通图.

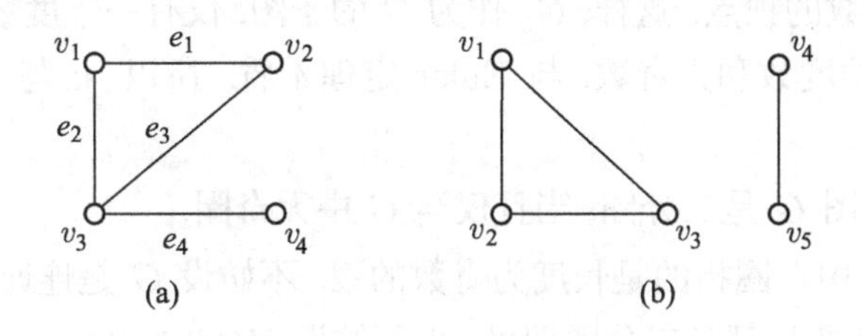

图 1.10 连通图与非连通图

定义 1.8 给定图 $G=(V(G),E(G))$, 定义 $V(G)$ 上的二元关系 $R\subseteq V(G)\times V(G)$ 如下: 任给 $u,v\in V(G)$, $(u,v)\in R$ 当且仅当 u 与 v 在 G 中连通.

由 R 的定义可知, R 是自反的、对称的与可传递的. 因此, R 是一个等价关系, 由 R 将 $V(G)$ 分成了一些等价类, $V_1,V_2,\cdots,V_\omega$, 即满足

(1) $V_i\neq\varnothing$, $1\leqslant i\leqslant\omega$;

(2) $V_i\cap V_j=\varnothing$, $1\leqslant i\neq j\leqslant\omega$;

(3) $V_1\cup V_2\cup\cdots\cup V_\omega=V(G)$,

使得任给 $u,v\in V(G)$, u 与 v 在 G 中连通等价于存在 $1\leqslant i\leqslant\omega$, $u,v\in V_i$. 此时,

顶点导出子图 $G[V_i](1 \leqslant i \leqslant \omega)$ 称为 G 的一个**连通片**, ω 为 G 连通片个数. 例如图 1.10(b) 不连通, 有两个连通片, 分别为 $G[\{v_1, v_2, v_3\}]$ 和 $G[\{v_4, v_5\}]$. 假设非连通的图 G 有 ω 个连通片 $G_1, G_2, \cdots, G_\omega$ ($\omega \geqslant 2$), 可以将每个 $G_i(1 \leqslant i \leqslant \omega)$ 看作一个独立的图, 则 G 是 ω 个不相交的图的并, 即 $G = G_1 + G_2 + \cdots + G_\omega$. 例如, 在图 1.10(b) 有两个连通片, $G = G[\{v_1, v_2, v_3\}] + G[\{v_4, v_5\}]$.

例 1.5 设有 $2k$ 个电话交换台, 每个交换台至少与其他 k 个交换台直接相连. 证明: 任意两个交换台或者可以直接通话, 或者可以借助于其他交换台的中转进行通话.

证明 以每个电话交换台作为一个顶点; 两个交换台若直接相连, 则相应的两个顶点间连一条边, 这样构作一个图 G. 题设问题则转化为证明图 G 是连通图. 用反证法, 假设 G 不连通, 则 G 至少有两个连通片 G_1, G_2. 不妨设 $|V(G_1)| \leqslant |V(G_2)|$, 则 $|V(G_1)| \leqslant \dfrac{1}{2}|V(G)| = k$. 任取 $u \in V(G_1)$, $\deg(u) \leqslant |V(G_1)| - 1 \leqslant k - 1$. 而由题设知, 任取 $u \in V(G)$, 都有 $\deg(u) \geqslant k$. 矛盾. 所以, 题设结论成立. 证毕.

例 1.6 若图 G 中仅有两个顶点的度数为奇数, 则这两个顶点连通.

证明 设两个度数为奇数的顶点分别为 u, v. 若 u 与 v 在 G 中不连通, 则 u 与 v 分属 G 的两个不同的连通片. 设 u 所在的连通片为 G_1, 则 u 为 G_1 中唯一一个度数为奇数的顶点. 这样, G_1 作为 G 的子图, 仅有一个度数为奇数的顶点, G_1 中所有顶点的度数和为奇数, 与 Euler 定理矛盾. 所以, u 与 v 在 G 中连通. 证毕.

定理 1.2 图 G 是二分图, 当且仅当 G 中无奇圈.

证明 定理中奇圈指的是长度为奇数的圈. 不妨设 G 是连通图, 否则只要证明图 G 的每个连通片都是二分图即可. 也不妨设 $V(G) \geqslant 2$.

设 G 是二分图, G 的顶点集合划分为 X 与 Y. 若 G 中无圈, 则自然没有奇圈. 若 G 中有圈 $C = v_1v_2\cdots v_kv_1$, 不妨设 $v_1 \in X$, 则 $v_1, v_3, \cdots, v_{k-1} \in X$, $v_2, v_4, \cdots, v_k \in Y$. 所以, k 为偶数. 而圈 C 的长度为 k, 为偶数.

设 G 中没有奇圈. 任取 $u_0 \in V(G)$, 定义

$$X = \{u | u \in V(G), \text{ 且 } \operatorname{dist}(u_0, u) \text{ 为偶数}\},$$

$$Y = \{u | u \in V(G), \text{ 且 } \operatorname{dist}(u_0, u) \text{ 为奇数}\}.$$

则显然有 $V(G) = X \cup Y$, 其中 $X \neq \varnothing$, $Y \neq \varnothing$ 且 $X \cap Y = \varnothing$. 下面证明, X 内任意两个顶点不相邻, Y 内任意两个顶点也不相邻. 用反证法. 若存在 $u, v \in X$, u 与 v 在 G 中相邻, 下面证明 G 中有奇圈.

参见图 1.11. 设 $P(u_0,u)$, $Q(u_0,v)$ 分别为 u_0 到 u,v 之间的最短轨道, w 为 P 与 Q 从 u_0 开始的最后一个公共顶点. 将 P 上从 u_0 到 w 的一段轨道与从 w 到 u 的一段轨道分别记为 $P(u_0,w)$ 与 $P(w,u)$, Q 上从 u_0 到 w 的一段轨道与从 w 到 v 的一段轨道分别记为 $Q(u_0,w)$ 与 $Q(w,v)$. 由于 w 是 P 与 Q 从 u_0 开始的最后一个公共顶点, 所以, 除 w 之外, $P(w,u)$ 与 $Q(w,v)$ 没有公共顶点. 因而, 若 u 与 v 在 G 中相邻, $C=P(w,u)\cup Q(w,v)\cup uv$ 就是一个圈. 下面证明, C 是奇圈, 从而得出矛盾.

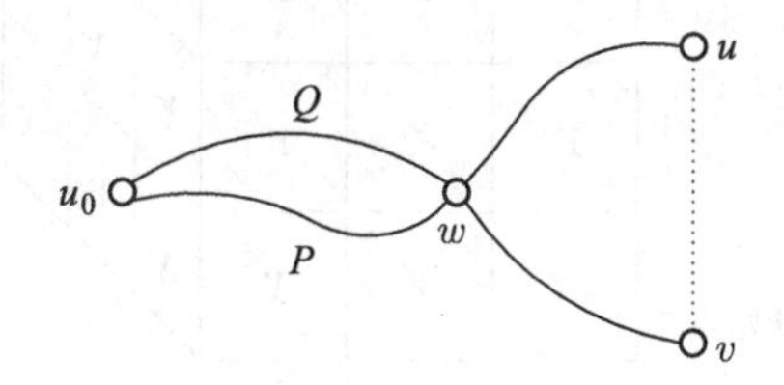

图 1.11 奇圈证明的示意图

首先有, $P(u_0,w)$ 的长度与 $Q(u_0,w)$ 的长度相等. 否则, 不妨设 $P(u_0,w)$ 的长度大于 $Q(u_0,w)$ 的长度, 则 $Q(u_0,w)\cup P(w,u)$ 就是一条从 u_0 到 u 的轨道, 而且比 $P(u_0,u)$ 还要短, 与 $P(u_0,u)$ 是最短轨道矛盾. 如此, 我们得到

$$\begin{aligned}C\ \text{的长度}&=[P(w,u)\ \text{的长度}+Q(w,v)\ \text{的长度}]+1\\&=[P(u_0,u)\ \text{的长度}+Q(u_0,v)\ \text{的长度}]\\&\quad-[P(u_0,w)\ \text{的长度}+Q(u_0,w)\ \text{的长度}]+1.\end{aligned}$$

由于 $u,v\in X$, $P(u_0,u)$ 的长度与 $Q(u_0,v)$ 的长度均为偶数, 而 $P(u_0,w)$ 的长度等于 $Q(u_0,w)$ 的长度, 所以 C 的长度为奇数. 矛盾.

所以, X 中任意两个顶点都不相邻. 同理, Y 中任意两个顶点也不相邻. 所以, G 是二分图. 证毕.

例 1.7 设有一个由 27 个小蛋糕组成的 $3\times3\times3$ 立方体蛋糕. 一只老鼠从立方体的一个角开始吃, 在吃过一块小蛋糕后, 下一次走向之前没有吃过且与当前蛋糕有公共面的蛋糕. 问老鼠能否经过每块小蛋糕一次, 最后停在中心的那一块小蛋糕?

证明 如图 1.12 所示, 以 27 块小蛋糕作为顶点, 当且仅当两块小蛋糕有公共面时, 在相应的两个顶点间连一条边, 再将老鼠开始的那个顶点与大立方体的中心连一条边, 这样构成一个图 G. 图 G 是一个二分图, 所有 8 个角对应的顶点以及每个面的中心对应的顶点构成集合 X, 其余顶点构成集合 Y(包括大正方体中心的那块小蛋糕). 若老鼠能够按照题设的方式, 吃过每个小蛋糕最终停在大正方体的中心, 则相当于图 G 中存在一个含所有顶点的圈, 圈长为 27. 与 G 是二分图矛盾. 所以, 题设结论不成立. 证毕.

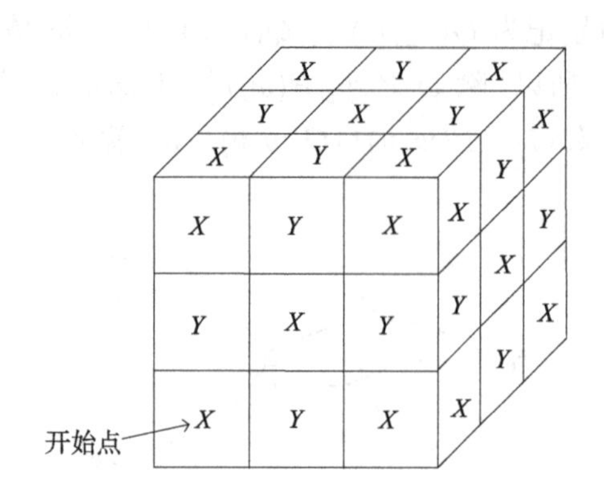

图 1.12 27 块小蛋糕

例 1.8 设 G 是简单图, $\delta(G) \geqslant 2$, 则 G 中含圈.

证明 参见图 1.13. 设 $P(u,v) = v_0(=u)v_1 \cdots v_k(=v)$ 是 G 中最长的轨道. 因为 $\deg(u) \geqslant \delta(G) \geqslant 2$, 除 v_1 外, u 在 G 中至少还有一个相邻的顶点, 设为 w. 若 w 不在 $P(u,v)$ 上, $P(u,v)$ 加上边 wu 就是 G 中比 $P(u,v)$ 还要长的轨道, 与 $P(u,v)$ 是最长轨道矛盾. 因而 w 在 $P(u,v)$ 上, 设 $w = v_i (i \neq 0,1)$, 则 $P(u,v)$ 上的一段轨道 $P(u,v_i)$ 加上边 uv_i 就是 G 中的圈. 证毕.

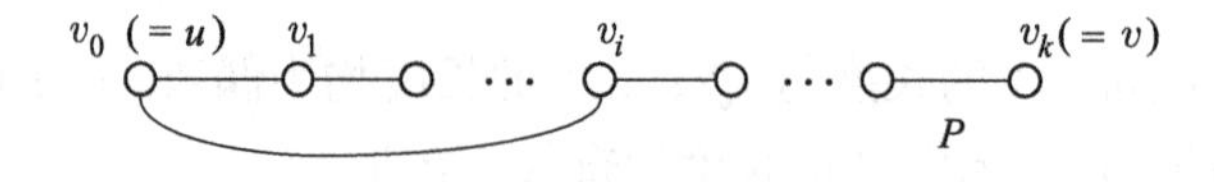

图 1.13 含圈证明示意图

上述例子用到了"最长轨道"的技术. 类似的技术在图论的证明中会经常用到.

例 1.9 设 G 是连通图, $G' \subseteq G$, 且 $|V(G')| < |V(G)|$, 则存在 $e = uv \in E(G)$, 使得 $u \in V(G')$, $v \in V(G) - V(G')$.

证明 因为 $|V(G')| < |V(G)|$, 所以存在 $w_1 \in V(G')$, $w_2 \in V(G) - V(G')$. 因为 G 是连通图, 所以 w_1 与 w_2 之间在 G 中存在一条轨道, 设为 $P(w_1, w_2)$. 由于 $w_1 \in V(G')$, $w_2 \in V(G) - V(G')$, 所以 $P(w_1, w_2)$ 上有连续的两个顶点 u 与 v, 使得 $u \in V(G')$, $v \in V(G) - V(G')$, 且边 $e = uv$ 在 $P(w_1, w_2)$ 上. 证毕.

例 1.10 设 G 是简单图, $\delta(G) \geqslant 3$, 则 G 中含偶圈.

证明 设 $P(u,v)=v_0(=u)v_1\cdots v_k(=v)$ 是 G 中最长的轨道. 因为 $\deg(u)\geqslant\delta(G)\geqslant 3$, 除 v_1 外, u 在 G 中至少还有两个相邻的顶点. 由例 1.8 的证明过程可知, 这两个相邻的顶点都在 $P(u,v)$ 上, 设为 $v_i,v_j(i\neq j>0,1)$. 不妨设 $i<j$, 则如图 1.14 所示, 我们得到三个圈, 分别为

C_1: 轨道 $P(u,v)$ 上的一段 $P(u,v_i)$ 加上边 uv_i;

C_2: 轨道 $P(u,v)$ 上的一段 $P(u,v_j)$ 加上边 uv_j;

C_3: 轨道 $P(u,v)$ 上的一段 $P(v_i,v_j)$ 加上边 uv_i 与 uv_j.

C_1,C_2,C_3 的长度分别为 $i+1,j+1,j-i+2$. 由于 $(i+1)+(j+1)+(j-i+2)=2\times j+4$ 为偶数, 所以 C_1, C_2 和 C_3 中至少有一个是偶圈. 证毕.

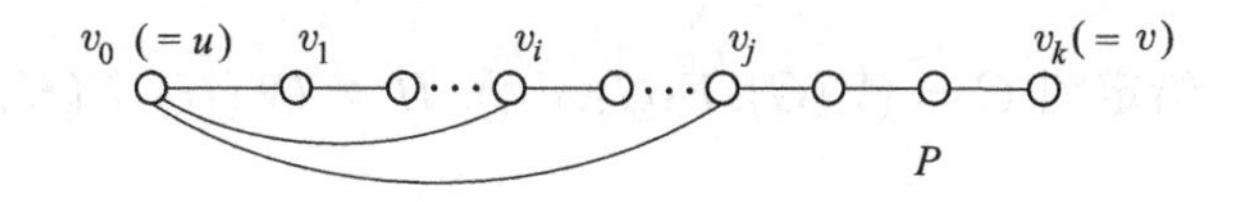

图 1.14 含偶圈证明示意图

例 1.11 任给图 G, G 与其补图 G^c 中至少有一个是连通图.

证明 不妨设 G 不连通, 下面证明 G^c 是连通图. 因为 G 不连通, 所以 G 至少有两个连通片 $G_1,\cdots,G_\omega(\omega\geqslant 2)$. 任给 G^c 中两个顶点 $u,v\in V(G^c)=V(G)$, 有两种可能

(1) $uv\notin E(G)$, 即 u 与 v 在 G 中不相邻, 则 u 与 v 在 G^c 中相邻, $u,v\in E(G^c)$, 所以 u 与 v 在 G^c 中连通.

(2) $uv\in E(G)$, 即 u 与 v 在 G 中相邻, u 与 v 属于图 G 的同一个连通片, 设为 G_i, 即 $u,v\in V(G_i)$. 因为 $\omega\geqslant 2$, 所以我们可以选择 G 的另一个连通片 $G_j, j\neq i$, 并且取一个顶点 $w\in V(G_j)$. 因为 w 与 u,v 不在 G 的同一个连通片, 所以 $uw,vw\notin E(G)$, $uw,vw\in E(G^c)$, 这样 uwv 就是 G^c 中一条从 u 到 v 的轨道, 所以 u 与 v 在 G^c 中连通.

综上, G^c 是连通图. 证毕.

1.5 图的同构

图描述的是一些对象间的关系, 在本书中讨论的都是一些对象间的二元关系. 某些图之间除了表示的对象不同之外, 对象间的二元关系是相同的. 例如, 在图 1.15 所示的图 G 与图 H 中, 如果我们将图 G 中的顶点 x_i 换成图 H 中的顶点 $u_i(1\leqslant i\leqslant 3)$, y_j 换成 $v_j(1\leqslant j\leqslant 3)$, 则图 G 中对象间的二元关系就完全对应于

图 H 中对象间的二元关系. 我们称之为图的同构.

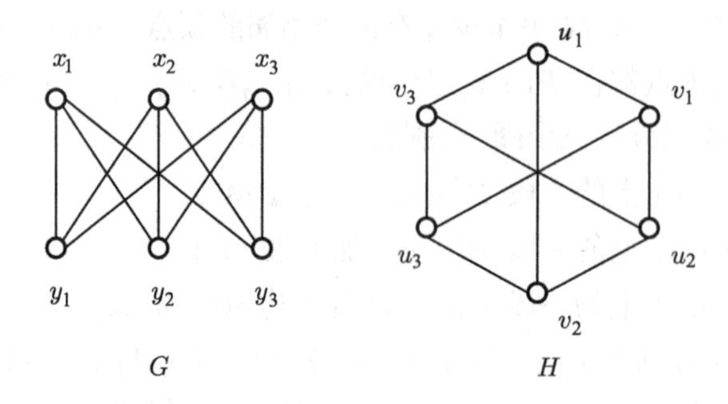

图 1.15　图同构示例

定义 1.9　给定图 $G=(V(G),E(G),\psi_G)$, $H=(V(H),E(H),\psi_H)$, 若存在两个一一映射

$\theta: V(G)\to V(H)$;

$\varphi: E(G)\to E(H)$,

使得任给 $e\in E(G)$, 当且仅当 $\psi_G(e)=uv$ 时, 有 $\psi_H(\varphi(e))=\theta(u)\theta(v)$, 则称图 G 与图 H **同构**, 记作 $G\cong H$.

例如, 在图 1.15 中, $G\cong H$(注: 可以定义顶点间的映射 $\theta(x_i)=u_i,\theta(y_i)=v_i, i=1,2,3$). 若 $|V(G)|=|V(H)|$, 则 $V(G)$ 与 $V(H)$ 之间的一一映射有 $|V(G)|!=|V(H)|!$ 个, 按照同构的定义, 检查所有可能的一一映射, 判断是否满足同构的定义是非常耗时的. 遗憾的是, 到目前为止, 还没有有效的判断同构的算法. 并且, 学术界也普遍猜测, 不存在多项式时间复杂度的确定性判定同构的算法.

关于同构, 有下面的 Ulam 猜想, 至今尚未解决.

Ulam 猜想 (1929)　设 G 与 H 是两个图, $|V(G)|=|V(H)|$, 若存在一一映射 $\theta: V(G)\to V(H)$, 使得任给 $v\in V(G)$, $G-v\cong H-\theta(v)$, 则 $G\cong H$.

与 Ulam 猜想类似, 有下面的猜想, 同样至今尚未解决.

设 G 与 H 是两个图, $|E(G)|=|E(H)|$, 若存在一一映射 $\theta: E(G)\to E(H)$, 使得任给 $e\in E(G)$, $G-e\cong H-\theta(e)$, 则 $G\cong H$.

两个同构的图, 有许多相同的性质. 这些性质是两个图同构的必要条件, 可以用来判断两个图不同构. 比如, 若 $G\cong H$, 则有如下一些性质:

(1) 顶点数相等, 且边数也相等;

(2) 顶点的度数序列相同;

(3) 若 G 是简单图, 则 H 也是简单图;

(4) 若 G 是连通图, 则 H 也是连通图;

(5) 若 G 中有长度为 k 的圈, 则 H 也有长度为 k 的圈.

1.6 有 向 图

例 1.1 定义的是无向图, 它所表达的二元关系中, 两个顶点之间没有顺序, 就不能描述绪论中所述的网页排序的问题. 下面给出有向图的定义.

定义 1.10 一个**有向图** D 是一个有序三元组 $D=(V(D),E(D),\psi_D)$, 其中,

• $V(D)\neq\varnothing$ 是顶点集合, 任给 $v\in V(D)$ 称为一个**顶点**.

• $E(D)$ 是有向边集合, 任给 $e\in E(D)$ 称为一条**有向边**. 在不引起混淆的前提下, 也简称为边.

• ψ_D: $E(D)\to V(D)\times V(D)$ 称为有向边与顶点之间的**关联函数**.

例 1.12 是一个有向图的例子.

例 1.12 $G=(V(D),E(D),\psi_D)$, 其中, $V(D)=\{v_1,v_2,v_3,v_4,v_5\}$, $E(D)=\{e_1,e_2,e_3,e_4,e_5,e_6,e_7,e_8,e_9\}$, ψ_D 的定义为 $\psi_D(e_1)=(v_1,v_2)$, $\psi_D(e_2)=(v_1,v_3)$, $\psi_D(e_3)=(v_1,v_4)$, $\psi_D(e_4)=(v_2,v_3)$, $\psi_D(e_5)=(v_3,v_4)$, $\psi_D(e_6)=(v_2,v_5)$, $\psi_D(e_7)=(v_4,v_5)$, $\psi_D(e_8)=(v_5,v_4)$, $\psi_D(e_9)=(v_2,v_2)$.

例 1.12 对应的图示参见图 1.16.

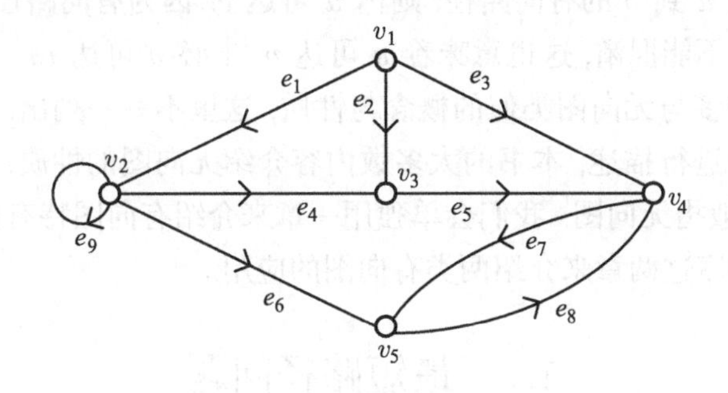

图 1.16 有向图的例子

与无向图不同的是, 有向图中的边用有序对表示, 而无向图的边则用二元集合来表示. 若存在边 $\psi_D(e)=(u,v)$, 则称 u 是 e 的**起点** (或**尾**), v 是 e 的**终点** (或**头**), u 与 v 都称为 e 的**端点**. 图 1.16 是例 1.12 对应的图示. 在图示中, 我们用有向边来表示二元关系中两个元素间的顺序关系. 为了简便起见, 在不引起混淆的情况下, 我们将边与顶点的关联关系 $\psi_D(e)=(u,v)$ 简写成 $e=(u,v)$ 或 $e=uv$. 注意, 与无向图不同的是, 在有向图中边有方向, 所以 $uv\neq vu$. 例如, 在例 1.12 中, $e_7=v_4v_5$ 与 $e_8=v_5v_4$ 的方向相反, 不是重边. 与无向图类似, 在不引起混淆

的前提下, 我们经常将有向图 $D=(V(D),E(D),\psi_D)$ 简写成 $D=(V(D),E(D))$ 的形式, 其中直接将边写成顶点的有序对的形式.

给定有向图 $D=(V(D),E(D),\psi_D)$, 对于顶点 $u\in V(D)$, 我们定义 u 的**出度** $\deg^+(u)$ 为以 u 为起点的边数, u 的**入度** $\deg^-(u)$ 为以 u 为终点的边数, 即

$$\deg^+(u)=|\{e|e=(u,v)\in E(D)\}|,\quad \deg^-(u)=|\{e|e=(v,u)\in E(D)\}|.$$

而 u 的**度数**则定义为两者之和, 即 $\deg(u)=\deg^+(u)+\deg^-(u)$. 例如在例 1.12 中, $\deg^+(v_2)=3$, $\deg^-(v_2)=2$, $\deg(v_2)=5$. 与无向图中的 Euler 定理类似, 我们有下面的定理.

定理 1.3 任给有向图 D,

$$\sum_{v\in V(D)}\deg^+(v)=\sum_{v\in V(D)}\deg^-(v)=\varepsilon(D).$$

与无向图类似, 我们可以定义有向图中的有向路径、有向迹、有向轨道、有向回路、有向圈的概念, 与无向图中相关概念的区别在于: 有向路径中边的方向要求一致. 比如, 在例 1.12 中, $W=v_1e_1v_2e_9v_2e_6v_5e_8v_4$ 是有向路径, 而 $v_1e_1v_2e_9v_2e_6v_5e_7v_4$ 则不是有向路径, 这是因为 e_7 的方向不对. 给定有向图中两个顶点 $u,v\in V(D)$, 若存在从 u 到 v 的有向路径, 则称 u **可达** v. 因为有向路径是有方向性的, 所以起点与终点不能混淆, 这也意味着 u 可达 v, 未必 v 可达 u.

有向图有许多与无向图类似的概念与性质, 这里不一一列出. 由于多数应用都可以用无向图进行描述, 本书的大多数内容介绍无向图的性质. 在没有特别指明的情形下, 一般指无向图. 我们会单独用一章来介绍有向图特有的性质, 也会在网络流与网页排序这两章来介绍两类有向图的应用.

1.7 最短路径问题

若干城市间建有公路网, 要求出其中某两个城市之间的最短路径. 这类问题在交通出行、工作规划、网络路由等许多领域都有应用背景. 例如, 大家常用的导航系统.

我们以每个城市作为一个顶点, 若两个城市之间有直接的公路相连, 则在相应的两个顶点间连一条边, 一条公路的长度用边权来表示. 这样我们得到一个边加权图:

(1) $G=(V(G),E(G))$;

(2) $w:E(G)\to\mathbf{R}^+$.

给定两个顶点 $u,v \in V(G)$, 设 $P(u,v)$ 是 u,v 之间的一条轨道, 则 $P(u,v)$ 的权定义为

$$w(P(u,v)) = \sum_{e\in E(P(u,v))} w(e).$$

设 $\mathcal{P}(u,v)$ 是 u,v 之间的所有轨道构成的集合. 则最短路径问题就是找到 u,v 之间的一条轨道 $P_0(u,v)$, 使得

$$w(P_0(u,v)) = \min_{P(u,v)\in\mathcal{P}(u,v)} w(P(u,v)).$$

$P_0(u,v)$ 称为 u,v 之间的最短路径, 而 $w(P_0(u,v))$ 则称为 u,v 之间的距离, 记作 $\mathrm{dist}(u,v)$.

若从最短路径的定义出发, 枚举两个顶点间所有的轨道, 再找出其中最短的那一条, 则对于规模稍微大一点的图来说, 计算量都很大, 难以适应实际应用的要求. 1959 年, 荷兰著名数学家与计算机学家、1972 年图灵奖得主 Dijkstra 给出了求一个顶点到其余所有顶点的最短路径的有效算法.

给定 G 中某个顶点 u_0, 我们要求出 u_0 到其余所有顶点的最短路径. 在 Dijkstra 算法中, 用变量 $d(u)$ 表示算法当前所能找到的从 u_0 到 u 的最短路径的长度, 用 $l(u)$ 表示当前所能找到的从 u_0 到 u 的最短路径上 u 的前驱顶点. 注意算法当前所能找到的最短路径及其长度不一定是最终的最短路径与距离. 在算法的第 i 次迭代, 求出了 u_0 到 u_{i+1} 最终的最短路径和距离 $d(u_{i+1})$, 并且用 $l(u_{i+1})$ 标记了此最短路径上 u_{i+1} 的前驱顶点. 我们用集合 S_i 记录到算法的第 i 次迭代, 已经求出最终的最短路径的顶点集合.

算法 1.1 Dijkstra 算法.

输入: 加权图 $G=(V(G),E(G))$, $w: E(G)\to \mathbf{R}^+$, 顶点 $u_0\in V(G)$.

输出: u_0 到其余所有顶点的距离和最短路径.

(1) 任给 $u,v\in V(G)$, 若 $uv\notin E(G)$, 令 $w(uv)=\infty$.

(2) 令 $d(u_0)=0$, $l(u_0)=u_0$; 任给 $u\in V(G)$, $u\neq u_0$, $d(u)=\infty$, $l(u)=*$; $S_0=\{u_0\}$; $i=0$.

(3) 对任给 $u\in V(G)-S_i$, 若 $d(u_i)+w(u_iu)<d(u)$, 则令 $d(u)\leftarrow d(u_i)+w(u_iu)$, 且令 $l(u)=u_i$.

(4) 选出 $u_{i+1}\in V(G)-S_i$, 使得 $d(u_{i+1})=\min_{u\in V(G)-S_i} d(u)$, 令 $S_{i+1}=S_i\cup\{u_{i+1}\}$.

(5) 若 $i=\nu(G)-1$, 算法停止; 否则, 令 $i\leftarrow i+1$, 转 (3).

图 1.17 是一个利用 Dijkstra 算法求顶点 u_0 到其余所有顶点距离的示例. 任给顶点 u, 我们可以通过标记 $l(u)$ 回溯出 u_0 到顶点 u 的最短路径. 例如, 在图 1.17 中, u_0 到顶点 u_5 的最短路径为 $u_0u_2u_3u_5$, 距离为 6.

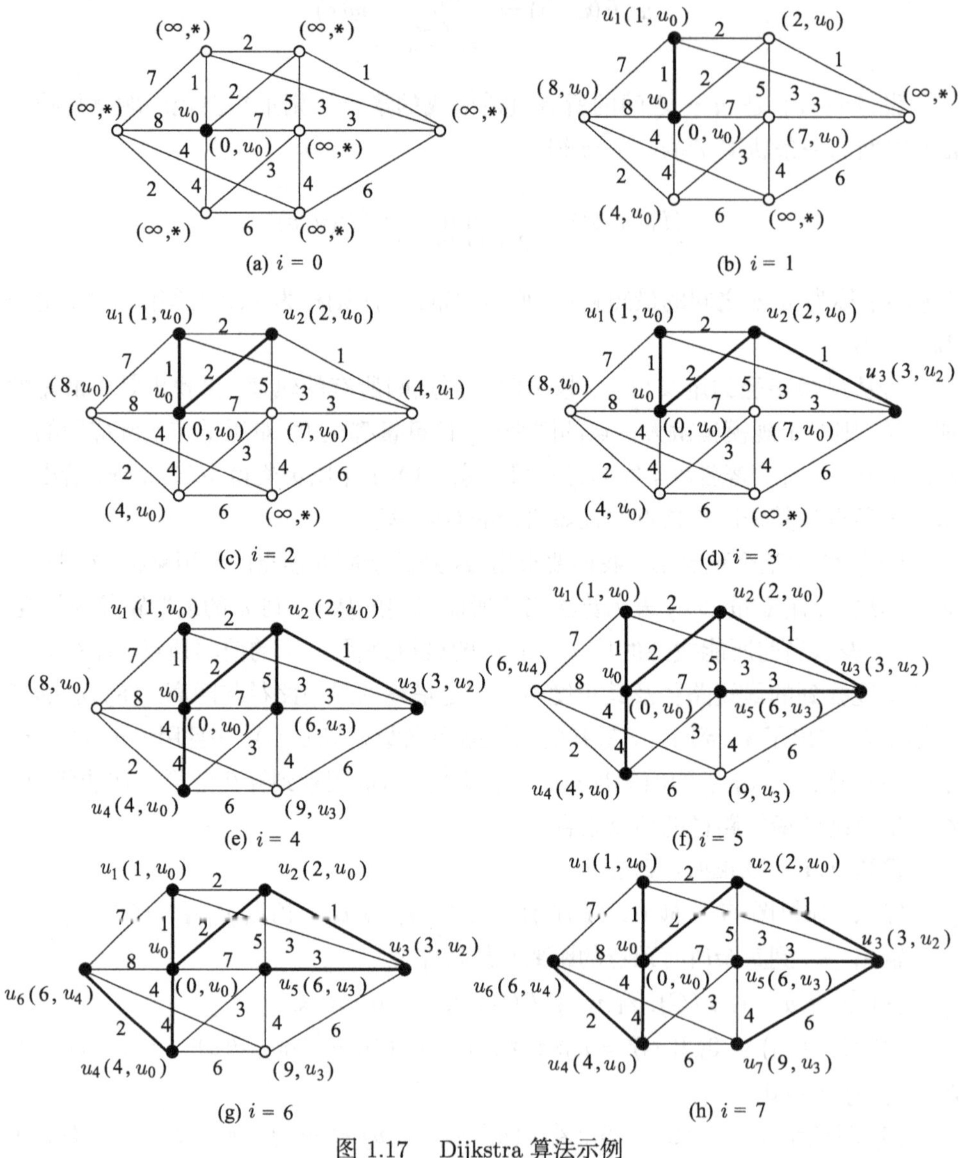

图 1.17　Dijkstra 算法示例

定理 1.4　在 Dijkstra 算法中, 当算法执行到第 $i(0 \leqslant i \leqslant \nu(G)-1)$ 次循环时, 满足

(1) 任给 $u \in S_i$, 都有 $d(u)$ 为 u_0 到 u 的距离, 而 $l(u)$ 为从 u_0 到 u 的最短

路径上 u 的前驱顶点.

(2) 在执行完算法的第 (3) 步之后, 任给 $u \in V(G) - S_i$, $d(u)$ 是从 u_0 到 u 在满足下述条件下的最短路径长度. 这个条件就是除了 u 之外, 该路径上其余顶点全部属于 S_i, 而 $l(u)$ 为该路径上 u 的前驱顶点.

(3) 在算法执行完第 (4) 步之后, $d(u_{i+1})$ 为 u_0 到 u_{i+1} 的距离, 而 $l(u_{i+1})$ 为从 u_0 到 u_{i+1} 的最短路径上 u_{i+1} 的前驱顶点.

证明 我们来对 i 做归纳.

当 $i = 0$ 时, $S_0 = \{u_0\}$, $d(u_0) = 0$, $l(u_0) = u_0$, u_0 到其自身的距离为 0, 最短路径上, u_0 的前驱是其自身. 定理 1.4 的第 (1) 条成立. 在算法的第 (3) 步, 对任给 $u \in V(G) - S_0$, 若 $d(u_0) + w(u_0u) < d(u)$, 则用 $d(u_0) + w(u_0u) = w(u_0u)$ 替代 $d(u)$, 此时满足定理 1.4 第 (2) 条的最短路径就是边 u_0u, 在该路径上 u 的前驱顶点就是 u_0; 否则, 仍保持 $d(u) = \infty$, u 的前驱为 $*$. 由算法的第 (3) 步知, 定理 1.4 的第 (2) 条成立. 由算法的第 (4) 步知, 在 u_0 关联的所有的边中, u_0u_1 的权值最小, 所以 u_0u_1 是从 u_0 到 u_1 的最短路径, 距离为 $d(u_1) = w(u_0u_1)$, 最短路径上 u_1 的前驱为 u_0. 所以, 定理 1.4 的第 (3) 条成立.

假设 $i < k$ 时, 定理 1.4 成立. 下面算法执行 $i = k$.

由归纳假设, $i = k - 1$ 时, S_{k-1} 中所有顶点都满足定理 1.4 的第 (1) 条, 而算法在第 (4) 步求出的 u_k, 满足定理 1.4 的第 (3) 条, 所以在 $i = k$ 时, 定理 1.4 的第 (1) 条仍然成立. 算法执行到 $i = k$ 时, 在算法的第 (3) 步结束后, 对任意的 $u \in V(G) - S_k$, 算法在所有从 u_0 到 u 满足以下条件的路径中, 选择了最短路径. 这个条件就是, 对所有 S_k 中所有的顶点 $u_i (0 \leqslant i \leqslant k)$, u_0 到 u_i 的最短路径加上边 u_iu 的最短者. 所以, 在算法第 (3) 步结束后, 定理 1.4 的第 (2) 条成立. 最后证明定理 1.4 的第 (3) 条成立. 设 u_0 到 u_{k+1} 的最短路径为 $P(u_0, u_{k+1})$. 由定理 1.4 的第 (2) 条可知, 算法的第 (3) 步执行结束后, 已经求出从 u_0 到 u_{k+1} 仅经过 S_k 内顶点的最短路径. 所以, 若定理 1.4 的第 (3) 条不成立, 则除了 u_{k+1} 之外, $P(u_0, u_{k+1})$ 上一定含有非 S_k 中的顶点, 设 $P(u_0, u_{k+1})$ 上从 u_0 开始的第一个不在 S_k 中的顶点为 w, 且记 $P(u_0, u_{k+1}) = u_0 \cdots w \cdots u_{k+1}$. 这样, $P(u_0, u_{k+1})$ 上的一段 $P_1(u_0, w)$, 其长度小于 $P(u_0, u_{k+1})$ 的长度, 也小于算法当前得到的 $d(u_{k+1})$. 这样, 由算法可知, w 应该在 u_{k+1} 之前已经进入 S_k. 矛盾. 所以, 在 $i = k$ 时, 算法的第 (4) 步执行结束后, 定理 1.4 的第 (3) 条成立. 证毕.

Dijkstra 算法的第 (1) 步需时间 $O(\nu(G)^2)$, 第 (2) 步需时间 $O(\nu(G))$. 算法的第 (3), (4) 步共循环 $\nu(G) - 1$ 次, 每次的时间复杂度为 $O(\nu(G))$. 所以, Dijkstra 算法的时间复杂度为 $O(\nu(G)^2)$.

需要说明的是

(1) 根据 $l(u)$, 我们可以回溯得到从 u_0 到 u 的最短路径. 由 $l(u)$ 可知, u 在最短路径上的前驱顶点为 $l(u)$, 而由 $l(l(u))$, 我们又可以得知, $l(u)$ 在最短路径上的前驱为 $l(l(u))$, 最终就会回溯出从 u_0 到 u 的最短路径.

(2) Dijkstra 算法求出的是一个顶点到其余所有顶点的最短路径. 事实上, 若仅仅求两个顶点间的最短路径, 在最坏情况下, 其时间复杂度与 Dijkstra 算法的时间复杂度也是相同的.

(3) 在很多实际应用中, 往往边权函数都满足三角不等式. 利用实际应用中图的一些性质, 采用图的分片与缓存部分关键顶点间的最短路径等技术, 可以显著加速最短路径算法.

习 题

1. G 是简单图, 则有 $\varepsilon(G) \leqslant \binom{\nu(G)}{2}$.

2. 证明或举例说明下面的结论:

   (1) 若 $G \cong H$, 则 $\nu(G) = \nu(H)$ 且 $\varepsilon(G) = \varepsilon(H)$.

   (2) (1) 的逆不成立.

3. 画出所有不同构的四个顶点简单图.

4. 任何至少由两个人构成的群体中, 其中有两个人, 他们的朋友数一样多.

5. $2n(n \geqslant 2)$ 人中, 每个人至少与其中的 n 个人认识, 则其中至少有四个人, 使得这四个人围桌而坐时, 每个人旁边都是他认识的人.

6. 证明: 图 1.18 中的两个图同构.

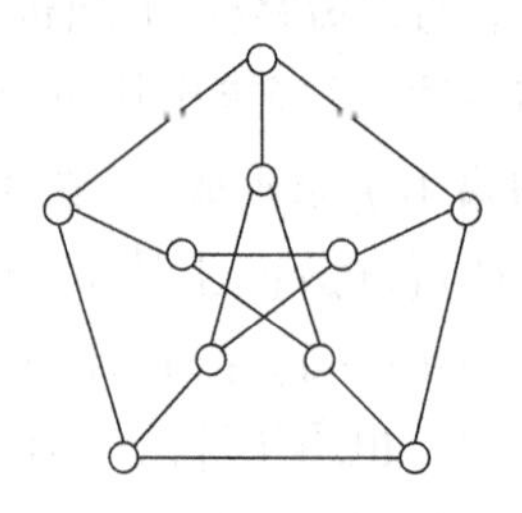
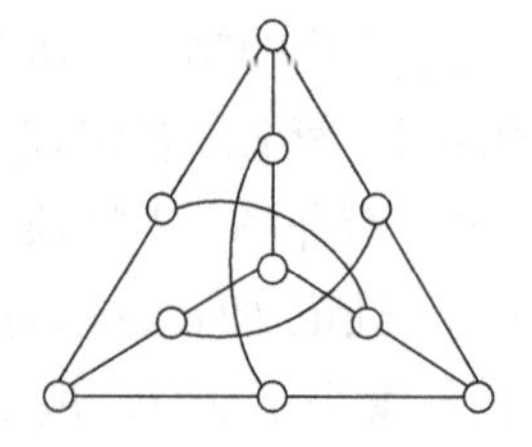

图 1.18 两个同构的图

7. 证明下面的结论:

   (1) $\varepsilon(K_{m,n}) = mn$;

   (2) 设 G 是二分图, $\varepsilon(G) \leqslant \nu^2(G)/4$.

8. 设 G 是图, 给定 $V(G)$ 的非空真子集 V', 记 k 为一个端点在 V' 中, 另一个端点在 $V(G)-V'$ 中的边数. 若 V' 中度数为奇数的顶点数为偶数, 则 k 为偶数; 否则, k 为奇数.

9. 每个顶点的度数都是 2 的连通图是一个圈.

10. 证明或说明下面的结论.

    (1) 若 $G^c \cong G$, 则称 G 是自补图. 证明: 若 G 是自补图, 则 $\nu(G) \equiv 0$ 或 $1 (\bmod 4)$.

    (2) 有多少个 $\nu(G)=5$ 的自补图?

11. 构造一个二分图 G, 使得 G 不与任何 k 维立方体的子图同构, 其中, k 为任意正整数.

12. G 是简单图, $\nu(G) \geqslant 4$, 整数 n 满足 $1<n<\nu(G)$. 证明: 若任给 G 的 n 个顶点构成的顶点子集, 其导出子图都有相同的边数, 则 $G \cong K_{\nu(G)}$ 或 $G \cong K_{\nu(G)}^c$.

13. 任给图 G, 都满足 $\delta(G) \leqslant 2\varepsilon(G)/\nu(G) \leqslant \Delta(G)$.

14. 我们将图 G 中所有顶点的度数按照从大到小的顺序排列, 称为图 G 的度数序列. 证明:

    (1) $7,6,5,4,3,3,2$ 和 $6,6,5,4,3,3,1$ 都不是简单图的度数序列;

    (2) 设 $d_1, d_2, \cdots, d_n$ 是简单图的度数序列, 则 $\sum_{i=1}^n d_i$ 是偶数, 且对任意 $1 \leqslant k \leqslant n$, 都有

$$\sum_{i=1}^{k} d_i \leqslant k(k-1)+\sum_{i=k+1}^{n} \min\{k, d_i\}.$$

15. 任给无环图 G, G 有一个生成子图 H, 满足

    (1) H 是二分图;

    (2) 任给 $u \in V(G)=V(H)$, 都有 $d_H(u) \geqslant d_G(u)/2$.

16. 假设 G 是简单图, 且 $\delta(G) \geqslant k$, 则 G 中有长为 k 的轨道.

17. G 是连通图, 当且仅当 $V(G)$ 任意分成两个非空子集 V' 与 $V(G)-V'$, 总存在一条边, 它的两个端点分属 V' 与 $V(G)-V'$.

18. G 是简单图, 且 $\varepsilon(G)>\begin{pmatrix}\nu(G)-1\\2\end{pmatrix}$, 则 G 是连通图.

19. (1) 证明: 任给 $e \in E(G)$, 都满足 $\omega(G) \leqslant \omega(G-e) \leqslant \omega(G)+1$.

    (2) 说明: 对于图 G 的任意顶点 v, 用 $G-v$ 代替 $G-e$, (1) 中的不等式未必成立.

20. 设 G 是连通图, 且每个顶点的度数都是偶数, 则 $\omega(G-v) \leqslant \deg(v)/2$.

21. 连通图 G 中任意两条最长的轨道都有公共顶点.

22. 设 G 是简单连通图, 但不是完全图. 证明: G 中存在三个顶点 u, v, w, 使得 $uv, vw \in E(G)$, 但是 $uw \notin E(G)$.

23. G 是一个简单图, $e \in E(G)$ 在一个起点与终点相同的行迹上, 则 e 在一个圈上.

24. G 是简单图, $\delta(G) \geqslant 2$, 则 G 中有长为 $\delta(G)+1$ 的圈.

25. 设 G 是简单图. 证明:

(1) 若 $\varepsilon(G) \geqslant \nu(G)$, 则 G 中有圈;

(2) 若 $\varepsilon(G) \geqslant \nu(G)+4$, 则 G 中有两个无公共边的圈.

26. 一个公司在六个城市 $c_1, c_2, \cdots, c_6$ 有分公司, 下面的矩阵 (i,j) 号元素是 c_i 到 c_j 的机票价格, 试为该公司制作一张 c_1 到每个城市的路线图, 使得到每个城市的机票价格都最便宜.

$$\begin{pmatrix} 0 & 50 & \infty & 40 & 25 & 10 \\ 50 & 0 & 15 & 20 & \infty & 25 \\ \infty & 15 & 0 & 10 & 20 & \infty \\ 40 & 20 & 10 & 0 & 10 & 25 \\ 25 & \infty & 20 & 10 & 0 & 55 \\ 10 & 25 & \infty & 25 & 55 & 0 \end{pmatrix}.$$

27. 船公要将一只狼、一只羊和一棵白菜运过河. 假定一次只能运其中的一个, 且为了安全起见, 又不能使得狼与羊, 或者羊与白菜在无人看管时在一起. 请为船公设计一个安全快速的运送方案.

28. 现有一个 8 升的瓶子, 其中装满酒. 给你两只容量分别为 3 升与 5 升的空瓶子, 请设计一个将 8 升酒平分为两个 4 升的方法.

29. 假设 G 是连通图, $\nu(G) \geqslant 2$ 且 $\varepsilon(G) < \nu(G)$, 则 G 中至少有两个度数为 1 的顶点.

第 2 章　树

树是图论中重要的概念之一，作为一种特殊的图，广泛应用于计算机科学中. 在数据结构中，树是一种非线性的数据结构，能够很好地描述有分支和层次特性的数据集合，例如社会机构的组织关系图；编译系统中用树表示源程序的语法结构；数据库系统中，树是数据库层次模型的基础，也是各种索引和目录的主要组织形式. 树的其他应用还包括数据压缩中的 Huffman 树、机器学习中的决策树等.

2.1　树的基本概念

定义 2.1　连通无圈图称为**树**，用 T 表示. 树中度数为 1 的顶点称为**树叶**，度数大于 1 的顶点称为**分支点**，边称为**树枝**. 每个连通片都是树的非连通图称为**森林**. 孤立点称为**平凡树**.

例如，图 2.1 (a) 是一棵有 6 片树叶的树，图 2.1 (b) 是一棵平凡树，图 2.1 (c) 是森林.

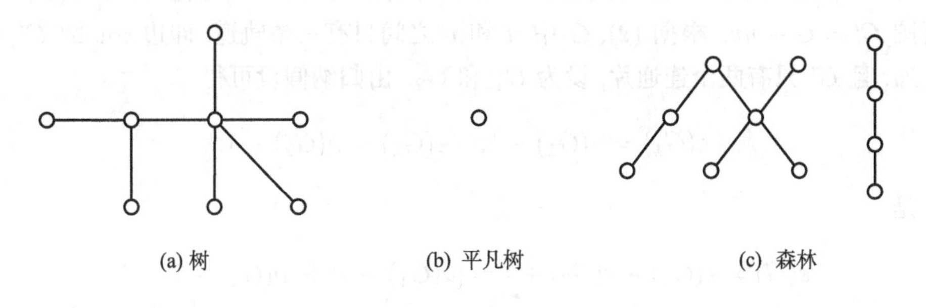

(a) 树　　(b) 平凡树　　(c) 森林

图 2.1　树与森林

定理 2.1 是关于树的一些等价结论，这些结论从不同的角度刻画了树的各种性质，将在我们以后更进一步讨论树的性质或设计与树相关的算法时起到重要作用.

定理 2.1　设 $G=(V(G),E(G))$ 是简单无向图，则以下命题等价:

(1) G 是树;

(2) G 的任意两个顶点之间有且仅有一条轨道;

(3) G 不含圈, 且 $\varepsilon(G)=\nu(G)-1$;

(4) G 是连通图, 且 $\varepsilon(G)=\nu(G)-1$;

(5) G 是连通图, 且删去任意一条边后都不连通;

(6) G 不含圈, 且任意添加一条边后恰好含一个圈.

证明 下面我们来证明 (1) $\Rightarrow$ (2) $\Rightarrow$ (3) $\Rightarrow$ (4) $\Rightarrow$ (5) $\Rightarrow$ (6) $\Rightarrow$ (1), 以此来完成定理 2.1 的证明.

(1) $\Rightarrow$ (2): G 是树, 所以连通, 即 G 的任意两个顶点 u 和 v 之间都有一条轨道 $P(u,v)$. 如果 u 和 v 之间还有另一条轨道 $P'(u,v)$, 则 P 和 P' 从 u 到 v 构成的顶点序列不完全相同. 从 u 到 v 的方向, 设 w_1 和 w_2 是 P 和 P' 两个相继的公共顶点 (这样的两个顶点一定存在, 可能是 u 与 v), 则 $P(w_1,w_2)$ 和 $P'(w_1,w_2)$ 除了 w_1 和 w_2 之外没有其他公共点, 因此 $P(w_1,w_2)$ 和 $P'(w_1,w_2)$ 构成一个圈, 与树 G 无圈矛盾. 故 u 和 v 之间只有一条轨道.

(2) $\Rightarrow$ (3): 若 G 中有圈 C, 则圈 C 上任意两个顶点 u 和 v 之间都有两条不同的轨道, 与 (2) 矛盾, 故 G 不含圈.

下面对顶点数 $\nu(G)$ 用数学归纳法证明 $\varepsilon(G)=\nu(G)-1$. 当 $\nu(G)=2$ 时, G 只有两个顶点, 设为 u 和 v, 由 (2) 知它们之间只有一条轨道, 即边 uv, $\varepsilon(G)=1$, 所以 $\varepsilon(G)=\nu(G)-1$ 成立.

假设任给 $\nu(G)\leqslant k$ 时, 都有 $\varepsilon(G)=\nu(G)-1$ 成立. 任取图 G, $\nu(G)=k+1$. 因为 G 中任意两个顶点间有轨道, 所以 G 中存在边. 任取一条边 $uv\in E(G)$, 考虑图 $G'=G-uv$. 根据 (2), G 中 u 和 v 之间只有一条轨道, 即边 uv, 故 G' 不连通, 且 G' 只有两个连通片, 设为 G_1 和 G_2. 由归纳假设可得

$$\varepsilon(G_1)=\nu(G_1)-1,\quad \varepsilon(G_2)=\nu(G_2)-1,$$

于是

$$\begin{aligned}\varepsilon(G)&=\varepsilon(G_1)+\varepsilon(G_2)+1=[\nu(G_1)-1]+[\nu(G_2)-1]+1\\&=\nu(G_1)+\nu(G_2)-1=\nu(G)-1.\end{aligned}$$

因此 (3) 成立.

(3) $\Rightarrow$ (4): 只需证明 G 是连通图即可. 反证, 设 G 不连通, 有 $\omega>1$ 个连通片 $G_1,G_2,\cdots,G_\omega$. 则 $G_i(i=1,2,\cdots,\omega)$ 是无圈连通图, 因而是树, 由 (1) $\Rightarrow$ (2) $\Rightarrow$ (3) 的证明过程可知, $\varepsilon(G_i)=\nu(G_i)-1$, 因此

$$\varepsilon(G)=\sum_{i=1}^{\omega}\varepsilon(G_i)=\sum_{i=1}^{\omega}[\nu(G_i)-1]=\nu(G)-\omega.$$

因为 $\omega > 1$, 与 (3) 中 $\varepsilon(G) = \nu(G) - 1$ 矛盾, 所以 G 是连通图.

(4) $\Rightarrow$ (5): 只需证明对 G 的任意一条边 e, $G - e$ 不连通. 注意到 $\varepsilon(G-e) = \varepsilon(G) - 1 = \nu(G) - 2$. 下面证明一个更一般的结论: $\varepsilon(G) \geqslant \nu(G) - 1$ 是图 G 为连通图的必要条件, 由此导出 $G - e$ 不连通.

断言 若 G 是连通图, 则 $\varepsilon(G) \geqslant \nu(G) - 1$.

对顶点数 $\nu(G)$ 用归纳法证明. 当 $\nu(G) = 2$ 时, $\varepsilon(G) = 1$, 满足 $\varepsilon(G) \geqslant \nu(G) - 1$.

假设当 $\nu(G) \leqslant k$ 时, 都有 $\varepsilon(G) \geqslant \nu(G) - 1$ 成立. 则当 $\nu(G) = k + 1$ 时任取顶点 $v \in V(G)$, 考虑 $G' = G - v$.

设 G' 有 ω 个连通片 $G_1, G_2, \cdots, G_\omega (\omega \geqslant 1)$, 显然 $\nu(G_i) \leqslant k\ (i = 1, 2, \cdots, \omega)$, 由归纳假设有 $\varepsilon(G_i) \geqslant \nu(G_i) - 1$, 因此

$$\varepsilon(G') = \sum_{i=1}^{\omega} \varepsilon(G_i) \geqslant \sum_{i=1}^{\omega} [\nu(G_i) - 1] = \nu(G') - \omega.$$

因为 G 是连通图, v 与每个 $G_i (i = 1, 2, \cdots, \omega)$ 之间都至少有一条边, 所以 $\varepsilon(G) \geqslant \varepsilon(G') + \omega$. 故 $\varepsilon(G) \geqslant \nu(G') = \nu(G) - 1$, 断言成立.

(5) $\Rightarrow$ (6): 我们先证明: 若图 G 是连通图, 且含有一个圈 C, 则任取 C 上的一条边 $e = xy$, 删去边 e 后, $G - e$ 仍连通. 任取两个顶点 $u, v \in V(G-e) = V(G)$, 因为 G 是连通图, 所以在 G 中存在从 u 到 v 的轨道, 设为 $P(u, v)$. 若 e 不在 $P(u, v)$ 上, 则 $P(u, v)$ 仍然是 $G - e$ 中的轨道, u 与 v 在 $G - e$ 中连通; 若 e 在 $P(u, v)$ 上, 参见图 2.2, $P(u, v) - e + C - e$ 则为一条 $G - e$ 中从 u 到 v 的路径, u 与 v 在 $G - e$ 中也连通. 所以, $G - e$ 是连通图.

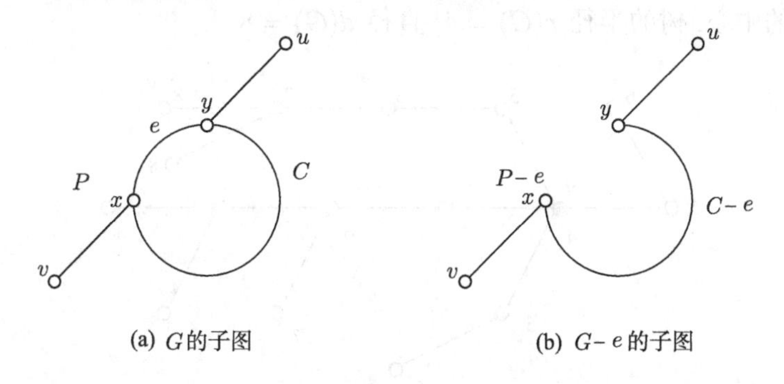

(a) G的子图 (b) $G-e$的子图

图 2.2

现在证明 G 中无圈. 若 G 中有圈 C, 删去 C 上任一条边后仍然连通, 与 (5) 矛盾. 所以 G 中无圈. 下面证明任意添加一条边 e 后所得之图 $G + e$ 恰有一个圈.

设添加的边为 $e = uv \notin E(G)$. 因为 G 连通, 顶点 u 和 v 在 G 中存在一条轨道 $P(u,v)$. $P(u,v) + uv$ 就是 $G+e$ 中的一个圈. 如果 $G+e$ 中有两个不同的圈 C_1 和 C_2, 因为 G 中无圈, 所以边 $e = uv$ 既在 C_1 上也在 C_2 上, 于是 $C_1 - e$ 与 $C_2 - e$ 是 G 中 u 到 v 的两条不同的轨道, 由 (1) ⇒ (2) 的证明过程知, G 中有圈, 矛盾. 故 $G+e$ 中只有一个圈.

(6) ⇒ (1): 只需证明 G 是连通图. 任取 $u, v \in V(G)$, 若 $uv \in E(G)$, 则 u 和 v 连通. 若 $uv \notin E(G)$, 由 (6) 知, $G+uv$ 恰有一个圈 C, 则 $C - uv$ 就是 G 中 u 和 v 之间的轨道, 所以 u 和 v 连通. 因此, G 是连通图. 证毕.

定理 2.2 任一非平凡树 T 至少有两片树叶.

证明 因为 T 是连通图且不是平凡树, 所以每个顶点度数至少为 1. 设 T 有 k 片树叶, 则 T 有 k 个顶点的度数为 1, 其余顶点的度数都大于等于 2. 由 Euler 定理可知

$$2\varepsilon(T) = \sum_{v \in V(T)} \deg(v) \geqslant k \times 1 + (\nu(T) - k) \times 2 = 2\nu(T) - k.$$

而 $\varepsilon(T) = \nu(T) - 1$, 所以 $k \geqslant 2$, 即 T 中至少有两片树叶. 证毕.

定义 2.2 设图 $G = (V, E)$ 是连通图, 任取 $v \in V$, 称 $l(v) = \max\{\text{dist}(u,v) | u \in V\}$ 是顶点 v 的**离心率**, 称 $r(G) = \min\{l(v) | v \in V\}$ 是图 G 的**半径**.

离心率恰好等于半径 (即 $l(v) = r(G)$) 的顶点 v, 称为 G 的一个**中心点**, G 中全体中心点的集合称为 G 的**中心**.

例 2.1 图 2.3 所示的树中, 每个顶点处标出的数字为该顶点的离心率. 顶点 u 是树的中心, 树的半径 $r(G) = 4$, 直径 $d(G) = 8$.

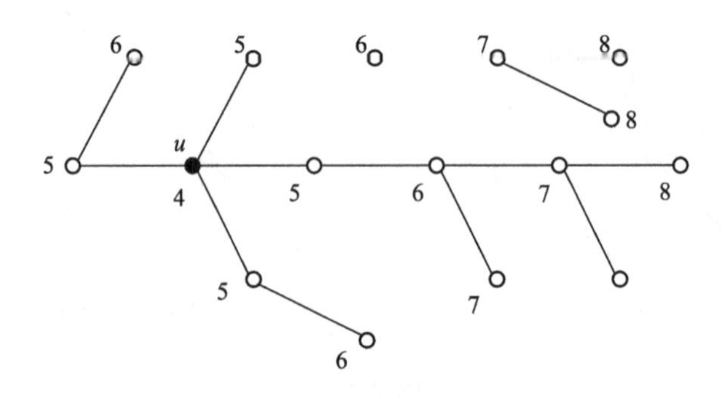

图 2.3 树的中心

可以证明: 每棵树的中心是由一个顶点或两个相邻顶点构成的, 参见习题 6.

2.2 生 成 树

2.2.1 生成树的定义

定义 2.3 如果图 G 的生成子图 T 是树, 则称 T 是 G 的一棵**生成树**; 如果 T 是森林, 称它为 G 的**生成森林**. 生成树的边称为树枝, 图 G 中非生成树的边称为**弦**. T 相对于 G 的补图 T_G^c 称为 G 的**余树**. T_G^c 是 G 的生成子图, 其边集合由 G 中不在 T 上的边组成.

一般来说, 图的生成树不唯一, 如图 2.4 所示. 图 2.4 (b) 和图 2.4 (c) 都是图 2.4 (a) 中 G 的生成树. 对于图 2.4 (b) 所示的生成树 T_1, e_1, e_2, e_4, e_5, e_7 是 T_1 的树枝, 而 e_3, e_6, e_8, e_9 是 T_1 的弦. 图 2.4 (d) 是 T_1 的余树. 注意余树不一定连通, 也不一定不含圈, 所以余树不一定是树. 图 2.4 (d) 同时也是 G 的生成森林.

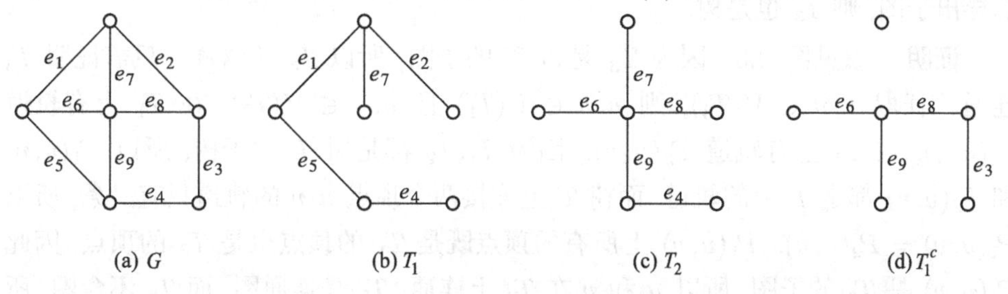

图 2.4 生成树和生成森林

定理 2.3 每个连通图都有生成树.

证法一 设 G 是一个连通图, G 是 G 自身的连通生成子图, 所以 G 存在连通生成子图. 假设 G' 是 G 的含边最少的连通生成子图. 若 G' 含圈 C, 任取 C 上的一条边 e, $G'-e$ 仍然是连通图. 所以, $G'-e$ 是 G 的连通生成子图, 但比 G' 边数少. 矛盾. 所以, G' 不含圈, G' 是树, 也就是 G 的生成树.

证法二 若 G 含圈, 任取 G 中一个圈 C, 删去 C 的任意一条边后得到 G 的生成子图 G_1, G_1 仍然连通. 如果 G_1 不含圈, 则 G_1 就是 G 的生成树. 否则, 继续删去 G_1 的任意一个圈上的任一条边得到生成子图 G_2, 依次下去直到不再含圈. 由于图的顶点数与边数有限, 最后得到一个无圈的生成子图 T. 而上述删边的过程中, 每次删去的是圈上的一条边, 不会破坏图的连通性, 所以 T 是 G 的一棵生成树. 证毕.

定理 2.3 的证法一偏推理性质. 而其证法二则偏构造性质, 实际上证法二给出了求生成树的一种方法, 称为“破圈法”. 由定理 2.1 与定理 2.3, 我们还很容易得出下面的两个推论.

推论 2.1 若 G 是连通图, 则 $\varepsilon(G) \geqslant \nu(G) - 1$.

推论 2.2 G 是连通图的充分必要条件是 G 有生成树.

例 2.2 连通图 G 的任意无圈子图, 都是 G 的某棵生成树的子图.

证明 设 H 是 G 的无圈子图. 若 G 是树, 结论显然. 若 G 不是树, 则 G 中有圈 C_1, C_1 至少有一条边 e_1 不在 H 上. 令 $G_1 = G - e_1$, G_1 仍连通, 且 H 是 G_1 的无圈子图. 若 G_1 是树, 结论成立; 否则, 删去 G_1 所含圈上的一条不在 H 上的边 e_2. 令 $G_2 = G_1 - e_2$, G_2 的圈数减少而且保持连通, H 仍是 G_2 的子图. 依次下去, 由于 G 中圈数有限, 有限步之后会得到一个以 H 为子图的 G_k, G_k 连通无圈, 是 G 的一棵生成树. 证毕.

从例 2.2 可知, 连通图的任意一个无圈子图都可以成长为一棵生成树.

例 2.3 设 T_1, T_2 是树 T 的子树, T_3 是以 T_1, T_2 公共顶点为顶点子集生成的导出子图, 则 T_3 也是树.

证明 参见图 2.5. 因为 T_3 是树 T 的子图, 所以 T_3 不含圈. 只需证明 T_3 连通. 任取 $u, v \in V(T_3)$, 则 $u, v \in V(T_1)$ 且 $u, v \in V(T_2)$, 在 T_1 上有轨道 $P_1(u, v)$, 在 T_2 上有轨道 $P_2(u, v)$. 因为 T_1, T_2 都是树 T 的子树, 所以 $P_1(u, v)$ 和 $P_2(u, v)$ 都是 T 上的轨道, 而树 T 上连接两个顶点 u, v 的轨道只有一条, 所以 $P_1(u, v) = P_2(u, v)$. $P_1(u, v)$ 上所有的顶点既是 T_1 的顶点也是 T_2 的顶点, 因此 $P_1(u, v)$ 是 T_3 的子图, 所以 u 和 v 在 T_3 上连通. T_3 是连通图, 而 T_3 不含圈, 所以是树. 证毕.

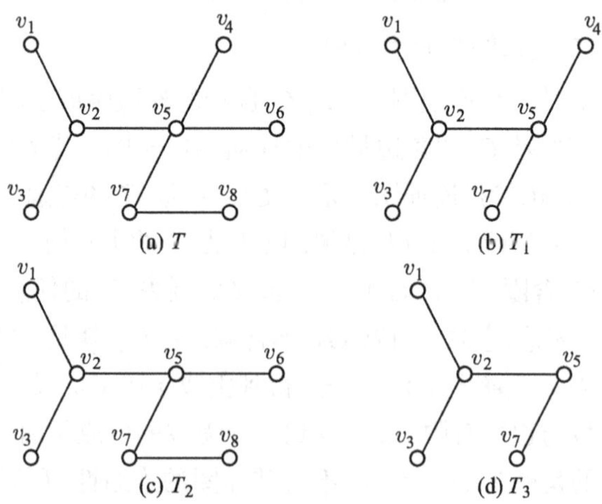

图 2.5 例 2.3 证明示例

例如, 在图 2.5 中, v_1 与 v_7 是 T_1 与 T_2 的公共顶点, 它们之间的轨道 $P(v_1, v_7) = v_1v_2v_5v_7$ 是 T 上 v_1 与 v_7 间的唯一轨道, 所以该轨道所有的顶点既在 T_1 上, 也在 T_2 上, 因而都在 T_3 上.

2.2.2 生成树的计数

本小节讨论标定无向图中生成树的数目. 设 $G=(V,E)$ 是无向连通图, $V=\{v_1,v_2,\cdots,v_n\}$, 即 G 是顶点有标记的标定图. 设 T_1, T_2 是 G 的两棵生成树, 若 $E(T_1)\neq E(T_2)$, 则认为 T_1 和 T_2 是 G 的两棵不同的生成树, 在此意义下, 记 G 的生成树的数目为 $\tau(G)$. Cayley 于 1889 年建立了生成树计数的递推公式.

定理 2.4 (Cayley) 设 G 是连通图, $e=uv\in E(G)$ 且不是环, 则

$$\tau(G)=\tau(G-e)+\tau(G\cdot e),$$

其中, $G\cdot e$ 是 G 中收缩掉边 e 后得到的图, 即首先删掉边 e, 然后将 u 与 v 合并为一个顶点, 设为 w, 再将 G 中原来与 u 或 v 相邻的顶点都与 w 连一条边.

证明 给定 G 的一条边 e, G 的生成树可分为两类: ① 不包含 e, 这样的生成树同时也是 $G-e$ 的生成树, 所以共有 $\tau(G-e)$ 棵; ② 包含 e, 这样的生成树与 $G\cdot e$ 中的生成树一一对应, 故有 $\tau(G\cdot e)$ 棵. 证毕.

注意: 环不在任何生成树中, 用 Cayley 公式计算标定图的生成树数目时, 如果计算过程中出现环, 则自动将环去掉.

例 2.4 求 $\tau(K_4-e)$.

解 见图 2.6.

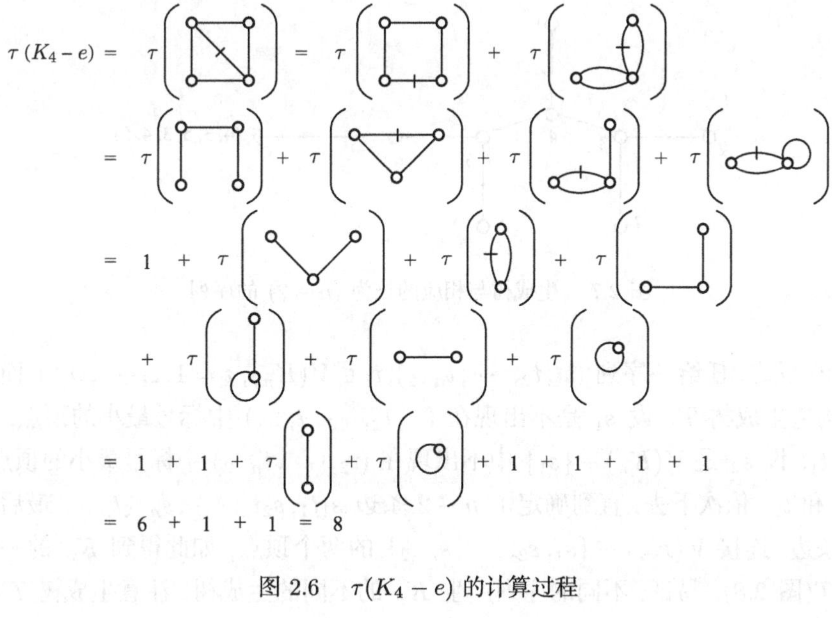

$\tau(K_4-e)=\tau(\cdot)=\tau(\cdot)+\tau(\cdot)$

$=\tau(\cdot)+\tau(\cdot)+\tau(\cdot)+\tau(\cdot)$

$=1+\tau(\cdot)+\tau(\cdot)+\tau(\cdot)$

$+\tau(\cdot)+\tau(\cdot)+\tau(\cdot)$

$=1+1+\tau(\cdot)+\tau(\cdot)+1+1+1+1$

$=6+1+1=8$

图 2.6 $\tau(K_4-e)$ 的计算过程

Cayley 公式虽然提供了一个计算图的生成树数目的方法, 但是计算复杂度很高, 对于大的图并不适用; 而且不太方便枚举出每棵生成树. 另一种是代数方法, 用行列式把 $\tau(G)$ 表示出来, 用无向图的关联矩阵 (详见 10.4.1 节) 不仅能给出生成树数目, 而且能绘出所有不同生成树, 缺点仍是计算复杂度太高. 但是, 用有向图的关联矩阵来求无向图的生成树个数则简单, 计算复杂度也低, 但要枚举所有的生成树, 计算复杂度仍很高 (详见 10.4.2 节).

对完全图 K_n 这一特殊情况, Cayley 发现了 $\tau(G)$ 的一个简单公式, 这里给出的证明是 Prüfer(1918) 提出的.

定理 2.5

$$\tau(K_n) = n^{n-2}.$$

证明　令 $V(K_n) = \{1, 2, \cdots, n\}$. 由 $V(K_n)$ 中元素构造的长为 $n-2$ 的序列有 n^{n-2} 个. 只需证明 K_n 的生成树与这种序列一一对应.

(1) 任取 K_n 的一棵生成树 T, 按以下方法构造一个长为 $n-2$ 的序列.

设 s_1 是 T 上标号最小的树叶, 与 s_1 相邻的顶点记为 t_1. 从 T 上删去 s_1, 记 s_2 是 $T - s_1$ 上标号最小的树叶, 与 s_2 相邻的顶点记为 t_2. 重复这个过程, 直到 t_{n-2} 被确定, 由此得到一个长为 $n-2$ 的序列 $(t_1, t_2, \cdots, t_{n-2})$, 最后剩下 K_2. 例如, 图 2.7 所示的 K_8 的一棵生成树产生序列 (4, 3, 5, 3, 4, 5). 可见, K_n 的不同的生成树确定不同的序列.

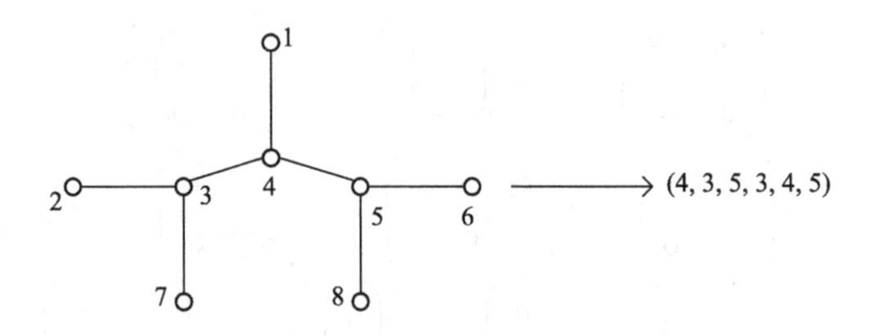

图 2.7　生成树与相应的长为 $(n-2)$ 的序列

(2) 反之, 任给一序列 $(t_1, t_2, \cdots, t_{n-2}), t_i \in V(K_n), i = 1, 2, \cdots, n$, 下面从此序列构造生成树 T. 设 s_1 是不出现在 $(t_1, t_2, \cdots, t_{n-2})$ 中标号最小的顶点, 连接 s_1 和 t_1. 设 s_2 是 $V(K_n) - \{s_1\}$ 中不出现在 $(t_2, \cdots, t_{n-2})$ 中标号最小的顶点, 连接 s_2 和 t_2. 依次下去, 直到确定了 $n-2$ 条边 $s_1t_1, s_2t_2, \cdots, s_{n-2}t_{n-2}$. 最后再添加一条边, 连接 $V(K_n) - \{s_1, s_2, \cdots, s_{n-2}\}$ 的两个顶点, 如此得到 K_n 的一棵生成树 T(图 2.8). 易证, 不同的序列产生 K_n 的不同的生成树. 注意生成树 T 的任

意顶点 v 在 $(t_1, t_2, \cdots, t_{n-2})$ 中出现 $\deg(v) - 1$ 次, 且度数为 1 的树叶不会出现在该序列中. 证毕.

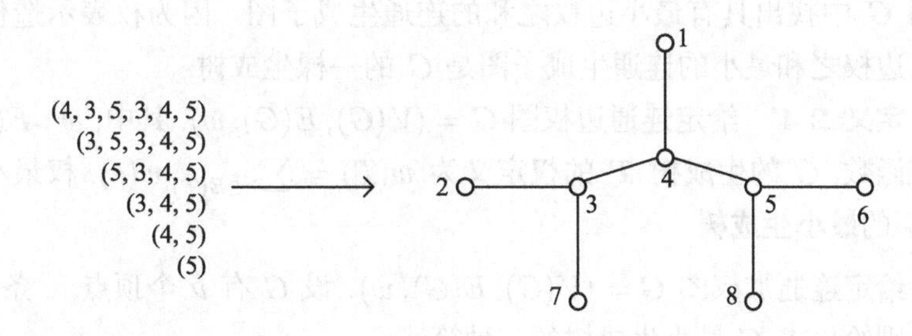

$(s_1, s_2, \cdots, s_{n-2}) = (1, 2, 6, 7, 3, 4)$

$V(K_n) - \{s_1, s_2, \cdots, s_{n-2}\} = \{5, 8\}$

图 2.8 由长为 $n-2$ 的序列构造生成树

注意: n^{n-2} 是标定图 K_n 的不同生成树个数, 远远大于非标定图的生成树数量 (即非同构的生成树个数). 例如标定图 K_6 有 $6^4 = 1296$ 棵不同生成树, 而不同构的 6 阶树只有 6 棵, 见图 2.9.

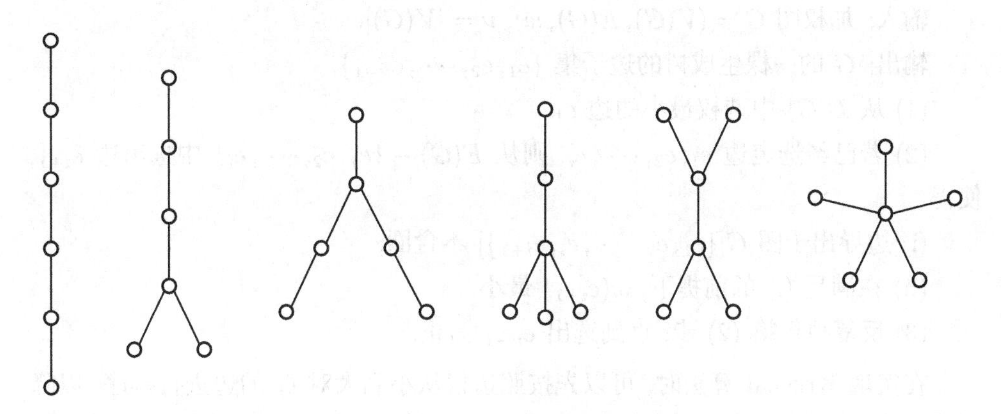

图 2.9 K_6 的非同构生成树

2.3 最小生成树

考虑这样一个实际问题: 假设要建造一个连接 n 个城市 $v_1, v_2, \cdots, v_n$ 的铁路网. 已知城市 v_i 和 v_j 之间直通线路的造价为 c_{ij}, 如何设计一个总造价最小并且连通的铁路网?

我们首先引入边权图: 以每个城市作为顶点, 边表示两个城市间的直通线路, 每条边上的权 $w(v_iv_j) = c_{ij}$ 是搭建这条线路所需要的成本. 问题即转化为: 在边权图 G 中找出具有最小边权之和的连通生成子图. 因为权表示造价, 是非负的, 所以边权之和最小的连通生成子图是 G 的一棵生成树.

定义 2.4 给定连通边权图 $G = (V(G), E(G), w)$, 其中, $w : E(G) \to \mathbf{R}^+$ 为边权函数, G 的**生成树 T 的权**定义为 $w(T) = \sum_{e \in E(T)} w(e)$, 权最小的生成树称为 G 的**最小生成树**.

给定连通加权图 $G = (V(G), E(G), w)$. 设 G 有 ν 个顶点, ε 条边. 后面三小节分别给出求 G 最小生成树的三种算法.

2.3.1 Kruskal 算法

基于连通图的边数最多的无圈子图必然是生成树的思想, Kruskal(1956) 设计了一个求最小生成树的算法, 对任意实数权都有效. 此算法可称为"加边法". 初始最小生成树边数为 0, 每一步加边都避开圈, 在此基础上选择一条权最小的边加入到最小生成树的边集中.

算法 2.1 Kruskal 算法.

输入: 加权图 $G = (V(G), E(G), w)$, $\nu = |V(G)|$.

输出: G 的一棵生成树的边子集 $\{e_1, e_2, \cdots, e_{\nu-1}\}$.

(1) 从 $E(G)$ 中选权最小的边 e_1.

(2) 若已经选定边 $e_1, e_2, \cdots, e_i$, 则从 $E(G) - \{e_1, e_2, \cdots, e_i\}$ 中选出边 e_{i+1}, 使得

(i) 边导出子图 $G[\{e_1, e_2, \cdots, e_i, e_{i+1}\}]$ 不含圈;

(ii) 在满足 (i) 的前提下, $w(e_{i+1})$ 最小.

(3) 反复执行第 (2) 步, 直到选出 $e_{\nu-1}$ 为止.

在实现 Kruskal 算法时, 可以先按照边权从小到大对 G 的边进行排序, 以降低算法第 2(ii) 步选边的时间复杂度. 在边已经排好序之后, 尽管算法第 (2) 步似乎仅循环了 $\nu - 1$ 次, 但在第 2(i) 步可能产生圈, 所以算法的第 (2) 步在最坏情况下执行 $O(\varepsilon)$ 次. 在实现 Kruskal 算法时, 还要设计一个算法, 判断在第 2(i) 步加入一条边后是否存在圈. 这个可以将不同的连通片做一个不同的标记 (比如说该连通片中顶点的最小标号), 每个连通片的所有顶点以其所在连通片的标记做一个统一的标记. 这样在第 2(i) 步加边时, 若所加的边的两个端点标记相同, 则表明在加入边之前, 其两个端点已经在同一个连通片, 加入此边一定形成圈, 否则不会形成圈. 经过优化实现后, Kruskal 算法的时间复杂度为 $O(\varepsilon \log \varepsilon)$, 适用于边稀疏

的图.

定理 2.6 由 Kruskal 算法得到的生成子图 $T^*=(V(G),\{e_1,e_2,\cdots,e_{\nu-1}\})$ 是最小生成树.

证明 不难证明, 若 G 是连通图, Kruskal 算法结束时一定能够选出 $\nu-1$ 条边, 其选出的边构成的生成子图 $T^*=(V(G),\{e_1,e_2,\cdots,e_{\nu-1}\})$ 恰有 $\nu-1$ 条边且不含圈. 由定理 2.1 知, T^* 是一棵生成树. 下面用反证法证明, T^* 是最小生成树. 对于 G 的生成树 T, 若 T 与 T^* 不同, 则 T 与 T^* 的边不尽相同, 我们可以记录 T^* 中不在 T 中的边的最小下标, 即令 $f(T)=\min\{i|e_i\notin E(T)\}$. 若 T^* 不是最小生成树, 则对于所有的最小生成树 T 来说, T^* 与 T 的边集合一定不同, 从而上面定义的 $f(T)$ 存在.

设生成树 T' 是一棵使 $f(T')$ 最大的最小生成树. 因为 T^* 不是最小生成树, 所以 $\{e_1,e_2,\cdots,e_{\nu-1}\}$ 中必有不在 $E(T')$ 中的边. 设 $f(T')=k$, 即 $e_1,e_2,\cdots,e_{k-1}$ 同时在 T' 和 T^* 中, 但 e_k 只在 T^* 中, 不在 T' 中. 由定理 2.1, $T'+e_k$ 包含唯一的圈 C. 因为 T^* 是树, 不含圈, 所以圈 C 上至少有一条边不在 T^* 中, 不妨设为 e'_k. 因为 e'_k 在 $T'+e_k$ 的圈上, 所以 $T''=(T'+e_k)-e'_k$ 仍然连通, 而且恰有 $\nu-1$ 条边, 由定理 2.1 知, T'' 是 G 的另一棵生成树, 而 $w(T'')=w(T')+w(e_k)-w(e'_k)$.

由 Kruskal 算法知, e_k 是使 $G[\{e_1,e_2,\cdots,e_{k-1},e_k\}]$ 为无圈图的权最小的边. 由于 $G[\{e_1,e_2,\cdots,e_{k-1},e'_k\}]$ 是 T' 的子图, 所以也不含圈, 故 $w(e_k)\leqslant w(e'_k)$. 因此有 $w(T'')\leqslant w(T')$, 所以 T'' 也是一棵最小生成树. 而 $T''=(T'+e_k)-e'_k$, 意味着 $e_1,e_2,\cdots,e_{k-1},e_k\in E(T'')$, 所以 $f(T'')>k=f(T')$, 与 T' 的选法矛盾. 因此假设不正确, T^* 是一棵最小生成树. 证毕.

例 2.5 用 Kruskal 算法求图 2.10 所示加权图的最小生成树.

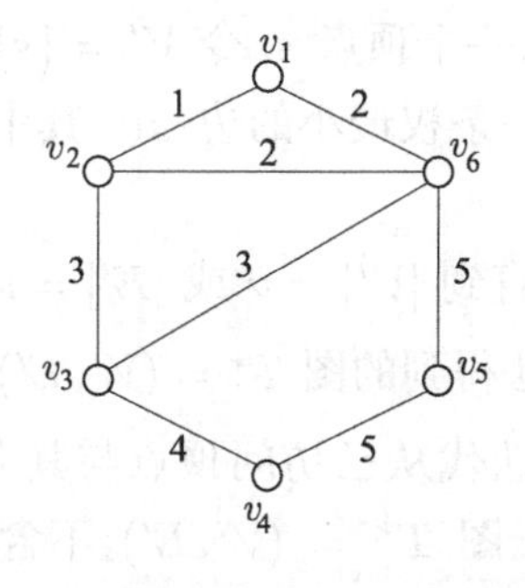

图 2.10 G

解 见图 2.11.

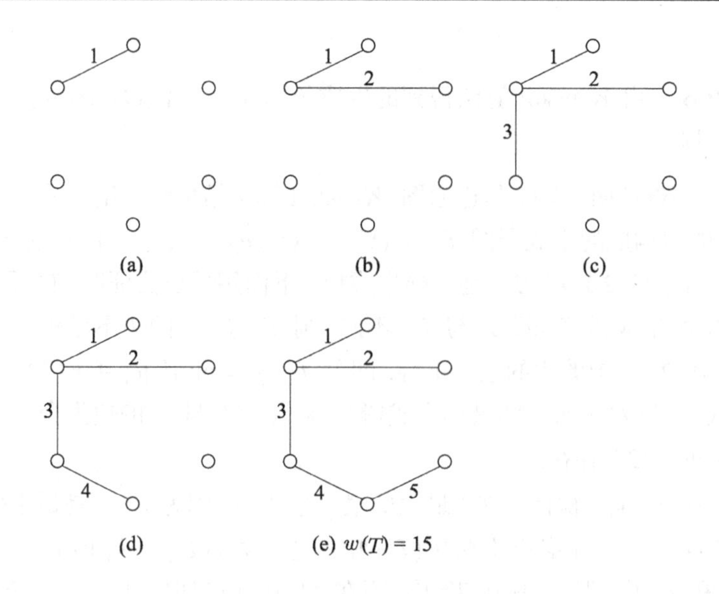

图 2.11　Kruskal 算法求最小生成树

2.3.2　Prim 算法

Prim(1957) 提出了另一种不需要验证圈的最小生成树算法, 称为“加点法”. 每次迭代选择一条边, 该边的一个端点已经被访问, 另一个端点没有被访问, 且权最小, 将该边及其未访问的端点加入到最小生成树中. 算法从某个顶点 s 开始, 逐渐扩大直到覆盖整个连通图的所有顶点.

算法 2.2　Prim 算法.

输入: 加权图 $G = (V(G), E(G), w)$, $\nu = |V(G)|$.

输出: G 的一棵生成树的边子集 E'.

(1) 从 $V(G)$ 中任意选取一个顶点 s, 令 $V' = \{s\}$, $E' = \varnothing$.

(2) 在 $(V', \overline{V'})$ 中选择一条权最小的边 uv, 其中 $u \in V', v \in \overline{V'}$. 令 $V' = V' \cup \{v\}, E' = E' \cup \{uv\}$.

(3) 反复执行第 (2) 步, 直到 $|V'| = \nu$ 或 $|E'| = \nu - 1$ 为止.

定理 2.7　由 Prim 算法得到的图 $T^* = (V', E')$ 是最小生成树.

证明　Prim 算法每次迭代从已访问顶点与其余未访问的顶点之间的边集 $(V', \overline{V'})$ 中选边, 因此所得子图 $T^* = (V', E')$ 不含圈, 且 $|E'| = |V'| - 1$, 由定理 2.1 知 T^* 是一棵生成树. 下面证明 T^* 是最小生成树.

假设 T 是 G 的一棵最小生成树. 若 $E(T) = E(T^*)$, 结论成立. 否则, 设 $e \in (V', \overline{V'})$ 是 Prim 算法生成 T^* 过程中第一条不在 T 中的边, 其中 $V' \subset V(G)$, 则

$T+e$ 含圈, 设为 C. $e \in E(C)\cap(V',\overline{V'})$, 则 T 中存在另一条边 $e' \in E(C)\cap(V',\overline{V'})$. 由 Prim 算法知, $w(e) \leqslant w(e')$. 因为 T 是最小生成树, 所以 $w(e) < w(e')$ 不成立, 否则将得到权更小的生成树 $T+e-e'$, 矛盾. 所以 $w(e) = w(e')$. 这样我们得到 G 的一棵生成树 $T+e-e'$, 使得 $w(T+e-e') = w(T)$, 且 T^* 的边 e 在 $T+e-e'$ 上. 类似地, 对每一条 $E(T^*) - E(T)$ 中的边重复上述过程, 最终使得 T^* 和 T 的边完全相同, 因此 T^* 也是最小生成树. 证毕.

Prim 算法的时间复杂度和图的存储方式有关, 通过邻接矩阵表示图, Prim 算法的运行时间为 $O(\nu^2)$; 使用简单的二叉堆与邻接表来表示图, 运行时间则可缩减为 $O(\varepsilon \log \nu)$; 如果使用较为复杂的斐波那契堆, 则可将运行时间进一步缩短为 $O(\varepsilon + \nu \log \nu)$, 这在连通图的边足够密集时 (当边数满足 $\Omega(\nu \log \nu)$ 时), 可显著降低算法的时间复杂度.

例 2.6 用 Prim 算法求图 2.10 所示边权图的最小生成树.

解 见图 2.12.

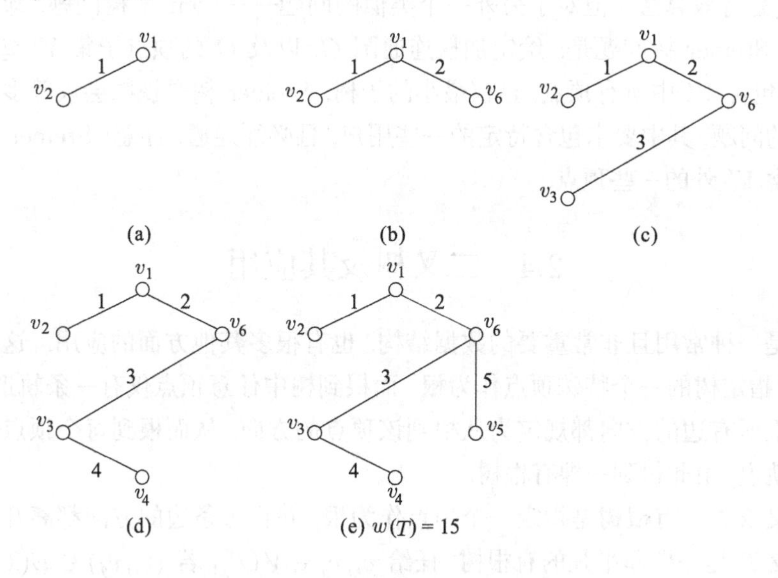

图 2.12 Prim 算法求最小生成树

2.3.3 破圈法

破圈法, 是区别于避圈法 (Prim 算法和 Kruskal 算法) 的一种寻找最小生成树的算法, 由 Rosenstiehl 和管梅谷分别于 1967 年和 1975 年给出, 它“见圈破圈”, 如果看到图中有一个圈, 就去掉这个圈的一条边, 直至图中不再有圈为止. 在破圈法中, 需要找到一个有效的办法去寻找一个圈. 算法及复杂性分析留作习题 (参见习题 16).

例 2.7 用破圈法求图 2.10 的最小生成树.

解 见图 2.13.

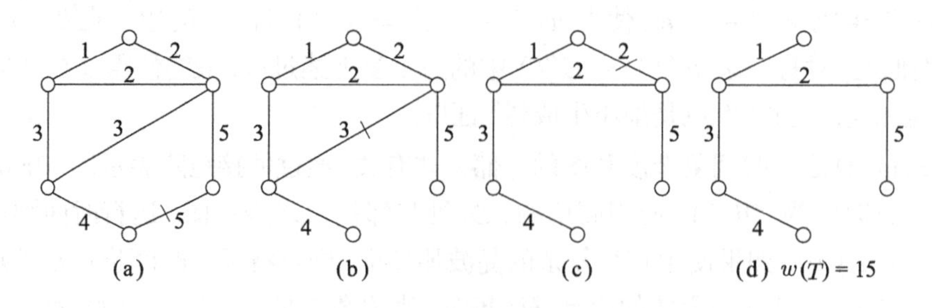

图 2.13 破圈法求最小生成树

说明: 我们前面介绍了几个最小生成树的算法, 它们的时间复杂度都是多项式量级, 是有效算法. 但对于另外一个类似的问题——Steiner 树问题, 却没有有效算法. Steiner 树问题是: 给定加权连通图 G, 以及 G 的顶点子集 $V' \subseteq V(G)$, 求 G 中包含 V' 中所有顶点, 且权最小的子树. Steiner 树是视频会议等多播应用中常见的问题, 其中要求包含特定的一些用户, 且必须连通. 注意: Steiner 树一般还会包含 V' 外的一些顶点.

2.4 二叉树及其应用

树是一种常用且非常重要的数据结构, 也有很多其他方面的应用. 这些应用中, 经常指定树的一个特殊顶点作为**根**. 而根到树中任意顶点仅有一条轨道, 我们将轨道上所有边的方向都规定为从根到该顶点的方向, 从而根到每个顶点都有一条有向轨道, 由此得到一棵有根树.

定义 2.5 **有根树**是指定一个顶点作为根, 并且每条边的方向都离开根的有向树. 设 T 是一棵非平凡的有根树, 任给 $v_i, v_j \in V(T)$, 若 $(v_i, v_j) \in E(T)$, 则称 v_i 为 v_j 的**父亲**, v_j 是 v_i 的**儿子**; 同父之子称为**兄弟**; 若从 v_i 到 v_j 有一条有向轨道, 则称 v_i 为 v_j 的**祖先**, v_j 是 v_i 的**后代**.

选择任何一个顶点作为根都可以把非有根树变成有根树. 有根树中各有向边的方向是一致的, 通常画成倒长的, 根放在最上方; 将儿子画在父亲的下一层, 同辈兄弟画在同一层. 平凡树也看作有根树. 为了方便, 在不引起混淆的前提下, 画有根树时常常省略边的方向. 如图 2.14 所示, 在树 T 中分别指定 v_2 和 v_3 作为根产生不同的有根树. 其中, 图 2.14 (b) 是以 v_2 为根的有根树, 其中边的方向没有省略; 而图 2.14 (c) 是以 v_3 为根的有根树, 省略了边的方向.

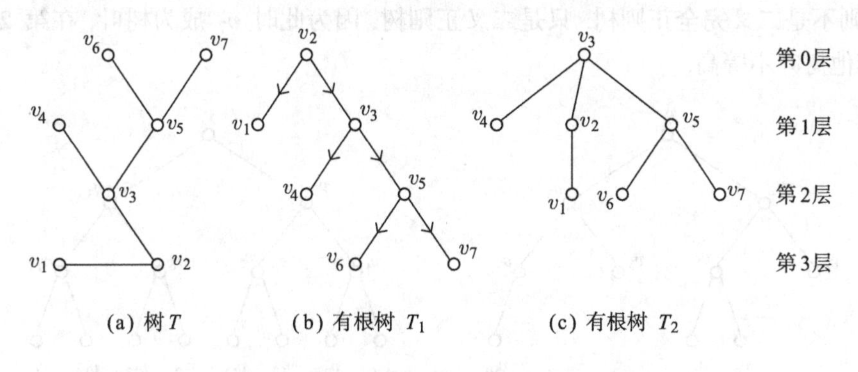

图 2.14 树 T 和两棵指定根形成的有根树

定义 2.6 在有根树中仅有一个顶点入度为 0, 其余顶点的入度均为 1. 有根树 T 中入度为 0 的顶点就是**根**, 入度为 1 出度为 0 的顶点称为**树叶**, 入度为 1 出度不为 0 的顶点称为**内点**, 内点和根统称为**分支点**. 从根到 T 的任一顶点 v 的距离称为 v 的**深度** $L(v)$, 深度的最大值称为**树高** $h(T)$.

根的深度为 0, 称为第 0 层. 深度同为 i 的顶点构成树的第 i 层. 图 2.14 (c) 是一个高为 2 的有根树, v_3 是它的树根, 它有 4 片树叶, 3 个分支点, 其中有 2 个是内点.

定义 2.7 设 T 是一棵有根树, 若每个顶点的孩子都从左到右规定了次序, 则称 T 是**有序树**.

2.4.1 二叉树

定义 2.8 设 T 是一棵有根树,

(1) 若 T 的每个分支点至多有 r 个儿子, 则称 T 是 **r 叉树**;

(2) 若 T 的每个分支点都恰好有 r 个儿子, 则称 T 是 **r 叉正则树**;

(3) 若 T 是 r 叉正则树且每个树叶的深度都是树高, 则称 T 是 **r 叉完全正则树**;

(4) 若 T 是 r 叉树且为有序树, 则称 T 是有序 **r 叉树**;

(5) 若 T 是 r 叉正则树且为有序树, 则称 T 是**有序 r 叉正则树**;

(6) 若 T 是 r 叉完全正则树且为有序树, 则称 T 是**有序 r 叉完全正则树**.

如图 2.15 所示的二叉树和四叉树. 若对图 2.15 (a) 所示的二叉树规定了每个分支点的子节点顺序, 例如规定 v_4 是左儿子, v_5 是右儿子, 则它是有序二叉树, 此时每个分支点的儿子都不能交换顺序. 图 2.15 (b) 是一棵二叉完全正则树, 每个分支点都有 2 个儿子, 并且所有树叶都在同一层 (第 3 层); 如果删掉 v_7 的两个儿子, 则不是二叉完全正则树, 只是二叉正则树, 因为此时 v_7 成为树叶, 在第 2 层, 与其他树叶不等高.

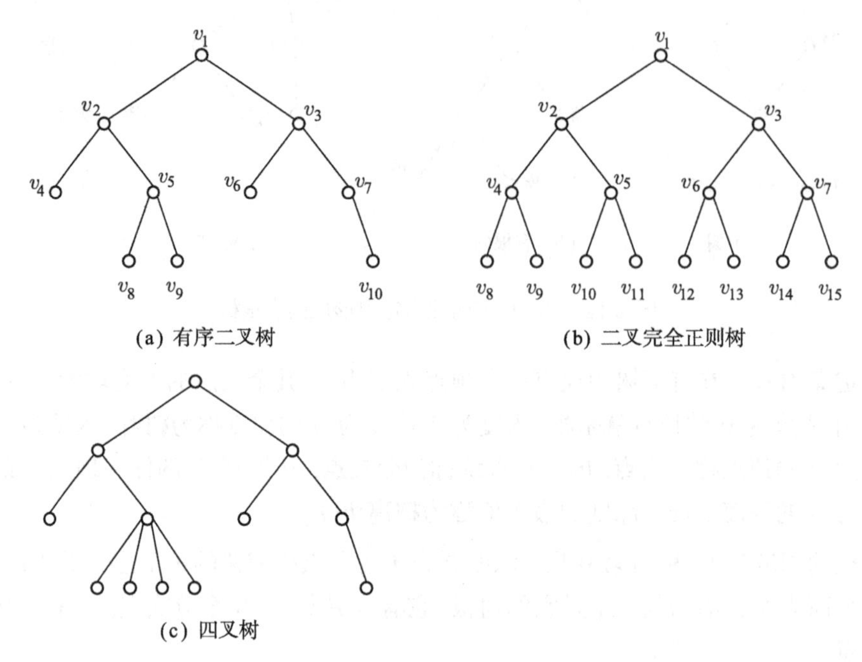

(a) 有序二叉树

(b) 二叉完全正则树

(c) 四叉树

图 2.15 r 叉树

定理 2.8 二叉树有以下性质:

(1) 第 i 层的顶点数最多是 2^i;

(2) 深度为 h 的二叉树最多有 $2^{h+1}-1$ 个顶点;

(3) 设二叉树出度为 2 的顶点数为 n_2, 树叶数为 n_0, 则有 $n_0 = n_2 + 1$;

(4) 包含 n 个顶点的二叉树的高度至少为 $\log(n+1)-1$.

证明 (1), (2) 和 (4) 的证明略. 下面证明 (3). 设 n_i 表示出度为 i 的顶点个数, 因为二叉树中所有顶点的出度都不大于 2, 所以 $i = 0, 1, 2$. 于是 T 的顶点数为 $n = n_0 + n_1 + n_2$. 再由有向图的 Euler 定理和树的性质得, $\sum_{v\in V(T)} \deg^+(v) = \varepsilon(T) = n-1$, 即 $n_0 \times 0 + n_1 \times 1 + n_2 \times 2 = n_0 + n_1 + n_2 - 1$, 故有 $n_0 = n_2 + 1$. 证毕.

二叉有序树的每个顶点最多有两个儿子, 分别称为左儿子和右儿子. 以根的儿子为根的两棵子树分别称为这棵树的左子树和右子树.

二叉树和有序二叉树在很多应用中都居重要地位, 如应用于搜索、排序和编码等问题, 也常用来存储数据以便快速访问数据. 在用于存储数据时, 通常将每个数据项存放于叶子, 分支点给出判断条件, 查找数据时沿着从根到叶子的路径来访问数据, 访问数据需要的搜索复杂度就是叶子的深度. 给定 n 个数据项被访问的概率, 希望将这些数据项组织在一棵有根二叉树的叶子中, 使得搜索时间的数学期望最小. 有序二叉树还可以用在数据编码中. 下一小节将介绍二叉树在编码问题中的应用.

2.4.2 Huffman 树

设 T 是二叉树, 给树中顶点赋一个有着某种含义的数值, 这个数值称为该顶点的权. 若对 T 的每片树叶指定一个权, 则称 T 是带权的二叉树.

定义 2.9 设二叉树 T 有 t 片树叶 $v_1, v_2, \cdots, v_t$, 其权值分别为 $w_1, w_2, \cdots, w_t$, T 的**加权路径长度** (weighted path length) 定义为: $\mathrm{WPL}(T) = \sum_{i=1}^{t} w_i L(v_i)$, 其中 $L(v_i)$ 为 v_i 的深度.

给定树叶的一组权值, 可以构造出不同的二叉树, 这些不同的二叉树的加权路径长度不尽相同, 如图 2.16 所示. 给定一组权值相同的树叶, 加权路径长度最短的树称为**最优二叉树**. 最优二叉树常用于各类优化问题.

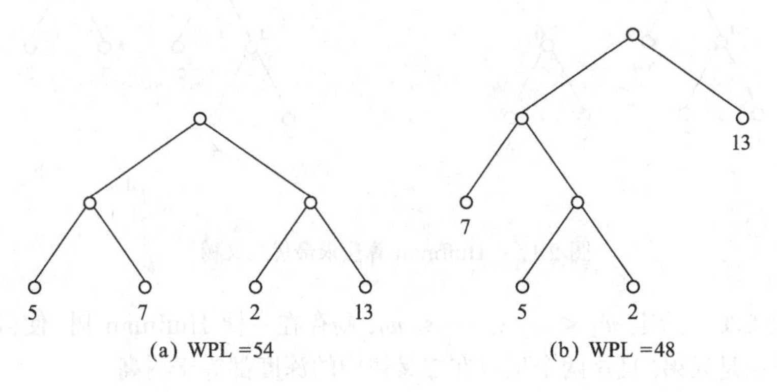

图 2.16 树叶权值相同但加权路径长度不同的二叉树

Huffman(1951) 提出了一种求最优二叉树的算法, 用 Huffman 算法得到的最优二叉树称为 Huffman 树. 用 Huffman 算法得到的最优二叉树可能不唯一, 但是它们的加权路径长 WPL 是相等的.

算法 2.3 Huffman 算法.

输入: 给定实数 $w_1 \leqslant w_2 \leqslant \cdots \leqslant w_t$.

输出: 带有权值 $w_1 \leqslant w_2 \leqslant \cdots \leqslant w_t$ 的最优二叉树.

(1) 连接以 w_1, w_2 为权的两片树叶, 得到带权为 $w_1 + w_2$ 的分支点;

(2) 在 $w_1+w_2, w_3, \cdots, w_t$ 中再取两个最小的权, 连接它们对应的顶点又得到新的分支点及所带的权;

(3) 重复第 (2) 步, 直到形成一棵树为止.

例 2.8　用 Huffman 算法求带权为 2, 2, 3, 3, 5 的最优二叉树.

解　求最优二叉树的过程由图 2.17 给出. 所求树的加权路径长度为

$$\mathrm{WPL}(T) = (2+2)\times 3 + (3+3+5)\times 2 = 34.$$

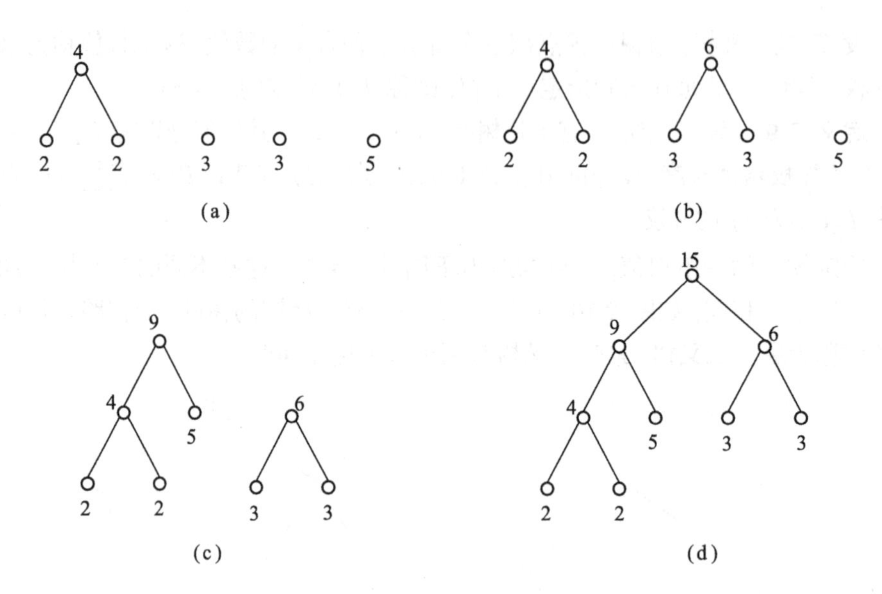

图 2.17　Huffman 算法求最优二叉树

引理 2.1　给定 $w_1 \leqslant w_2 \leqslant \cdots \leqslant w_t$, 则存在一棵 Huffman 树, 使得 w_1, w_2 对应的顶点是兄弟, 且这两个顶点在二叉树中的深度都等于树高.

本引理证明留作习题 22.

定理 2.9　Huffman 树是最优二叉树.

本定理对树叶数目 t 用归纳法证明, 留作习题 23.

1. 前缀码

在电文传输中, 通常需要将电文中出现的每个字符进行二进制编码. 在设计编码时需要遵守两个原则: ① 发送方传输的二进制编码, 在接收方解码后必须具有唯一性, 即解码结果与发送方发送的电文完全一样; ② 发送的二进制编码尽可能地短. 为了减少电文的总长, 使用长短不等的编码, 这时还必须考虑编码的唯一性, 即在建立不等长编码时, 必须使得任何一个字符的编码都不是另一个字符的前缀, 这种编码称为**前缀码**.

定义 2.10 设 $\beta = \alpha_1\alpha_2\cdots\alpha_n$ 是长为 n 的字符串, 称子串 α_1, $\alpha_1\alpha_2$, $\cdots$, $\alpha_1\alpha_2\cdots\alpha_{n-1}$ 分别为 β 的长为 $1,2,\cdots,n-1$ 的**前缀**. 设 $\mathbf{B} = \{\beta_1,\beta_2,\cdots,\beta_m\}$, 若对于任意的 $\beta_i,\beta_j \in \mathbf{B}(i \neq j)$, β_i 与 β_j 互不为前缀, 则称 $\mathbf{B}$ 为**前缀码**. 若 β_i 中只出现 0 与 1, 则称为**二进制前缀码**.

例如, $\{0,10,110,111\}$ 是前缀码, 而 $\{0,01,001,000\}$ 和 $\{1,11,101,001,0011\}$ 都不是前缀码.

可以用有序二叉树产生前缀码, 方法如下: 对有序二叉树 T 的边作标记, 任意分支点通向左儿子的边标 0, 通向右儿子的边标 1. 从根到每片树叶的唯一路径上的标记组成的序列就是一个编码, 若二叉树 T 有 t 片树叶, 就可以得到 t 个符号串 $\{\beta_1,\beta_2,\cdots,\beta_t\}$, 可以证明如此得到的编码是前缀码 (证明略). 如图 2.18 (a) 所示的有序二叉树产生的前缀码是 $\{0,10,110,111\}$.

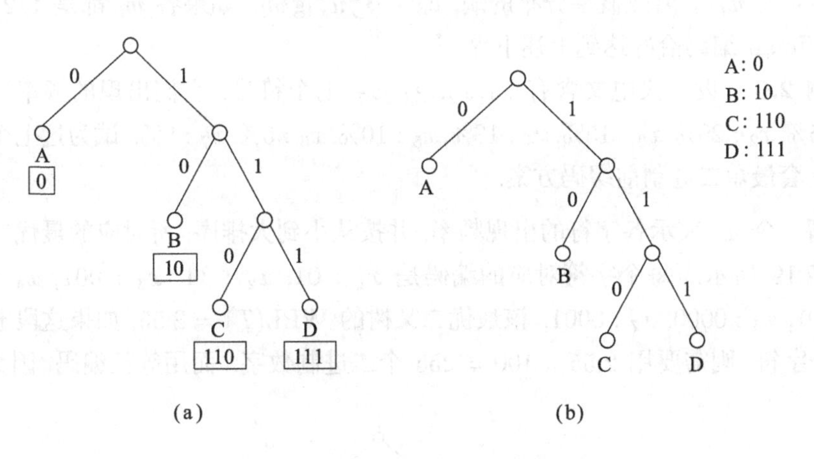

图 2.18 有序二叉树与前缀码

反之, 任何二元前缀码都可以用有序二叉树来表示, 树的边用 0 或 1 来标记, 0 表示通向左儿子的边, 1 对应通向右儿子的边. 任何一个字符串 β_i 是从根到某片树叶的唯一路径上标记的序列.

有序二叉树实现了用前缀码对字符进行编码和解码. 若图 2.18 (a) 中的四片树叶分别表示 A, B, C, D 四个字符, 则可以得到编码 A(0), B(10), C(110), D(111) (图 2.18 (b)). 用此编码对编成 11000110 的单词解码, 从根开始按此序列走一条从根到树叶的路径, 序列以 110 开头, 因此从根开始向右前进两步向左一步到达树叶 (以 C 为标记), 即子串 110 是 C 的编码. 从第四位继续进行, 从根开始, 0

表示向左, 一步到达树叶, 这是访问到以 A 为标记的树叶. 继续从根开始按剩下的子串进行, 依次访问到了 A 和 C 标记的树叶. 因此原来的单词是 CAAC(中国民航).

2. Huffman 编码

下面介绍 Huffman 树在编码中的应用.

设一段需要传输的电文由 n 种不同的字符 $v_1, v_2, \cdots, v_n$ 组成, 其中, 字符 v_i 出现次数为 w_i, 编码长度 l_i, 则编码后的电文总长度为 $\sum_{i=1}^{n} w_i l_i$. 对应到表示前缀码的二叉树中, 若把 w_i 看作树叶 v_i 的权, l_i 恰为从根到树叶 v_i 的路径长度, 即树叶 v_i 的深度, 则编码总长度 $\sum_{i=1}^{n} w_i l_i$ 恰为二叉树的加权路径长 WPL. 由此可见, 设计总长度最短的二进制编码可用 Huffman 树实现, 这样得到的二进制前缀码被称为 Huffman 编码.

Shannon(1948) 证明了, 对于任意二进制编码, 其平均编码长度至少是 $w_1 \leqslant w_2 \leqslant \cdots \leqslant w_t$ 上离散概率分布的熵, 即 $-\sum w_i \lg w_i$. 如果各 w_i 都是 1/2 的幂, 则 Huffman 编码恰好达到上述下界.

例 2.9 设一段电文含有 $x_1, x_2, \cdots, x_7$ 七个符号, 它们出现的频率分别为 $x_1 : 35\%, x_2 : 20\%, x_3 : 15\%, x_4 : 10\%, x_5 : 10\%, x_6 : 5\%, x_7 : 5\%$. 试为这七个符号设计一套最短二进制前缀码方案.

解 令 w_i 表示各字符的出现频率, 并按从小到大排序, 所对应的最优二叉树如图 2.19 所示. 每个字符对应的编码是 x_1 : 01, x_2 : 11, x_3 : 001, x_4 : 100, x_5 : 101, x_6 : 0000, x_7 : 0001. 该最优二叉树的 WPL(T) = 2.55, 如果这段电文共 100 个字符, 则需要用 $2.55 \times 100 = 255$ 个二进制数字. 而用等长编码, 因为共 7

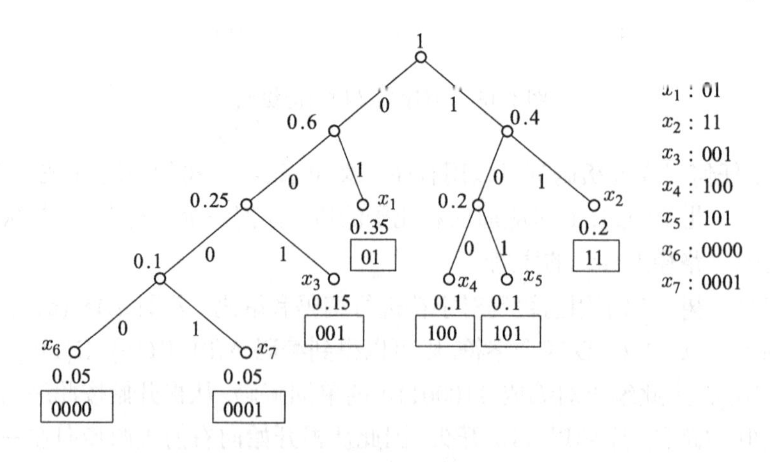

图 2.19 最短二进制前缀码

个字符, 需要用三位二进制数字进行编码 (例如, 用 000 传 x_1, 用 001 传 $x_2, \cdots$, 用 110 传 x_7), 那么传含 100 个字符的电文则需要 $3 \times 100 = 300$ 个二进制数字, 提高的效率为 $\dfrac{300-255}{300} = 15\%$.

Huffman 编码是数据压缩中的基本算法, 数据压缩的目的在于减少表示信息所需要的编码位数. 根据文件中字符出现的频率, 建立一棵 Huffman 树, 出现次数越多的字符其 Huffman 编码越短, 这样可以达到文件压缩的目的. Huffman 编码不仅广泛用于压缩表示文本的编码, 并且在压缩视频和图像文件方面也起到了重要作用.

3. Huffman 树应用举例

在解决需要大量判定的问题时, 还可以利用 Huffman 树建立最佳判定算法, 有效提高程序的执行效率. 将 Huffman 树用于构建分支程序的判断流程: 如果出现概率较大的分枝 (条件语句) 离根越近, 那么所需执行的判断语句就越少, 这样就可以提高程序的执行效率.

例 2.10 用 Huffman 树编制一个将学生的百分制成绩分等级的程序.

解 要编制一个将学生的百分制成绩分等级的程序 (85 分以上等级为 A, 75～84 分等级为 B, $65 \sim 74$ 分等级为 C, $60 \sim 64$ 分等级为 D, 低于 60 分等级为 F), 用条件语句就可以完成. 编写程序时, 通常是按照从小到大或从大到小的顺序设置判定条件, 判定过程可用如图 2.20 (a) 所示的判断树来表示.

在实际情况中, 学生的成绩在五个等级上的分布是极不均匀的 (假设分布规律如表 2.1 所示), 一般 80% 的数据 (大于 65 分的人数约占 80%) 需要进行三次或三次以上的比较才能得出结果, 如果能减小这类数据的判断次数就能有效提高判定效率. 假设有 100 个输入数据, 用图 2.20 (a) 所示的判断过程需要判定: F 级人数 $\times 1 + D$ 级人数 $\times 2 + C$ 级人数 $\times 3 + B$ 级人数 $\times 4 + A$ 级人数 $\times 4 = 305$ 次, 而图 2.20 (b) 所示的判断过程只需要判定 210 次, 远远小于图 2.20 (a) 的判断次数, 效率提高了 31%.

表 2.1 学生成绩分段情况及对应的等级

分数段	$0 \sim 59$	$60 \sim 64$	$65 \sim 74$	$75 \sim 84$	$85 \sim 100$
比例	10%	10%	45%	20%	15%
等级	F	D	C	B	A

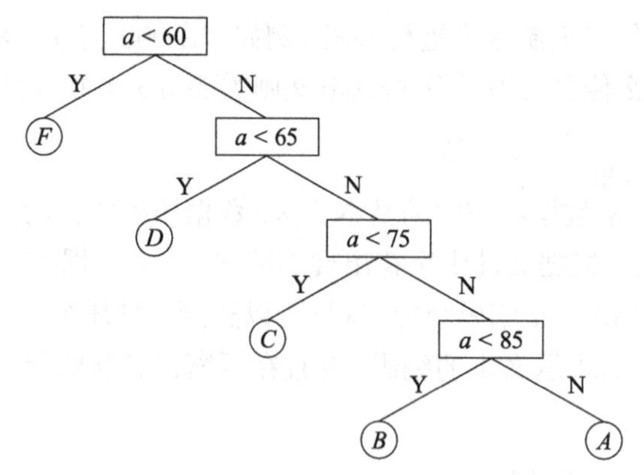

(a) 按从小到大的判定条件可得的判定过程

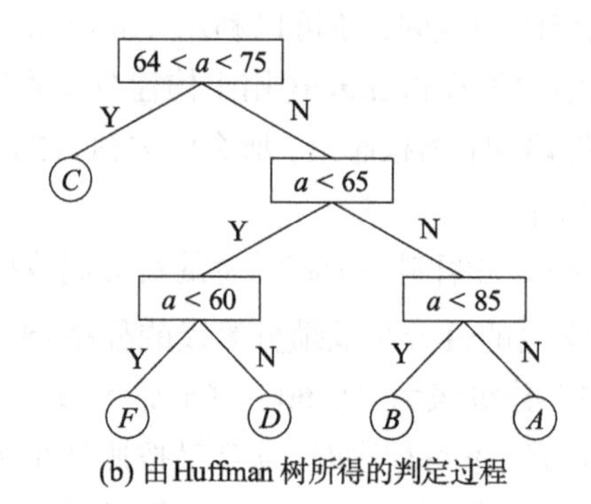

(b) 由 Huffman 树所得的判定过程

图 2.20　两个判定过程

2.4.3　决策树

决策树是对顶点赋予特殊含义的有根树, 用来为一系列决策求解问题建立模型, 是机器学习中决策树算法的基础.

定义 2.11　决策树又称为判定树, 是运用于分类的一种树结构. 它的每个分支点对应输入数据的一个特征, 表示对此特征的一次测试; 每条边表示一个测试结果; 树叶表示最终的分类结果, 代表某个具体的类或者类的分布.

决策树模型形成了分类或者预测规则, 可以看作一组 if-then 规则的集合, 从根到叶的每一条路径代表了一条规则; 可以证明, 这些规则具有互斥且完备的性质, 即每一个样本被且只被一条路径覆盖.

构造决策树通常采用自上而下的递归构造方法, 通过不断选择特征并根据所选择的特征进行测试, 使得一个分支点包含的数据尽可能属于同一个类别.

图 2.21 是一个常见的决策树模型, 根据天气情况预测是否外出, 天气为阴则

“外出”，雨或晴时还需要根据风力或阳光的强弱做进一步的决策, 最终得到 5 片树叶. 从根到这些树叶的路径分别对应不同的规则, 例如, 雨天时若风力强则不外出, 若风力弱则外出.

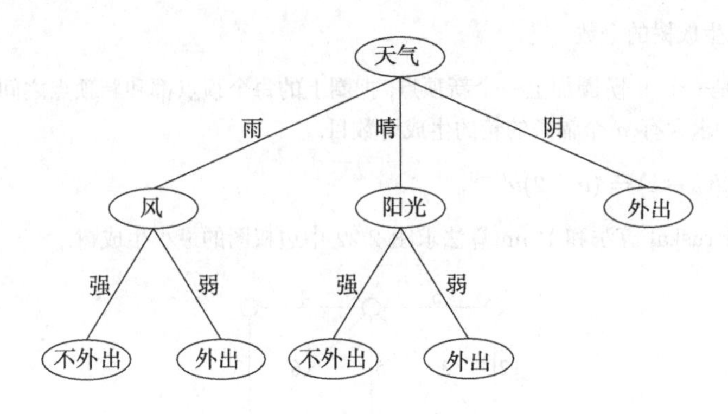

图 2.21　预测是否外出的决策树

这个例子很简单, 但实际问题中很多判断规则并不是一目了然的, 决策树的学习目的就是根据训练数据集构建一棵决策树模型, 从而归纳出一组分类或预测规则, 使它能够对新输入的数据进行正确的预测. 其中的关键问题是每一步应该选择什么样的特征才能比较好的划分数据集, 使得构建出来的决策树简洁高效. 如何构建高效的决策树, 有兴趣的读者可以参考机器学习方面的教材.

习　题

1. 树 T 有 9 片树叶, 3 个顶点度数为 3, 其余顶点的度数都是 4, 则 T 中有几个度数为 4 的顶点? 你能画出多少棵非同构的无向树 T?

2. 一棵树 T 有 n_i 个度数为 i 的顶点, $i=2,3,\cdots,k$, 其余顶点都是树叶, 则 T 有几片树叶?

3. 证明: 如果一棵树只有两片树叶, 则这棵树是一条轨道.

4. 证明: 如果 T 是树, 且 $\Delta(T)\geqslant n$, 则 T 至少有 n 片树叶.

5. 图 G 是森林当且仅当 $\varepsilon=\nu-\omega$, 其中 ω 是 G 的连通片个数, $\omega>1$.

6. 证明: 树有一个中心或两个中心, 且有两个中心时, 这两个中心相邻.

7. 证明: 若 G 是森林, 且有 $2k$ 个度数为奇数的顶点, 则 G 中有 k 条无公共边的轨道, 使得 G 的每条边都在这些轨道上.

8. 证明: 若 $d_1\geqslant d_2\geqslant\cdots\geqslant d_\nu$ 是正整数序列, 则此序列是树的度数序列当且仅当 $\sum_{i=1}^{\nu}d_i=2(\nu-1)$.

9. 证明: 设 G 是 $\delta \geqslant k$ 的简单图, T 是 $k+1$ 个顶点的树, 则 G 中有与 T 同构的子图.

10. 碳原子四价, 氢原子一价, $\mathrm{C}_m\mathrm{H}_n$ 是烷烃分子式, 价键不呈回路, 则对每个自然数 m, 仅当 $n=2m+2$ 时, $\mathrm{C}_m\mathrm{H}_n$ 才可能存在.

11. 求 $K_{2,3}$ 生成树的个数.

12. 轮 W_n 是一个 n 阶圈加上一个新顶点, 把圈上的每个顶点都和新顶点之间连一条边 (称为辐条). 求含有 n 个辐条的轮的生成树数目.

13. 证明: $\tau(K_\nu - e) = (\nu-2)\nu^{\nu-3}$.

14. 分别用 Kruskal 算法和 Prim 算法求图 2.22 中边权图的最小生成树.

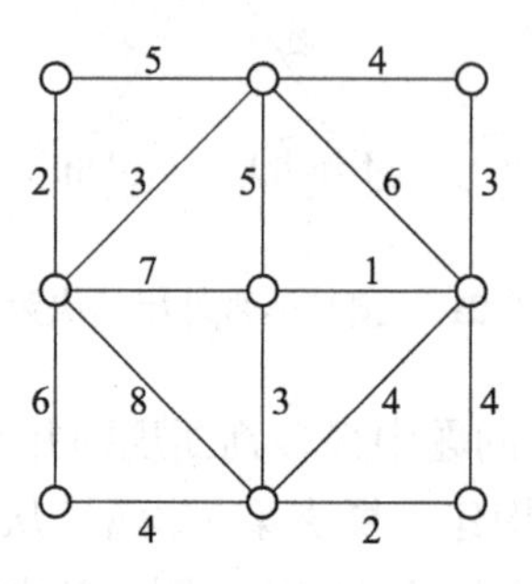

图 2.22 G

15. 边权图里的最小生成森林是权最小的生成森林, 并且在生成森林中保持原图中任意两个顶点间的连通性. 如何修改 Kruskal 算法和 Prim 算法来构造最小生成森林, 并指出时间复杂度.

16. (1) 试给出破圈法的算法.

    (2) 证明: 破圈法得到的生成树是最小生成树.

    (3) 分析破圈法的时间复杂度.

17. 证明: 一棵有向树 T 是有根树, 当且仅当 T 中有且仅有一个顶点的入度为 0.

18. 设 T 是二叉正则树, i 是分支点数, I 是各分支点的深度之和, L 是各树叶的深度之和, 证明: $L = I + 2i$.

19. 设 T 是二叉正则树, 有 t 片树叶, 证明 T 的边数 $\varepsilon = 2t-2$.

20. 画出带权 0.2, 0.17, 0.13, 0.1, 0.1, 0.08, 0.06, 0.07, 0.03 的 Huffman 树.

21. 用 Huffman 编码来编码具有给定频率的如下符号: $a:0.20$, $b:0.10$, $c:0.15$, $d:0.25$, $e:0.30$. 编码一个符号平均需要多少个二进制数字?

22. 证明引理 2.1.

23. 证明: Huffman 树是最优二叉树.

24. 考虑 n 个消息符号, 假设它们出现的概率分别为 $p_1, p_2, \cdots, p_n$, 任意 p_i 均是 1/2 的幂且 $\sum p_i = 1$.

(1) 证明: 概率最低的两个消息符号有相同的概率.

(2) 证明: 在此概率分布下, Huffman 编码的平均编码长度为 $-\sum p_i \lg p_i$.

25. 证明: 在 $\nu \geqslant 3$ 阶的连通图 G 中, 存在至少两个顶点, 从 G 中删除这两个顶点后所得图仍然连通.

26. 为了在 4 枚硬币中找出一枚较轻的伪币, 需要用天平称多少次? 给出相应的算法.

27. 证明: 非平凡树的最长轨道的起点和终点都是树叶.

第 3 章 图的连通性

在第 1 章, 我们定义了图连通的概念. 但是不同的连通图, 其连通的程度却不尽相同. 比如在图 3.1 中, 所有的图 G_1,G_2,G_3,G_4 都是连通图, 但其连通程度却差异很大. 比如说, G_1 是一棵树, 是连通性最差的连通图, 删去任意一条边或一个非叶子的顶点, 都会导致 G_1 不连通. 对于 G_2 来说, 任意删去一条边, G_2 仍保持连通, 但可以删掉两条边, 使得 G_2 不连通, 还可以删掉 G_2 中间的那个顶点, 使得 G_2 不连通. 在 G_3 中任意删掉两条边或两个顶点都连通. 而 G_4 的连通性最好, 任意删掉三条边或删掉任意几个顶点, 余下的图都是连通的.

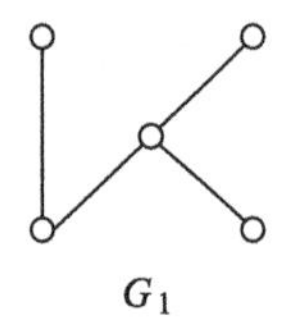

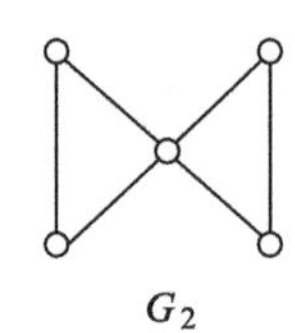

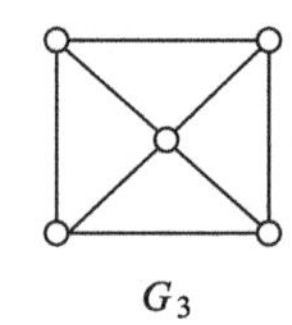

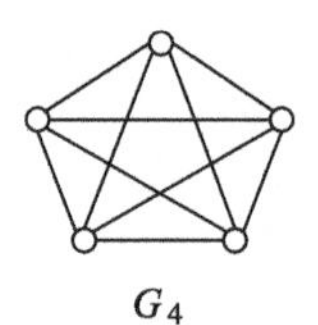

图 3.1 不同连通程度的图

假想用一个图来表示一个互联网络, 其中的顶点代表服务器或路由器, 边代表通信链路, 那么不同的连通程度则反映了通信网络不同级别的容错能力. 比如说, 对于图 G_1 对应的网络来说, 任何服务器、路由器与通信链路的故障都可以导致网络瘫痪; 若图 G_2 对应的网络有一条链路故障, 则不同节点之间仍可以通信. 当然, G_4 对应的通信网络容错能力最强. 在实际应用中, 需要研究不同的拓扑结构对应的网络的容错能力; 也需要在给定容错能力的前提下, 设计出代价最小的网络.

3.1 顶 连 通 度

给定简单图 G, 取 G 的一对顶点 u,v. 若 $u=v$ 或者 u 与 v 在 G 中相邻, 则无论删除 G 中除 u,v 之外的多少个顶点, u 与 v 在剩下的图中仍然相邻, 是连通的. 但是, 若 u 与 v 在 G 中不相邻, 则可以删除一些顶点, 使得 u 与 v 在剩下的图中不连通. 但是, 对于同一个图的不同的顶点对 u 与 v 来说, 要想删除一些顶点, 使得 u 与 v 在剩下的图中不连通, 所需要删除的最少顶点数不同, 这代表了 u

与 v 在 G 中的连通程度不同, 也表示了 u 与 v 之间容顶点故障的能力. 因此, 我们给出如下的定义.

定义 3.1 给定简单图 $G=(V(G),E(G))$ 中一对不相邻的顶点 $u,v\in V(G)$, $u\neq v$. 若 $S\subseteq V(G)-\{u,v\}$ 使得 u 与 v 在 $G-S$ 中不连通, 即分属两个不同的连通片, 则称 S 是一个 ***uv*-顶割集**, 简称为 ***uv*-割集**, 也称 S **隔离**了 u 与 v. 含顶点最少的 uv-割集称为**最小 *uv*-割集**, 其中的顶点数记为 $c(u,v)$, 称为 u 与 v 在 G 中的**顶连通度**, 简称为 ***uv*-连通度**. 若 $u=v$ 或者 u 与 v 在 G 中相邻, 则 uv-连通度没有定义.

图 3.2 (b) 中给出了图 3.2 (a) 中的图的 uv-连通度, 用一个矩阵来表示. 其中, “$*$” 表示两个顶点间的 uv-连通度没有定义.

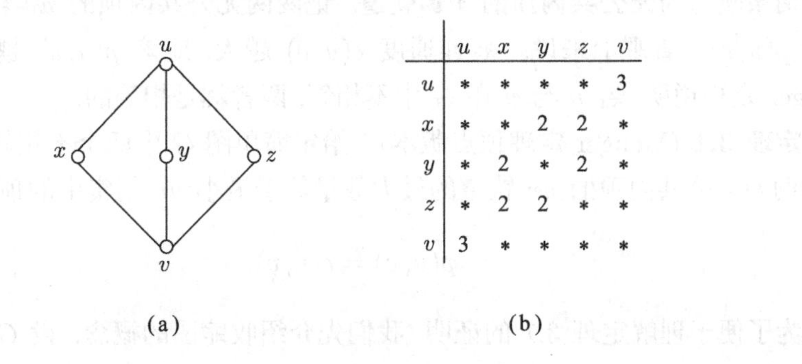

	u	x	y	z	v
u	*	*	*	*	3
x	*	*	2	2	*
y	*	2	*	2	*
z	*	2	2	*	*
v	3	*	*	*	*

(a) (b)

图 3.2 uv-连通度示例

定义 3.2 给定连通简单图 $G=(V(G),E(G))$, 以及 $S\subset V(G)$, 若 $G-S$ 不连通, 则称 S 是 G 的**顶割集**, 简称**割集**. 若一个割集中有 k 个元素, 则称之为 ***k*-顶割集**. 含顶点数最少的割集称为**最小割集**, 其中的顶点数记为 $\kappa(G)$, 称为 G 的**顶连通度**, 简称为**连通度**.

值得注意的是, 完全图与非连通图都没有割集, 不能应用上面的定义给出其连通度, 但我们约定完全图的连通度为 $\kappa(K_n)=n-1$, 非连通图的连通度为 $\kappa(\text{非连通图})=0$. 这种约定在讨论连通度的很多性质时, 也符合一般图的连通度的定义. 在图 3.1 中, $\kappa(G_1)=1$, $\kappa(G_2)=1$, $\kappa(G_3)=3$, $\kappa(G_4)=4$. 对于非负整数 k 来说, 若 $\kappa(G)\geqslant k$, 则称 G 是 ***k*-连通的**. 当然, 若 G 是 k-连通的, 则也是 $(k-1)$-连通的 $(k-1\geqslant 0)$. 所以说, 图 3.1 中的 G_1, G_2, G_3, G_4 都是 1-连通的, G_3 与 G_4 是 3-连通的, 而 G_4 是一个 4-连通图.

而对于非完全图 G 来说, 若 S 是 G 的顶割集, 则 $G-S$ 不连通, 所以存在两个顶点 $u,v\in V(G)-S$, 使得 u 与 v 在 $G-S$ 中没有轨道, 由此可知, S 也是

uv-顶割集. 也就是说, 图 G 的任意一个顶割集, 一定是某两个顶点之间的顶割集. 反之, 任意两个顶点之间的顶割集也一定是整个图的顶割集. 所以, 对于非连通图 G, 我们得到下面的结论:

$$\kappa(G)=\min\{c(u,v)|u,v\in V(G),u\neq v,uv\notin E(G)\}. \tag{3.1}$$

假想图 G 表示一个通信网络, 其中的顶点代表服务器或路由器, 边代表通信链路. 给定图 G 中的两个顶点 u,v, 以及 u 与 v 之间的两条轨道 $P(u,v)$,$Q(u,v)$. 若除了 u,v 之外, $P(u,v)$ 与 $Q(u,v)$ 还有其他的公共顶点 w, 则若顶点 w 出现故障的话, 两条通信路径 $P(u,v)$ 与 $Q(u,v)$ 都不能使用. 因此, 从可靠性的角度, 我们总是希望除了 u,v 之外, $P(u,v)$ 与 $Q(u,v)$ 没有其他的公共顶点, 我们称这样的两条轨道为**无公共内顶的 uv-轨道**. 记两两无公共内顶的 uv-轨道的最大数量为 $p(u,v)$. 直观上来说, uv-连通度 $c(u,v)$ 越大, 应该 $p(u,v)$ 越大. 事实上, Menger 定理说明, 若 u 与 v 在 G 中不相邻, 两者就是相等的.

定理 3.1 (Menger 定理顶点版本) 给定简单图 G 中两个不相邻的顶点 u,v, G 中两两无公共内顶的 uv-轨道的最大数量等于最小 uv-割集中的顶点数, 即

$$p(u,v)=c(u,v).$$

为了便于理解定理 3.1 的证明, 我们先介绍收缩图的概念. 设 G 是一个简单图, $S\subset V(G)$, G 关于 S 的收缩图 $G\cdot S$ 定义为: 首先在 G 中删掉两个端点都在 S 中的边; 再将 S 中所有的顶点收缩为一个顶点 s; 若 $v\in V(G)-S$ 与 S 中某个顶点相邻, 则在 $G\cdot S$ 中将 v 与 s 连边; 删掉重边与环. 图 3.3 给出了 $G\cdot S$ 的一个示例.

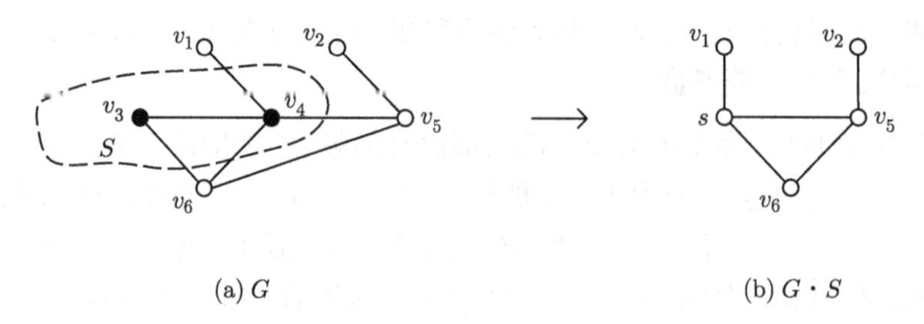

(a) G　　(b) $G\cdot S$

图 3.3 收缩图示例

定理 3.1 的证明 对 G 的边数 $\varepsilon(G)$ 做归纳. 为了方便, 我们记 $k=c_G(u,v)$ 表示在 G 中最小 uv-割集中的顶点数. 因为任给 G 中的 uv-轨道 $P(u,v)$, uv-割集 X, X 中至少有 $P(u,v)$ 上的一个内顶, 所以, 对于 $p_G(u,v)$ 条两两内顶不相交

的 uv-轨道来说, 一个 uv-割集中至少有 $p_G(u,v)$ 个顶点. 因此, u 与 v 之间两两内顶不相交的轨道最多只有 k 条, 即 $p_G(u,v) \leqslant k$.

下面我们只需证明 $p_G(u,v) \geqslant k$. 在下面的证明中, 我们假定存在 $e = xy \in E(G)$, 使得 e 与 u, v 都不关联. 否则, 在 G 中每条 uv-轨道的长度都是 2, 即每条 uv-轨道都恰好有一个内顶. 在这种情况下, 定理的结论很容易得证.

令 $H = G - e$. 因为 H 是 G 的子图, 所以有 $p_G(u,v) \geqslant p_H(u,v)$. 而由归纳假设可知 $p_H(u,v) = c_H(u,v)$. 另一方面, 图 H 中的任意一个 uv-顶割集加上边 e 的某个端点一定是 G 中的 uv-顶割集, 所以有 $c_G(u,v) \leqslant c_H(u,v) + 1$. 综上, 我们得到

$$p_G(u,v) \geqslant p_H(u,v) = c_H(u,v) \geqslant c_G(u,v) - 1 = k - 1.$$

若上面的两个不等式中, 有一个不等式严格成立, 则有 $p_G(u,v) > k-1$, 即 $p_G(u,v) \geqslant k$, 定理成立. 所以, 下面我们假定 $p_G(u,v) = p_H(u,v)$ 且 $c_H(u,v) = c_G(u,v) - 1$.

事实上, 由 $p_G(u,v) = p_H(u,v)$ 和 $c_H(u,v) = c_G(u,v) - 1$, 以及归纳假设 $p_H(u,v) = c_H(u,v)$, 我们直接可以得出 $p_G(u,v) = c_G(u,v) - 1$, 这与定理的结论是矛盾的. 但到目前为止, 从逻辑上来说我们还没有得到结论 $p_G(u,v) = c_G(u,v)$, 所以暂时还不能算作是矛盾. 下面的证明中将说明, 即使在此前提下, 我们还能在 G 中找到 u 和 v 之间 k 条无公共内顶的轨道, 从而说明定理的正确性.

由 $c_H(u,v) = c_G(u,v) - 1 = k - 1$, 我们可以假设 $S = \{v_1, v_2, \cdots, v_{k-1}\}$ 是图 H 中的最小 uv-顶割集, 并且假设 X 是 $H - S$ 中所有与 u 连通的顶点子集, Y 是 $H - S$ 中所有与 v 连通的顶点子集. 因为 $|S| = k - 1$, 所以 S 不是 G 中的 uv-顶割集, $G - S$ 中存在一条从 u 到 v 的轨道 $P(u,v)$, 而且 $P(u,v)$ 一定含有边 e. 不失一般性, 我们假设 $x \in X$, $y \in Y$.

下面考虑收缩图 $G \cdot Y$, 参见图 3.4, 其中 $X \cup S \cup Y$ 中的顶点都省略了. $G \cdot Y$ 将 Y 中所有的顶点收缩到一个顶点 v, 则 $G \cdot Y$ 中的每个 uv-顶割集 S 都是 G 中的 uv-顶割集. 这是因为若 G 中的某个 uv-轨道 P 不含 S 中任何顶点, 则 $G \cdot Y$ 的子图 $P \cdot Y$ 中也一定是一条不含 S 中任何顶点的 uv-轨道. 因此, 由 $c_G(u,v) = k$ 可以得出 $c_{G \cdot Y}(u,v) \geqslant k$. 另一方面, 因为 $S \cup \{x\}$ 是 $G \cdot Y$ 中的 uv-顶割集, 所以 $c_{G \cdot Y}(u,v) \leqslant k$. 故 $c_{G \cdot Y}(u,v) = k$, 由此我们可以得到 $S \cup \{x\}$ 是 $G \cdot Y$ 中的最小 uv-顶割集. 由归纳假设知, $G \cdot Y$ 中有 k 条无公共内顶的 uv-轨道 $P_1, P_2, \cdots, P_k$, 而且 $S \cup \{x\}$ 中的每个顶点分别在其中的一条轨道上. 不失一般性, 我们假设 $v_i \in V(P_i), 1 \leqslant i \leqslant k-1$ 且 $x \in V(P_k)$. 类似地, 假若将 X 中所有的顶点收缩为一个顶点 u, 则 $G \cdot X$ 中也有 k 条无公共内顶的 uv-轨道 $Q_1, Q_2, \cdots, Q_k$, 且 $v_i \in V(Q_i), 1 \leqslant i \leqslant k-1$, $y \in V(Q_k)$. 由此我们可以得到

G 中 k 条无公共内顶的 uv-轨道, $uP_iv_iQ_iv, 1 \leqslant i \leqslant k-1$, 以及 uP_kxyQ_kv, 与 $p_G(u,v) = c_G(u,v) - 1 = k-1$ 矛盾. 证毕.

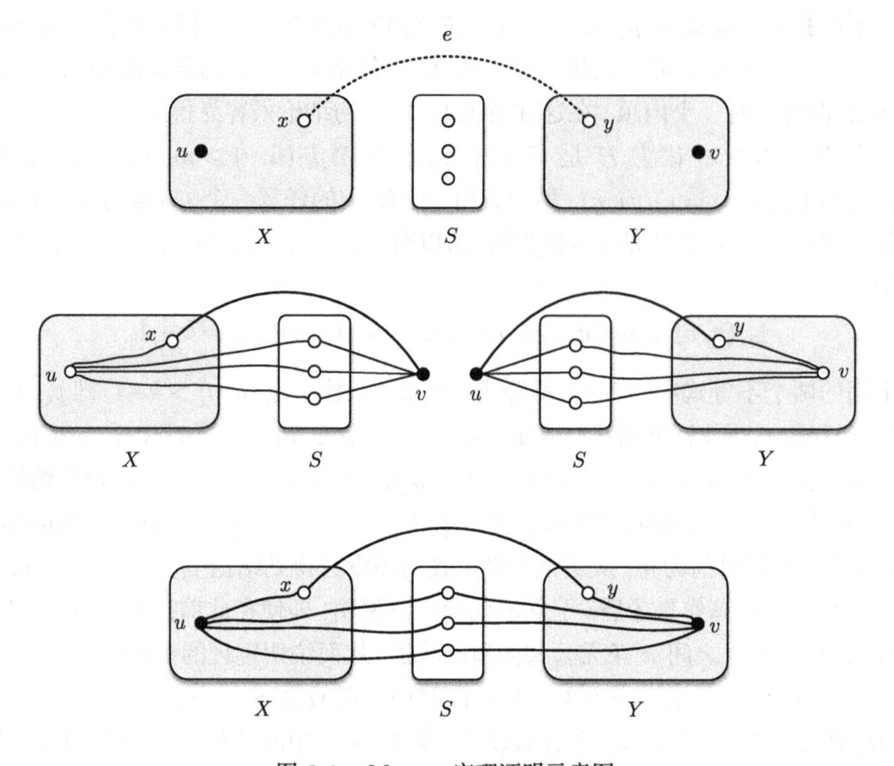

图 3.4 Menger 定理证明示意图

由定理 3.1, 我们直接可以得到推论 3.1.

推论 3.1 给定简单图 G, 有

$$\begin{aligned} & \min\{p(u,v)|u,v \in V(G), u \neq v, uv \notin E(G)\} \\ = & \min\{c(u,v)|u,v \in V(G), u \neq v, uv \notin E(G)\}. \end{aligned}$$

我们定义了完全图的连通度为 $\kappa(K_n) = n-1$. 而任给两个不同的顶点 $u, v \in V(K_n)$, u 与 v 在 K_n 中都有一条长为 1 的轨道, $n-2$ 条长为 2 的轨道, 这 $n-1$ 条轨道之间没有公共内顶. 所以, 对于 K_n 来说

$$\kappa(K_n) = \min\{p(u,v)|u,v \in V(K_n), u \neq v\}. \tag{3.2}$$

但对于非完全图来说, 我们则不能从公式 (3.1) 和推论 3.1 直接得出公式 (3.2) 的结论. 这是因为推论 3.1 的结论要求, 顶点 u 与 v 在图 G 中不相邻, 而公式 (3.2)

则没有这个限制. 但是事实上, 由下面的 Whitney 定理可知, 公式 (3.2) 对于一般的图也成立.

定理 3.2 (Whitney) 任给简单图 G, 都有

$$\kappa(G) = \min\{p(u,v)|u,v \in V(G), u \neq v\}.$$

证明 若 G 是完全图, 则由前面的分析可知, 定理得证. 而若 G 是非连通图, 也很容易得证. 下面假定 G 是非完全连通图, 则 G 中至少有两个不相邻的顶点, 由公式 (3.1) 与 Menger 定理可知, 我们只需证明

$$\begin{aligned} &\min\{p(u,v)|u,v \in V(G), u \neq v, uv \notin E(G)\} \\ =\ &\min\{p(u,v)|u,v \in V(G), u \neq v\}. \end{aligned} \tag{3.3}$$

在公式 (3.3) 中, 因为

$$\{(u,v)|u,v \in V(G), u \neq v, uv \notin E(G)\} \subseteq \{(u,v)|u,v \in V(G), u \neq v\},$$

所以

$$\begin{aligned} &\min\{p(u,v)|u,v \in V(G), u \neq v, uv \notin E(G)\} \\ \geqslant\ &\min\{p(u,v)|u,v \in V(G), u \neq v\}. \end{aligned} \tag{3.4}$$

综上, 若存在 $x,y \in V(G)$, x 与 y 在 G 中相邻, 且

$$p(x,y) = \min\{p(u,v)|u,v \in V(G), u \neq v\},$$

我们只需证明, G 中存在两个不相邻的顶点 w 与 z, 即 $w,z \in V(G)$ 且 $wz \notin E(G)$, 使得 $p(w,z) \leqslant p(x,y)$, 则有 $p(w,z) = p(x,y)$.

在下面的证明过程中涉及不同的图, 所以我们用 $p_G(u,v)$ 表示在图 G 中从 u 到 v 无公共内顶的轨道的最大数量, 其他表示类似.

考虑 G 中删去边 xy 得到的图 $H = G - xy$. 则显然有 $p_G(x,y) = p_H(x,y) + 1$. 而由 Menger 定理知, $p_H(x,y) = c_H(x,y)$. 设 X 是 H 中的最小 xy-顶割集, 则有 $p_H(x,y) = c_H(x,y) = |X|$. 因此 $p_G(x,y) = |X| + 1$.

若 $V - X = \{x,y\}$, 由 $\kappa(G)$ 的定义 (公式 (3.1))、推论 3.1 以及公式 (3.4) 知

$$\kappa(G) \geqslant p_G(x,y) = |X| + 1 = (\nu(G) - 2) + 1 = \nu(G) - 1.$$

这意味着 G 是完全图, 矛盾. 所以, $V - X$ 中至少有三个顶点 x,y,z. 不妨假设 x 与 z 在 $H - X$ 的不同连通片中, 则 x 与 z 在 G 中不相邻, 所以 $X \cup \{y\}$ 是 G 中

的一个 xz-顶割集. 因此

$$c_G(x,z) \leqslant |X \cup \{y\}| = |X| + 1 = p_G(x,y).$$

另一方面, 由 Menger 定理知, $p_G(x,z) = c_G(x,z)$, 所以 $p_G(x,z) \leqslant p_G(x,y)$. 综上可得

$$\kappa(G) = \min\{p_G(u,v)|u,v \in V(G), u \neq v\}.$$

定理得证. 证毕.

若我们用连通度的原始定义

$$\kappa(G) = \min_{S\text{ 是 }G\text{ 的顶割集}} |S|$$

来求图 G 的连通度, 将需要确定哪些顶点子集是 G 的顶割集, 然后再找到最小的那个, 这样的计算复杂度将呈指数级, 非常高. 而由 Menger 定理与 Whitney 定理可知, 可以将求 $\kappa(G)$ 转化为求 G 中任意两个不同顶点之间无公共内顶轨道的最大数量, 这样我们就可以借助辅助的有向图, 通过有向图的最大流算法来求出这种轨道的最大数量, 整个计算复杂度就是多项式级的了. 参见第 9.5 节.

3.2 扇形定理

从图的连通性可以得到图的很多性质. 在本节, 我们将介绍 Menger 定理的主要推论——扇形定理, 然后由扇形定理推导出 Dirac 定理. 事实上, Menger 定理是奠定这些理论的基础. 在介绍主要内容之前, 我们先介绍下面的引理 3.1, 它给出了 k-连通图的重要性质.

引理 3.1 假设简单图 G 是 k-连通图, 在 G 中增加一个新的顶点 y, 并且在 G 中任意选取至少 k 个顶点, 将 y 与这些选取的顶点各连一条边, 得到的图记为 H, 则 H 也是 k-连通图.

证明 因为 $\nu(H) \geqslant k+1$, 所以若 H 是完全图, 则 H 是 k-连通图. 假设 $S \subset V(H)$ 且 $|S| = k-1$, 我们只需要证明 $H-S$ 是连通图.

若 $y \in S$, 则 $H-S = G-(S-\{y\})$. 由假设知, G 是 k-连通图, 而 $|S-\{y\}| = k-2$, 所以 $G-(S-\{y\})$ 是连通图, 即 $H-S$ 是连通图.

下面假设 $y \notin S$. 由假定, y 在 G 中至少有 k 个邻顶, 而 $|S| = k-1$, 所以 y 有一个邻顶 z 不属于 S. 因为 G 是 k-连通图, 所以 $G-S$ 是连通图. 而 z 是 $G-S$ 中的顶点, yz 是 $G-S$ 中的一条边, 因此 $(G-S)+yz$ 是 $H-S$ 的一个连通生成子图. 所以 $H-S$ 是连通图. 证毕.

由引理 3.1, 很容易得出推论 3.2, 这个推论的结论将对介绍后续内容非常有用.

推论 3.2 假设简单图 G 是 k-连通图, X, Y 是图 G 两个顶点子集, $|X| \geqslant k$, $|Y| \geqslant k$ 且 $X \cap Y = \varnothing$, 则 G 中存在 k 条无公共顶点的 (X, Y)-轨道. 其中 (X, Y)-轨道指的是轨道的两个端点分属 X 与 Y, 而中间顶点不属于 $X \cup Y$.

证明 在 G 中增加两个顶点 x 与 y, 将 x 与 X 中的每个顶点连一条边, 将 y 与 Y 中的每个顶点连一条边, 得到图 H. 由引理 3.1 知, H 是 k-连通图. 再由 Menger 定理知, H 中存在 k 条无公共内顶的 xy-轨道, 我们删去这 k 条轨道上的顶点 x 与 y, 就得到 G 中的 k 条轨道 $Q_1, Q_2, \cdots, Q_k$, 每条轨道 Q_i 的起点都在 X 中, 而终点则在 Y 中. 若某条轨道 Q_i 有中间顶点属于 $X \cup Y$, 则我们可以删除掉从起点 (或终点) 到该顶点的一段, 这样我们可以断定, 每个轨道 Q_i 都含有一条子轨道 P_i, P_i 的起点、终点分属 X, Y, 而中间顶点都不在 $X \cup Y$ 中. 这样, $P_1, P_2, \cdots, P_k$ 就是 k 条无公共顶点的 (X, Y)-轨道. 注意: 若本来 Q_i 的中间顶点都不属于 $X \cup Y$, 则 $P_i = Q_i$. 证毕.

给定简单图 G, $x \in V(G)$, $Y \subseteq V(G) - \{x\}$ 且 $|Y| \geqslant k$, 一组 k 条起点为 x、终点为 Y 中 k 个不同的顶点, 且除了 x 之外无公共顶点的轨道称为从 x 到 Y 的 ***k*-扇形**. 推论 3.3 给出了 k-扇形的性质, 其证明与推论 3.2 类似, 故省略作为习题 22.

推论 3.3 (扇形定理) 假设简单图 G 是 k-连通图, $x \in V(G)$, $Y \subseteq V(G) - \{x\}$ 且 $|Y| \geqslant k$, 则 G 中存在从 x 到 Y 的 k-扇形.

由推论 3.2 可知, k-连通图也表示网络中不同顶点对之间的通信能力. k 越大, 表明在网络中能够为不同的顶点对找到不相交的通信链路越容易, 从而通信能力越强. 而扇形定理也同样体现了一个顶点向多个其他顶点同时通信的能力.

由 Whitney 定理可知, 当 $\kappa(G) \geqslant 2$ 时, G 中任意两个不同的顶点间都有两条没有公共内顶的轨道, 这等价于任意两个不同的顶点都在同一个圈上. 借助于扇形定理, Dirac 将这个结论扩展到 k-连通图.

定理 3.3 (Dirac) 设 S 是 k-连通图 G 中的 k 元顶点子集, $k \geqslant 2$, 则 G 中存在一个圈 C, 使得 S 中所有的顶点都在 C 上.

证明 我们对 k 做归纳. 前面已经说明, 当 $k = 2$ 时, 定理成立. 所以下面假定 $k \geqslant 3$. 取 $x \in S$, 令 $T = S - \{x\}$. 因为 G 是 k-连通的, 当然也是 $(k-1)$-连通的. 由归纳假设知, G 中存在圈 C, 使得 T 中所有的顶点都在 C 上. 记 $Y = V(C)$ 是圈 C 上所有顶点构成的集合. 若 $x \in Y$, 则 C 包含了 S 中所有的顶点, 定理得证. 所以, 我们假设 $x \notin Y$. 若 $|Y| \geqslant k$, 则由扇形定理知, G 中存在从 x 到 Y 的

k-扇形. 因为 $|T| = k-1$, T 中的顶点将圈 C 分成了 $k-1$ 段无公共边的弧 (事实上是轨道), 而从 x 到 Y 的 k-扇形有 k 条从 x 到 Y 上无公共内顶的轨道, 由鸽巢原理知, 有两条从 x 到 Y 上顶点的轨道落在 C 上的同一段弧上, 设这两条轨道为 P 与 Q, 参见图 3.5, 其中标 "•" 的顶点为 S 中顶点. 这样, 子图 $C \cup P \cup Q$ 含有三个圈, 其中的一个含有 $S = T \cup \{x\}$ 中所有的顶点. 若 $|y| = k-1$, 则存在从 x 到 Y 的 $k-1$ 扇形, 则同样可以得到一个圈, 该圈包含 S 中所有的顶点. 证毕.

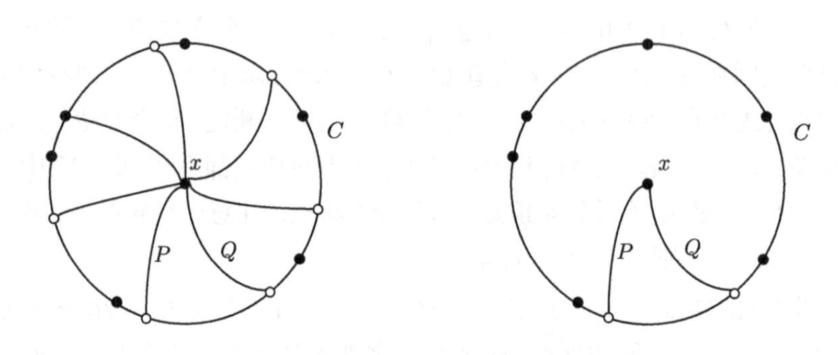

图 3.5　Dirac 定理证明示意图

需要指出的是, 尽管存在一个圈 C, C 上含有 S 中所有的顶点. 但是 S 中的顶点在 C 上的顺序是不能任意确定的, 也就是不能保证 S 中顶点按照特定的顺序在 C 上分布. 例如, 图 3.6 表示的是一个 4-连通图. 因为该图中每条 x_1y_1-轨道与每条 x_2y_2-轨道都有公共顶点, 所以该图中不可能存在一个圈, 使得 x_1, y_1, x_2, y_2 在圈上以这个顺序排列.

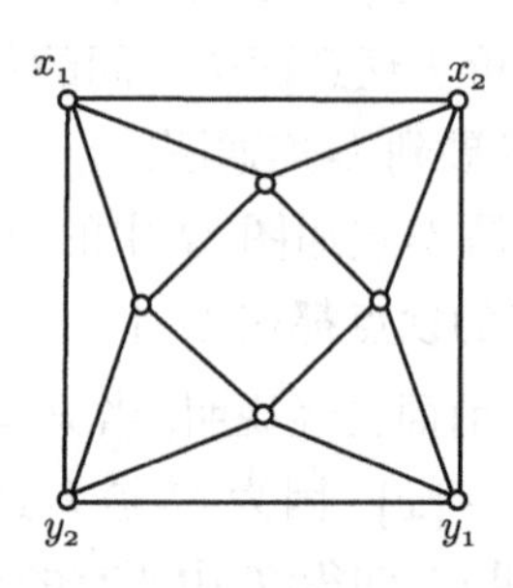

图 3.6　圈上顶点顺序的示意图

3.3 边连通度

类似于顶连通度, 我们也需要从边的角度来关注图的连通程度, 也就是说考虑至少需要删掉几条边, 才会使得一个图变得不连通.

定义 3.3 给定简单图 $G=(V(G),E(G))$ 的一对顶点 u,v, $u\neq v$. 若边子集 $E'\subseteq E(G)$ 使得 u 与 v 在 $G-E'$ 中不连通, 即分属两个不同的连通片, 则称 E' 是一个 ***uv*-边割集**. 含边数最少的 uv-边割集称为**最小 *uv*-边割集**, 其中的边数记为 $c'(u,v)$, 称为 u 与 v 在 G 中的**边连通度**, 简称为 ***uv*-边连通度**.

若我们将图 G 中所有的边删掉, 则 G 中所有的顶点都将变成孤立顶点, 从而不连通. 所以, 对于图 G 的任意两个不同的顶点 u 与 v, uv-边连通度都有定义.

定义 3.4 给定连通简单图 $G=(V(G),E(G))$, 以及 $E'\subseteq E(G)$, 若 $G-E'$ 不连通, 则称 E' 是 G 的**边割集**. 若一个边割集中有 k 条边, 则称之为 ***k*-边割集**. 含边数最少的边割集称为**最小边割集**, 其中的边数记为 $\kappa'(G)$, 称为 G 的**边连通度**. 若图 G 不是连通图, 就定义 $\kappa'(G)=0$.

例如, 在图 3.1 中, $\kappa'(G_1)=1$, $\kappa'(G_2)=2$, $\kappa'(G_3)=3$, $\kappa'(G_4)=4$. 若 $\kappa'(G)\geqslant k$, 则称图 G 是 ***k*-边连通的**. 对于 $k>0$ 来说, 若 G 是 k-边连通的, 则也是 $(k-1)$-边连通的. 在图 3.1 中, 所有的图都是 1-边连通的, 而 G_2,G_3,G_4 是 2-边连通的, 只有 G_4 是 4-边连通的.

同连通度类似. 我们也关注图中两个顶点间无公共边的轨道数. 给定图 G 的两个不同的顶点 $u,v\in V(G)$, 我们称 u 与 v 之间两两无公共边的最大轨道数为**无公共边的轨道**的最大数量, 记为 $p'(u,v)$. 类似于 Menger 定理的顶点版本, 关于边连通度也有下面的 Menger 定理.

定理 3.4 (Menger 定理边版本) 给定图 G 中两个顶点 u,v, G 中两两无公共边的 uv-轨道的最大数量等于最小 uv-边割集中的边数, 即

$$p'(u,v)=c'(u,v).$$

我们将用网络流的理论来证明边版本的 Menger 定理, 参见 9.5 节. 事实上, 我们可以借助于辅助图的方式, 从顶点版本的 Menger 定理推导出边版本的 Menger 定理, 留作习题 13. 由定理 3.4, 我们可以得出

$$\kappa'(G)=\min_{u,v\in V(G),u\neq v}p'(u,v). \tag{3.5}$$

由公式 (3.5), 我们就可以用网络流的方法计算一个图的边连通度, 而计算复杂度则是多项式量级的, 参见 9.5 节.

顶连通度、边连通度与顶点的最小度数之间还满足定理 3.5.

定理 3.5 假定 G 是简单图, 则有

$$\kappa(G) \leqslant \kappa'(G) \leqslant \delta(G).$$

证明 若 G 是平凡图 (仅有一个顶点), 非连通图或是完全图, 定理成立. 所以在下面的证明过程中, 假定 G 不是这三种类型的图.

设 $u \in V(G)$, 满足 $\deg(u) = \delta(G)$, 我们将与 u 关联的所有的边都删除掉, 则 G 变得不连通. 因此, 所有与 u 关联的边构成的边子集 E' 就是图 G 的一个边割集, 所以 $\kappa'(G) \leqslant |E'| = \deg(u) = \delta(G)$.

另一方面, 因为 G 不是完全图, 所以 $\kappa'(G) \leqslant \nu - 2$. 假定 E' 是图 G 的最小边割集, 则有 $|E'| = \kappa'(G) \leqslant \nu - 2$, $G - E'$ 不连通且 $G - E'$ 一定是两个连通片. 设这两个连通片为 G_1 和 G_2, 因为 E' 是最小边割集, 所以 E' 中每条边的两个端点一定一个在 G_1 中, 另一个在 G_2 中. 我们在 E' 中的每条边上取一个端点, 这样构成 G 的一个顶点子集, 设为 V'. 因为 $|E'| \leqslant \nu - 2$, 所以 $|V'| \leqslant |E'| \leqslant \nu - 2$ (取 V' 时, 可能 E' 中不同的边取了相同的公共端点), $G - V'$ 中至少有两个顶点. 由 E' 的构成, 我们总是可以选择 E' 中边的端点, 使得在 $G - V'$ 中至少有一个顶点在 G_1 中, 且至少有一个顶点在 G_2 中. 因为 E' 的每条边都不在 $G - V'$ 中, 所以 $G - V'$ 不连通, V' 是 G 的顶割集. 所以 $\kappa(G) \leqslant |V'| \leqslant |E'| = \kappa'(G)$. 定理得证. 证毕.

3.4 割顶、桥与块

若通信网络中某个服务器、路由器或某条通信链路发生故障后, 网络中一些节点间就不能通信, 则该网络的容错能力差. 所以在网络设计时, 需要尽量避免出现这个情形. 对应于图来说, 容错需要尽量避免单个顶点构成顶割集或者一条边构成边割集的情形. 本节将介绍割顶、桥与块的性质.

定义 3.5 给定连通简单图 $G = (V(G), E(G))$, 若存在顶点 v, 使得 $G - v$ 不连通, 即 $\{v\}$ 是割集, 则称 v 是 G 的**割顶**.

若连通图 G 有割顶 v, 则 $\kappa(G) = 1$, 而 v 则是 G 的关键顶点, 在网络设计中就是重要的节点, 需要重点保护. 下面的定理给出了割顶的特性.

定理 3.6 设 G 是连通图, $v \in V(G)$, 则下述命题等价:

(1) v 是 G 的割顶;

(2) 存在与 v 不同的两个顶点 $u, w \in V(G) - \{v\}$, 使得 v 在每一条从 u 到 w 的轨道上;

(3) 存在 $V(G)-\{v\}$ 的一个划分 $V(G)-\{v\}=U\cup W, U\cap W=\varnothing, U\neq\varnothing, W\neq\varnothing$, 使得任给 $u\in U, w\in W$, v 在每一条从 u 到 w 的轨道上.

证明 (1) $\Rightarrow$ (3): 因为 v 是 G 的割顶, 所以 $G-v$ 不连通, 至少有两个连通片. 设 U 是 $G-v$ 某个连通片中所有的顶点构成的集合, 令 $W=V(G)-(U\cup\{v\})$. 于是任给 $u\in U$, $w\in W$, u 与 w 分属 G 的不同的连通片. 这样, G 中从 u 到 w 的每一条轨道都含 v. 否则, 若 G 中从 u 到 w 的某条轨道 $P(u,w)$ 不含 v, 则 $P(u,w)$ 也是 $G-v$ 中的轨道, u 与 w 在 $G-v$ 的同一个连通片中. 矛盾.

(3) $\Rightarrow$ (2): (2) 只是 (3) 的一个特例, 自然成立.

(2) $\Rightarrow$ (1): 若 v 在每一条从 u 到 w 的轨道上, 则 $G-v$ 中不存在从 u 到 w 的轨道, $G-v$ 不连通. 故 v 是 G 的割顶. 证毕.

定义 3.6 给定连通简单图 $G=(V(G),E(G))$, 若存在边 e, 使得 $G-e$ 不连通, 也就是 $\{e\}$ 是边割集, 则称 e 是 G 的**桥** (或**割边**).

若连通图 G 有桥 e, 则 $\kappa'(G)=1$, 定理 3.6 刻画的是连通性中关键顶点的特征, 而下面的定理刻画的则是连通性中关键边的特征.

定理 3.7 设 G 是连通图, $e\in E(G)$, 则下述命题等价:

(1) e 是 G 的桥;

(2) e 不在 G 的任一圈上;

(3) 存在 $u,w\in V(G)$, 使得 e 在每一条从 u 到 w 的轨道上;

(4) 存在 $V(G)$ 的一个划分 $V(G)=U\cup W, U\cap W=\varnothing, U\neq\varnothing, W\neq\varnothing$, 使得任给 $u\in U$, $w\in W$, e 在每一条从 u 到 w 的轨道上.

定理 3.7 中 (1) 与 (2) 的等价性参见定理 2.1 中 (5) $\Rightarrow$ (6) 的证明. 而其他几个等价命题的证明非常类似于定理 3.6 的证明. 留作习题 14.

若图 G 中没有割顶, 则 $\kappa(G)\geqslant 2$, G 中去掉任何一个顶点后, 仍然连通, 对应的网络能够容忍一个节点的故障, 即在一个节点出现故障时, 仍然具有通信能力. 下面我们讨论这类图的特征.

定义 3.7 没有割顶的简单图 G 称为**块**. 若 G 不是块, 则 G 的成块的极大子图称为 **G 的块**.

按照定义 3.7, 若 G 是一个顶点的平凡图或 $G=K_2$, 则 G 是块, 这两种情况都是平凡情况, 其连通度分别为 0 与 1. 在 $\nu(G)\geqslant 3$ 时, 则若 G 是块, 一定有 $\kappa(G)\geqslant 2$. 例如, 在图 3.1 中, G_3 与 G_4 都是块, 而 G_1 与 G_2 不是块, G_1 的块都是 K_2, 而 G_2 的块则为两个 K_3.

定理 3.8 设 G 是连通图, $\nu(G)\geqslant 3$, 则下述命题等价:

(1) G 是块;

(2) 任给 $u, v \in V(G), u \neq v$, u 与 v 在 G 的同一个圈上;

(3) 任给 $u \in V(G)$, $e \in E(G)$, u 与 e 在 G 的同一个圈上;

(4) 任给 $e_1, e_2 \in E(G)$, e_1 与 e_2 在 G 的同一个圈上;

(5) 任给 $u, v \in V(G), u \neq v$, $e \in E(G)$, 存在连接 u 与 v 的轨道 $P(u,v)$, 使得 e 在 $P(u,v)$ 上, 即 $e \in E(P(u,v))$;

(6) 任给三个不同的顶点 $u, v, w \in V(G)$, 存在连接 u 与 v 的轨道 $P(u,v)$, 使得 w 在轨道 $P(u,v)$ 上;

(7) 任给三个不同的顶点 $u, v, w \in V(G)$, 存在连接 u 与 v 的轨道 $P(u,v)$, 使得 w 不在轨道 $P(u,v)$ 上.

证明　我们来证明: (1) ⇒ (2) ⇒ (3) ⇒ (4) ⇒ (5) ⇒ (6) ⇒ (7) ⇒ (1).

(1) ⇒ (2): 只是定理 3.3 的特例.

(2) ⇒ (3): 设 $e = vw$. 若 $u = v$ 或 $u = w$, 不妨设 $u = v$. 由 (2) 知, u 与 w 在同一个圈 C 上. 若边 e 在 C 上, 则结论成立; 否则取 C 上一段从 u 与 w 的轨道, 加上边 $e = vw$, 也是一个圈, 该圈同时含 u 与 e.

下面假定 $u \neq v$ 且 $u \neq w$. 由 (2) 知, G 中任意两个顶点在同一个圈上, 假定 C 是含 u 与 v 的圈, 若 w 在 C 上, 则 C 上含 u 的轨道 $P(v,w)$ 与边 vw 形成一个圈, 该圈含 u 与边 vw. 若 w 不在 C 上, 参见图 3.7. 因为 v 不是割顶, 由定理 3.6 知, G 中存在不含 v 的轨道 $P(w,u)$. 令 u' 是 $P(w,u)$ 与 C 从 w 沿 $P(w,u)$ 到 C 的第一个公共顶点, 则由边 vw,$P(w,u)$ 上 w 到 u' 的一段 $P(w,u')$ 以及 C 上含 u 的轨道 $P'(u',v)$ 合起来就是一个圈, 此圈含 u 与边 vw.

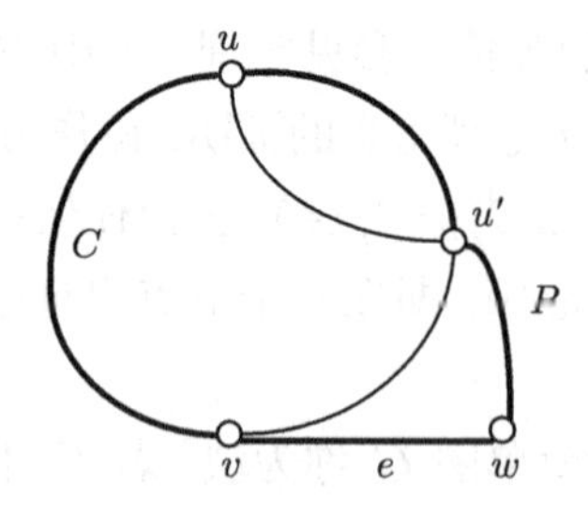

图 3.7　(2) ⇒ (3) 证明的示意图

(3) ⇒ (4): 设两条边为 $e_1 = u_1v_1$, $e_2 = u_2v_2$. 由 (3) 知, e_1 与 u_2 在同一个圈上, 之后的证明与 (2) ⇒ (3) 的证明非常类似. 略.

(4) ⇒ (5): 已知任意两条边在同一个圈上. 设 u,v 是任意两个顶点, e 是任意一条边. 若 e 与 u 或 v 关联, 则证明相对简单. 下面假定 e 与 u 和 v 都不关联. 因为任意两条边在同一个圈上, 所以任意两个顶点也在同一个圈上, 由 (2) ⇒ (3)

的证明过程可知, u 与 e 在同一个圈上, 设为 C_1; 同理 v 与 e 在同一个圈上, 设为 C_2. 若 v 在 C_1 上或者 u 在 C_2 上, 结论成立. 若 v 不在 C_1 上且 u 也不在 C_2 上, 参见图 3.8, 则如下构作一个含边 e 的轨道 $P(u,v)$: 从 u 出发, 不经过 e, 沿 C_1 到达 C_1 与 C_2 的第一个公共顶点 w, 再从 w 出发沿 C_2 含 e 的部分到达 v.

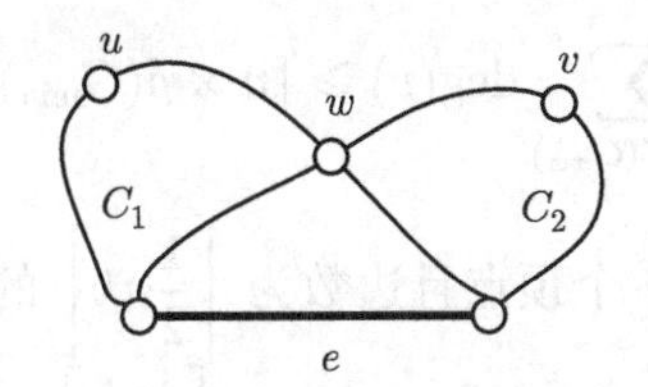

图 3.8 (4) ⇒ (5) 证明的示意图

(5) ⇒ (6): 任取与 w 关联的一条边 e. 由 (5) 知, 存在连接 u 与 v、含边 e 的轨道 $P(u,v)$. $P(u,v)$ 含边 e, 自然 w 在 $P(u,v)$ 上.

(6) ⇒ (7): 由 (6) 知, 存在连接 u 与 w 的轨道 $P(u,w)$, 使得 v 在轨道 $P(u,w)$ 上. 那么轨道 $P(u,w)$ 上从 u 到 v 的一段 $P(u,v)$, 自然是连接 u 与 v 的轨道且 w 不在轨道 $P(u,v)$ 上.

(7) ⇒ (1): 任给顶点 $w \in V(G)$, 考虑图 $G-w$. 任给两个不同的顶点 $u,v \in V(G-w)$, 由 (7) 知, G 中存在连接 u 与 v 的轨道 $P(u,v)$, 使得 w 不在轨道 $P(u,v)$ 上. 因此, $P(u,v)$ 也是 $G-w$ 中的轨道, 所以 u 与 v 在 $G-w$ 中连通, 从而 $G-w$ 是连通图. 所以 w 不是 G 的割顶. G 没有割顶, 所以是块. 证毕.

3.5 可靠通信网的构造

假设我们用图 G 来表示一个通信网络, 则 G 的连通度 $\kappa(G)$(边连通度 $\kappa'(G)$) 表示的是: 在网络中至少要坏掉 $\kappa(G)$ 个通信节点 ($\kappa'(G)$ 条通信链路), 才会造成网络中的某些节点间不能互相通信. 一个图的连通度与边连通度越高, 对应的通信网络的可靠性越高. 从这个角度来说, 在第 2 章介绍的最小生成树是可靠性最差的网络, 由此我们需要考虑更一般的可靠网络的构建问题.

问题 给定正整数 k, 连通边权图 G, 求出 G 的权最小的 k-连通 (k-边连通) 生成子图.

若 $k=1$, 则上述问题就是最小生成树问题, 可以通过 Kruskal 或 Prim 算法来求解. 若 $k>1$, 上述问题还没有找到一个有效的算法, 普遍认为是难以求解的. 但是, 若 G 是完全图, 且每条边的权值都是 1, 则该问题就简单很多, 这也是我们在本节将要介绍的内容.

对于完全图 K_n 来说, 若其每条边的权值都是 1, 则其权最小的 k-连通生成子图就是构造一个 n 个顶点且边数最少的 k-连通图. 假设 n 个顶点的 k-连通图至少需要 $f(n,k)$ 条边, 设该图为 $G_{\min}$. 由连通度的定义知, 合理的假设是 $k<n$. 由定理 3.5 知, $\delta(G_{\min})\geqslant\kappa(G_{\min})=k$. 再由定理 1.1 知

$$f(n,k)=\frac{1}{2}\sum_{v\in V(G_{\min})}\deg(v)\geqslant\lceil n\times\delta(G_{\min})/2\rceil=\lceil nk/2\rceil. \tag{3.6}$$

下面我们将构造一个 n 个顶点且边数为 $\left\lceil\frac{1}{2}nk\right\rceil$ 的 k-连通图 $H_{n,k}$, 从而说明 (3.6) 的不等式中等号可以成立, 即 $f(n,k)=\left\lceil\frac{1}{2}nk\right\rceil$. $H_{n,k}$ 的构造依赖于 n 与 k 的奇偶性. 记 $V(H_{n,k})=\{0,1,\cdots,n-1\}$, 以下以三种不同的情形给出 $H_{n,k}$ 的构造.

(1) k 是偶数. 记 $k=2r$. $H_{n,2r}$ 的构造方法为: 两个不同的顶点 i 与 j 相邻当且仅当 $i-r\leqslant j\leqslant i+r$, 其中的加法是在 $\bmod n$ 的意义下进行的. 图 3.9 (a) 给出了 $H_{8,4}$ 的示例.

(2) k 是奇数, n 是偶数. 记 $k=2r+1$. $H_{n,2r+1}$ 的构造方法是: 先构造 $H_{n,2r}$, 然后在 $H_{n,2r}$ 的基础上, 将顶点 i 与顶点 $i+n/2(0\leqslant i\leqslant n/2-1)$ 连边. 图 3.9 (b) 给出了 $H_{8,5}$ 的示例.

(3) k 是奇数, n 是奇数. 记 $k=2r+1$. $H_{n,2r+1}$ 的构造方法是: 先构造 $H_{n,2r}$, 然后在 $H_{n,2r}$ 的基础上, 将顶点 0 与顶点 $(n-1)/2$,$(n+1)/2$ 各连一条边, 再将顶点 i 与顶点 $i+(n+1)/2(1\leqslant i\leqslant(n-3)/2)$ 连边. 图 3.9 (c) 给出了 $H_{9,5}$ 的示例.

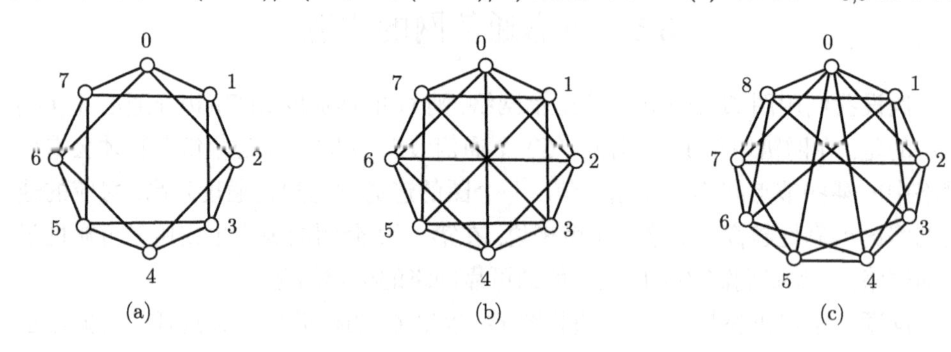

图 3.9　Harary 图示例

定理 3.9 (Harary, 1962)　$H_{n,k}$ 是 k-连通图.

证明　我们只证明 $k=2r$ 的情况. 我们将证明 $H_{n,2r}$ 中没有少于 $2r$ 个顶点的顶割集. 用反证法. 假设 V' 是一个顶割集, 且 $|V'|<2r$. 假设 i 与 j 是分属

$H_{n,2r}-V'$ 的两个连通片的两个顶点. 考虑 $H_{n,2r}$ 两个顶点子集

$$S=\{i,i+1,\cdots,j-1,j\}$$

和

$$T=\{j,j+1,\cdots,i-1,i\},$$

其中的加法是在 $\bmod n$ 的意义下进行的. 由于 $|V'|<2r$ 且 $i,j\notin V'$, 所以 $|V'\cap S|<r$ 与 $|V'\cap T|<r$ 至少有一个成立. 不妨设 $|V'\cap S|<r$. 设 $S-V'=\{i_1(=i),i_2,\cdots,i_{l-1},i_l(=j)\}$ 且在 $\bmod n$ 的意义下满足 $i_1<i_2<\cdots<i_{l-1}<i_l$. 因为 $|V'\cap S|<r$, 所以在 $\bmod n$ 的意义下满足 $i_{t+1}\leqslant i_t+r$, 进一步由 $H_{n,2r}$ 的定义可知, i_t 与 $i_{t+1}(1\leqslant t\leqslant l-1)$ 在 $H_{n,2r}$ 中相邻. 因此, $i_1(=i)i_2\cdots i_{l-1}i_l(=j)$ 就是 $H_{n,2r}-V'$ 中一条连接 i 与 j 的一条轨道, 所以 i 与 j 在 $H_{n,2r}-V'$ 中连通, 矛盾. 所以 $H_{n,2r}$ 是 $2r$ 连通图.

当 $k=2r+1$ 时, 定理的证明类似, 留作习题 27. 证毕.

很容易得出结论 $\varepsilon(H_{n,k})=\lceil nk/2\rceil$. 因此, 由定理 3.9 知, n 个顶点的 k-连通图所需的最少边数 $f(n,k)\leqslant\lceil nk/2\rceil$. 而由公式 (3.6) 知, $f(n,k)\geqslant\lceil nk/2\rceil$. 因而

$$f(n,k)=\lceil nk/2\rceil,$$

而且 $H_{n,k}$ 就是边数最少的 n 个顶点的 k-连通图.

由定理 3.5 知, 对任何图 G 来说, $\kappa(G)\leqslant\kappa'(G)$, 所以 $H_{n,k}$ 也是 k-边连通图. 记 $g(n,k)$ 为 n 个顶点的 k-边连通图所需的最少边数, 则对于任意 $1<k<n$ 来说, 都有

$$g(n,k)=\lceil nk/2\rceil.$$

习　题

1. G 是 k-边连通图, E' 是 G 的 k 条边的集合, 则 $\omega(G-E')\leqslant 2$.
2. 给出一个 k-连通图 G 以及 k 个顶点的集合 V', 使得 $\omega(G-V')>2$.
3. G 是简单图, $\delta(G)\geqslant\nu(G)-2$, 则有 $\kappa(G)=\delta(G)$.
4. 给出一个简单图 G, 满足 $\delta(G)=\nu(G)-3$ 且 $\kappa(G)<\delta(G)$.
5. G 是简单图, $\delta(G)\geqslant\nu(G)/2$, 则有 $\kappa'(G)=\delta(G)$.
6. G 是简单图, $\delta(G)\geqslant\dfrac{1}{2}(\nu(G)+k-2)$, 则 G 是 k-连通图.
7. 任给三个非负整数 $l\leqslant m\leqslant n$, 都存在简单图 G, 满足 $\kappa(G)=l$, $\kappa'(G)=m$, $\delta(G)=n$.

8. 设 $P(u,v)$ 是 2-连通图 G 中的一条轨道, G 中是否一定存在另一条轨道 $Q(u,v)$, 使得 $P(u,v)$ 与 $Q(u,v)$ 没有公共内顶?

9. 证明: 若简单图 G 不含偶圈与孤立顶点, 则 G 的块是 K_2 或奇圈.

10. 设子图 G_1 与 G_2 是图 G 的两个不同的块, 则若 G_1 与 G_2 有公共顶点 v, 则 v 一定是 G 的割顶.

11. 设 G 是连通图, 且不是块, 则在 G 中至少存在两个块, 每个块仅含 G 的一个割顶.

12. 设 G 是简单图. 若任给 $e \in E(G)$, 都有 $\kappa(G-e) < \kappa(G)$, 则称 G 是 κ 临界图. 证明:

    (1) 每个 κ 临界 2-连通图都有一个度数为 2 的顶点;

    (2) 若 G 是 κ 临界 2-连通图, 且 $\nu(G) \geqslant 4$, 则 $\varepsilon(G) \leqslant 2\nu(G) - 4$;

    (3) 任给 $n \geqslant 4$, 请给出 n 个顶点, $2n-4$ 条边的最小 2-连通图, 参见本章习题 25 中的定义.

13. 证明定理 3.4.

14. 证明定理 3.7.

15. 证明: 只有两个顶点不是割顶的连通图是一条轨道.

16. 若图 G 的每个顶点的度数都是偶数, 则 G 中没有桥.

17. G 是连通图, 且 $\nu(G) \geqslant 3$. 证明:

    (1) 若 G 有桥, 则存在 $v \in V(G)$, 使得 $\omega(G-v) > \omega(G)$;

    (2) 结论 (1) 的逆未必成立.

18. 3-正则图有割顶当且仅当有桥.

19. 给定 n 维超立方体 H_n 中的两个顶点 $u = (0, 0, \cdots, 0)$ 和 $v = (1, 1, \cdots, 1)$. 请给出 H_n 中最大的无公共边的 uv-轨道的集合和最小的 uv-顶割集.

20. 设 e 是 2-连通图 G 的一条边, 若将边收缩后, 得到的图 $G \cdot e$ 也是 2-连通图, 则称 e 是可收缩的. 证明: 每个 $\nu(G) \geqslant 3$ 的 2-连通图 G 都有一条可收缩边.

21. 设 e 是 2-连通图 G 的一条边, 若将边删除后, 得到的图 $G-e$ 也是 2-连通图, 则称 e 是可删除的. 证明: $\nu(G) \geqslant 4$ 的 2-连通图 G 每一条边要么是可收缩的, 要么是可删除的.

22. 证明扇形定理 (推论 3.3).

23. 构造一个 5-连通图 G 以及 G 中的 4 个顶点 x_1, y_1, x_2, y_2, 满足 G 中没有圈能够使得这四个顶点按照给定的顺序在圈上出现. 注: 对于 6-连通图来说, 四个顶点则可以按照任意给定的顺序在圈上出现.

24. 设 G 是一个图, $x \in V(G)$, $Y \subseteq V(G) - \{x\}$, $Z \subseteq V(G) - \{x\}$, $|Y| < |Z|$. 假设从 x 到 Y 与从 x 到 Z 都存在扇形, 则存在 $z \in Z - Y$, 使得从 x 到 $Y \cup \{z\}$ 存在扇形.

25. 设 G 是 k-边连通图, 若任给 $e \in E(G)$, $G-e$ 都不是 k-边连通图, 则称 G 是最小 k-边连通图.

(1) 若 G 是最小 k-边连通图, 证明:

(a) 任给 $e \in E(G)$, e 都在 G 的某个 k-边割集中;

(b) G 中有一个度数为 k 的顶点;

(c) $\varepsilon(G) \leqslant k(\nu(G)-1)$.

(2) 证明: 任意 k-边连通图 G 都存在一个边数最多为 $k(\nu(G)-1)$ 的 k-边连通生成子图.

26. 画出 $H_{8,3}$ 和 $H_{9,3}$.

27. 证明: 当 k 为奇数时, $H_{n,k}$ 是 k-连通图.

28. 设 G 是满足 $\nu(G) \geqslant 3$ 的 k-边连通图, 则任给 $e \in E(G)$, $G \cdot e$ 仍是 k-边连通图.

第 4 章　平　面　图

在图 4.1 中, 图 4.1 (a) 是 K_4 的一个图示, 其中有两条边除了公共端点外, 还有其他交点. 而图 4.1 (b) 也是 K_4 的一个图示, 除了公共端点外, 任何两条边都没有交点, 称为 K_4 的平面嵌入. 图 4.1 (c) 是 $K_5 - e$ 的一个平面嵌入. 图 4.1 (d) 是 K_5 的一个图示. 本章我们将说明, K_5 无法进行平面嵌入.

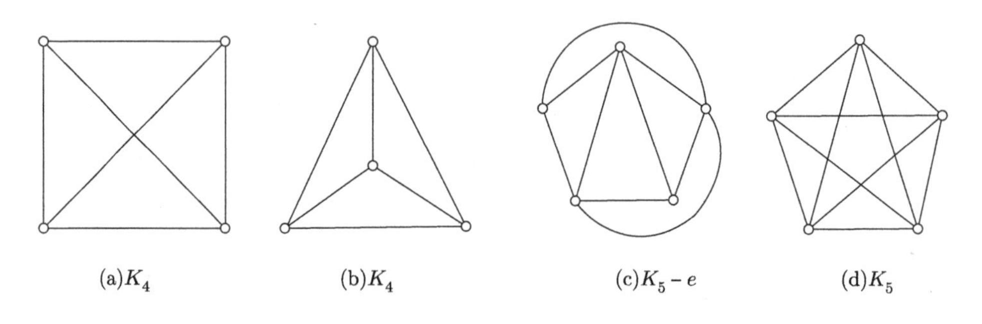

图 4.1　平面嵌入示例

假如我们用图来表示一个逻辑电路, 顶点对应于逻辑运算单元, 边代表输入与输出, 则在电路制版的一层, 两条边除了公共端点外, 不能相交, 否则就容易短路, 出现逻辑错误. 所以, 对于大规模集成电路来说, 如何保证同一层是可平面嵌入的, 并且实现平面嵌入是最基本的要求. 本章将介绍平面图的概念、性质与平面嵌入算法.

4.1　平面图及平面嵌入

定义 4.1　如果一个图可以画在平面上, 使得除了端点外, 它的任意两条边没有交点, 则称这个图为**可嵌入平面的**, 简称**平面图**. 平面图 G 的这样一种画法 (图示) 称为 G 的一个**平面嵌入**.

图 G 的一个平面嵌入 G' 本身可看作与 G 同构的图, 因此有时把平面图的平面嵌入称为**平图**. 图 4.1 (b) 就是图 4.1 (a) 的一个平面嵌入, 与图 4.1 (a) 同构.

平面嵌入的概念也可以推广到其他曲面上去. 若图 G 能画在曲面 S 上使它

的边仅在端点相交, 则图 G 称为**可嵌入曲面 S 的**; 图 G 的这样一种画法 (如果存在) 称为 G 的一个 **S 嵌入**. 其中与平面嵌入密切相关的是球面嵌入.

定理 4.1 图 G 可嵌入平面, 当且仅当 G 可嵌入球面.

证明 首先建立一个称为球极平面投影的映射, 如图 4.2 所示. 考虑放在平面 P 上的一个球面 S, 球面 S 与平面 P 相切, S 上过切点的直径的另一端记为 z, 定义映射:

$$\varphi:\ S \to P.$$

设 s 是曲面 S 上的点, p 是平面 P 上的点, 定义 $\varphi(s) = p$ 当且仅当 z, s, p 三点共线; $\varphi(z) = \infty$. 称 φ 是从 z 出发的球极平面投影. 容易验证 φ 是可逆映射.

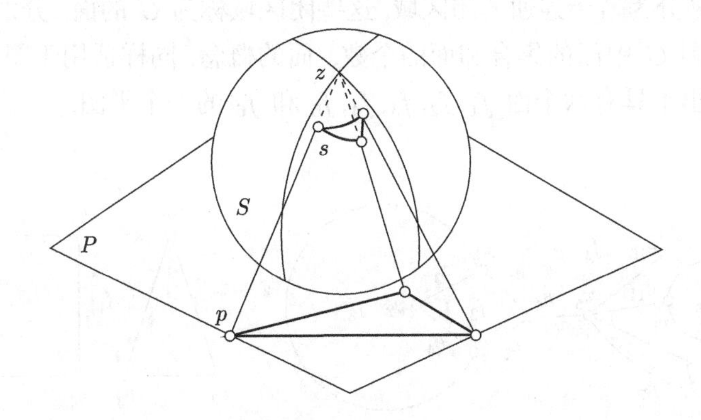

图 4.2 球极平面投影

充分性: 若 G 有一个在 S 上的球面嵌入 G', 在球面上选择一个点 z, 使它不在 G' 的边与顶点上. 则在从 z 出发的球极平面投影 φ 作用下, G' 的像就是 G 在平面 P 上的嵌入.

必要性: 若 G'' 是图 G 在平面 P 上的嵌入, 则 G'' 的原像就是图 G 在 S 上的嵌入. 证毕.

根据定理 4.1, 可以判断多面体图皆为平面图. 事实上, 如果把多面体的顶点视为一个图的顶点, 棱视为图的边, 但它的边已不再是刚性的, 可以自由弯曲伸缩. 因此可以把多面体套在一个球面上, 使它的各边缩紧从而紧紧贴在球面上, 形成多面体图的一个球面嵌入. 由于可嵌入平面与可嵌入球面是等价的, 因此多面体图都是平面图. 正四面体、正六面体、正八面体、正十二面体和正二十面体的平面嵌入见图 4.3.

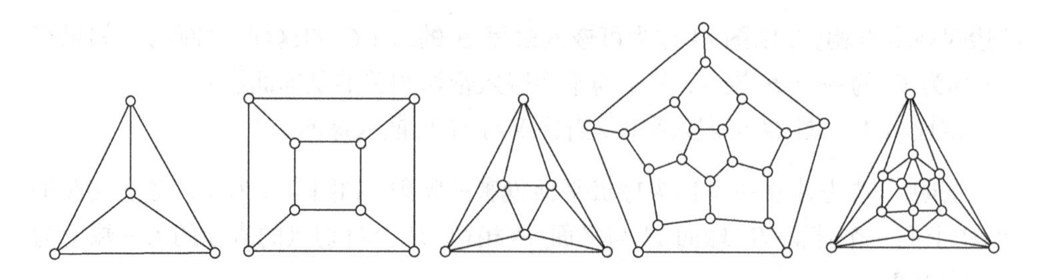

图 4.3　正多面体的平面嵌入

4.1.1　平面图

当把平面图 G 平面嵌入以后, 为方便起见, 把此时 G 的图示仍记为 G. 平图 G 把平面划分为若干连通的闭区域, 这些闭区域称为 G 的**面**. 分别用 $F(G)$ 和 $\phi(G)$ 表示平图 G 中面的集合和面的个数. 面的概念, 同样适用于图的曲面嵌入. 图 4.4 (a) 给出了具有六个面 f_1, f_2, f_3, f_4, f_5 和 f_6 的一个平图.

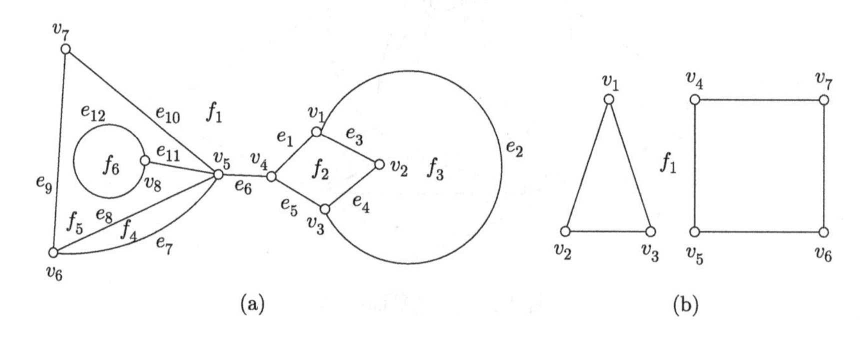

图 4.4　平面图的平面嵌入

每个平图恰有一个无界的面, 称为**外部面**. 图 4.4 (a) 和 (b) 中的 f_1 都是外部面.

定理 4.2　设 v 是平面图 G 的顶点, 则存在 G 的一个平面嵌入, 使得 v 在这个嵌入的外部面上.

证明　考察 G 的一个球面嵌入 G', 由定理 4.1 知, 这样的嵌入是存在的. 设 z 是包含 v 的某个面内部的点, 并设 $\varphi(G')$ 是 G' 在从 z 出发的球极平面投影下的像. 显然 $\varphi(G')$ 就是满足条件的 G 的平面嵌入, 即 v 在外部面上. 证毕.

我们用 $b(f)$ 表示平图 G 中面 f 的**边界**. 若 G 是连通的, 则 $b(f)$ 可以认为是一条回路, 若面 f 中含有桥, 则每条桥都被这条回路经过两次; 当面 f 中不包含桥时, 这条回路是 G 的一个圈. 例如, 在图 4.4(a) 的平图中, $b(f_2) =$

$v_1e_3v_2e_4v_3e_5v_4e_1v_1$, 而 $b(f_1) = v_1e_2v_3e_5v_4e_6v_5e_7v_6e_9v_7e_{10}v_5e_6v_4e_1v_1$, $b(f_5) = v_7e_{10}v_5e_{11}v_8e_{12}v_8e_{11}v_5e_8v_6e_9v_7$, 其中面 f_1 中的桥 e_6 和 f_5 中的桥 e_{11} 都经过了 2 次. 若 G 不连通, 则 G 的外部面边界是若干回路的并, 其他面的边界仍是一条回路. 如图 4.4(b) 所示, 外部面 f_1 的边界是一个三阶圈和一个四阶圈的并, $v_1v_2v_3v_1 \cup v_4v_5v_6v_7v_4$.

定义 4.2 称面 f 与它的边界上的顶点和边是**关联**的. 若 e 是平图的桥, 则只有一个面和 e 关联; 否则有两个面和 e 关联. 称一条边**分隔**和它关联的面. 面 f 的度数 $\deg(f)$ 是和它关联的边数, 即 $b(f)$ 中的边数, 其中桥被计算两次.

图 4.4 (a) 中, f_1 和顶点 $v_1, v_3, v_4, v_5, v_6, v_7$ 以及边 $e_1, e_2, e_5, e_6, e_7, e_9, e_{10}$ 关联, e_1 分隔 f_1 和 f_2, 而 e_{11} 分隔 f_5 自身; $\deg(f_2) = 4$, 而 $\deg(f_5) = 6$. 图 4.4 (a) 共有 6 个面, 度数分别为 $\deg(f_1) = 8$, $\deg(f_2) = 4$, $\deg(f_3) = 3$, $\deg(f_4) = 2$, $\deg(f_5) = 6$, $\deg(f_6) = 1$, 度数之和为 24, 是边数的两倍.

事实上, 每条边或者是两个面的公共边界, 或者是一个面的割边, 对平面图各个面的度数之和都是贡献 2, 所以有关面的度数, 我们有类似于定理 1.1 的结论.

定理 4.3 任给平面图 G,

$$\sum_{f \in F(G)} \deg(f) = 2|E(G)|.$$

4.1.2 平面图的 Euler 公式

Euler 对连通平图中顶点、边和面的数目建立了一个简单的公式, 称为 **Euler 公式**.

定理 4.4 设 G 是连通平图, 有 ν 个顶点, ε 条边, ϕ 个面, 则

$$\nu - \varepsilon + \phi = 2.$$

证明 对 G 的面数 ϕ 用归纳法. 当 $\phi = 1$ 时, G 只有一个无界面, 所以 G 无圈. 又 G 是连通的, 所以 G 是树, 因此 $\varepsilon = \nu - 1$, 定理成立. 假设对于 $\phi \leqslant k (k \geqslant 1)$, 定理成立. 考虑 $\phi = k+1$ 的情形. 此时 $\phi \geqslant 2$, G 中有圈 C, 任意取 C 上的一条边 e, 则 $G' = G - e$ 仍是连通平面, 因为 G 中被 e 分隔的两个面合成 G' 的一个面, 所以 G' 有 $\phi(G') = \phi(G) - 1$ 个面. 由归纳假设

$$\nu(G') - \varepsilon(G') + \phi(G') = 2.$$

利用关系式

$$\nu(G') = \nu(G), \quad \varepsilon(G') = \varepsilon(G) - 1,$$

即得

$$\nu(G) - \varepsilon(G) + \phi(G) = 2,$$

即 Euler 公式对 $\phi(G) = k + 1$ 成立, 根据归纳法原理, 定理得证. 证毕.

因为顶点数 ν 和边数 ε 是不变量, 由定理 4.4 可知, 平面图的面数不因嵌入方式的改变而改变.

推论 4.1 对于给定的连通平面图, 其所有平面嵌入有相同的面数.

证明 设 G 和 H 是给定的连通平面图的两个平面嵌入, 因此 $G \cong H$, 故 $\nu(G) = \nu(H)$, $\varepsilon(G) = \varepsilon(H)$. 由 Euler 公式得

$$\phi(G) = \varepsilon(G) - \nu(G) + 2 = \varepsilon(H) - \nu(H) + 2 = \phi(H).$$

证毕.

由 $\nu - \varepsilon + \phi = 2$, 得 $\phi - 1 = \varepsilon - \nu + 1 = \varepsilon - (\nu - 1)$, 而 $\nu - 1$ 是 G 生成树的边数, 所以平面图上有界面的个数恰为生成树之外的边数, 即余树的边数. 这也再次验证了, 在一棵树的基础上, 每增加一条边就会增加一个圈.

例 4.1 证明: 除了 $n = 7$ 之外, 对每个 $n \geqslant 6$, 都有 n 条棱的多面体.

证明 多面体 G 是连通平面图, 且 $\nu(G) \geqslant 4$, $\phi(G) \geqslant 4$, 由 Euler 公式, $\nu - \varepsilon + \phi = 2$, $\varepsilon = \nu + \phi - 2 \geqslant 4 + 4 - 2 = 6$, 即 $\varepsilon(G) \geqslant 6$, 所以构成一个多面体至少需要 6 条棱.

当 n 是偶数时, 即 $n = 2k \geqslant 6$, 以 k 边形为底的棱锥就是有 $2k$ 条棱的多面体.

当 n 是奇数时, 即 $n = 2k + 1$, 对于 $k \geqslant 4$(此时 $n \geqslant 9$), 以 $k - 1(\geqslant 3)$ 边形为底的棱锥是有 $2k - 2$ 条棱的多面体, 在棱锥底角处切去一个角, 即可得有 $2k + 1$ 条棱的多面体.

最后我们说明没有 7 条棱的多面体. 若有, 因为每个面上至少有 3 条边, 所以

$$2\varepsilon(G) = \sum_{f \in F(G)} \deg(f) \geqslant 3\phi(G),$$

由此可以导出 $\phi(G) \leqslant \dfrac{14}{3}$, 即 $\phi(G) \leqslant 4$. 而多面体的面数不能小于 4, 故 $\phi(G) = 4$. 代入 Euler 公式得

$$2 = \nu - 7 + 4 = \nu - 3,$$

所以, $\nu = 5$. 但面数为 4 的多面体是唯一的, 它有四个顶点, 与 $\nu = 5$ 矛盾. 故没有 7 条棱的多面体. 证毕.

例 4.2 设 G 是 ν 阶连通平图, 且它的每个面皆为一个 $n(\geqslant 3)$ 阶圈, 则

$$\varepsilon = \frac{n(\nu-2)}{n-2}.$$

证明 由于 G 的每个面都是 $n(\geqslant 3)$ 阶圈, G 的每条边在两个面上, 且每个面的边界都含有 n 条边, 于是

$$n\phi = 2\varepsilon, \quad \phi = \frac{2}{n}\varepsilon.$$

由 Euler 公式得, $\nu - \varepsilon + \frac{2}{n}\varepsilon = 2$, 解得

$$\varepsilon = \frac{n(\nu-2)}{n-2}.$$

证毕.

4.1.3 平面图的性质

由于在讨论平面图的平面嵌入时, 不考虑边与顶点的尺寸, 故容易得知, 环与重边都不影响一个图是否是平面图. 所以在下面的讨论中, 仅考虑简单图.

直觉上, 在给定图的顶点数的前提下, 图中的边数越多, 则越难将图画在平面上, 使得任意两条边除了端点外, 没有交点. 这一点可以通过推论 4.2 得到验证.

推论 4.2 若 G 是 $\nu \geqslant 3$ 的连通简单平面图, 则 $\varepsilon \leqslant 3\nu - 6$.

证明 因为 G 是 $\nu \geqslant 3$ 的连通简单平面图, 所以对任意 $f \in F(G)$, $\deg(f) \geqslant 3$, 由定理 4.3 知

$$2\varepsilon = \sum_{f \in F(G)} \deg(f) \geqslant 3\phi.$$

由 Euler 公式 $\nu - \varepsilon + \phi = 2$ 得, $\nu - \varepsilon + \frac{2\varepsilon}{3} \geqslant 2$, 所以 $\varepsilon \leqslant 3\nu - 6$. 证毕.

推论 4.2 给出了简单图是平面图的必要条件, 经常用来判断某图不是平面图. 同时也给出了简单平面图边数的上界. 平面图的边数不能太多, 同时也就意味着顶点度数受到限制.

推论 4.3 若 G 是连通简单平面图, 则 $\delta \leqslant 5$.

证明 对于 $\nu = 1$ 或 2, 结论显然成立. 若 $\nu \geqslant 3$, 则由定理 1.1 和推论 4.2 有

$$\delta\nu \leqslant \sum_{v \in V(G)} \deg(v) = 2\varepsilon \leqslant 2(3\nu - 6),$$

由此可得 $\delta \leqslant 6 - \frac{12}{\nu}$, 因此 $\delta \leqslant 5$. 证毕.

由推论 4.2, 可以得出推论 4.4, 说明 K_5 不是平面图, 从而无法得到图 4.1 (d) 的平面嵌入.

推论 4.4 K_5 是非平面图.

证明 因为 $\varepsilon(K_5)=10>3\nu(K_5)-6=9$, 不满足推论 4.2 给出的必要条件, 所以 K_5 不是平面图. 证毕.

推论 4.2 的条件不是充分的, 例如 $K_{3,3}$ 满足推论的条件 ($\nu=6$, $\varepsilon=9$, $3\nu-6=12$, $\varepsilon\leqslant 3\nu-6$ 成立), 但 $K_{3,3}$ 不是平面图.

推论 4.5 $K_{3,3}$ 是非平面图.

证明 反证. 假设 $K_{3,3}$ 是平面图, 并设 G 是 $K_{3,3}$ 的一个平面嵌入. 由于 $K_{3,3}$ 是二部图, 不含奇圈, 所以没有长度小于 4 的圈, 因此 G 的每个面的度数至少为 4. 根据定理 4.3, 有

$$4\phi\leqslant\sum_{f\in F(G)}\deg(f)=2\varepsilon=18,$$

即 $\phi\leqslant 4$. 再由 Euler 公式,

$$2=\nu-\varepsilon+\phi\leqslant 6-9+4=1,$$

矛盾. 证毕.

4.2 极大平面图

当给定顶点数时, 平面图的边数不会太多, 推论 4.2 正是反映了这一事实. 图 4.5 是一个 5 阶平面图的一个平面嵌入, 它的每个面都是三角形. 如果再加一条边 v_2v_4, 则变成了非平面图 K_5. 这就是所谓的极大平面图.

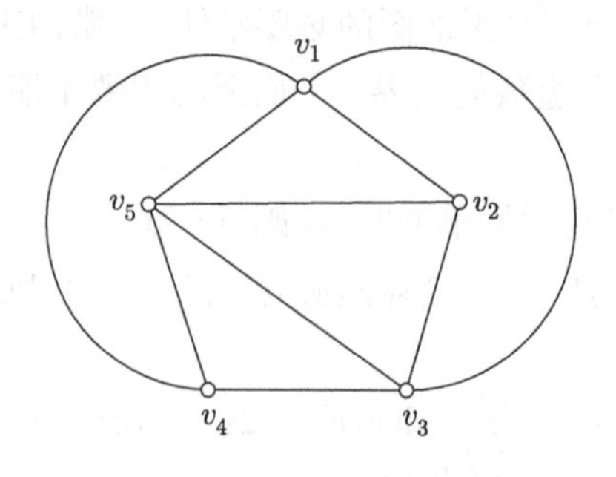

图 4.5 极大平面图

定义 4.3 设 G 是 $\nu \geqslant 3$ 的平面图, 若任给 $u, v \in V(G)$, 当 $uv \notin E(G)$ 时, $G + uv$ 都不再是平面图, 则称 G 是极大平面图.

定理 4.5 $\nu \geqslant 3$ 的平面图 G 是极大平面图, 当且仅当 G 的平面嵌入的每个面都是三角形.

证明 充分性: 假设 G' 是 G 的平面嵌入, G' 每个面的度数都是 3, 由 $\sum_{f \in F(G')} \deg(f) = 2\varepsilon$, 得 $3\phi = 2\varepsilon$. 代入 Euler 公式得, $\nu - \varepsilon + \dfrac{2\varepsilon}{3} = 2$, 所以 $\varepsilon = 3\nu - 6$. 而由推论 4.2 知, G' 的边数已经达到上界, 所以 G 是极大平面图.

必要性: 反证. 设 G' 是极大平面图 G 的平面嵌入, G' 中有某个面不是三角形, 设该面的边界为 $v_1 v_2 \cdots v_k v_1$, $k \geqslant 4$. 则在此面内可加上一条对角线 $v_1 v_3 (\notin E(G))$, 使得 G' 的这个面变成了两个面, 得到 $G + v_1 v_3$ 的一个平面嵌入, 即 $G + v_1 v_3$ 是平面图, 与 G 是极大平面图矛盾. 证毕.

由定理 4.5, 可以直接导出推论 4.6.

推论 4.6 假定 G 是 $\nu \geqslant 3$ 的平面图, 则 G 是极大平面图, 当且仅当 $\varepsilon = 3\nu - 6$.

定理 4.6 若 G 是 $\nu \geqslant 4$ 的极大平面图, 则 $\delta \geqslant 3$.

证明 任取 $v \in V(G)$, 由于 G 是平面图, 则 $G - v$ 也是平面图. 设 G' 是 G 的平面嵌入, $G' - v$ 是 $G - v$ 的平面嵌入, 则 v 在 $G' - v$ 的某个面 f 的内部. 因为 $\nu(G) \geqslant 4$, 所以 f 的边界上至少有 3 个顶点. 又因为 G 是极大平面图, f 边界上的每个顶点在 G 中都与 v 相邻. 故在 G 中, $\deg(v) \geqslant 3$. 由 v 的任意性知, $\delta \geqslant 3$. 证毕.

4.3 可平面图的判定

平面性是图的一个基本性质, 判断一个图是不是平面图在实际问题中十分重要. 我们已经分别证明了 K_5 和 $K_{3,3}$ 是非平面图, 它们的任何真子图却是平面图.

给定两个图 G 和 H, 如果通过一系列如下的两种变换可以将 G 变成 H, 则称 G 与 H **同胚**.

(1) 在 G 的边上插入度数为 2 的顶点, 将原来的一条边变成两条边.

(2) 将 G 中度数为 2 的顶点去掉, 将该顶点关联的两条边连成一条边.

图 4.6 给出了图 G 和它的一个同胚图.

由于在画平面图时不考虑顶点与边的尺寸, 所以在一条边上插入一个度数为 2 的顶点不影响图的平面性. 因此两个同胚的图要么都是平面图, 要么都不是. K_5

和 $K_{3,3}$ 都不是平面图. 基于此, Kuratowsky 于 1930 年精确刻画了平面图的特征 (定理的证明偏长, 此处略去).

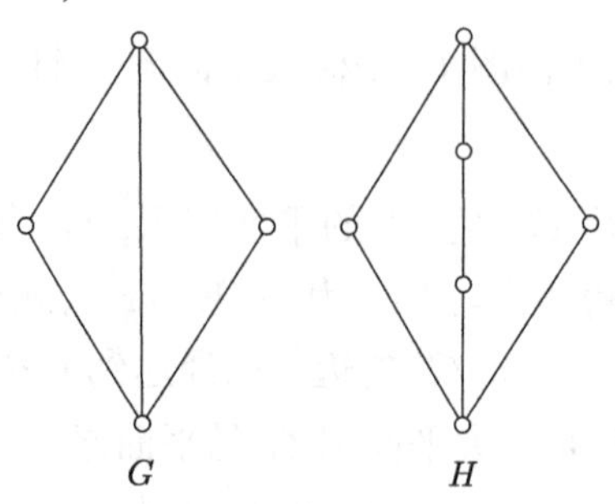

图 4.6　图 G 和它的一个同胚图

定理 4.7　图 G 是平面图, 当且仅当 G 中不含与 K_5 或 $K_{3,3}$ 同胚的子图.

给定图 G 中的一条边 $e = uv \in E(G)$, 图 G 对 e 的**收缩** $G \cdot e$ 是指: 删去边 e 及端点 u 和 v, 增加一个新顶点 w, 将 w 与 u 和 v 的每个邻顶连一条边. 形象地说, 就是将边 e 的长度收缩为零.

Kuratowsky 定理可改写为: 图 G 是平面图当且仅当 G 中不含能收缩为 K_5 和 $K_{3,3}$ 的子图.

例 4.3　证明 Petersen 图不是平面图.

证明　Petersen 图有 $\nu = 10$ 个顶点和 $\varepsilon = 15$ 条边, 因此 $15 = \varepsilon \leqslant 3\nu - 6 = 24$. Petersen 图满足推论 4.2, 不能用这个推论否定 Petersen 图是平面图. 下面用 Kuratowsky 定理来证明.

由于 K_5 的任何同胚图都有度数为 4 的顶点, 而 Petersen 图是 3-正则图, 所以考虑寻找 $K_{3,3}$ 的同胚图. 图 4.7 (a) 是顶点已经标记的 Petersen 图, 图 4.7 (b) 是它的子图, 同时也是 $K_{3,3}$ 的同胚图, 这个子图重画成图 4.7 (c) 的形式, 可以很容易看出它确实是 $K_{3,3}$ 的同胚图. 由定理 4.7, Petersen 图不是平面图.

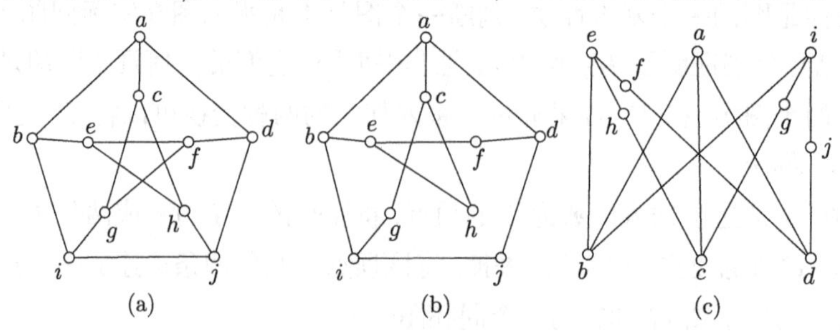

图 4.7　Petersen 图的一个子图是 $K_{3,3}$ 同胚图

4.3.1 图的厚度

电路制版的时候, 为防止出现短路等错误, 每一层都是平面嵌入, 但实际需要部署的电路通常都是非平面图, 为此就需要将电路分层部署, 而且为了成本等原因还要使层数尽量少. 转换为图论问题就是: 如果一个图不是平面图, 可以把它的边嵌入多个平面, 使每个平面上的边只在端点处相交, 即把图 G 的边集划分为 $E(G)=\bigcup_{i=1}^{n}E_i, E_i\cap E_j=\varnothing, i\neq j$, 且每个边导出子图 $G[E_i](i=1,2,\cdots,n)$ 都是平面图. n 的最小值称为图 G 的**厚度**, 记为 $\theta(G)$.

平面图的厚度是 1, 非平面图的厚度至少是 2. Petersen 图的厚度是 2. 事实上, Petersen 图是非平面图, 所以它的厚度 $\theta\geqslant 2$; 在图 4.8 中, Petersen 图的边集被分为两部分, 分别用实线和虚线表示, 实线边导出的子图是一个平面子图 G_1, 虚线边导出的子图 G_2 也是平面图, 故 $\theta\leqslant 2$. 因此 Petersen 图的厚度是 2.

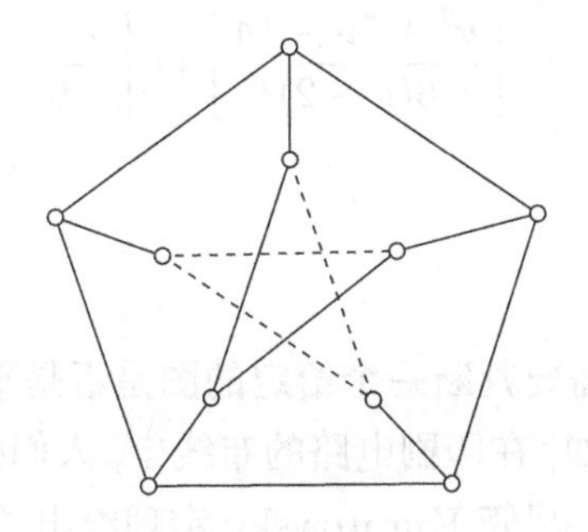

图 4.8 Petersen 图的厚度

对于一般图, 如何求厚度是一个尚未解决的问题, 定理 4.8 给出了对厚度下界的一些简单估计.

定理 4.8 对 $\nu(\geqslant 3)$ 阶简单图 G 的厚度 $\theta(G)$, 有以下估计式:

(1) $\theta(G)\geqslant\left\lceil\dfrac{\varepsilon}{3\nu-6}\right\rceil$;

(2) 若连通图 G 中没有 3 阶圈, 则 $\theta(G)\geqslant\left\lceil\dfrac{\varepsilon}{2\nu-4}\right\rceil$;

(3) $\theta(K_\nu)\geqslant\left\lfloor\dfrac{\nu+7}{6}\right\rfloor$.

证明 (1) 由推论 4.2 可知, 连通平面图最多有 $3\nu-6$ 条边, 即将图 G 按平面子图划分时, 每部分最多含有 $3\nu-6$ 条边, 所以 $\theta(G)\geqslant\left\lceil\dfrac{\varepsilon}{3\nu-6}\right\rceil$.

(2) 对于没有 3 阶圈的连通平面图, 它的平面嵌入的每个面的度数都至少是 4, 由 $\sum_{f\in F}\deg(f)=2\varepsilon$, 于是 $4\phi\leqslant 2\varepsilon$, $\phi\leqslant\dfrac{\varepsilon}{2}$, 由 Euler 公式得, $\varepsilon\leqslant 2\nu-4$, 即

G 的每个平面子图最多有 $2\nu-4$ 条边. 所以, $\theta(G) \geqslant \left\lceil \dfrac{\varepsilon}{2\nu-4} \right\rceil$.

(3) 由于 $\theta(G) \geqslant \left\lceil \dfrac{\varepsilon}{3\nu-6} \right\rceil$, 而 $\varepsilon(K_\nu)=\nu(\nu-1)/2$, 所以有

$$\theta(K_\nu) \geqslant \left\lceil \frac{\frac{1}{2}\nu(\nu-1)}{3\nu-6} \right\rceil,$$

而当 $\nu \geqslant 3$ 时, $0<1-\dfrac{1}{3\nu-6}<1$, 故

$$\begin{aligned}\theta(K_\nu) &\geqslant \left\lfloor \frac{\frac{1}{2}\nu(\nu-1)}{3\nu-6} + \left(1-\frac{1}{3\nu-6}\right) \right\rfloor \\ &= \left\lfloor \frac{\nu^2+5\nu-14}{6(\nu-2)} \right\rfloor = \left\lfloor \frac{\nu+7}{6} \right\rfloor.\end{aligned}$$

证毕.

4.3.2 可平面性算法*

在很多实际问题中, 需要判断一个给定的图是不是平面图; 如果是平面图, 则要找出它的平面嵌入. 例如, 在印刷电路的布线中, 人们感兴趣的是判断一个特定的电网络能不能嵌入平面. 尽管 Kuratowsky 定理给出了平面图的充要条件, 但是很难给出判定一个图有没有 K_5 与 $K_{3,3}$ 的同胚子图的有效算法, 所以仍不能把这一定理用于实际问题中的平面性判定. 1966 年, Lempel, Even 和 Cederbaum 给出了解决这一问题的一个算法, 称为“灌木生长算法”, 算法经有限步骤终止时, 实现了平面嵌入的则是平面图, 否则为非平面图.

图 G 是平面图的充要条件是 G 的每个块都是平面图, 所以下面不妨设图 G 是块.

定义 4.4　若图 G 是块, 边 $e=st\in E(G)$, 存在映射 g,

$$g: V(G)\to \{1,2,3,\cdots,\nu\},$$

其中 $\nu=|V(G)|$, 且使得

(1) $g(s)=1$;

(2) $g(t)=\nu$;

(3) 对 $v\in V(G)-\{s,t\}$, 存在 v 的两个邻点 u 和 w, 使得 $g(u)<g(v)<g(w)$, 则称映射 g 是图 G 的 ***st* 编码**.

对任意的块 G, 为了进行 st 编码, 我们先建立寻路算法 PFA(path finding algorithm).

算法 4.1 PFA 算法.

输入: 图 $G=(V(G),E(G))$.

输出: 多条路径.

(1) 对 G 执行深度优先搜索 DFA, 出发点记为 t, s 是 t 的儿子. 按顶点被访问的次序对每个顶点生成编号 $k(v)$ 及最低编号 $l(v)$. 取 $k(t)=1$, $k(s)=2$. 把 s, t 及边 (t,s) 标成“老的”, 其余的边和顶点标成“新的”;

(2) 若 $v\in V(G)$, 存在新的返回边 $e=(v,w)(k(w)\leqslant k(v))$, 则称 e 为“老的”, 得路 vw, 算法停止;

(3) 若存在新的父子边 $e=(v,w)(k(w)>k(v))$, 从 e 开始, 追踪定义 $l(w)$ 的路 (沿父子边前进, 通过一条返回边在某顶点 u 处结束, 其中 $k(u)=l(w)$), 把此路上的一切顶点与边标成“老的”, 算法停止;

(4) 若存在新的返回边 $e=(w,v)(k(w)>k(v))$, 则从 e 及父子边逆行直到一个“老”顶, 此路上的一切顶点与边标成“老的”, 算法停止;

(5) 一切与 v 关联的边都是“老的”, 产生空路, 算法停止.

注 $l(v)$ 是 v 所能到达的顶点的最低编号, 并且其中经过的路径只能包含 0 条或多条. 搜索生成树中的边, 以及至多一条返回边. $l(v)$ 对应的顶点是 v 的祖先顶点中的一个.

PFA 算法的时间复杂度为 $O(|E(G)|)$.

引理 4.1 PFA 算法总是从老顶开始, $v\neq t$, 则老顶的祖先也是老的.

证明 归纳证明. 若 $v=s$, s 的祖先是 t, t 是老的, 命题成立. 假设已经进行了 p 次寻路, 每次都从老顶出发, 且老顶的祖先都是老顶. 考虑 $p+1$ 次寻路之后, 从寻路的四个步骤可以看出, 其中任何一个步骤执行时, 命题结论仍成立. 由归纳法原理, 推论成立, 证毕.

引理 4.2 G 是块, 从老顶 $v(v\neq t)$ 出发寻路, 则每次产生一个经过新边新顶点的路, 此路终止于另一个老顶, 或是与 v 关联的一切边皆为老的, 产生空路.

证明 只需证明寻路算法中的 (3). 由于 G 是块, v 不是割顶, 则 $l(w)<k(v)$. 故 (3) 的终止点 u 是 v 的祖先. 由于 v 是老的, 由引理 4.1, 所以 u 也是老的. 证毕.

算法 4.2 st 编码算法.

输入: 图 $G=(V(G),E(G))$, 边 st.

输出: 每个顶点的 st 编码 $g(v)$, $v\in V(G)$.

(1) $i \leftarrow 1$, $s, t \in S$, s 在 t 的上方.

(2) 若 v 在 S 顶部, 把 v 从 S 中移出, 若 $v = t$, $g(t) \leftarrow i$, 算法停止.

(3) 若 $v \neq t$, 对 v 执行 PFA 算法. 若从 v 开始寻到的是空路, 则 $g(v) \leftarrow i$, $i \leftarrow i+1$, 转 (2).

(4) 若寻得的路非空, 设它是 $vu_1u_2\cdots u_lw$, 按 $u_l, u_{l-1}, \cdots, u_2, u_1, v$ 的顺序把它们放入 S, 转 (2).

st 编码算法的时间复杂度是 $O(|E(G)|)$.

从 st 编码算法可以看出下面的三个命题成立:

(1) 没有任何顶点同时出现在 S 的两个或更多的位置上.

(2) 若 v 出现在 S 中, S 中 v 下方的顶点在 v 得到编码前不会得到编码.

(3) 仅当与 v 关联的边都是"老的"时, 顶点 v 从 S 中移出, 并且不再进入 S.

我们来证明 t 移出 S 前, 每个顶点都会放入 S 中. 开始时 t 与 s 已在 S 中, 所以只需考虑 $v \neq s, t$ 的情况. 由于 G 是块, 则从 s 到 v 有一条不经过 t 的轨道, 记为 $u_1u_2u_3\cdots u_{l-1}u_l$, 其中 $u_1 = s$, $u_l = v$. 设 u_m 是未放入 S 的第一个顶点, 因为 $u_{m-1} \in S$, 由 (2), t 只能在 u_{m-1} 之后移出; 由 (3), u_{m-1} 只能在与它关联的所有边都是"老的"之后才能移出, 所以 u_m 一定在 t 被移出 S 前放入 S.

下面证明 st 编码算法给出了一个 st 编码.

因为每个顶点放入 S 后, 总会被移出, 所以每个顶点都获得一个编码 $g(v)$, 且 $g(s) = 1$. 因为 s 是第一个被移出的, 以后的赋值都是递增的, 故 $g(t) = \nu$. 其他顶点第一次放入 S 时, 是作为一条路的内点, 故在 S 中, 这个顶点的上方和下方各有一个在 G 中与之相邻的顶点. 由 (2), 这个顶点上方顶点的编号小, 下方顶点的编号大, 故 g 是一个 st 编码.

设 G 是块, 已被 st 编码, 以下用每个顶点的 st 编码来称呼该顶点, $V(G) = \{1, 2, \cdots, \nu\}$. 我们把 G 定向成有向图, 使得每条有向边的起点编号小而终点编号大. 于是

(1) $\deg^-(1) = 0$, 1 是唯一的"源", 只出不入.

(2) $\deg^+(\nu) = 0$, ν 是唯一的"汇", 只入不出.

(3) $v \in \{2, 3, \cdots, \nu-1\}$, 则 $\deg^+(v) \neq 0$, $\deg^-(v) \neq 0$, 有进有出.

设平面图 G 是块, 记 G' 是 G 的一个平面嵌入, $G_k = G[\{1, 2, \cdots, k\}]$ 是顶点子集 $\{1, 2, \cdots, k\}$ 导出的子图.

引理 4.3　设 G'_k 是 G' 中 G_k 的平面嵌入, 则 $G' - V(G'_k)$ 的所有顶点和边都嵌在 G'_k 的一个面内部, 其中 $k < \nu$.

证明 由于 $V(G'-V(G'_k))\neq\varnothing$, 且 $V(G'-V(G'_k))\cap V(G'_k)=\varnothing$, 所以存在 G'_k 的一个面 f, f 内部含有 $G'-V(G'_k)$ 的所有顶点. 又因为 f 边界上的顶点皆小于 f 内部的顶点 (f 内部的顶点都是 $V(G'-V(G'_k))$ 中的, 都比 k 大), 于是 f 内最大的顶必为汇, 否则有一条边以它为起点, 这条边的终点比起点更大, 则这个终点不在 f 内, 则必在 f 的边界上, 这与 f 上的顶点都属于 G'_k, 都不大于 k, 矛盾. 又 G 只有一个汇, 所以 f 内部含有 $G'-V(G'_k)$ 的所有顶点和边. 不然, 在 G'_k 的另一个面 f' 内仍有 $G'-V(G'_k)$ 的顶点, 同理可知 f' 内也有汇, 与汇的唯一性矛盾. 证毕.

根据这个引理可知, 我们可以把 $G'-V(G'_k)$ 的顶点和边嵌在 G'_k 的外部面内.

平面嵌入的"灌木生长法"思路 把 G_k 的顶点按 st 号码放在从第一层到第 ν 层的水平线上, 连边 (这些边都是直线段), 实现了 G_k 的平面嵌入 G'_k, 再从 G'_k 的顶点出发不交叉地画出进入 $V(G)-V(G_k)$ 的一切边, 这些边的终点放在最高层水平线上, 当有两条边的终点相同时, 也用两个终点分别表示, 再把这些终点用它们在 G 中的 st 编码标记. 这样可能在最高层出现多个顶点具有相同的标记, 它们在 G 中实际是同一个顶点. 我们称最高层顶点为**虚拟顶点**, 以它们为终点的边称为**虚拟边**. 这样得到的一个嵌入叫做**灌木** B_k.

例如, 图 4.9 中的图 G, 顶点旁边标的是 st 编码. 考虑 $G_3=G[\{1,2,3\}]$, 它是一个三角形, 可平面嵌入成 G'_3, 见图 4.10. 进入 $V(G)-V(G_3)$ 的边有 $(1,6)$, $(1,4)$, $(2,4)$, $(2,5)$, $(3,5)$ 和 $(3,6)$. 图 4.10 所示的是图 4.9 的灌木 B_3.

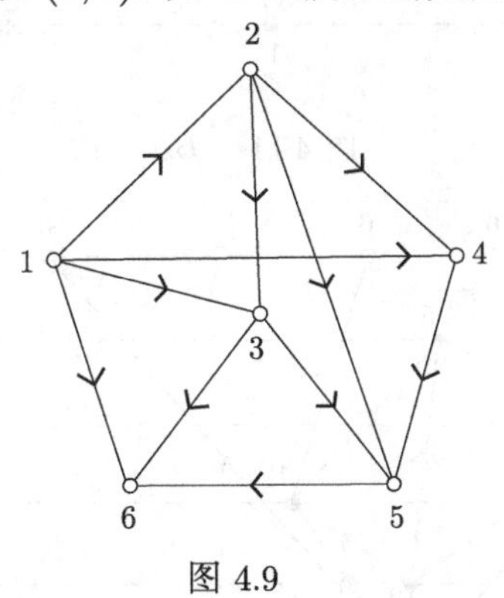

图 4.9

若 B_k 的 $k+1$ 号虚拟顶点连贯地出现在第 ν 层, 我们把这些 $k+1$ 号虚拟顶点合并成一个顶点, 能保持它关联的边不交叉, 并把此顶点从第 ν 层降到第 $k+1$ 层; 再画出从 $k+1$ 号顶点出发的虚拟边和虚拟顶点, 得到灌木 B_{k+1}. 继续执行这样的过程, 直到得到灌木 B_ν, 从而完成 G 的平面嵌入. 例如图 4.9 的图 G, B_4 见图 4.11, B_5 见图 4.12, 图 4.13 的 B_6 就是图 G 的平面嵌入.

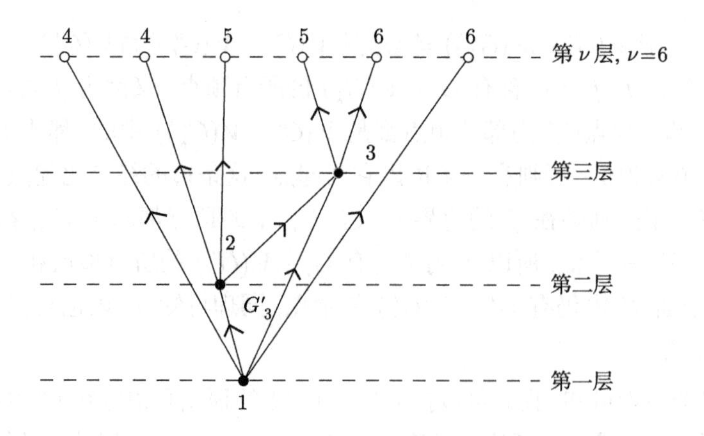

图 4.10　B_3

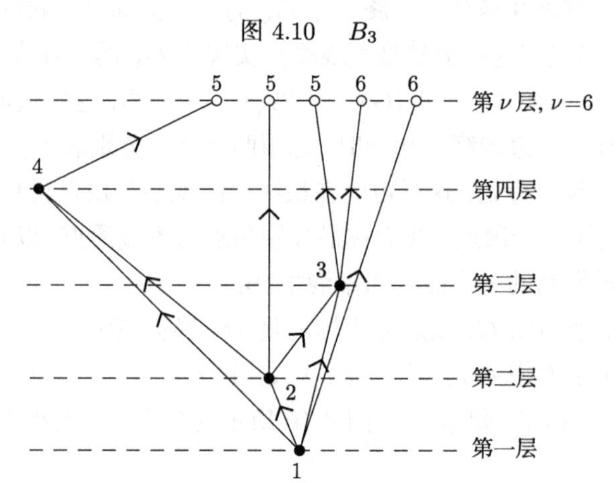

图 4.11　B_4

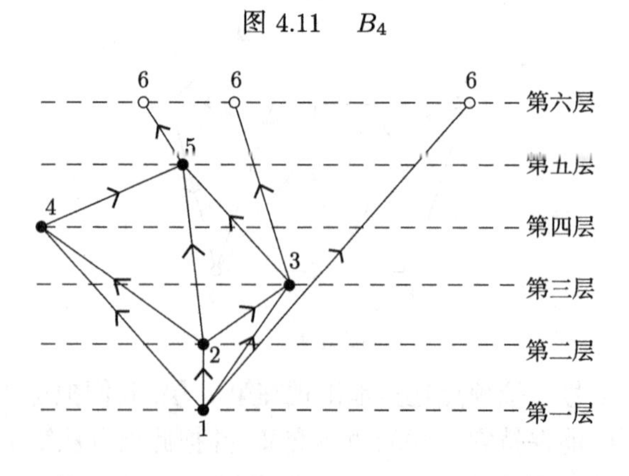

图 4.12　B_5

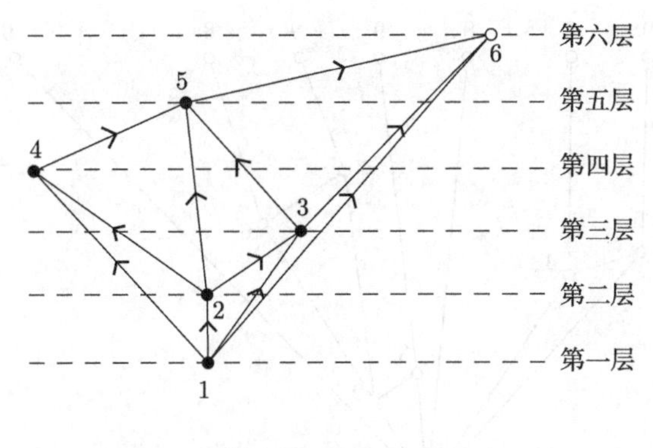

图 4.13 $B_6 = G'$

如此, 我们实现了直线段边的平面嵌入.

最后还剩下一个问题是怎么解决第 ν 层上同一号码的虚拟顶点不连贯出现的情形. 为此, 我们先引入图的 "元件" 的概念.

设 $v \in V(G)$ 是 G 的一个割顶, 若 G_i 是 $G-v$ 的一个连通片, 则称 $G[V(G_i) \cup \{v\}]$ 是 G 的关于 v 的一个**元件**.

引理 4.4 设 v 是 B_k 的一个割顶, $v > 1$, 则恰有一个关于 v 的元件含有比 v 小的顶点.

证明 由 st 编码, $\forall u \in V(B_k)$, $1 \leqslant u < v$, 不妨设 $u > 1$, 存在 $u_1 < u$, $(u_1, u) \in E(B_k)$; 存在 $u_2 < u_1$, $(u_2, u_1) \in E(B_k)$; $\cdots$. 于是找到了一条从 1 到 u 但不超过 v 的道路, 即一切比 v 小的顶点在 $B_k - v$ 的同一个连通片上. 于是 $v > 1$ 时, 恰有一个元件包含所有比 v 小的顶点. 证毕.

由上述引理可知, 若 v 是 B_k 的割顶, 除了包含 1 的那个关于 v 的元件, 其他关于 v 的元件中, v 都是最小的顶点; 而这些以 v 为最小顶点的每个元件又是以 v 为根的子灌木, 每个子灌木可以以 v 为根翻转 180°(根在下方) 或者把同根的子灌木的位置进行置换, 使得 $k+1$ 号虚拟顶点在最高层连贯出现. 例如图 4.14 中画的是 B_7, 1 是割顶, 我们可以把 1 与 8 导出的元件和 1 与 9 导出的元件置换; 把包含 $1, 4, 5, 8, 9$ 的元件翻转, 再置换到最右侧, 则在最高层出现 9, 9, 9, 8, 8, 8, 9, 于是 8 连贯地出现在最高层, 可以合并成一个 8 号顶点.

引理 4.5 设 H 是 B_k 的块, $y_1, y_2, \cdots, y_m \in V(H)$ 是 $B_k - E(H)$ 的边的端点, 则 $y_1, y_2, \cdots, y_m$ 在 B_k 的每一种平面嵌入形成的灌木 B'_k 中都在 H 的平面嵌入 H' 的外部面边界上, 且顺序相同 (按顺时针或逆时针排列).

证明 设在 B'_k 中 H 的平面嵌入为 H', 则 $y_1, y_2, \cdots, y_m$ 是 $B'_k - E(H')$ 的边的端点, 所以在 H' 的外部面边界上.

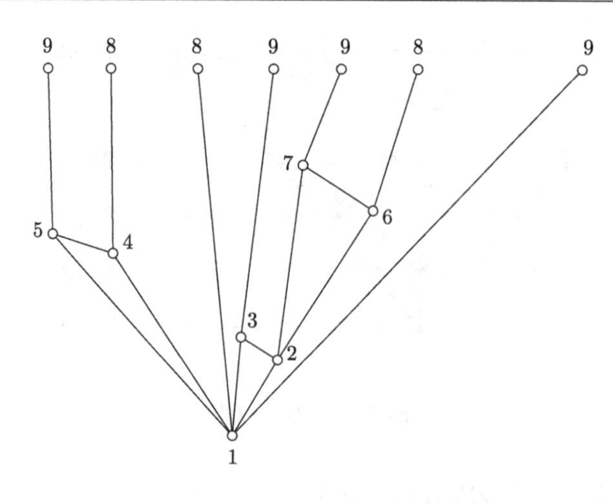

图 4.14 $B_7 = G'$

设 B_k' 与 B_k'' 是 G 的两个不同方式画出的灌木, H 是其中的块, H 的平面嵌入分别为 H' 与 H''. 若 y_i, y_j 在 H' 的外部面边界上相邻, 但在 H'' 上不相邻, 则 H'' 的外部面边界上存在另外两个顶点 y_k 与 y_l, 它们隔离了 y_i 与 y_j. 在 H' 中有两条轨道 $P_1(y_i, y_j)$ 与 $P_2(y_k, y_l)$, 它们没有公共顶点, 但在 H'' 中这样的两条轨道不存在, 矛盾. 所以, B_k 不同的画法不影响 $y_1, y_2, \cdots, y_m$ 在 H 的嵌入中在外部面边界上的相邻关系. 证毕.

引理 4.6 设 B_k' 与 B_k'' 是 G_k 的两个灌木, 则存在有限次的 B_k' 的元件的翻转与置换, 将 B_k' 变成 B_k''', 使得 B_k''' 与 B_k'' 中虚拟顶点出现的顺序一致.

证明 对 B_k' 与 B_k'' 的顶点数归纳证明. 若 B_k' 与 B_k'' 只有两个顶点, 引理显然成立. 假设对于顶点数不超过 $l-1$ 的灌木 B_k' 与 B_k'' 引理成立, 考虑顶点数为 l 的两个灌木 B_k' 与 B_k'', 设 $v = 1$ 是它们的根.

(1) 若 v 是 B_k' 与 B_k'' 的割顶, 我们关于 v 的元件 (子灌木) 排列的顺序一致, 由归纳假设, B_k' 中的每个以 v 为根的子灌木可以通过有限次元件的翻转与置换使其虚拟顶点的排列与 B_k'' 中相应的子灌木一致, 引理成立.

(2) 若 v 不是 B_k' 与 B_k'' 的割顶, 设 H 是含 v 的块, 在 B_k' 与 B_k'' 中, H 的嵌入分别是 H' 与 H''. 设 $y_1, y_2, \cdots, y_m \in V(H)$ 是 $B_k - E(H')$ 的边的端点. 由引理 4.5, $y_1, y_2, \cdots, y_m$ 都出现在 H' 与 H'' 的外部面边界上, 若顺序相反, 则可以把 B_k' 翻转使得 $y_1, y_2, \cdots, y_m$ 在 H' 外部面边界上出现顺序与在 H'' 的外部面边界上一致. 每个 $y_i (i = 1, 2, \cdots, m)$ 都是某个子灌木的根, 且这些子灌木在 B_k' 与 B_k'' 中出现的次序可以经置换变得一致 (根据引理 4.5). 由归纳假设, 每个子灌木

经有限次翻转与置换使虚拟顶点出现的顺序一致, 从而 B'_k 与 B''_k 的虚拟顶点出现的顺序一致. 证毕.

由上述引理和 st 编码的性质易知, 我们能得到一个灌木 B_k, 使 $k+1$ 号虚拟顶点在最高层连贯地出现, 从而最后能够得到 G 的平面嵌入 G', 且得到的是边呈直线段的平面嵌入.

习　题

1. 证明: K_5 与 $K_{3,3}$ 删去一条边后都是平面图.
2. 试写出五面体的顶点数和棱数.
3. (1) 证明: 若 G 是 $\nu > 11$ 的简单平面图, 则 G^c 不是平面图.
   (2) 试给出一个 $\nu = 8$ 的简单平面图, 使得 G^c 是平面图.
4. 设连通平面图 G 是有 8 个顶点的 4-正则图, 则它的平面嵌入把平面分成多少个面?
5. 设 ω 是平面图 G 的连通片个数, 则 $\nu(G) - \varepsilon(G) + \phi(G) = \omega + 1$.
6. 设 G 是连通的简单平面图, 面数 $\phi < 12$, 最小度 $\delta \geqslant 3$.
   (1) 证明 G 中存在度数小于等于 4 的面.
   (2) 举例说明当 $\phi = 12$ 时, 其他条件不变, (1) 的结论不成立.
7. 设 G 是 ν 个顶点 ε 条边的简单平面图, $\varepsilon < 30$, 证明存在顶点 $v \in V(G)$, 使得
$$\deg(v) \leqslant 4.$$
8. (1) 证明: 若 G 是围长 (即最短圈的长度) $k \geqslant 3$ 的连通平面图, 则 $\varepsilon \leqslant \dfrac{k(\nu-2)}{k-2}$.
   (2) 利用 (1) 证明: Petersen 图是非平面图.
9. 试证正多面体只有五种, 且计算出它们的顶点数、棱数和面数.
10. 设 G 是 ν 个顶点 ε 条边的简单连通平面图, $\nu = 7$, $\varepsilon = 15$, 证明: G 的所有面的度数都是 3.
11. 一个连通平面图是 2-连通的, 当且仅当它的每个面的边界都是圈.
12. 证明: 在 $\nu \geqslant 7$ 的连通平面图上可以选取不超过 5 个顶点, 把它们删除后得到的图不连通.
13. 设 G 是连通的 3-正则平面图, ϕ_i 是 G 中度数为 i 的面的个数, 证明:
$$12 = 3\phi_3 + 42\phi_4 + \phi_5 - \phi_7 - 2\phi_8 - 3\phi_9 - \cdots.$$
14. 证明图 4.15 不是平面图.
15. 画出所有 6 阶连通的简单非同构的非平面图.

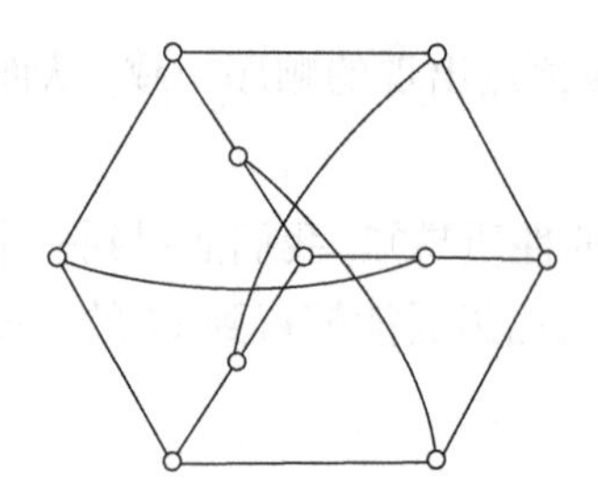

图 4.15　G

16. 证明 $K_{3,3}$ 的厚度是 2.
17. 求图 4.15 的厚度.
18. 试证: $\theta(K_\nu) \geqslant \left\lceil \dfrac{\nu(\nu-1)}{6(\nu-2)} \right\rceil$. 并证明: 等式对所有 $\nu \leqslant 8$ 成立 (参考本章习题 3(2)).
19. 证明: 当 m 和 n 不同时为 1 时, $K_{m,n}$ 的厚度至少是 $\left\lceil \dfrac{mn}{2m+2n-4} \right\rceil$.
20. 设 $S = \{x_1, x_2, \cdots, x_n\}$ 是平面上 n 个点的集合, $n \geqslant 3$, 其中任何两点之间的距离至少是 1. 证明: 最多有 $3n-6$ 个点对, 其距离恰好是 1.

21*. 用灌木生长算法验证 K_5 不是平面图.

22*. 用灌木生长算法对图 4.16 进行直边平面嵌入.

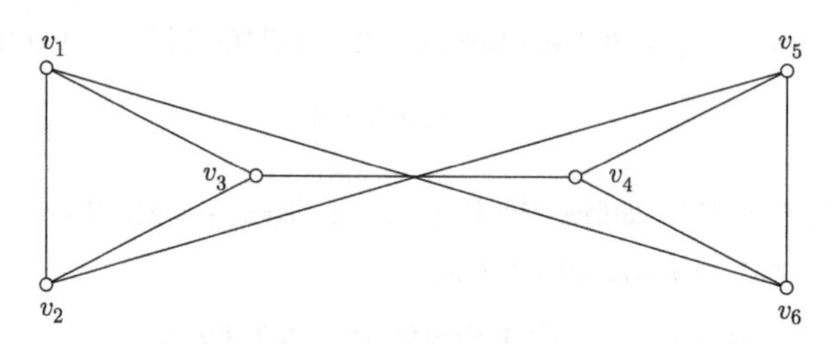

图 4.16　G

第 5 章 匹配理论

5.1 两个例子

例 5.1 设某公司有员工 $x_1, x_2, \cdots, x_m$, 有一些工作 $y_1, y_2, \cdots, y_n$ 需要分配给这些员工. 通常一个员工只适合做某些工作, 而不适合做另外一些工作. 工作分配的原则是每个人只能做一份工作, 每一份工作也只能一个人来做. 那我们能够给出一个工作分配方案, 使得每个人都有工作且每份工作都有人去做吗? 若做不到, 那最多能够使得多少员工有工作, 多少份工作有人做呢?

我们以每个人、每份工作作为一个顶点; 若员工 x_i 适合做工作 y_j, 则在 x_i 与 y_j 之间连一条边, 这样构成一个二分图 G. 若给员工 x_i 分配工作 y_j, 则相当于在 G 中选择边 x_iy_j. 按照工作分配的原则, 我们在进行工作分配时, 是在 G 中选择一个边子集 $E' \subseteq E(G)$, 使得 E' 中任意两条边都没有公共端点. 若使得每个人都有工作且每份工作都有人去做, 则需要 G 中每个顶点都是 E' 中某条边的端点. 若这个做不到, 则我们希望有工作的员工越多越好, 这也就要求 E' 中的边数最多. 例如, 设有 4 个员工 x_1, x_2, x_3, x_4, 四份工作 y_1, y_2, y_3, y_4, 每个人适合做的工作分别为 $x_1 : y_1, y_2, y_3$; $x_2 : y_1, y_2$; $x_3 : y_3, y_4$; $x_4 : y_3$. 图 5.1 为对应的二分图, $E_1 = \{x_2y_1, x_1y_3, x_3y_4\}$ 对应于一个工作分配方案, 而 $E_2 = \{x_1y_1, x_2y_2, x_3y_4, x_4y_3\}$ 对应的工作分配方案使得每个人都有工作且每份工作都有人去做.

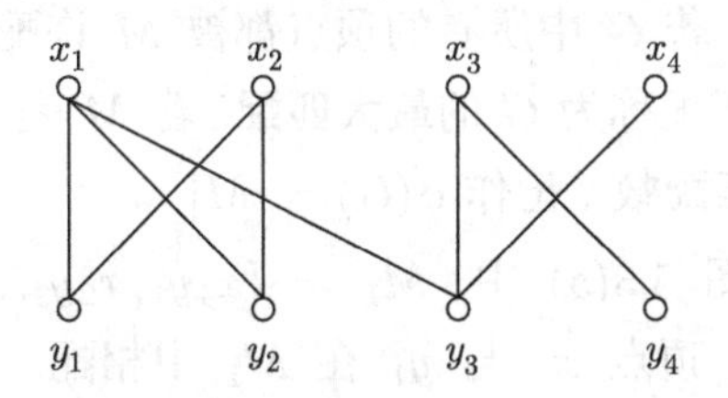

图 5.1　工作分配对应的二分图

例 5.2 设有一个残缺的 $m \times n$ 棋盘, 我们用 1×2 的多米诺骨牌来覆盖, 要求: ① 骨牌不能覆盖残缺的位置; ② 骨牌间不能有重叠. 问能否将所有非残缺的位置都覆盖到? 若不能覆盖所有残缺的位置, 最多能够覆盖多少张牌?

参见图 5.2 中的例子, 其中有残缺的位置标记了“*”. 我们将所有非残缺的位置分别标成 $X = \{x_1, x_2, \cdots, x_m\}$ 与 $Y = \{y_1, y_2, \cdots, y_n\}$ 两类, 使得 X 中的位置只能与 Y 中的某些位置用一块多米诺骨牌覆盖. 与上一个例子类似, 我们以每个位置作为一个顶点, 若两个位置可以用一块多米诺骨牌覆盖, 则在两者之间连一条边, 构作一个图 G. 则 G 中一条边对应于覆盖了一张牌, G 的一个边子集 E' 对应于骨牌覆盖的一种方式. 由于要求骨牌间不能有重叠, E' 中的两条边不能有公共端点. 若骨牌能够覆盖所有非残缺的位置, 则要求 G 中每个顶点都是 E' 中某条边的端点. 若这种方案不存在, 则希望 E' 中的边数最多.

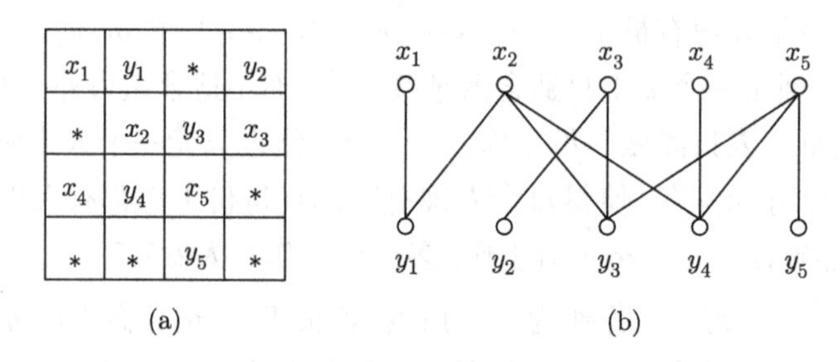

图 5.2 残缺的棋盘及其对应的二分图

两个实际应用的例子有很大的差别, 但它们都基于相同的图论模型——匹配, 优化求解的技术也相同.

5.2 匹配的定义

定义 5.1 设 M 是图 G 的边子集, 且 M 的任意两条边在 G 中都不相邻, 则称 M 是 G 的一个**匹配**. M 中同一条边的两个端点称为在 M 中**相配**. M 中边的端点称为被 M **许配**. 若 G 中所有的顶点都被 M 许配, 则称 M 是 G 的**完备匹配**. G 中边数最多的匹配称为 G 的**最大匹配**. 若 M 是 G 的最大匹配, 则称 M 中的边数 $|M|$ 为 G 的**匹配数**, 记作 $\alpha(G) = |M|$.

例 5.3 例如, 在图 5.3(a) 中, $M_1 = \{x_1y_1, x_2y_2, x_3y_4, x_4y_3\}$(如粗实线表示) 是 G_1 的完备匹配, 顶点 x_1 与 y_1 在 M_1 中相配. 在图 5.3(b) 中, $M_2 = \{x_1y_1, x_2y_2, x_3y_3\}$ (如粗实线表示) 是 G_1 的匹配, 但不是完备匹配, 也无法在 M_2 的基础上通过增加边变成完备匹配. 在图 5.3(c) 中, $M_3 = \{x_1y_1, x_2y_2, x_3y_3\}$(如粗实线表示) 是 G_2 的最大匹配, 图 G_2 没有完备匹配.

我们来分析一下图 5.3(b) 中的匹配 M_2. 考虑轨道 $x_4y_3x_3y_4$, 因为 $x_3y_3 \in M_2$, 我们无法在 M_2 中增加边, 使得它还是匹配; 但是我们可以将 M_2 中的边 x_3y_3 换

成 x_4y_3 与 x_3y_4 两条边, 则 M_2 就变成图 5.3(a) 中的匹配 M_1, 使得匹配中的边数增加了一条. 这个观察是匹配理论很多结果的基本前提, 也是最大匹配算法依赖的基础. 下面先介绍一些相关的基本定义与基本结论.

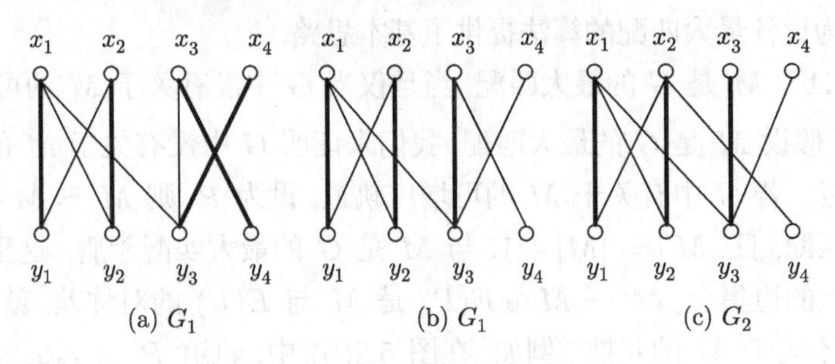

图 5.3 匹配定义的示例

定义 5.2 设 M 是图 G 的匹配, $P = v_0e_1v_1e_2\cdots e_kv_k$ 是 G 中的一条轨道 (圈), 若 $e_1, e_2, \cdots, e_k$ 在 M 与 $E(G) - M$ 中交替出现, 则称 P 是 G 中关于 M 的**交错轨道 (圈)**.

按照定义 5.2 , G 中关于 M 的交错轨道有四种不同的类型, 如图 5.4 所示. 下面定义的可增广轨道是关于匹配理论的主要概念, 后面介绍的引理与定理大多基于可增广轨道的性质.

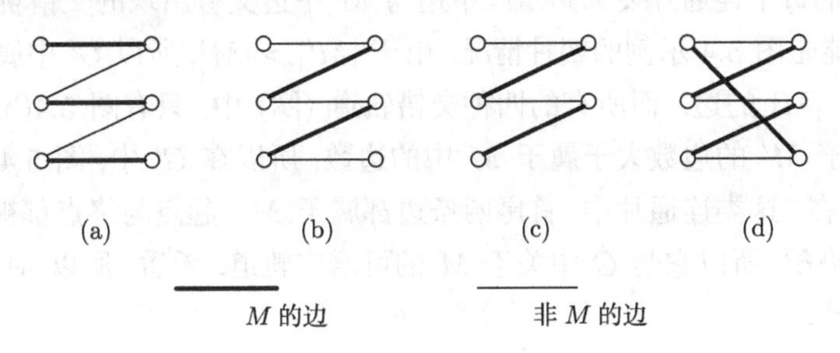

图 5.4 交错轨道 (圈) 的四种类型

定义 5.3 设 $P = v_0e_1v_1e_2\cdots e_{2k+1}v_{2k+1}$ 是 G 中关于 M 的交错轨道, 若 $e_1, e_3, \cdots, e_{2k+1} \notin M$, $e_2, \cdots, e_{2k} \in M$, 且 v_0 与 v_{2k+1} 没有被 M 许配, 则称 P 是 G 中关于 M 的**可增广轨道**.

按照定义 5.3 , 图 5.3(b) 中, 轨道 $P_1 = x_4y_3x_3y_4$ 是关于 M_2 的可增广轨道. 有了可增广轨道, 我们可以将可增广轨道上属于匹配中的边与不属于匹配中的边互换, 就可以使得匹配中的边增加一条. 比如说, 在图 5.3(b) 中, 我们将轨道 $P_1 = x_4y_3x_3y_4$ 的边 y_3x_3 从 M_2 中删除, 而将边 x_4y_3 与 x_3y_4 加入 M_2, 就

可以使得 M_2 中的边增加一条, 变成图 5.3(a) 中的完备匹配 M_1. 而图 5.3(b) 中, $P_2 = y_4x_3y_3x_1$ 则不是可增广轨道. 因为在 P_2 中, 顶点 x_1 被 M_2 许配了, 我们不能将 M_2 中的边 y_3x_3 换成 x_1y_3 与 x_3y_4. 下面的 Berge 引理刻画了最大匹配的基本性质, 也为设计最大匹配的算法提供了基本思路.

引理 5.1 M 是 G 的最大匹配, 当且仅当 G 中没有关于 M 的可增广轨道.

证明 假设 M 是 G 的最大匹配, 我们来证明 G 中没有关于 M 的可增广轨道. 用反证法. 若 G 中有关于 M 的可增广轨道, 设为 P, 则 $M' = M \oplus E(P)$ 也是图 G 的匹配, 且 $|M'| = |M| + 1$, 与 M 是 G 的最大匹配矛盾. 这里 $E(P)$ 表示的是 P 上的边集合, $M' = M \oplus E(P)$ 是 M 与 $E(P)$ 的对称差, 就是将 P 上属于 M 与不属于 M 的互换. 例如, 在图 5.3(b) 中, 轨道 $P_1 = x_4y_3x_3y_4$ 是关于 M_2 的可增广轨道, $M_2 \oplus E(P_1) = M_1$ (参见图 5.3(a)) 就是一个匹配, 且边数比 M_2 中的边数多一条.

若 G 中没有关于 M 的可增广轨道, 下面证明 M 是 G 的最大匹配. 用反证法. 若不然, M 不是 G 的最大匹配, 设 M' 是 G 的最大匹配, 则 $|M'| > |M|$. 构作边导出子图 $G' = G[M' \oplus M]$. 由于 G' 是边导出子图, G' 中没有次数为 0 的顶点; 又因为 M' 与 M 都是 G 的匹配, G 中的每个顶点至多与 M, M' 中各有一条边关联. 所以 G' 中没有次数大于 2 的顶点. 这样, G' 中每个顶点的次数不是 1, 就是 2, G' 的每个连通片要么是 M' 中边与 M 中边交替出现的交错轨道, 要么是交错圈, 只能是图 5.4 示例的四种情况. 由于 $|M'| > |M|$, 所以 G' 中属于 $|M'|$ 的边多于属于 $|M|$ 的边. 而所有的四种交错轨道 (圈) 中, 只有图 5.4(b) 这一类连通片中, 属于 M' 的边数大于属于 M 中的边数, 所以在 G' 中, 图 5.4(b) 这类连通片一定存在. 这类连通片中, 首尾两条边都属于 M', 起点与终点都被 M' 许配, 没有被 M 许配, 所以它是 G 中关于 M 的可增广轨道. 矛盾. 所以 M 是 G 的最大匹配. 证毕.

5.3 二分图中的匹配

5.3.1 Hall 定理

匹配理论对应的应用问题大多都可以抽象成二分图, 所以匹配的很多研究成果都与二分图有关, 最大匹配的算法也大多是针对二分图设计的. 本节主要介绍二分图中匹配的一些性质.

定理 5.1 (Hall) 设 G 是二分图, 其顶点集合划分为 $V(G) = X \cup Y$, $X \cap Y = \varnothing$, 则 G 中存在将 X 中顶点都许配的匹配, 当且仅当任给 $S \subseteq X$, 都有

$|N(S)| \geqslant |S|$. 其中, $N(S)$ 是与 S 中顶点相邻的顶点构成的集合, 简称为 S 的邻顶集合.

证明 假设 G 中存在将 X 中顶点都许配的匹配 M, 任取 $S \subseteq X$, 设 $S = \{u_1, u_2, \cdots, u_n\}$. 因为 M 将 X 中的顶点都许配, 所以每个 u_i 有一个相配的顶点 v_i, v_i 与 u_i 相邻, $1 \leqslant i \leqslant n$. 由 $N(S)$ 的定义知, $\{v_1, v_2, \cdots, v_n\} \subseteq N(S)$. 因为 M 是匹配, 所以 $v_i \neq v_j$, $1 \leqslant i \neq j \leqslant n$. 故 $|N(S)| \geqslant |\{v_1, v_2, \cdots, v_n\}| = |S|$.

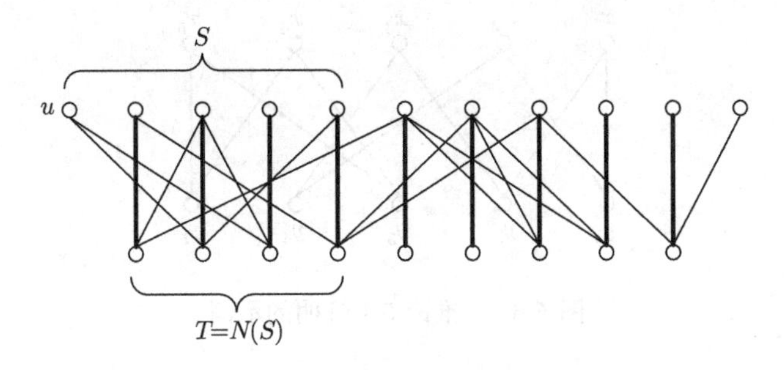

图 5.5 Hall 定理证明的示意图

假设任给 $S \subseteq X$, 都有 $|N(S)| \geqslant |S|$. 若 G 中没有将 X 中顶点都许配的匹配, 设 M 是 G 的最大匹配, 则存在 $u \in X$, u 没有被 M 许配. 如图 5.5 所示, 令

$$Z = \{v | v \in V(G), \text{ 且 } u, v \text{ 之间存在交错轨道}\},$$

$$S = X \cap Z,$$

$$T = Y \cap Z.$$

因为 M 是 G 的最大匹配, 所以 u 是 Z 中唯一一个没有被 M 许配的顶点, 故而 $S - \{u\}$ 中的顶点与 T 中的顶点在 M 中两两相配, $|S| = |T| + 1$, 且 $N(S) \supseteq T$. 事实上, 对于 $N(S)$ 中的每个顶点 w 来说, 一定有一条交错轨道连接 u 与 w, 所以 $N(S) = T$. 我们得到

$$|N(S)| = |T| = |S| - 1.$$

矛盾. 证毕.

Hall 定理也称为婚配定理.

推论 5.1 对于正整数 $k > 0$, k 次正则二分图 G 有完备匹配.

证明 我们用 Hall 定理来证明. 假设 G 是一个二分图, 其顶点集合的划分为 $V(G) = X \cup Y$, $X \cap Y = \varnothing$. 任取 $S \subseteq X$, 假定 G 中所有与 S 中某个顶点关联的边的集合为 E_1, 即 $E_1 = \{e | e \text{ 与 } S \text{ 中某个顶点关联}\}$. 任取 $e \in E_1$, e 关联的一个

顶点属于 S, 另一个顶点则属于 S 的邻顶集合 $N(S)$. 假设 G 中所有与 $N(S)$ 中某个顶点关联的边的集合为 E_2, 即 E_2 中的每条边都关联着 $N(S)$ 中某个顶点, 所以 $E_1 \subseteq E_2$. 例如在图 5.6 中, 若选择 $S=\{x_2,x_3\}$, 则 $E_1=\{x_2y_1,x_2y_4,x_3y_2,x_3y_4\}$, $N(S)=\{y_1,y_2,y_4\}$, $E_2=\{x_2y_1,x_2y_4,x_3y_2,x_3y_4,x_1y_1,x_1y_2\}$. 因为 G 是 k 次正则二分图, G 的每个顶点都关联着 k 条边, 所以 $k\times|S|=|E_1|\leqslant|E_2|=k\times|N(S)|$. 故 $|S|\leqslant|N(S)|$. 由 Hall 定理可知, G 中存在将 X 中所有顶点都许配的匹配 M.

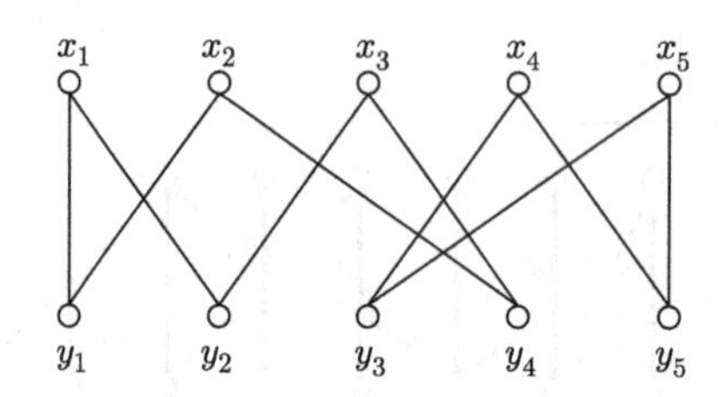

图 5.6 推论 5.1 证明的示例

另一方面, 由于 G 是 k 次正则二分图, 所以 $k\times|X|=\varepsilon(G)=k\times|Y|$. 故 $|X|=|Y|$, 所以 M 是完备匹配. 证毕.

5.3.2 匹配与覆盖

定义 5.4 设 G 是一个图, C 是其顶点集合的子集, 即 $C\subseteq V(G)$, 若 G 中任意一条边都有一个端点属于 C, 则称 C 是 G 的一个**覆盖**. 若 C 是 G 的覆盖, 但 C 的任何真子集都不是 G 的覆盖, 则称 C 是 G 的**极小覆盖**. 若 C^* 是 G 的覆盖, 且不存在 G 的覆盖 C, 使得 $|C|<|C^*|$, 则称 C^* 是 G 的**最小覆盖**, 且称 $|C^*|$ 是 G 的**覆盖数**, 记作 $\beta(G)$.

例 5.4 例如在图 5.7 中, 图 5.7(a) 中标 “•” 的顶点构成极小覆盖, 图 5.7(b) 中标 “•” 的顶点构成最小覆盖, $\beta(G)=6$.

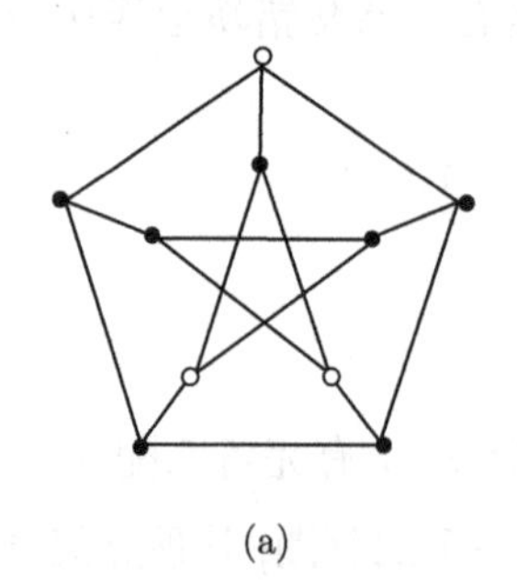

(a)

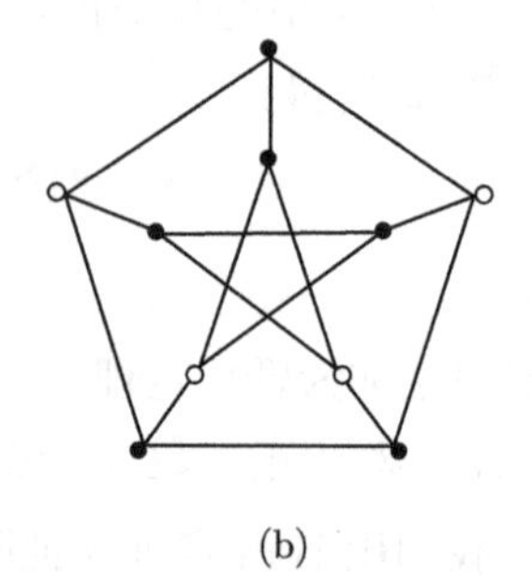

(b)

图 5.7 覆盖示例

引理 5.2 假设 C 是图 G 的覆盖, M 是图 G 的匹配, 则 $|C| \geqslant |M|$.

证明 注意, 引理 5.2 中的图指的是任意的图, 不一定是二分图. 设 $M = \{e_1, e_2, \cdots, e_n\}$. 因为 C 是 G 的覆盖, 所以对任意 $e_i (1 \leqslant i \leqslant n)$, e_i 都有一个端点属于 C, 设该端点为 u_i. 则有 $\{u_1, u_2, \cdots, u_n\} \subseteq C$. 由于 M 是匹配, $u_1, u_2, \cdots, u_n$ 互不相同. 故 $|C| \geqslant |\{u_1, u_2, \cdots, u_n\}| = |M|$. 证毕.

引理 5.3 若图 G 存在覆盖 C 和匹配 M, 使得 $|C| = |M|$, 则 C 是最小覆盖, M 是最大匹配.

证明 设 C^* 是最小覆盖, M^* 是最大匹配, 则由匹配与覆盖的定义知, $|C^*| \leqslant |C|$, $|M| \leqslant |M^*|$. 由引理 5.2 知, $|M^*| \leqslant |C^*|$. 所以

$$|M| \leqslant |M^*| \leqslant |C^*| \leqslant |C|.$$

若 $|C| = |M|$, 则在上述不等式中必须每个等号都成立. 所以 C 是最小覆盖, M 是最大匹配. 证毕.

定理 5.2 (König-Egerváry) 设 G 是二分图, 则 G 的匹配数等于其覆盖数, 即 $\alpha(G) = \beta(G)$.

证明 设 G 的顶点集合划分为 $V(G) = X \cup Y$, $X \cap Y = \varnothing$, 并且设 M 是 G 的最大匹配. 若 M 将 X 中顶点都许配, 则 $|M| = |X|$. 由于 G 是二分图, G 中每条边的两个端点一个在 X 中, 另一个在 Y 中, 所以 X 是 G 的一个覆盖. 由引理 5.3 知, X 是最小覆盖. $\alpha(G) = \beta(G)$. 在这种情况下, 定理得证.

若 M 没有将 X 中顶点都许配, 设 U 是 X 中没有被 M 许配的顶点集合. 与 Hall 定理的证明类似, 令

$$Z = \{v | v \in V(G), \text{且 } v \text{ 与 } U \text{ 中某个顶点之间存在交错轨道}\},$$
$$S = X \cap Z,$$
$$T = Y \cap Z,$$

则 $N(S) = T$. 令 $B = (X - S) \cup T$, 则 B 就是 G 的一个覆盖集. 如图 5.8 所示, 图中的 "•" 顶点构成的集合就是 B. 否则, 若 B 不是覆盖集, 则存在一条边 e, e 的两个端点分属 S 与 $Y - T$, 与 $N(S) = T$ 矛盾. 另一方面, 由于 M 是最大匹配, G 中没有关于 M 的可增广轨道, 所以 T 中所有的顶点都被 M 许配; 又因为 X 中所有没有被 M 许配的顶点都属于 $U \subseteq S$, 所以 $X - S$ 中顶点都被 M 许配. 由于 T 中顶点与 U 中顶点通过交错轨道相连, 而 $X - S$ 中顶点与 U 中顶点没有交错轨道相连, 所以 $X - S$ 中顶点不可能与 T 中顶点相配. 所以 $|M| = |(X - S) \cup T| = |B|$. 由引理 5.3 知, B 是最小覆盖. $\alpha(G) = \beta(G)$. 在这种情况下, 定理也得证. 综上, 证毕.

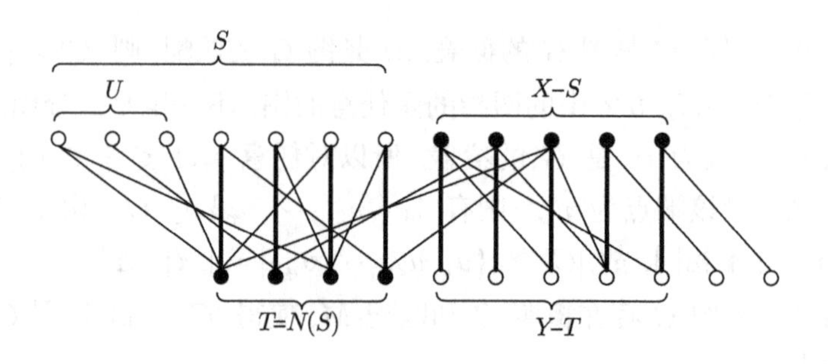

图 5.8　定理 5.2 证明的示意图

5.4　任意图的完备匹配

1947 年, Tutte 针对一般图 (不一定是二分图), 给出了存在完备匹配的充要条件. 我们先来看一个例子, 来体会 Tutte 定理的基本思想. 在图 5.9 中, 若我们从 G 中删除掉顶点 u, 则会产生三个连通片 G_1, G_2 和 G_3. 由于 $G_i(1 \leqslant i \leqslant 3)$ 中有 5 个顶点, 是奇数, 所以无论如何相配, G_i 中一定有一个顶点不能与 G_i 内的顶点相配, 因而只能与 u 相配. 而三个连通片 G_1, G_2 和 G_3 都有 5 个顶点, 不可能每个 G_i 都有一个顶点与 u 相配. 故 G 没有完备匹配.

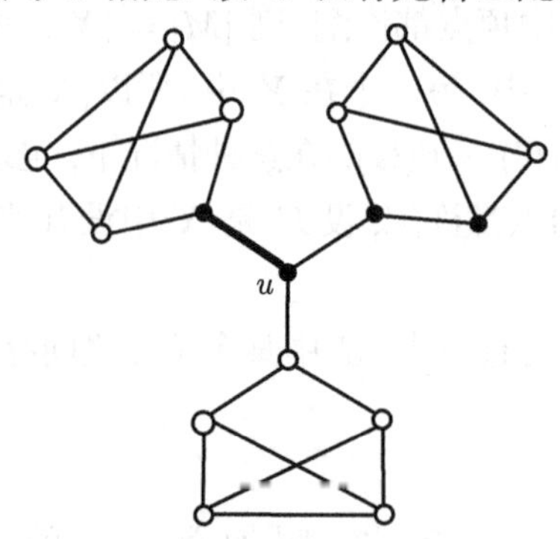

图 5.9　一个没有完备匹配的例子

定义 5.5　设 G' 是图 G 的连通片, 若 $\nu(G')$ 是奇数, 则称 G' 是 G 的**奇片**. 否则, 称之为 G 的**偶片**. 我们用 $o(G)$ 表示 G 中奇片的个数.

例 5.5　图 5.10 中的图有三个连通片, G_1, G_2 是奇片, 而 G_3 则是偶片,

$$o(G) = 2.$$

定理 5.3 (Tutte)　G 有完备匹配, 当且仅当任给 $S \subseteq V(G)$, 都有

$$o(G - S) \leqslant |S|.$$

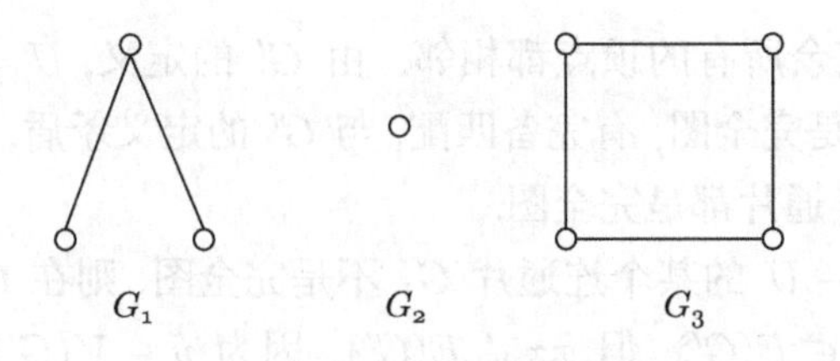

图 5.10 奇片与偶片示例

证明 先证明必要性. 假定 G 有完备匹配 M. 任给 $S \subseteq V(G)$, 记 $o(G-S)=k$, 并且设 $G_1, \cdots, G_k$ 是 $G-S$ 的奇片. 对于 $1 \leqslant i \leqslant k$, 由于 G_i 是奇片, 所以 G_i 中至少有一个顶点不能与 G_i 内顶点相配, 记此顶点为 u_i. 因为 M 是完备匹配, 所以 u_i 只能与 S 中某个顶点 v_i 相配. 参见图 5.11. 由于 M 是匹配, $v_1, \cdots, v_k$ 互不相同, 因而 $|S| \geqslant |\{v_1, \cdots, v_k\}| = k = o(G-S)$.

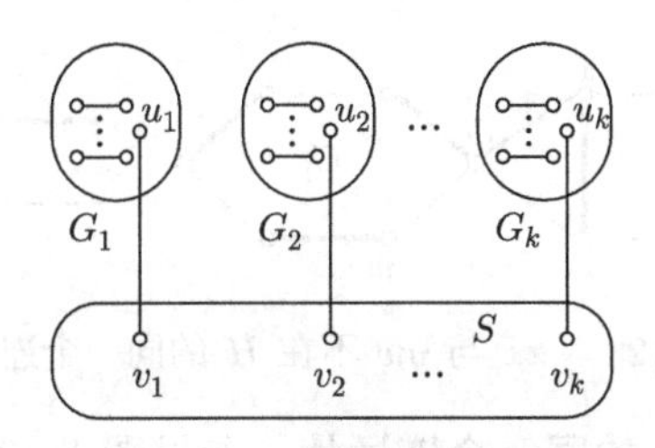

图 5.11 必要性证明的示意图

下面证明充分性. 充分性的证明要复杂很多. 假设任给 $S \subseteq V(G)$, 都有 $o(G-S) \leqslant |S|$. 首先我们取 $S=\varnothing$, 得到 $o(G-\varnothing)=o(G) \leqslant |\varnothing|=0$, 所以 G 中没有奇片, $\nu(G)$ 为偶数.

我们用反证法来证明 G 有完备匹配. 假设 G 没有完备匹配. 构造完全图 $K_{\nu(G)}$, 使得 $V(K_{\nu(G)})=V(G)$. 这样, G 就是 $K_{\nu(G)}$ 的生成子图. 事实上, 可以理解成在 G 的基础上加一些边使其成为完全图 $K_{\nu(G)}$. 由于 $\nu(K_{\nu(G)})=\nu(G)$ 为偶数, $K_{\nu(G)}$ 有完备匹配. 我们在 G 中逐条加入边, 从开始 G 没有完备匹配, 到 $K_{\nu(G)}$ 有完备匹配, 中间一定存在图 G', 使得

(1) G' 是 $K_{\nu(G)}$ 的生成子图;

(2) G 是 G' 的生成子图;

(3) G' 没有完备匹配, 但在 G' 中任意增加一条边, 都会有完备匹配, 即任给 $e \notin E(G')$, $G'+e$ 有完备匹配.

记 U 为 G' 中度数为 $\nu(G')-1$ 的顶点构成的集合, 即任给 U 中的一个顶

点 u, u 与 G' 中其余所有的顶点都相邻. 由 G' 的定义, $U \neq V(G')$. 否则, 若 $U = V(G')$, 则 G' 是完全图, 有完备匹配, 与 G' 的定义矛盾. 下面用反证法来证明 $G' - U$ 的每个连通片都是完全图.

若不然, 设 $G' - U$ 的某个连通片 G_1 不是完全图, 则在 G_1 中存在三个顶点 x, y, z, 使得 $xy, yz \in E(G')$, 但 $xz \notin E(G')$. 因为 $y \in V(G') - U$, $y \notin U$, 所以 $\deg(y) < \nu(G') - 1$, 从而存在 $w \in V(G')$, 使得 $yw \notin E(G')$. 由 G' 的定义可知, $G' + xz$ 有完备匹配, 记为 M_1, $xz \in M_1$. 同理, $G' + yw$ 有完备匹配, 记为 M_2, $yw \in M_2$. 令 $G'' = G' + xz + yw$, 设 $H = G''[M_1 \oplus M_2]$ 为 $M_1 \oplus M_2$ 在 G'' 中构成的边导出子图, 则 H 中每个顶点的度数都为 2, 故而 H 的每个连通片都是 M_1 与 M_2 中边交替出现的偶圈.

(1) **xz 与 yw 不在 H 的同一个连通片** 参见图 5.12 , 假定 yw 在圈 C_1 上, 则 M_1 在 C_1 上的边与 M_2 不在 C_1 上的边构成了 G' 的一个完备匹配, 与 G' 没有完备匹配矛盾.

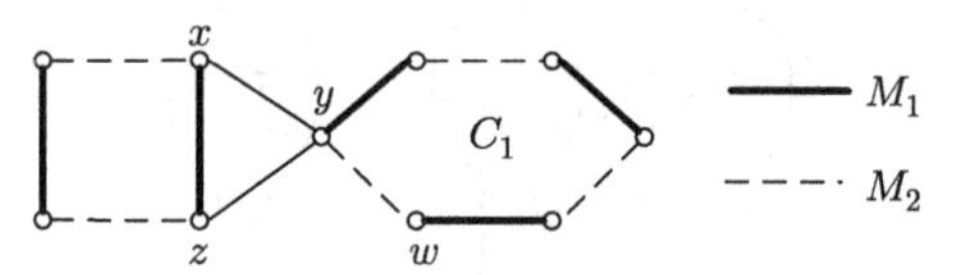

图 5.12 xz 与 yw 不在 H 的同一个连通片

(2) **xz 与 yw 在 H 的同一个连通片** 参见图 5.13 , 假定 xz 与 yw 在同一个圈 C_2 上, 则 C_2 上 $yw \cdots z$ 这段轨道上属于 M_1 的边, 加上 M_2 不在 $yw \cdots z$ 这段轨道上的边, 再加上边 yz 构成了 G' 的一个完备匹配, 同样与 G' 没有完备匹配矛盾.

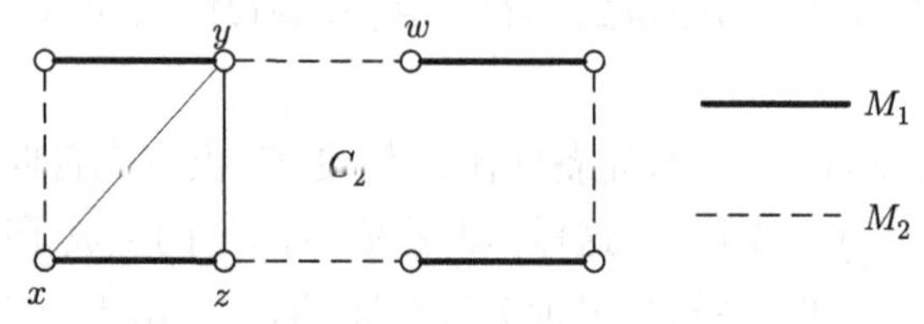

图 5.13 xz 与 yw 在 H 的同一个连通片

从上面的分析可知, $G' - U$ 的每个连通片都是完全图. 有了这些准备, 我们下面来构造出 G' 的一个完备匹配, 从而说明这样的 G' 不存在, 导出矛盾. 我们按照如下的步骤构造 G' 的完备匹配. 参见图 5.14.

(1) 对于 $G' - U$ 的每个偶片, 由于其是完全图, 其中的顶点可以两两相配.

(2) 对于 $G' - U$ 的每个奇片, 由于其是完全图, 其中的偶数个顶点可以两两相配, 余下一个顶点.

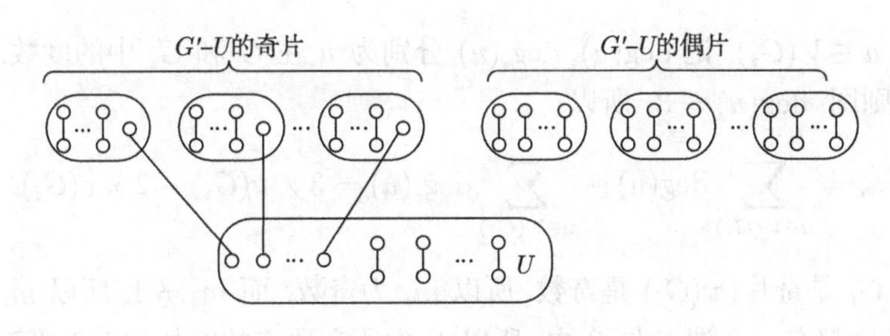

图 5.14 G' 的完备匹配

(3) 由于 U 中每一个顶点都与 G' 中其余顶点相邻, 所以在第 (2) 步之后, 每个奇片余下的一个顶点可以在 U 中选一个顶点与之相配. 而且由于 G 是 G' 的生成子图, 所以 $o(G'-U) \leqslant o(G-U) \leqslant |U|$, 从而保证 U 中有足够多的顶点, 用来匹配每个奇片中余下的一个顶点.

(4) 最后, 将 U 中余下的顶点两两相配.

如上, 我们构造出 G' 的一个完备匹配, 与 G' 的定义矛盾, 也就意味着这样的 G' 不存在. 矛盾. 所以 G 有完备匹配. 证毕.

例如, 在图 5.9 中, 取 $S=\{u\}$, 则有 $o(G-S)=3>1=|S|$, 所以 G 中没有完备匹配.

定理 5.4 (Petersen) 无桥的三次正则图有完备匹配.

证明 设 G 是一个无桥的三次正则图, 我们用 Tutte 定理来证明 G 有完备匹配. 任给 $S \subseteq V(G)$, 设 $G-S$ 的奇片为 $G_1, G_2, \cdots, G_n$, 记 E_i 为一个端点在 S 中, 另一个端点在 G_i 中的边构成的边子集, 记 $m_i=|E_i|$, 参见图 5.15. 因为 G 中没有桥, 所以 $m_i \neq 1$.

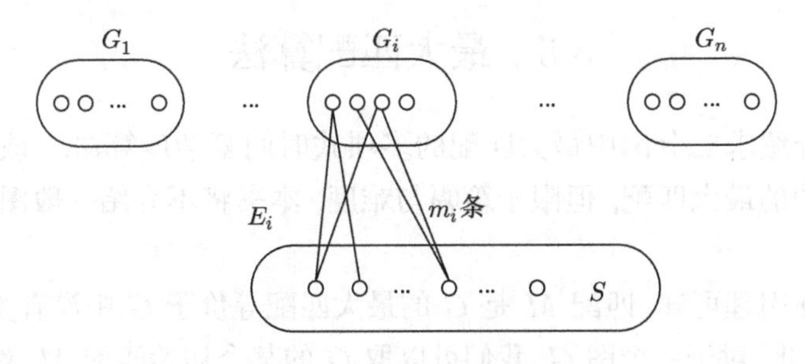

图 5.15 定理 5.4 证明的示意图

任给 $u \in V(G_i)$, 记 $\deg(u)$, $\deg_i(u)$ 分别为 u 在 G 和 G_i 中的度数. 因为 G 是三次正则图, $\deg(u)=3$. 所以

$$m_i = \sum_{u\in V(G_i)} \deg(u) - \sum_{u\in V(G_i)} \deg_i(u) = 3\times\nu(G_i) - 2\times\varepsilon(G_i).$$

因为 G_i 是奇片, $\nu(G_i)$ 是奇数, 所以 m_i 为奇数. 而 $m_i \neq 1$, 所以 $m_i \geqslant 3$. 而 E_i 中每条边都有一个端点在 S 中, 所以 S 中所有顶点的度数和大于等于所有 E_i 中的边数总和, 即 $\sum_{i=1}^{n} m_i \leqslant \sum_{u\in S}\deg(u) = 3|S|$. 综上可知

$$o(G-S) = n \leqslant \frac{1}{3}\sum_{i=1}^{n} m_i \leqslant \frac{1}{3}\sum_{u\in S}\deg(u) = |S|.$$

由 Tutte 定理知, G 有完备匹配. 证毕.

在图 5.16 中, G 是一个三次正则图, 且没有桥, 所以 G 有完备匹配, 图中粗线表示的边构成 G 的一个完备匹配.

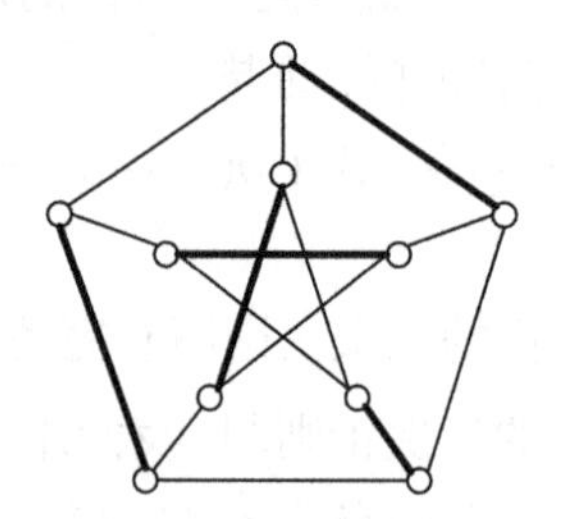

图 5.16　一个无桥三次正则图的例子

5.5 最大匹配算法

本节将介绍求二分图中最大匹配的多项式时间复杂度算法. 该算法可以推广到求一般图的最大匹配, 但限于篇幅与难度, 本书将不介绍一般图的最大匹配算法.

由 Berge 引理可知, 匹配 M 是 G 的最大匹配等价于 G 中没有关于 M 的可增广轨道. 如此, 对于一个图 G, 我们可以取 G 的某个初始匹配 M, 然后在 M 的基础上, 在 G 中找关于 M 的可增广轨道, 通过不断的迭代, 增加 M 中的边数, 直到 G 中没有关于 M 的可增广轨道. 这样, 我们就需要解决两方面的问题. 一个是如何设计一个有效的算法 (多项式时间复杂度) 找可增广轨道, 另一个是如何判断图中没有可增广轨道.

假设 G 是一个图, M 是 G 的一个匹配, u 是 G 的一个没有被 M 许配的顶点. 对于 G 的子图 T, 如果 T 是树, $u \in V(T)$, 且满足任给 $v \in V(T)$, T 中从 u 到 v 的轨道 (注: 树中任意两个顶点间的轨道唯一) 是交错轨道, 则称 T 是 G 中关于 M 的 **u-交错树**. 若除了 u 之外, T 中所有的顶点均被 M 许配, 则称 T 为**被 M 许配的 u-交错树**; 否则, 除了 u 之外, T 中还有未被 M 许配的顶点, 设为 v, 则 T 中从 u 到 v 的轨道就是一个可增广轨道.

下面首先给出二分图中构造交错树的算法, 通过构造交错树来发现可增广轨道. 在构造交错树的算法中, 我们为每个顶点 u 设计了两个标记. 一个是 $l_{\text{pre}}(u)$, 用来记录在扩展交错树的过程中, u 的前驱顶点; 另一个是 $l_{\text{visited}}(u)$, 用来标记是否已经从 u 处出发向前扩展过交错树.

算法 5.1 交错树算法.

输入: 二分图 $G=(X,E,Y)$, G 的匹配 M, G 中没有被 M 许配的顶点 u, 不妨假设 $u \in X$.

输出: G 中关于 M 的 u-交错树 $T_u=(U,E',V)$.

(1) $U=\{u\}, E'=\varnothing, V=\varnothing$; 令 $l_{\text{pre}}(u)=*$; 对 G 中所有的顶点 $v \neq u$, 令 $l_{\text{pre}}(v)=\text{null}$; 对 G 中所有的顶点 v (包括 u), 令 $l_{\text{visited}}(v)=0$.

(2) 若上一步中没有新的顶点加入 U, 算法停止; 否则转第 (3) 步.

(3) 若存在 $x \in X$, $l_{\text{pre}}(x) \neq \text{null}$, $l_{\text{visited}}(x)=0$, 则对 Y 中所有满足 $xy \in E-M$ 且 $l_{\text{pre}}(y)=\text{null}$ 的顶点 y, 令 $l_{\text{pre}}(y)=x$; $E' \leftarrow E' \cup \{xy\}$; $V \leftarrow V \cup \{y\}$; 最后令 $l_{\text{visited}}(x)=1$.

(4) 若在第 (3) 步, 在 V 中加入一个新的顶点 y(同时也将 $l_{\text{pre}}(y)$ 从 null 修改为 x), 且 y 没有被 M 许配, 则已经找到可增广轨道, 算法停止; 若在第 (3) 步没有新的顶点加入 V, 算法停止; 否则转第 (5) 步.

(5) 若存在 $y \in Y$, $l_{\text{pre}}(y) \neq \text{null}$, $l_{\text{visited}}(y)=0$, 则对 X 中所有满足 $xy \in M$ 且 $l_{\text{pre}}(x)=\text{null}$ 的顶点 x, 令 $l_{\text{pre}}(x)=y$; $E' \leftarrow E' \cup \{xy\}$; $U \leftarrow U \cup \{x\}$; 最后令 $l_{\text{visited}}(y)=1$. 转第 (2) 步.

例 5.6 例如, 在图 5.17(a) 中, $M=\{x_2y_2, x_3y_3, x_5y_5\}$ 是图 G 的一个匹配, M 中的边用粗线边标出, x_1 是一个没有被 M 许配的顶点. 图 5.17(b) 中显示了交错树算法一个可能的执行结果, 其中每个顶点标的二元组的两个分量分别对应于 l_{pre} 与 l_{visited}. 图 5.17(c) 中显示了对应的 x_1-交错树. 由于 y_1 是 x_1-交错树中的另一个没有被 M 许配的顶点, 因而我们在这个 x_1-交错树中得到一条可增广轨道 $P(x_1,y_1)=x_1y_2x_2y_1$. 令 $M'=M \oplus E(P)=\{x_1y_2, x_2y_1, x_3y_3, x_5y_5\}$, 则 M' 也是 G 的一个匹配, 且比 M 多一条边, 参见图 5.17(d). 在构建 u-交错树的过程中, 若发现了另一个没有被 M 匹配的顶点, 再通过前驱节点标记 l_{pre}, 就很容易回溯得到一条可增广轨道. 例如, 在图 5.17(b) 中, 利用 $l_{\text{pre}}(y_1) = x_2$ 就可以得知, 在可增广轨道上, y_1 的前一个顶点就是 x_2.

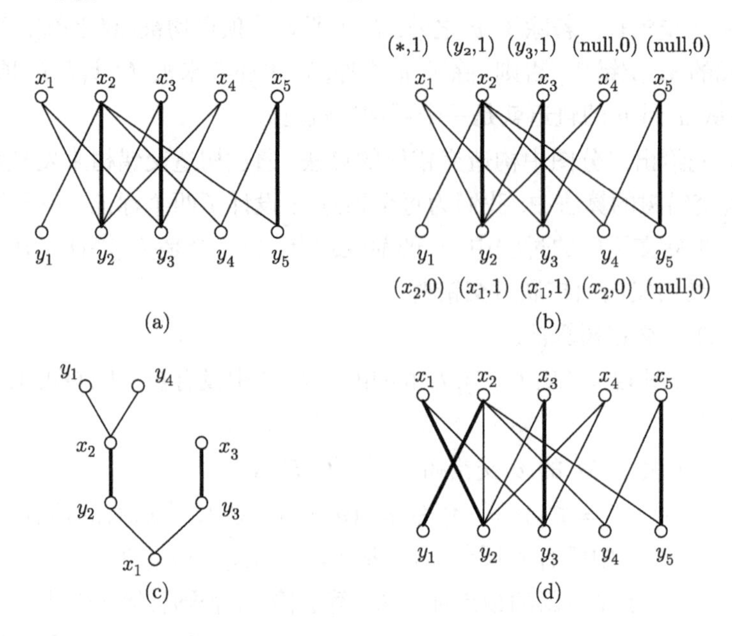

图 5.17 交错树算法示例

交错树算法结束时, 若 u-交错树中仅有一个没有被 M 许配的顶点 u, 则没有找到可增广轨道. 在这种情况下, 由算法可以得到如下的结论.

(1) 由于 u-交错树中仅有一个没有被 M 许配的顶点 u, 其余顶点都是两两相配的, 所以 $|U| = |V| + 1$(我们假设 $u \in X$).

(2) $N_G(U) = V$. 否则, 在图 G 中存在顶点 y, y 与 U 中某个顶点 x 相邻, 即 $xy \in E(G)$, 但是 $y \notin V$. 由于 $x \in U$, 若 xy 不是匹配中的边, 即 $xy \notin M$, 则 y 会在算法的第 (3) 步被加入 V; 若 xy 是匹配中的边, 即 $xy \in M$, 则由算法的第 (5) 步可知, 只有在 y 加入 V 之后, x 才可能在第 (3) 步被加入 U. 无论 xy 是否匹配中的边, 都有矛盾, 故 $N_G(U) = V$.

由上面的两条结论可知, 若 u-交错树中仅有一个没有被 M 许配的顶点 u, 则任给图 G 的一个匹配, u-交错树上至少会有一个顶点没有被许配. 基于交错树算法, 我们还有下面更强的引理.

引理 5.4 设 M 是二分图 G 中的一个匹配, u 是 G 中一个未被 M 许配的顶点, 按照交错树算法得到一个 u-交错树 $T_u = (U, E', V)$. 若 T 中仅有一个顶点

u 未被 M 许配, 在 G 中不存在含 T 中任何顶点的可增广轨道.

证明 假设 G 中存在一条可增广轨道 $P(v,w)$ 经过 u-交错树 T 中某个顶点. 若 $v=u$ 或 $w=u$, 则由交错树算法可知, $P(v,w)$ 在 T 中, 与引理假设条件矛盾. 所以, $v \neq u$ 且 $w \neq u$. 以下分两种情况说明 G 中不存在这样的轨道 $P(v,w)$.

(1) P 上仅有 T 中的一个顶点 x, 参见图 5.18(a) 与 (b). 设 $P(v,w)=v_0(=v)e_0\cdots e_{i-1}xe_i\cdots e_kv_k(=w)$. 由于 $P(v,w)$ 是可增广轨道, $P(v,w)$ 上属于 M 的边与不属于 M 的边交替出现, 因而 e_{i-1} 与 e_i 一定一条属于 M, 另一条不属于 M. 因为 x 在 T 上, 在 T 上存在一条从 u 到 x 的交错轨道 $Q(u,x)$. 因为 e_{i-1} 与 e_i 中有一条属于 M, 所以 $Q(u,x)$ 上与 x 关联的边不属于 M, $Q(u,x)+P(v,x)$ 或 $Q(u,x)+P(x,w)$ 中恰好有一条是可增广轨道. 从上面的分析可知, 与引理的假设矛盾.

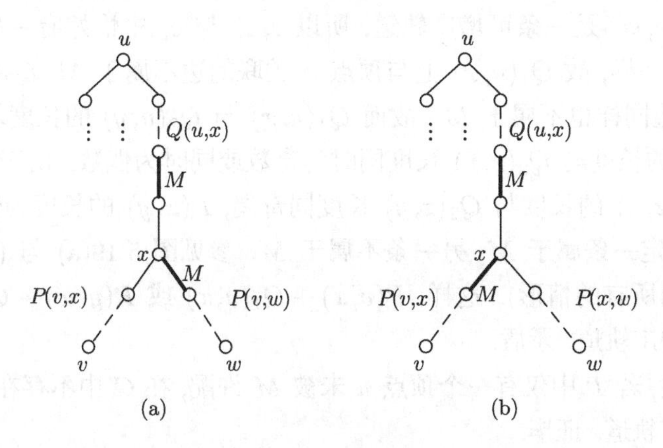

图 5.18 P 上仅有 T 中的一个顶点 x

(2) P 上至少有 T 中的两个顶点, 取其中的两个顶点, 设为 x, y, 参见图 5.19. 因为 T 上仅有一个顶点 u 没有被 M 许配, 所以 x 与 y 不可能是 v 与 w. 设 $P(v,w)=v_0(=v)e_1\cdots e_{i-1}xe_i\cdots e_{j-1}ye_j\cdots e_kv_k(=w)$. 因为 x 与 y 都在 T 上, T 从 u 到 x, y 分别有一条交错轨道, 分别设为 $Q_1(u,x)$ 与 $Q_2(u,y)$, 假设从 u 开始向前找, z 是 $Q_1(u,x)$ 与 $Q_2(u,y)$ 的最后一个公共顶点. 这样 $P(x,y)+Q_1(z,x)+Q_2(z,y)$ 就构成一个圈, 记为 C. 由于二分图中没有奇圈, C 上有偶数条边. 注意: 由于一棵树上任意两个节点间的轨道唯一, $Q_1(u,z)$ 与 $Q_2(u,z)$ 重合.

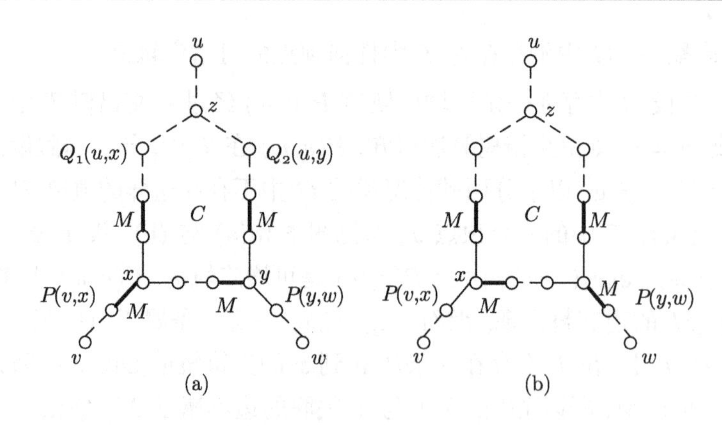

图 5.19　P 上有 T 中的两个顶点 x 与 y

因为 $P(v,w)$ 是一条可增广轨道, 所以 e_{i-1} 与 e_i 中恰好有一条边属于 M, e_{j-1} 与 e_j 也一样, 故 $Q_1(u,x)$ 上与顶点 x 关联的边不属于 M, $Q_2(u,y)$ 上与顶点 y 关联的边同样也不属于 M. 故而 $Q_1(u,x)$ 与 $Q_2(u,y)$ 的长度均为奇数. 因此, $Q_1(z,x)$ 的长度与 $Q_2(z,y)$ 长度同时为奇数或同时为偶数. 由于 C 上有偶数条边, 且 $Q_1(z,x)$ 的长度与 $Q_2(z,y)$ 长度同奇偶, $P(x,y)$ 的长度为偶数, 从而边 e_{i-1} 与 e_j 一定一条属于 M, 另一条不属于 M. 参见图 5.19(a) 与 (b) (注意: 图中没有枚举出所有的情形). 这样, $P(v,x)+Q_1(u,x)$ 或 $P(y,w)+Q_2(u,y)$ 一定有一条是可增广轨道. 矛盾.

综上所述, 若 T 中仅有一个顶点 u 未被 M 许配, 在 G 中不存在含 T 上任何顶点的可增广轨道. 证毕.

下面介绍由匈牙利科学家 Egerváry 提出的最大匹配算法, 常称为匈牙利算法. 匈牙利算法基于交错树算法, 上面的两条结论和引理 5.4 将用于匈牙利算法的正确性证明.

算法 5.2　匈牙利算法.

输入: 二分图 $G=(X,E,Y)$.

输出: G 的最大匹配 M.

(1) 取 G 的一个初始匹配 M, 比如说 $M=\varnothing$. $G'\leftarrow G$.

(2) 若 G' 为空, 或者 G' 中顶点都被 M 许配, 算法停止; 否则转第 (3) 步.

(3) 取 G 中没有被 M 许配的顶点 u, 搜索 u-交错树 T_u, 若找到可增广轨道, 设为 P, 令 $M\leftarrow M\oplus E(P)$, 转第 (2) 步; 否则, 令 $G'\leftarrow G'-V(T_u)$, 转第 (2) 步.

匈牙利算法的输出结果一方面是匹配 M, 同时也将图 G 划分为一些没有公共顶点的交错树和一个有完备匹配的子图. 每棵交错树上仅有一个顶点 (也就是根) 没有被 M 许配. 若 M 是 G 的完备匹配, 则没有这样的交错树. 除了这些交错树之外, G 中余下的子图有完备匹配. 当然, 也有可能除了这些交错树之外, 余下的子图为空.

定理 5.5 当匈牙利算法结束时, 算法得到的 M 是 G 的最大匹配.

证明 假设匈牙利算法结束时, 算法得到了 α 个没有公共顶点的交错树, 每个交错树上恰有一个顶点没有被 M 许配, 这样 G 中共有 α 个顶点没有被 M 许配. 另一方面, 任给 G 的一个匹配 M', 对于每个交错树 T_u 来说, 假定 $u \in X(u \in Y$ 类似), 则由我们前面得到的两个结论可知, $|U| = |V| + 1$ 且 $N_G(U) = V$. 由 Hall 定理可知, T_u 没有完备匹配, T_u 上至少有一个顶点不能被 M' 许配. 而由引理 5.4 知, 不存在可增广轨道能够含有 T_u 上的顶点, 这样每个交错树上都至少有一个顶点没有被 M' 许配, 从而 G 中至少有 α 个顶点没有被 M' 许配. 所以匈牙利算法结束时得到的匹配 M 是 G 的最大匹配. 证毕.

5.6 最佳匹配算法

我们还是回到 5.1 节的例 5.1. 在这个例子中, 我们是为了使得能够有工作的人员最多, 或者说使得有人做的工作最多. 但是, 一个人做不同工作的效率显然是不同的, 所以最大匹配不一定就能够使得整个公司总的工作效率最好. 让我们来看一个涉及工作效率的例子.

例 5.7 设某公司有员工 $x_1, x_2, \cdots, x_5$, 有一些工作 $y_1, y_2, \cdots, y_5$. 每位员工做不同工作的效率如矩阵 W 所示. 其中, 我们将工作效率用一个矩阵 $W = (w_{ij})_{5\times 5}$ 来表示, 其中 w_{ij} 表示员工 x_i 做工作 y_j 的效率.

$$W = \begin{pmatrix} 3 & 5 & 5 & 4 & 1 \\ 2 & 2 & 0 & 2 & 2 \\ 2 & 4 & 4 & 1 & 0 \\ 0 & 1 & 1 & 0 & 0 \\ 1 & 2 & 1 & 3 & 3 \end{pmatrix}.$$

我们可以用一个带有边权的完全二分图上的最佳匹配来描述这个工作效率优化问题. 构作一个完全二分图 $G = (X, \Delta, Y)$, 其中 $X = \{x_1, x_2, \cdots, x_5\}$, $Y = \{y_1, y_2, \cdots, y_5\}$, 边 x_iy_j 的权 $w(x_iy_j) = w_{ij}$ 表示员工 x_i 做工作 y_j 的效率. 假设 M 是图 G 的一个匹配, 对应于该公司的一种工作分配方式, 则 M 的权定义为

$$w(M) = \sum_{x_iy_j \in M} w(x_iy_j).$$

我们的目标是在 G 中找到一个权值最大的匹配, 称之为**最佳匹配**.

Kuhn 和 Munkreas 设计了求最佳匹配的有效算法, 他们将加权二分图的最佳匹配问题转化为一般二分图的最大匹配问题, 然后用匈牙利算法来求解. 下面我们先介绍可行顶标与相等子图等相关概念, 然后介绍相等子图的性质, 最后介绍 Kuhn-Munkreas 算法如何利用相等子图的最大匹配来求解加权二分图的最佳匹配问题.

定义 5.6 给定边权二分图 $G=(X,\Delta,Y)$, 带有权值 $w:\Delta\to\mathbf{R}$, 定义 $V(G)=X\cup Y$ 上的函数 $l:X\cup Y\to\mathbf{R}$. 若 l 满足: 任给 $x\in X$, $y\in Y$, 都有

$$l(x)+l(y)\geqslant w(xy),$$

则称 l 为一个**可行顶标**.

对于任意给定带有边权的二分图, 都有可行顶标. 例如可以定义映射 l 为

对任给 $x\in X$, 取 $l(x)=\max_{y\in Y}w(xy)$;

对任给 $y\in Y$, 取 $l(y)=0$.

则 l 显然是可行顶标.

定义 5.7 给定边权二分图 $G=(X,\Delta,Y)$, 带有权值 $w:\Delta\to\mathbf{R}$, 以及可行顶标 $l:X\cup Y\to\mathbf{R}$. 定义 G 关于 l 的相等子图 G_l 为

(1) $V(G_l)=V(G)$;

(2) $E(G_l)=\{x_iy_j|l(x_i)+l(y_j)=w(x_iy_j)\}$.

例 5.8 在例 5.7 中, 我们取

$$\begin{aligned}
l(x_1)&=\max_{1\leqslant j\leqslant 5}w(x_1y_j)=5,\\
l(x_2)&=\max_{1\leqslant j\leqslant 5}w(x_2y_j)=2,\\
l(x_3)&=\max_{1\leqslant j\leqslant 5}w(x_3y_j)=4,\\
l(x_4)&=\max_{1\leqslant j\leqslant 5}w(x_4y_j)=1,\\
l(x_5)&=\max_{1\leqslant j\leqslant 5}w(x_5y_j)=3,\\
l(y_j)&=0,\quad j=1,2,3,4,5,
\end{aligned}$$

则 l 就是一个可行顶标, 其对应的相等子图 G_l 如图 5.20 所示.

定理 5.6 给定带有边权 $w:\Delta\to\mathbf{R}$ 的二分图 $G=(X,\Delta,Y)$, 以及可行顶标 l. 若相等子图 G_l 有完备匹配, 设为 M, 则 M 是 G 的最佳匹配.

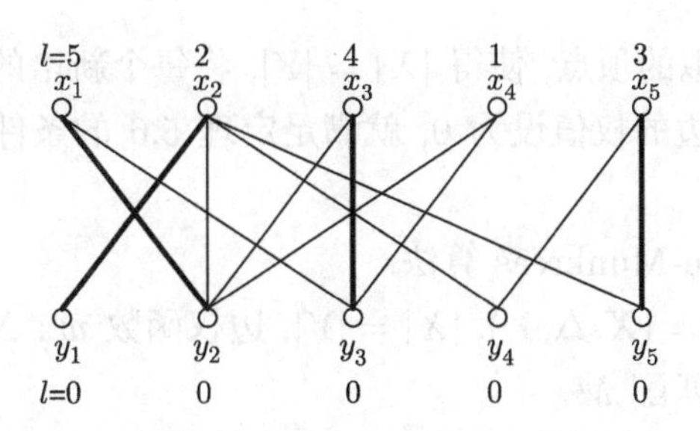

图 5.20 可行顶标与相等子图示例

证明 由于 G_l 是相等子图, 我们有

$$w(M)=\sum_{x_iy_j\in M}w(x_iy_j)=\sum_{x_i\text{ 被 }M\text{ 许配}}l(x_i)+\sum_{y_j\text{ 被 }M\text{ 许配}}l(y_j).$$

因为 M 是 G_l 的完备匹配, G_l 中所有的顶点 (事实上, 也是 G 中所有的顶点) 都被 M 许配, 所以

$$w(M)=\sum_{x_i\text{ 被 }M\text{ 许配}}l(x_i)+\sum_{y_j\text{ 被 }M\text{ 许配}}l(y_j)=\sum_{x_i\in X}l(x_i)+\sum_{y_j\in Y}l(y_j).$$

而对于 G 的任意一个匹配 M' 来说, 由于 l 是可行顶标, 我们有

$$w(M')=\sum_{x_iy_j\in M'}w(x_iy_j)\leqslant\sum_{x_i\text{ 被 }M'\text{ 许配}}l(x_i)+\sum_{y_j\text{ 被 }M'\text{ 许配}}l(y_j).$$

因为 M' 不一定是 G 的完备匹配, X 与 Y 中的顶点不一定都被 M 许配, 所以

$$w(M')\leqslant\sum_{x_i\text{被 }M'\text{ 许配}}l(x_i)+\sum_{y_j\text{ 被 }M'\text{ 许配}}l(y_j)\leqslant\sum_{x_i\in X}l(x_i)+\sum_{y_j\in Y}l(y_j).$$

综上, $w(M')\leqslant w(M)$, M 是 G 的最佳匹配. 证毕.

根据定理 5.6 , 对于给定的边权二分图 G, 若我们找到一个可行顶标 l, 使得相等子图 G_l 有完备匹配, 则可以用匈牙利算法找到 G_l 的完备匹配. 然而, 并不是所有的相等子图都有完备匹配. 例如, 图 5.20 中的相等子图就没有完备匹配. Kuhn 和 Munkreas 给出了一种修改可行顶标的方法, 使得每次修改后的顶标对应的相等子图更有可能有完备匹配. 这样, 不断地修改顶标, 通过迭代最终得到一个可行顶标, 其对应的相等子图有完备匹配.

需要解释的是, 定理 5.6 隐含的潜在条件是 G 满足 $|X|=|Y|$, 然而在实际应用中不会永远都满足这个条件. 但是, 若不满足的话, 不妨设 $|X|<|Y|$, 我们可以

在 X 中增加一些虚拟的顶点, 使得 $|X|=|Y|$, 将每个新增的虚拟顶点与 Y 中每个顶点都连一条边, 边的权值设为 0, 就满足定理 5.6 的条件了. 而且, 最佳匹配的权保持不变.

算法 5.3 Kuhn-Munkreas 算法.

输入: 二分图 $G=(X,\Delta,Y)$, $|X|=|Y|$, 边权函数 $w:\Delta\rightarrow\mathbf{R}$.

输出: G 的最佳匹配 M.

(1) 选取 G 的一个可行顶标 l, 构造相等子图 G_l.

(2) 用匈牙利算法求 G_l 的最大匹配, 设为 M. 若 M 是 G_l 的完备匹配, 则 M 是 G 的最佳匹配, 算法停止; 否则, 转第 (3) 步.

(3) 设 u 是 G_l 中未被 M 许配的顶点, 不妨设 $u\in X$. 令

$$\begin{aligned}&Z=\{v|v\in V(G_l),\ \text{且}\ u,v\ \text{之间存在交错轨道}\},\\&S=X\cap Z,\\&T=Y\cap Z.\end{aligned}$$

计算

$$\alpha_l=\min_{x_i\in S,y_j\notin T}\{l(x_i)+l(y_j)-w(x_iy_j)\}.$$

按如下公式修改可行顶标

$$\hat{l}(v)=\begin{cases}l(v)-\alpha_l, & v\in S,\\ l(v)+\alpha_l, & v\in T,\\ l(v). & \text{其他}.\end{cases}$$

令 $l\leftarrow\hat{l}$, 转第 (1) 步.

例 5.9 在例 5.8 中, 相等子图 G_l 的最大匹配 M 如图 5.20 中的粗实线所示.

我们取未被 M 许配的顶点 x_4, 可以得到 $Z=\{x_1,x_3,x_4,y_2,y_3\}$, $S=\{x_1,x_3,x_4\}$, $T=\{y_2,y_3\}$, 可以计算出

$$\alpha_l=\min_{x_i\in S,y_j\notin T}\{l(x_i)+l(y_j)-w(x_iy_j)\}=1.$$

得到新的可行顶标 $\hat{l}$ 为

$$\begin{aligned}&\hat{l}(x_1)=4,\quad \hat{l}(x_2)=2,\quad \hat{l}(x_3)=3,\quad \hat{l}(x_4)=0,\quad \hat{l}(x_5)=3,\\&\hat{l}(y_1)=0,\quad \hat{l}(y_2)=1,\quad \hat{l}(y_3)=1,\quad \hat{l}(y_4)=0,\quad \hat{l}(y_5)=0.\end{aligned}$$

其对应的相等子图 $G_{\hat{l}}$ 如图 5.21 所示. 用匈牙利算法可以求出 $G_{\hat{l}}$ 的一个完备匹配, 如图 5.21 中的粗实线所示. 这个完备匹配也是 G 的最佳匹配.

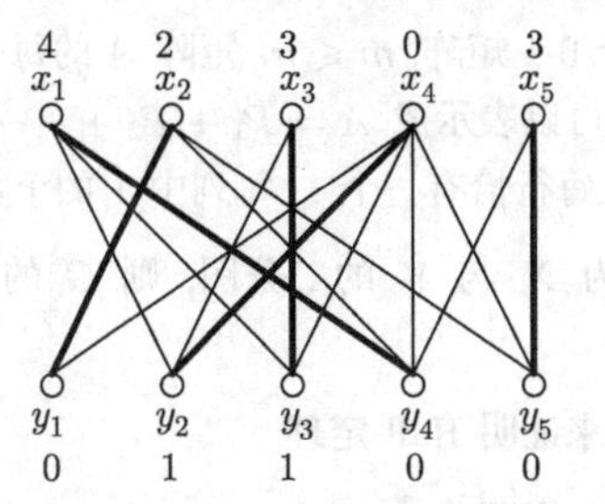

图 5.21　修改后的顶标与相等子图

Kuhn-Munkreas 算法中的以下结论, 我们将留作习题 19 和习题 20:

(1) 为什么修改后的顶标 $\hat{l}$ 仍然是可行顶标?

(2) 为什么经过多次迭代后, Kuhn-Munkreas 算法最终一定能够找到一个可行顶标, 其对应的相等子图有完备匹配?

习　题

1. 求 K_{2n} 与 $K_{n,n}$ 中不同的完备匹配的个数.

2. 证明: 树至多有一个完备匹配.

3. 对于 $k > 1$, 给出没有完备匹配的 k 次正则图的例子.

4. 两个人在图 G 上博弈, 交替选择不同的顶点 $v_0, v_1, v_2, \cdots$, 使得当 $i > 0$ 时, v_i 与 v_{i-1} 相邻, 直到不能选到顶点为止, 谁最后能选到一个顶点谁赢. 证明: 第一个选顶点的人有必胜的策略, 当且仅当 G 中无完备匹配, 并给出一个必胜的策略.

5. G 的一个 k 度因子是指 G 的一个 k 次正则生成子图. G 的 k 度因子分解是将 G 分解成一些无公共边的 k 度因子之并, 即 $\bigcup_{i+1}^{n} H_i$, 其中 $H_i (1 \leqslant i \leqslant n)$ 是 G 的 k 度因子. 证明:

   (1) K_{2n} 与 $K_{n,n}$ 是可 1 度因子分解的;

   (2) Petersen 图是不能 1 度因子分解的.

6. 证明: 8×8 的正方形去除对角上的两个 1×1 的小正方形后, 不能用 1×2 的长方形覆盖.

7. 证明: 二分图 G 有完备匹配的充要条件是, 对任何 $S \subseteq V(G)$, 都满足 $|N(S)| \geqslant |S|$. 这个命题对一般图成立吗?

8. 对于 $k > 0$, 证明:

   (1) 每个 k 次正则二分图都是可以 1 度因子分解的;

   (2) 每个 $2k$ 次正则图都是可以 2 度因子分解的.

9. 矩阵的一行或一列称为矩阵的一条线. 证明: 0-1 矩阵中包含所有 1 所需的最少线数等于没有两个 1 在同一条线上的 1 的最大个数.

10. 设 $A=(a_{ij})_{m\times n}$ 是一个 0-1 矩阵, $m\leqslant n$. 矩阵 A 的每一行都有 k 个 1, 而每一列 1 的个数不超过 k 个, 则 A 可以表示成 $A=P_1+P_2+\cdots+P_k$, 其中 $P_i(1\leqslant i\leqslant k)$ 也是 $m\times n$ 阶 0-1 矩阵, 而且每行恰有一个 1, 每列中 1 的个数不超过一个.

11. 设 G 是顶点集合划分为 X 与 Y 的二分图, 则 G 的最大匹配中的边数等于 $|X|-\max_{S\subset X}(|S|-|N(S)|)$.

12. 用 König-Egerváry 定理来证明 Hall 定理.

13. 用 Tutte 定理来证明 Hall 定理.

14. 证明: 若 G 是 $k-1$ 边连通的 k 次正则图, 且 $\nu(G)$ 是偶数, 则 G 有完备匹配.

15. 证明: 树 T 有完备匹配, 当且仅当对任意 $v\in V(T)$, 都有 $o(T-v)=1$.

16. 由 a,b,c,d,e,f 六个人组成检查团, 检查 5 个单位的工作. 若某单位与某人有过工作联系, 则不能选派此人到该单位去检查工作. 已知第一单位与 b,c,d 有过联系, 第二单位与 a,e,f, 第三单位与 a,b,e,f, 第四单位与 a,b,d,f, 第五单位与 a,b,c 有过联系, 请列出去各个单位进行检查的人员名单.

17. 设有四个人 A,B,C,D, 有四份工作 a,b,c,d, 每个人做某份工作的效率如下面的矩阵所示, 试求最佳的工作分配方案.

$$\begin{array}{c} \\ A\\ B\\ C\\ D\end{array}\begin{array}{c}\begin{array}{cccc} a & b & c & d\end{array}\\ \begin{pmatrix} 99 & 6 & 59 & 73\\ 79 & 15 & 93 & 87\\ 67 & 93 & 13 & 81\\ 16 & 79 & 86 & 26\end{pmatrix}\end{array}.$$

18. 从 8×8 的棋盘上选 16 个格子, 其中每行每列选两个格子. 证明: 可以将 8 个白子、8 个黑子放在所选的格子上, 使每行每列恰有一个白子、一个黑子.

19. 证明: Kuhn-Munkreas 算法中修改顶标后, $\hat{l}$ 仍然是可行顶标.

20. Kuhn-Munkreas 算法中修改顶标后, 由可行顶标 $\hat{l}$ 得到相等子图 $G_{\hat{l}}$. 证明: 在算法的第 (3) 步, 在 $G_{\hat{l}}$ 上找到的顶点子集 “T” 包含了在 G_l 上找到的顶点子集 “T”, 且至少多一个顶点. 由此可知, Kuhn-Munkreas 算法最终能够找到某个相等子图, 该相等子图有完备匹配, 从而说明 Kuhn-Munkreas 算法的正确性.

第 6 章　Euler 图与 Hamilton 图

本章介绍两类特殊的图: Euler 图与 Hamilton 图, 其中 Euler 图由 Königsberg 七桥问题引出, 而 Hamilton 图则源于十二面体上的周游世界游戏.

6.1　Euler 图

我们首先回顾一下绪论中提到的 Königsberg 七桥问题: 能否从某处出发, 经过每座桥一次且仅一次, 再回到原出发点? 参见图 6.1(a). 我们将其抽象成从图 6.1(b) 中某个点出发, 经过每条边一次且仅一次, 再回到出发点, 是否可能? 瑞士数学家 Euler 关于七桥问题的研究被公认为是图论领域的起源. 本节将介绍这一研究成果.

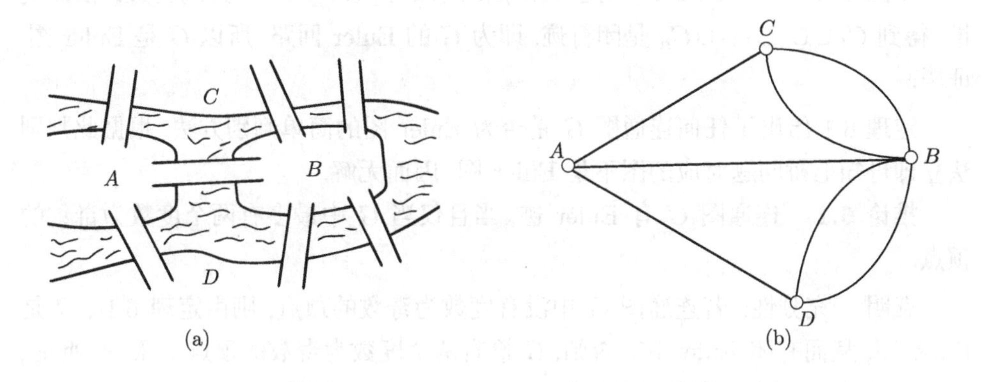

图 6.1　Königsberg 七桥

定义 6.1　经过图 G 每条边的行迹称为 **Euler 迹**; 经过图 G 每条边的闭行迹称为 **Euler 回路**. 如果图 G 含有 Euler 回路, 则称 G 为 **Euler 图**.

由 Euler 图的定义, Königsberg 七桥问题可叙述为: 图 6.1(b) 是不是 Euler 图? 对此, Euler 做出了否定的回答. 事实上, Euler 研究了更一般的情况, 给出了任意一个图是否为 Euler 图的判定条件.

定理 6.1　设 G 是连通图, 则下面三个命题等价:

(1) G 是 Euler 图;

(2) G 的每个顶点的度数都是偶数;

(3) G 可以表示成无公共边的圈之并.

证明　只需证明 (1) $\Rightarrow$ (2) $\Rightarrow$ (3) $\Rightarrow$ (1).

(1) $\Rightarrow$ (2): 设 W 是图 G 的 Euler 回路, 则每个顶点 v 都在回路 W 上出现. v 在 W 上每出现一次, 就有两条与之关联的边出现. 因为 Euler 回路包含 G 的所有边, 所以若 v 在 W 上出现 k 次, 则有 $\deg(v) = 2k$, 为偶数.

(2) $\Rightarrow$ (3): 如果连通图 G 的每个顶点度数都是偶数, 则 G 不是树 (因为树有 1 度顶点), G 含圈. 设 C_1 是 G 中的圈, 考虑 $G_1 = G - E(C_1)$. 若 G_1 没有边, 则 $G = C_1$. 否则, G_1 中存在一个连通片 G_1', G_1' 中每个顶点的度数都是正的偶数, 因而 G_1' 上有圈 C_2, 考虑 $G_2 = G - E(C_1) - E(C_2)$. 依此类推, 有限次以后得到无边图 G_n, $G_n = G - \bigcup_{i=1}^{n} E(C_i)$, 且 $E(C_i) \cap E(C_j) = \varnothing, i \neq j$, 即 G 是无公共边的圈之并.

(3) $\Rightarrow$ (1): 若 G 是无公共边的圈之并, 设 $G = \bigcup_{i=1}^{n} C_i$, $E(C_i) \cap E(C_j) = \varnothing$, $i \neq j$. 若 $n = 1$, 则 G 显然是 Euler 图. 若 $n \geqslant 2$, 由 G 的连通性, 存在两个有公共顶点的圈, 不妨设为 C_1 和 C_2, 则 $C_1 \cup C_2$ 是闭行迹. 再由 G 的连通性, 还存在一个圈 C_3, C_3 与 $C_1 \cup C_2$ 有公共顶点, 所以 $C_1 \cup C_2 \cup C_3$ 是闭行迹. 依此类推, 得到 $C_1 \cup C_2 \cup \cdots \cup C_n$ 是闭行迹, 即为 G 的 Euler 回路, 所以 G 是 Euler 图. 证毕.

定理 6.1 给出了任何连通图 G 是否为 Euler 图的简单判别方法, 根据此判别法立即可知七桥问题对应的图不是 Euler 图, 因而无解.

推论 6.1　连通图 G 有 Euler 迹, 当且仅当 G 中最多有两个度数为奇数的顶点.

证明　充分性: 若连通图 G 中没有度数为奇数的顶点, 则由定理 6.1 , G 是 Euler 图, 从而有闭 Euler 迹. 否则, G 恰有两个度数为奇数的顶点 u 和 v. 此时, $G + uv$ 的每个顶点的度数都是偶数, $G + uv$ 有 Euler 回路 C, $C - uv$ 就是 G 的 Euler 迹.

必要性: 设 G 有 Euler 迹 W. 若 W 是闭行迹, 则 W 是 G 的 Euler 回路, 由定理 6.1 知, G 中没有度数为奇数的顶点; 若 W 不是闭行迹, 则连接 W 的起点 u 和终点 v, 所得新图 $G + uv$ 是 Euler 图, 每个顶点度数都是偶数, 因此在 G 中 u 和 v 的度数为奇数, 而其他顶点度数都是偶数. 定理得证. 证毕.

利用上述的定理和推论, 我们可以判断是否可以不离开纸面, 一笔将一个图画出来, 即可以一次性行遍其所有的边. 例如, 图 6.2(a) 和 (b) 是 Euler 图, 可以一笔画出; 尽管图 6.2(c) 不是 Euler 图, 但仅有两个顶点 u 和 v 的度数为奇数, 因而也可以一笔画出. 而图 6.2(d) 有 4 个度数为 3 的顶点, 既不是 Euler 图, 也没有 Euler 迹, 所以不可以一笔画出.

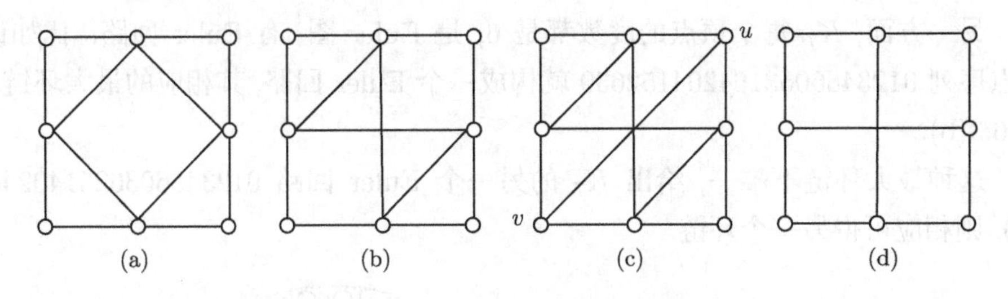

图 6.2 可否一笔画出示例

关于 Euler 图, 虽然解决了判定问题, 但是尚有一些理论问题没有解决. 例如, Euler 图能表示成无公共边的圈之并, 对于任意给定的 Euler 图, 它能表示成多少个圈的并? 对于平面 Euler 图 G 来说, 由于 $\varepsilon(G) \leqslant 3\nu(G) - 6$, 而每个圈至少三条边, 故 G 至多是 $\frac{1}{3}(3\nu(G)-6) = \nu(G) - 2$ 个无公共边的圈的并. 但对于非平面 Euler 图来说, 是不是也可以表示成不超过 $\nu(G) - 2$ 个无公共边的圈的并呢? 此问题至今无人证明或者反驳.

类似于定理 6.1 , 关于有向 Euler 图有定理 6.2. 其证明也类似于定理 6.1.

定理 6.2 设 D 是有向图, 且略去 D 中边的方向后, 对应的无向图连通, 则下面三个命题等价:

(1) D 是 Euler 图;

(2) $\forall v \in V(D)$, $\deg^+(v) = \deg^-(v)$;

(3) D 可以表示成无公共边的有向圈之并.

推论 6.2 连通有向图 D 有 Euler 有向迹但不是有向 Euler 图, 当且仅当 D 中恰有两个度数为奇数的顶点, 其中一个顶点入度比出度大 1, 另一个的出度比入度大 1, 其余顶点的入度均等于出度.

6.1.1 Euler 图的应用

例 6.1 多米诺骨牌环链游戏. 多米诺骨牌是由两块相同大小的正方形构成的一个矩形块, 每个正方形上刻有 0 个, 或 1 个, $\cdots$, 或 6 个, 7 种不同的点数. 每张骨牌的两个正方形上刻的点数不同. 试构造最大的骨牌环链, 使得其上每两个相邻的骨牌靠近的点数一样, 且骨牌两两相异.

解 以 $\{0,1,2,3,4,5,6\}$ 为顶点集合构造完全图 K_7, 如图 6.3(a) 所示, 可把 K_7 的每条边视为一张多米诺骨牌, 边的端点就是骨牌上的两个相异的“点数”.

于是可知不同的骨牌共有 $\frac{1}{2}\times 7\times 6=21$ 种, 也就是 K_7 的边数, 可见最大骨牌环链上的骨牌个数不超过 21 个.

另一方面, K_7 每个顶点的度数都是 6, 是 Euler 图, 有 Euler 回路. 比如说, 顶点序列 0123456053164204152630 就构成一个 Euler 回路, 其相应的最大环链如图 6.3(b).

这种最大环链不唯一, 给出 K_7 的另一个 Euler 回路 0123456036251402461350, 则相应可得另一个环链.

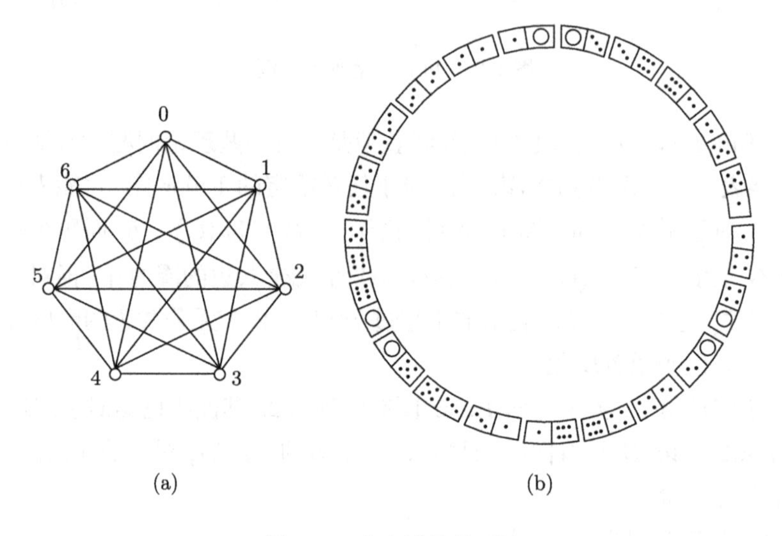

(a)　　　　(b)

图 6.3　多米诺骨牌环链

例 6.2　凸 n 边形及其 $n-3$ 条不相交的对角线组成的图形称为凸 n 边形的一个剖分图. 求证: 当且仅当 $3|n$ 时, 凸 n 边形存在一个剖分图是 Euler 图.

证明　首先证明剖分图作为平面图的平面嵌入, 每个有界面是三角形.

对 n 用数学归纳法证明. 当 $n=3$ 时, 命题显然成立. 假设 $3\leqslant n\leqslant k(k\geqslant 3)$ 时, 命题成立. 考虑 $n=k+1$ 的情形. 设凸 $k+1$ 多边形 P 的顶点依次为 $A_1,A_2,\cdots,A_{k+1}$. 对 P 进行剖分时, 假设 A_1A_i 是其一条对角线, A_1A_i 将 P 分成一个凸 i 边形 $P_1=A_1A_2\cdots A_iA_1$ 和一个凸 $k+3-i$ 边形 $P_2=A_1A_iA_{i+1}\cdots A_{k+1}A_1$. 由归纳假设知, P_1 的 $i-3$ 条不相交的对角线将其剖分成三角形, P_2 的 $(k-i+3)-3=k-i$ 条不相交的对角线也将其剖分成三角形. P_1 与 P_2 的对角线加上 A_1A_i 共 $k+1-3$ 条对角线将 P 剖分成三角形. 所以凸 $n=k+1$ 边形的剖分图的每个有界面也都是三角形, 命题得证.

下面证明充分性, 即已知 $3|n$, 证明存在凸 n 边形的剖分图 G, 它的每个顶点

的度数都是偶数 (G 的连通性显然), 也用数学归纳法证明.

当 $n=3$ 时, 命题显然成立. 假设当 $3\leqslant n\leqslant 3k$ 且 $3|n$ 时, 命题成立. 取一个凸 $n=3k$ 多边形 P, 由归纳假设, P 存在剖分图, 其每个顶点的度数都是偶数, 我们将 P 拓展成一个凸 $3k+3$ 边形 P', 且构造 P' 的一个剖分, 使得其每个顶点的度数都是偶数. 设在 P 的每个顶点度数都是偶数的剖分中, $\triangle ABC$ 是该剖分图的一个三角形, 且 AC, BC 是 P 上的邻边. 增加三条边把折线 ACB 变成 $AC'EDC''B$ 使 P 变成凸 $3k+3$ 边形 P', 如图 6.4(a) 所示. 再连接 BC', BD 与 $C'D$, 得到 P' 的剖分图, 且每个顶点度数都是偶数. 事实上, $\deg(A)$ 不变, $\deg(C')=\deg(D)=4$, $\deg(E)=\deg(C'')=2$, $\deg(B)$ 增加 2. 所以存在凸 $n=3k+3$ 边形的剖分图是 Euler 图.

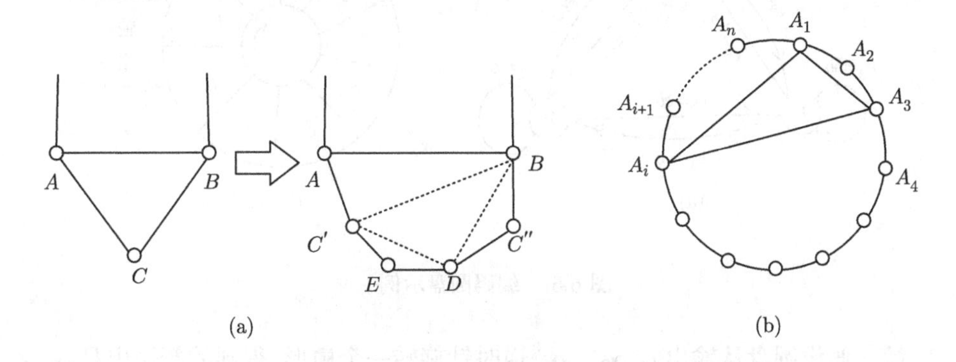

图 6.4 凸 n 边形三角剖分

最后证明必要性, 仍使用数学归纳法.

最小的凸多边形是三边形, 而且本身就是剖分图, 且是 Euler 图, 这时 $n=3$ 被 3 整除, 命题成立. 可以验证, $n=4$ 和 5 时, 都不存在一个部分图是 Euler 图. 假设 $3\leqslant n<3k(k>2)$ 时命题成立, 即若凸 n 边形存在每个顶点都是偶度顶点的剖分图, 则有 $3|n$. 考虑 $3k\leqslant n<3k+3$ 的情形, 记凸 n 边形为 $A_1A_2\cdots A_{n-1}A_n$, 它有一个剖分图是 Euler 图, 不妨设 A_1A_3 是此剖分图的一条对角线, 见图 6.4(b). A_1A_3 不仅是 $\triangle A_1A_2A_3$ 的一条边, 也是另一个三角形 $A_1A_3A_i(4\leqslant i\leqslant n)$ 的一条边. 因为剖分图的每个顶点度数都是偶数, 所以 $i\neq 4$ 或 n. 事实上, 若 $i=4$, 则 $\deg(A_3)=3$; 若 $i=n$, 则 $\deg(A_1)=3$, 与所有顶点度数为偶数矛盾. 因此 $4<i<n$.

因为在此剖分图中, 凸多边形 $A_3A_4\cdots A_i$ 与 $A_iA_{i+1}\cdots A_nA_1$ 对应的两个子剖分图的每个顶点都是偶度顶点, 它们的顶点数分别是 $i-2$ 和 $n-i+2$, 由归纳假设, $3|(i-2)$, 且 $3|(n-i+2)$, 因此, $3|[(i-2)+(n-i+2)]$, 即 $3|n$, 命题得证.

在本节最后讨论一下有向 Euler 图在计算机译码方面的应用.

例 6.3 一个圆盘等分成 m^n 个扇形, 每个扇形表示 $S=\{a_1,\cdots,a_m\}$ 中的一个符号, 连续 n 个扇形表示一个长为 n 的符号串, 参见图 6.5(b) 所示的输出部分. 圆盘每按逆时针转动一个扇形, 输出部分就对应一个新的符号串. 如何将 m^n 个字符 (m^{n-1} 个 a_1, m^{n-1} 个 a_2, $\cdots$, m^{n-1} 个 a_m) 放到这样的圆盘上, 使圆盘转动一周恰好得到 m^n 个各不相同的符号串?

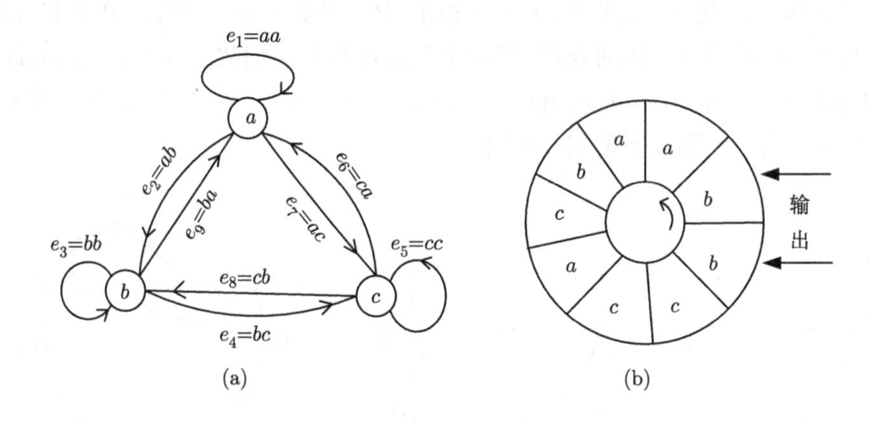

图 6.5 编码圆盘示例一

解 假设圆盘从输出 $\alpha_1\alpha_2\cdots\alpha_n$ 逆时针旋转一个扇形, 得到的新输出是 $\alpha_2\cdots\alpha_n\alpha_{n+1}$, 这两个输出有 $n-1$ 个字符相同. 我们用 m^{n-1} 个顶点分别表示 m^{n-1} 个长为 $n-1$ 的字符串. 若一个长为 $n-1$ 的字符串, 其后 $n-2$ 个字符构成的子串是另一个字符串的前 $n-2$ 个字符构成的子串, 则从前者向后者连一条有向边, 即构造有向图 $D=(V,E)$ 如下:

$$V=\{\alpha_1\alpha_2\cdots\alpha_{n-1}|\alpha_i\in S,1\leqslant i\leqslant n-1\},$$

$$E=\{\alpha_1\alpha_2\cdots\alpha_{n-1}\alpha_n=(\alpha_1\alpha_2\cdots\alpha_{n-1},\alpha_2\cdots\alpha_{n-1}\alpha_n)\\ |\alpha_i\in S,1\leqslant i\leqslant n\},$$

由 D 的构造可知, 每个顶点 $\alpha_{i_1}\alpha_{i_2}\cdots\alpha_{i_{n-1}}$ 邻接到 m 个顶点: $\alpha_{i_2}\cdots\alpha_{i_{n-1}}\alpha_r$, 其中 α_r 可取值为 $a_1,a_2,\cdots,a_m$; 同时也邻接于 m 个顶点: $\alpha_q\alpha_{i_1}\alpha_{i_2}\cdots\alpha_{i_{n-1}}$, 其中 $\alpha_q=a_1,a_2,\cdots,a_m$.

显然 D 连通, 每个顶点的入度等于出度, 为 m, 所以 D 是有 m^{n-1} 个顶点, m^n 条边的有向 Euler 图, 存在 Euler 回路. 设 $C=e_1e_2\cdots e_{m^n}$ 是 D 的一条 Euler 回路, 取 C 中各边的最后一个字母, 按边在 C 中的顺序依次放在圆盘上. 这样,

圆盘上连续的 n 个字符就对应于图 D 中的一条边, 在圆盘上转一圈, 对应于 D 中所有的边, 可以产生 m^n 个长为 n 的各不相同的符号串. 例如, 取 $S=\{a,b,c\}$, $n=2$, 则 $D=(V,E)$ 中, $V=\{a,b,c\}$, $E=\{aa,ab,ac,ba,bb,bc,ca,cb,cc\}$, 参见图 6.5(a). $C=e_1e_2e_3e_4e_5e_6e_7e_8e_9$ 为 D 的一条 Euler 回路, 取出 C 中各边最后一位上的字符按顺序放在圆盘上, 参见图 6.5(b). 圆盘每转动一格, 输出一个长为 2 的符号串. 转动一圈后, 输出 9 个字符串 $bb,bc,cc,ca,ac,cb,ba,aa,ab$.

再举一个例子. $S=\{0,1\}$, $n=3$, 则 $D=(V,E)$ 中, $V=\{00,01,10,11\}$, $E=\{000,001,\cdots,111\}$, 参见图 6.6(a). $C=e_1e_2e_3e_4e_5e_6e_7e_8$ 为 D 的一条 Euler 回路, 对应的圆盘设计参见图 6.6(b). 圆盘转动一圈, 输出的长为 3 的字符串依次为 $011,111,110,101,010,100,000,001$.

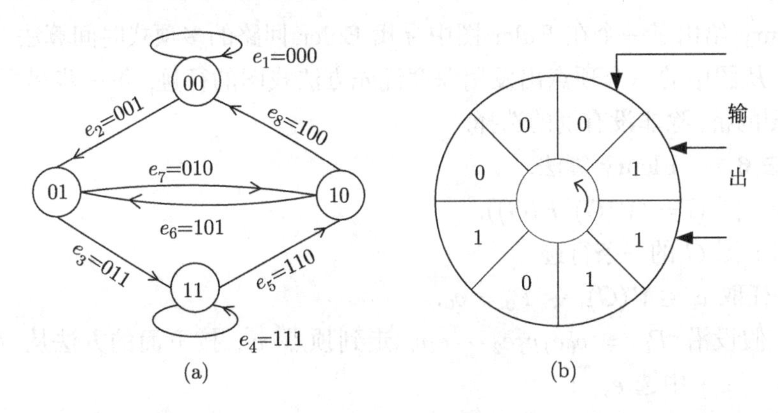

图 6.6 编码圆盘示例二

6.1.2 Euler 回路算法

由定理 6.1 , 我们可以较简单地判断一个图是否 Euler 图. 但对于规模大的 Euler 图来说, 找出一条 Euler 回路并不是一件简单的事. 如图 6.7 所示的 Euler 图, 如果从 v_0 出发, 沿 e_1 到达 v_1 后, 随机选一条边, 继续下去很可能找不到一条 Euler 回路. 例如, 选择 e_2 到达 v_2, 就不可能找到 Euler 回路, 因为再也不能遍历 v_1 左边 K_5 的边, 原因就是 e_2 是 $G-e_1$ 的桥, 到达 v_1 的右边后就不能再回到左边. 这时就需要退回去再重新寻找. 因此, 在许多大规模的应用中需要借助算法来寻找 Euler 回路. 目前常用的算法有 Fleury 算法和逐步插入回路法. 本节以求无向 Euler 图的 Euler 回路为例, 介绍这两种算法.

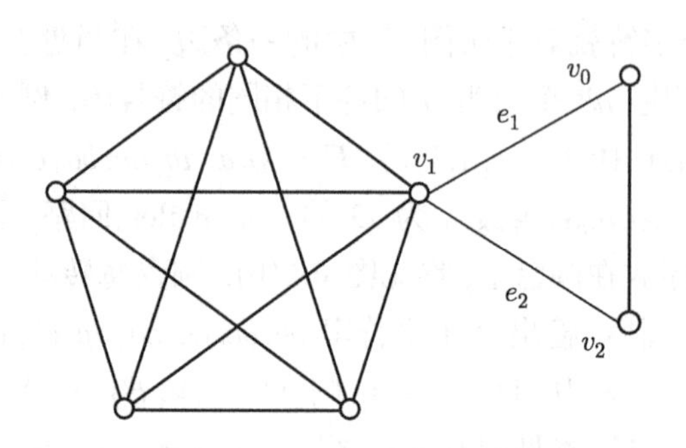

图 6.7 找 Euler 回路示例

1. Fleury 算法

Fleury 给出了一个在 Euler 图中寻找 Euler 回路的多项式时间算法. 其基本思想是, 从图中的一个顶点出发用深度优先方法找图的行迹, 每一步尽可能不使用剩余图的桥, 除非没有别的选择.

算法 6.1 Fleury 算法.

输入: 图 $G=(V(G),E(G))$.

输出: 图 G 的一条行迹.

(1) 任取 $v_0 \in V(G)$, 令 $P_0=v_0$.

(2) 假设沿 $P_i = v_0e_1v_1e_2\cdots e_iv_i$ 走到顶点 v_i, 按下面的方法从 $E(G)-\{e_1,e_2,\cdots,e_i\}$ 中选 e_{i+1}:

(2.a) e_{i+1} 与 v_i 关联;

(2.b) 除非无边可选, 否则 e_{i+1} 不选 $G_i=G-\{e_1,e_2,\cdots,e_i\}$ 的桥.

若选不到这样的 e_{i+1}, 则算法停止.

(3) 设 v_{i+1} 是 e_{i+1} 关联的另一个顶点, 令 $P_{i+1}=v_0e_1v_1e_2\cdots e_iv_ie_{i+1}v_{i+1}$, $i \leftarrow i+1$, 转 (2).

在 Fleury 算法的第 (2.b) 步, 需要判断 e_{i+1} 是否为 G_i 的桥, 而且要选一条与 v_i 关联且不是 G_i 的桥的边, 这一步在最坏情况下时间复杂度为 $O(\varepsilon(G)\times\deg(v_i))$, 所以 Fleury 算法的时间复杂度为 $O(\varepsilon^2(G)\times\nu(G))$, 是有效算法.

下面的定理说明 Fleury 算法是正确的.

定理 6.3 设 G 是无向 Euler 图, 则 Fleury 算法终止时得到的行迹是 Euler 回路.

证明 设算法终止时得到的道路为 $P_m=v_0e_1v_1e_2\cdots e_mv_m$, 显然 P_m 是边不重复的, 因而是行迹. 下面证明 P_m 是回路, 并且经过 G 中所有的边.

(1) 证明 P_m 是回路.

算法终止时, 说明 G_m 中已经没有边与 v_m 关联, 又因为 G 是 Euler 图, 没有度数为奇数的顶点, 所以必有 $v_m = v_0$, 说明 P_m 是回路, 且 $\deg_{G_m}(v_0) = \deg_{G_m}(v_m) = 0$.

(2) 证明 P_m 经过 G 中所有的边.

用反证法证明. 假设 P_m 不是 Euler 回路, 即 $\{e_1, e_2, \cdots, e_m\} \neq E(G)$. 令 $S = \{v|v \in V(P_m)$ 且 $\deg_{G_m}(v) > 0\}$, $\bar{S} = V(P_m) - S$. 因为 $\deg_{G_m}(v_0) = \deg_{G_m}(v_m) = 0$, 所以 $v_0 = v_m \in \bar{S}$, 又因为 P_m 不是 Euler 回路, 所以 $S \neq \varnothing$. 设 r 是使得 $v_r \in S$ 且 $v_{r+1} \in \bar{S}$ 的最大整数, 即 v_r 之后的顶点 $v_{r+1}, v_{r+2}, \cdots, v_m$ 均属于 $\bar{S}$. 因为 P_m 终止于 $\bar{S}$, 所以 e_{r+1} 是 G_r 中 S 与 $\bar{S}$ 之间仅有的一条边, 也就是 G_r 的桥 (图 6.8).

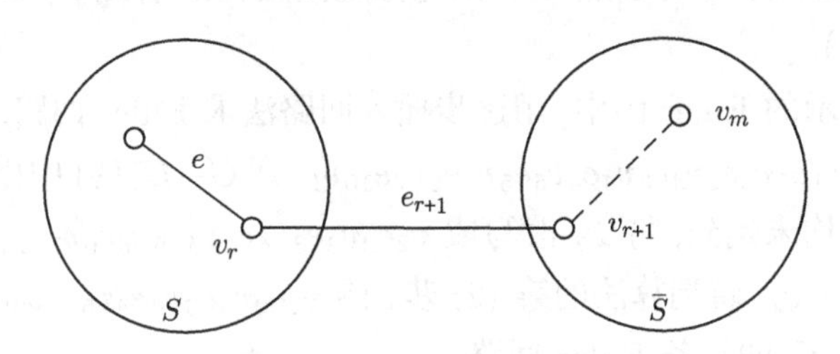

图 6.8 Fleury 算法正确性证明示意图

设 e 是 G_r 中和 v_r 关联的另外一条边, 则由算法的第 (2) 步知, e 也是 G_r 的桥 (因为选了 e_{r+1}, 而没有选 e), 因而也是顶点导出子图 $G_r[S]$ 的桥. 但是因为 v_r 之后的顶点 $v_{r+1}, v_{r+2}, \cdots, v_m \in \bar{S}$, 所以 $G_r[S] = G_m[S]$, 故 $G_r[S]$ 中每个顶点的度数都是偶数, $G_r[S]$ 中没有桥, 矛盾. 所以, P_m 是 Euler 回路. 证毕.

根据 Fleury 算法, 求图 6.7 的 Euler 回路时, 从 v_0 到达 v_1 时, 选择除了 e_2 以外的任意一条边即可继续下去, 再往下走始终注意尽量不选桥, 就可以走出一条 Euler 回路.

2. *逐步插入回路法*

设 C 是 Euler 图 G 的任意一条简单回路, 则 $G - E(C)$ 中所有顶点的度数仍然是偶数. 因此, 若 $E(G) - E(C) \neq \varnothing$, 则 $G - E(C)$ 中含有边的各连通片都是 Euler 图, 因而都有 Euler 回路, 将这些回路逐步插入 C 中, 即形成 G 的 Euler 回路, 这就是逐步插入回路法. 算法描述如下.

算法 6.2 逐步插入回路算法.

输入: Euler 图 $G = (V(G), E(G))$.

输出: 图 G 的一条 Euler 回路.

(1) $i \leftarrow 0$, $v^* = v_1$, $v = v_1$, $P_0 = v_1$, $G_0 = G$.

(2) 在 G_i 中取与 v 关联的任意一条边 $e = vv'$, 将 e 及 v' 加入 P_i 中得到 $P_{i+1} = P_i e v'$.

(3) 若 $v' = v^*$, 转 (4); 否则 $i \leftarrow i+1$, $v \leftarrow v'$, 转 (2).

(4) 若 $E(P_{i+1}) = E(G)$, 停止; 否则, 令 $G_{i+1} = G - E(P_{i+1})$, 在 G_{i+1} 中任取一条与 P_{i+1} 中某顶点 v_k 关联的边 e, 先将 P_{i+1} 改写成起点 (终点) 为 v_k 的简单回路, 再置 $v^* = v_k$, $v = v_k$, 转 (2).

逐步插入回路法的正确性用到了定理 6.1 证明过程中 (3) ⇒ (1) 的证明. 由于插入回路法在第 (2) 步选边时不需要判断是否是桥, 但是在第 (4) 步, 需要在 G_{i+1} 中找到度数大于零的顶点 v_k, 在优化数据结构的前提下, 其时间复杂度为 $O(\varepsilon(G) + \nu^2(G))$.

在图 6.9 所示的 Euler 图中, 用逐步插入回路法求 Euler 回路. 若已找到始于 v_1 的回路 $P_7 = v_1e_1v_2e_2v_3e_3v_4e_4v_5e_5v_6e_6v_7e_{10}v_1$, 则 $G-E(P_7)$ 中以 v_2, v_4, v_7 为顶点的 K_3 中的边均未走到, 将 P_7 改写成 $v_2e_2v_3e_3v_4e_4v_5e_5v_6e_6v_7e_{10}v_1e_1v_2$, 在 $G - E(P_7)$ 中, 令 $v = v_2$, 转到算法的第 (2) 步, 得 $v_2e_2v_3e_3v_4e_4v_5e_5v_6e_6v_7e_{10}v_1e_1v_2e_9v_7e_7v_4e_8v_2$, 这是 G 的一条 Euler 回路.

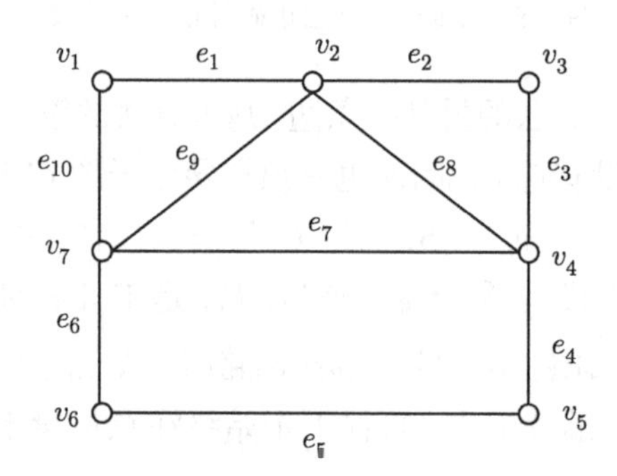

图 6.9 逐步插入回路算法示例

6.2 中国邮递员问题

6.2.1 问题的提出

中国邮递员问题 (Chinese postman problem) 也称中国邮路问题, 是我国数学家管梅谷 1960 年首次提出的, 引起了世界很多数学家的关注. 这个问题的实际模型是: 一位邮递员从邮局出发去投递信件, 他必须经过由他负责投递的每条街道至少一次, 最后返回邮局, 为这位邮递员设计一条最短投递线路.

为该问题建立图论模型: 构造无向加权图 $G=(V,E,w)$, E 为街道集合, V 中的元素是街道的交叉点, 街道的长度为该街道对应的边的权, 显然所有权均为正数. 这样, 邮递员问题就变成了求 G 中一条经过每条边至少一次的回路 C, 使该回路的权 $\sum_{e\in E(C)} w(e)$ 最小, 且称满足以上条件的回路是**最优投递路线**.

6.2.2 最优投递路线算法

如果 G 是 Euler 图, 则最优投递路线就是 G 中的任意一条 Euler 回路. 若 G 不是 Euler 图 (不妨设 G 是连通图), 最优投递路线必然有重复边出现, 而且重复边权之和达到最小, 也就是说, 最优投递路线是原图 G 加上重复边所得的 Euler 图的一条 Euler 回路. 所以问题转化为: 在 G 中添加重复边使得重复边权之和最小且所得图是 Euler 图. 具体来说, G 不是 Euler 图, 则 G 必有偶数个度数为奇数的顶点. 为了消去度数为奇数的顶点, 必须加与这些顶点关联的边. 基于此, 1973 年匈牙利数学家 J. Edmonds 和 E. L. Johnson 给出了中国邮递员问题的有效算法, 此算法的时间复杂度为 $O(\nu^4(G))$.

算法 6.3 Edmonds-Johnson 算法.

输入: 加权图 $G=(V(G),E(G),w(G))$.

输出: 图 G 的一条最优投递路线.

(1) 若 G 中没有奇度顶点, 令 $G^*=G$, 转 (2), 否则求出 G 中度数为奇数的顶点集合 $V_o=\{v|v\in V(G),\deg(v)\equiv 1(\mathrm{mod}2)\}$, 转 (3);

(2) 求 G^* 中的 Euler 回路, 停止;

(3) 对 V_o 中的每对顶点 u 和 v, 用 Dijkstra 算法求出其在 G 中的最短距离 $\mathrm{dist}_G(u,v)$ 以及最短路径;

(4) 以 V_o 为顶点集合构造加权完全图 $K_{|V_o|}$, 每条边 uv 的权为 $\mathrm{dist}_G(u,v)$;

(5) 求加权完全图 $K_{|V_o|}$ 的总权最小的完备匹配 M;

(6) 针对第 (5) 步求得的最小完备匹配中的每条边, 给出其两个端点, 将这两个端点在 G 中的最短路径上的每条边重复一遍, 得到 Euler 图 G^*, 转 (2).

注 在第 (5) 步中, 求加权图总权最小完备匹配已有复杂度为 $O(\nu^4(G))$ 的算法. Edmonds-Johnson 算法的时间复杂度为 $O(\nu^4(G))$.

例 6.4 求图 6.10(a) 所示图 G 的最优投递路线.

解 ① 图 G 的奇度顶点集合 $V_o=\{v_1,v_2,v_3,v_4\}$, $|V_o|=4$. ② 用 Dijkstra

算法求出 V_o 中每个顶点对的距离, 同时也求出了对应的最短路径:

$$\operatorname{dist}(v_1,v_2)=4,\quad \operatorname{dist}(v_1,v_3)=5,\quad \operatorname{dist}(v_1,v_4)=2,$$
$$\operatorname{dist}(v_2,v_3)=3,\quad \operatorname{dist}(v_2,v_4)=5,\quad \operatorname{dist}(v_3,v_4)=3.$$

构作加权完全图 K_4 如图 6.10(b) 所示. 该 K_4 中总权最小的完备匹配是 $M=\{v_1v_4,v_2v_3\}$. 在 G 中把 v_1 与 v_4 之间的最短路径 $P(v_1,v_4)=v_1u_1v_4$, 和 v_2 与 v_3 之间的最短路径 $P(v_2,v_3)=v_2u_4v_3$ 上的边重复一次得 Euler 图 G^*, 如图 6.10(c) 所示. 在 G^* 上用 Fleury 算法求得一条 Euler 回路 C 即为所求的最优投递路线, $w(C)=48$.

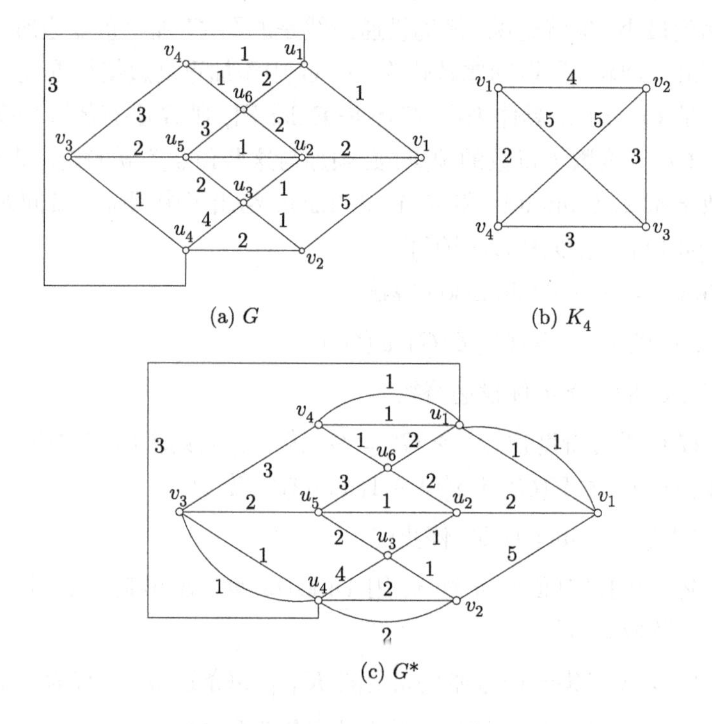

图 6.10　Edmonds-Johnson 算法示例

6.3 Hamilton 图

6.3.1 Hamilton 图的定义

1856 年 Willian Hamilton 提出一个问题: 能否在正十二面体图 (图 6.11) 上求一个圈, 使它含图中所有顶点? 如果将每个顶点看作一个城市, 连接两顶点之间的边看作两城市之间的交通线, Hamilton 提出的问题就成为著名的“周游世界问题”. 按照图 6.11 中所给城市的编号就能得到所要求的圈.

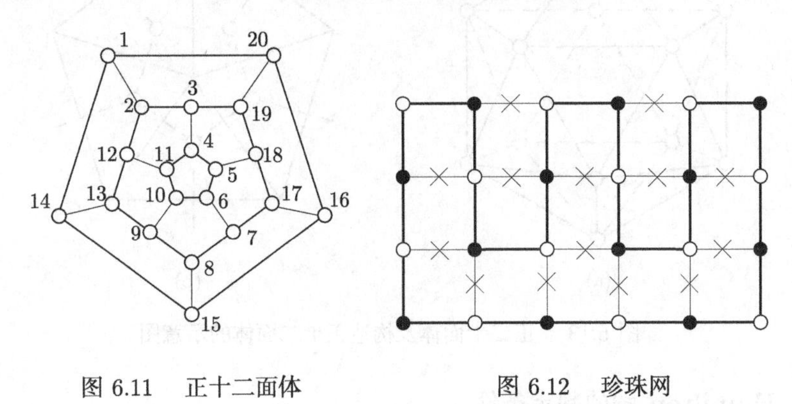

图 6.11 正十二面体　　图 6.12 珍珠网

定义 6.2 经过图 G 每个顶点的轨道称为 **Hamilton 轨道**; 经过图 G 每个顶点的圈称为 **Hamilton 圈**. 如果图 G 含有 Hamilton 圈, 则称这个图为 **Hamilton 图**.

规定平凡图是 Hamilton 图.

例 6.5 一个网由珍珠和连接它们的丝线组成, 珍珠排列成 n 行 m 列, 如图 6.12 所示. 是否能剪断一些丝线段得到一个由这些珍珠做成的项链?

解 如果以珍珠为顶点, 两顶点相邻当且仅当它们是同行或同列相邻的珍珠, 则此珍珠网构成一个二分图 $G=(X,E,Y)$, 图 6.12 中 $\bullet$ 构成顶点集 X, $\circ$ 构成顶点集 Y. 于是问题变成此二分图 G 是否为 Hamilton 图. 当 m 和 n 都是奇数时, mn 是奇数, 如果 G 是 Hamilton 图, 则它有一个含 mn 个顶点的 Hamilton 圈, 与二分图无奇圈矛盾, 所以此时答案为“否”. 当 m 和 n 中有偶数时, 答案为“是”. 图 6.12 中叉号 $\times$ 表示剪断, 留下的边构成 Hamilton 圈. 图 6.12 是按列数 $m(=6)$ 为偶数做的 Hamilton 圈, 如果行数是偶数, 可类似地得到 Hamilton 圈 (将图旋转 90° 即可).

例 6.6 把纸制的正二十面体剪成两块, 使每个面都被剪成了两部分, 且截痕不经过二十面体的任何顶点.

解 参见图 6.13. 由于正二十面体由 20 个正三角形的面围成, 以每个正三角形的中心为顶点, 若两个三角形面相邻, 则令对应的顶点相邻, 这样恰好组成一个正十二面体, 而正十二面体是 Hamilton 图. 设想正十二面体的每条棱由橡皮筋制成, 把各棱绷紧, 令正十二面体的棱恰与正二十面体的一条棱相交于中点, 沿如此处理过的正十二面体图的那条 Hamilton 圈剪开即可.

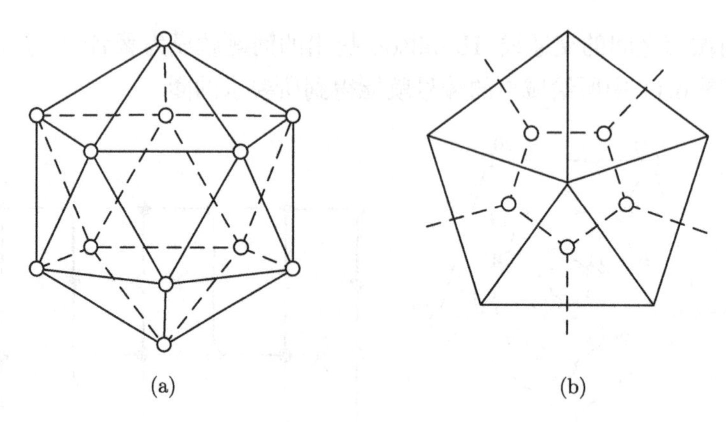

(a) (b)

图 6.13 正二十面体及构造正十二面体的示意图

6.3.2 Hamilton 图的判定条件

判断一个图是否是 Hamilton 图与判断一个图是否是 Euler 图似乎很相似, 但两者的困难程度却有着本质的不同. 目前为止还没有判断一个图是否为 Hamilton 图的有效充要条件, 这是图论和计算机科学中尚未解决的重要难题之一. 本节给出一些经典的判定 Hamilton 图的必要条件和充分条件.

定理 6.4 设 G 是 Hamilton 图, 则对 $V(G)$ 的每个非空真子集 S, 均有 $\omega(G-S) \leqslant |S|$, 其中 $\omega(\cdot)$ 是连通片个数.

证明 设 H 是 G 的 Hamilton 圈, 则对于 $V(G)$ 的每个非空真子集 S, 均有 $\omega(H-S) \leqslant |S|$. 而 $H-S$ 是 $G-S$ 的生成子图, 因此 $\omega(G-S) \leqslant \omega(H-S)$. 定理得证. 证毕.

例 6.7 图 6.14 中的图是 Hamilton 图吗?

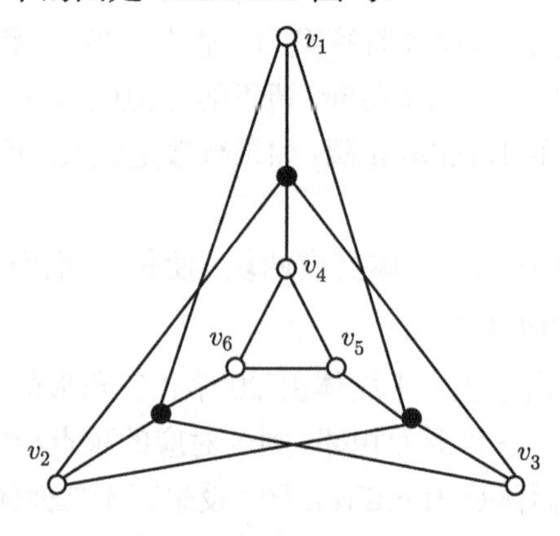

图 6.14 G

解 删去图中 • 所示的三个顶点, 剩下四个连通片: $\triangle v_4v_5v_6$ 和三个孤立点 v_1, v_2 和 v_3, 即 $|S|=3, \omega(G-S)=4$, 不满足 $\omega(G-S)\leqslant|S|$ 的条件, 所以此图不是 Hamilton 图.

由此可见, 此必要条件有时可以用来证明某些图不是 Hamilton 图, 但这个方法并不总是有效的. 例如 Petersen 图是非 Hamilton 图, 但删除任意一个顶点后是 Hamilton 图. 因此不能由这个定理推出这一结果.

例 6.8 Petersen 图不是 Hamilton 图.

解 Petersen 图 (图 6.15(a)) 是 3 次正则图, 可以画成图 6.15(b). 反证, 如果它是 Hamilton 图, 则每个顶点关联的三条边中必有一条不在 Hamilton 圈 H 上. 由 Petersen 图的对称性, 不妨设边 $12\notin E(H)$, 则有 $15,16,23,27\in E(H)$. 考虑边 8(10), 根据边 8(10) 是否在 H 上分两种情形来讨论.

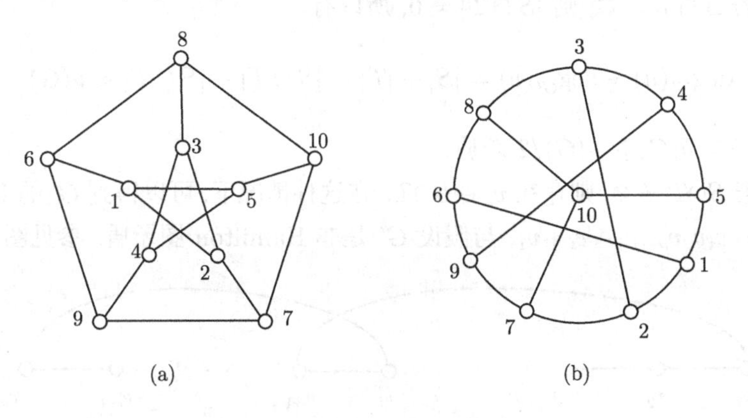

图 6.15 Petersen 图

(1) $8(10)\notin E(H)$, 则 $5(10),7(10),38,68\in E(H)$, 至此已形成一个圈 $C_1=168327(10)51$. C_1 的边都在 H 上, 而 $C_1\neq H$, 这不可能.

(2) $8(10)\in E(H)$, 则不妨设 $7(10)\notin E(H)$, 而 $5(10)\in E(H)$, 进而 $79\in E(H)$; 由于 $15,5(10)\in E(H)$, 所以 $45\notin E(H)$, 从而 $34,49\in E(H)$, 至此出现圈 $C_2=279432$. 同理, C_2 的边都在 H 上, 而 $C_2\neq H$, 也不可能. 证毕.

下面讨论图 G 是 Hamilton 图的充分条件, 只需考虑简单图. 先从 1952 年 Dirac 给出的充分条件开始讨论.

定理 6.5 (Dirac) 设 G 是简单图, 且 $\nu(G)\geqslant 3$, $\delta(G)\geqslant \nu(G)/2$, 则 G 是 Hamilton 图.

证明 用反证法. 设 G 满足定理条件, 但不是 Hamilton 图. 在 G 的基础上加一些边, 得到 G', 使得 G' 是极大的非 Hamilton 图 (也许 G 就是极大的非

Hamilton 图, 则不需要加边). 即 G' 不是 Hamilton 图, 但是任给 G' 中一对不相邻的顶点 u 和 v, $G'+uv$ 都是 Hamilton 图. 由于 G' 不是 Hamilton 图, 所以 G' 不是完全图. 设 u 和 v 是 G' 中一对不相邻的顶点. 由于 G' 是极大非 Hamilton 简单图, $G'+uv$ 是 Hamilton 图, 且 $G'+uv$ 的每一个 Hamilton 圈都必然包含边 uv, 于是在 G' 中存在起点为 $u=v_1$、终点为 $v=v_\nu$ 的 Hamilton 轨道 $P(v_1,v_\nu)=v_1(=u)v_2\cdots v_\nu(=v)$. 令

$$S=\{v_i|uv_{i+1}\in E(G')\} \quad 和 \quad T=\{v_i|v_iv\in E(G')\}.$$

由于 $v_\nu\notin S\cup T$, 所以

$$|S\cup T|<\nu(G). \tag{6.1}$$

(1) 若 $S\cap T=\varnothing$, 则 $|S\cap T|=0$, 所以有

$$\deg_{G'}(u)+\deg_{G'}(v)=|S|+|T|=|S\cup T|+|S\cap T|<\nu(G), \tag{6.2}$$

这与 $\delta(G')\geqslant\delta(G)\geqslant\nu(G)/2$ 矛盾.

(2) 若 $S\cap T\neq\varnothing$, 则存在 $v_i\in S\cap T$. 在这种情况下, 可以得到 G' 的 Hamilton 圈 $v_1v_2\cdots v_iv_\nu v_{\nu-1}\cdots v_{i+1}v_1$, 与假设 G' 是非 Hamilton 图矛盾. 参见图 6.16.

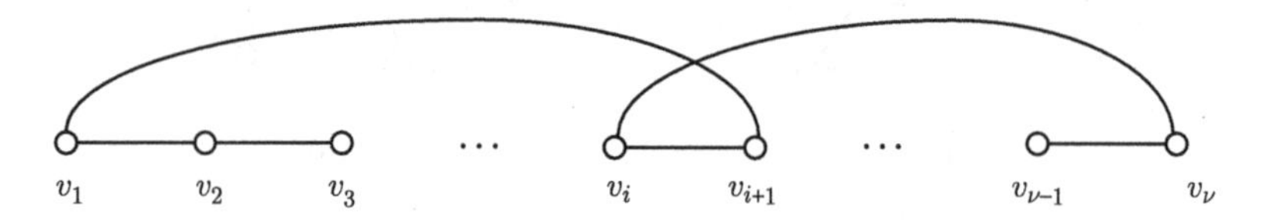

图 6.16 G' 的一个 Hamilton 圈

综上, 定理得证. 证毕.

1974 年, Bondy 和 Chvátal 注意到此定理的证明可以加以修改, 得到比 Dirac 更一般的充分条件.

引理 6.1 设 $G=(V,E)$ 是简单图, u 和 v 是 G 中两个不相邻的顶点, 且

$$\deg(u)+\deg(v)\geqslant\nu(G), \tag{6.3}$$

则 G 是 Hamilton 图, 当且仅当 $G+uv$ 是 Hamilton 图.

证明 若 G 是 Hamilton 图, 则显然 $G+uv$ 也是 Hamilton 图. 反之, 假设 $G+uv$ 是 Hamilton 图, 而 G 不是, 则和 Dirac 定理得证明一样, 可得 (6.2) 式, 与引理条件 (6.3) 式矛盾. 证毕.

引理 6.1 启发出下述定义. G 的**闭包** $c(G)$ 指的是用下述方法从 G 得到的一个图: 反复连接 G 中度数之和不小于 $\nu(G)$ 的不相邻顶点对, 直到没有这样的顶点对为止.

引理 6.2 $c(G)$ 是唯一确定的.

证明 反证法. 设 G_1 和 G_2 是用上述方法从 G 中得到的两个闭包. 用 $e_1, e_2, \cdots, e_m$ 和 $f_1, f_2, \cdots, f_n$ 分别表示在构作 G_1 和 G_2 过程中添加的边序列, 下面证明每条边 e_i 都是 G_2 的边, 而每条边 f_j 也都是 G_1 的边. 反证, 假设 $e_{k+1} = uv$ 是序列 $e_1, e_2, \cdots, e_m$ 中第一条不在 G_2 中的边. 令 $H = G + \{e_1, e_2, \cdots, e_k\}$. 从 G_1 的定义可知: $\deg_H(u) + \deg_H(v) \geqslant \nu$. 根据 e_{k+1} 的选择, 知 H 是 G_2 的子图, 因此 $\deg_{G_2}(u) + \deg_{G_2}(v) \geqslant \nu$, 但是在 G_2 中 u 和 v 是不相邻的, 这与闭包 G_2 的构造方法矛盾. 所以每条 e_i 都是 G_2 的边, 同理, 每条 f_j 也都是 G_1 的边. 因此 $G_1 = G_2$, 证毕.

图 6.17 是一个 6 阶图 G 的闭包构造过程. 在此例中, $c(G)$ 是完全图. 但要注意, 图的闭包不一定是完全图.

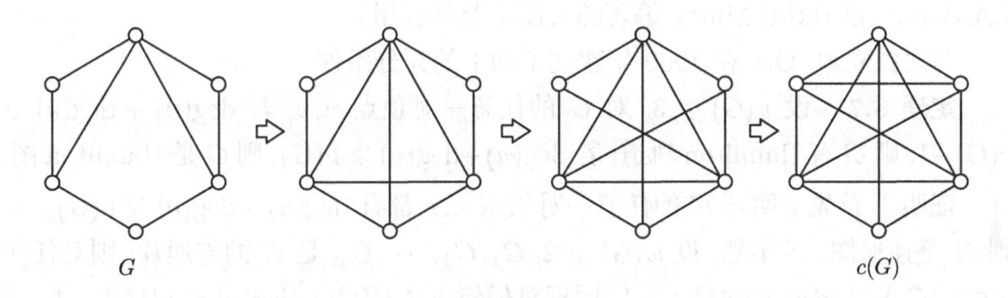

图 6.17 图 G 的闭包构造示意图

由引理 6.1 , 我们可以得到下面的 Hamilton 图的充要条件.

定理 6.6 简单图 G 是 Hamilton 图, 当且仅当它的闭包 $c(G)$ 是 Hamilton 图.

这个定理有很多有趣的推论. 比如说, 因为至少有 3 个顶点的完全图都是 Hamilton 图, 所以有下面的推论.

推论 6.3 设 G 是 $\nu(G) \geqslant 3$ 的简单图, 若 $c(G)$ 是完全图, 则 G 是 Hamilton 图.

例如, 考察图 6.18(a) 所示的图 G, 很容易检验它的闭包是完全图, 因此 G 是 Hamilton 图. 有趣的是, 只要改变 G 的一条边 (即 e) 的一个端点, 就得到图 6.18(b) 的图 G', 而 G' 则不是 Hamilton 图. 因为删去 G' 中的三个顶点 u_1, u_2, u_3

后, 得到 4 个连通片, 根据定理 6.4 可知, G' 不是 Hamilton 图.

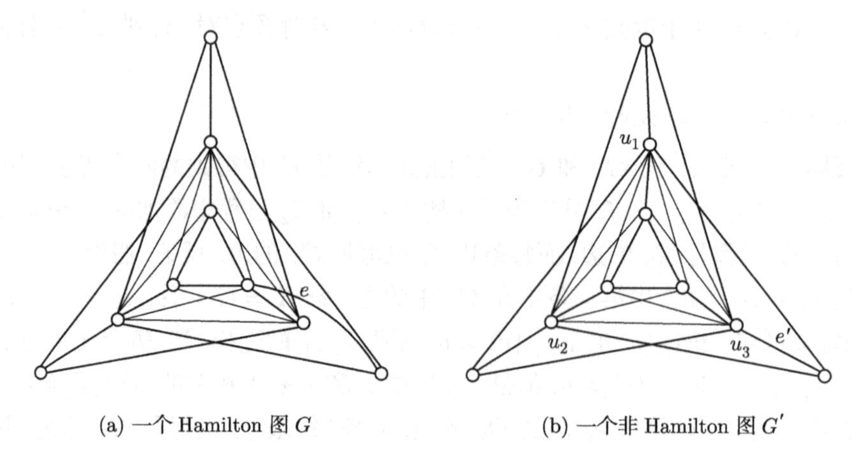

(a) 一个 Hamilton 图 G (b) 一个非 Hamilton 图 G'

图 6.18 只有一条边不同的两个图

由这个推论可以推导出多种用顶点度数表示的 Hamilton 图充分条件, 详见 J.A.Bondy 和 U.S.R.Murty 编著的《图论及其应用》.

与之独立地, Ore 在 1960 年建立了如下的充分条件.

定理 6.7 设 $\nu(G)\geqslant 3$, 对 G 的任意一对顶点 u,v, 若 $\deg(u)+\deg(v)\geqslant\nu(G)-1$, 则 G 有 Hamilton 轨道; 若 $\deg(u)+\deg(v)\geqslant\nu(G)$, 则 G 是 Hamilton 图.

证明 首先证明若 G 的任意一对顶点 u,v 都有 $\deg(u)+\deg(v)\geqslant\nu(G)-1$, 则 G 是连通图. 若不然, 设 $\omega(G)\geqslant 2$, $G_1,G_2,\cdots,G_\omega$ 是 G 的连通片, 则对任何 $u\in V(G_1)$, $\deg(u)\leqslant\nu(G_1)-1$, 同理对任何 $v\in V(G_2)$, $\deg(v)\leqslant\nu(G_2)-1$. 于是 $\deg(u)+\deg(v)\leqslant\nu(G_1)+\nu(G_2)-2\leqslant\nu(G)-2$, 与已知矛盾. 所以 G 是连通的.

反证, 若对任意 $u,v\in V(G)$, $\deg(u)+\deg(v)\geqslant\nu(G)-1$, 但 G 中没有 Hamilton 轨道. 令 $P(v_1,v_{k+1})=v_1v_2\cdots v_{k+1}$ 是 G 的最长轨道, $k<\nu(G)-1$. 在 G 中 v_1 和 v_{k+1} 的所有邻点都在 $P(v_1,v_{k+1})$ 上. 设 $\deg(v_1)=l$, 且 v_1 与 $v_{j_1},v_{j_2},\cdots,v_{j_l}$ 相邻. 假如 $v_{j_1-1},v_{j_2-1},\cdots,v_{j_l-1}$ 都不与 v_{k+1} 相邻, 则 $\deg(v_{k+1})\leqslant k-l$. 于是 $\deg(v_1)+\deg(v_{k+1})\leqslant l+(k-l)=k<\nu(G)-1$, 与已知条件矛盾. 所以 $P(v_1,v_{k+1})$ 上存在顶点 v_{i+1} 与 v_1 相邻, 同时 v_i 与 v_{k+1} 相邻, 如图 6.19 所示. 于是 G 中有长为 $k+1$ 的圈 $C=v_1v_2\cdots v_iv_{k+1}v_kv_{k-1}\cdots v_{i+1}v_1$. 又因为 $P(v_1,v_{k+1})$ 不是 Hamilton 轨道, 所以 G 中还有不在 $P(v_1,v_{k+1})$ 上的顶点, 取 $w\in V(G)-\{v_1,v_2,\cdots,v_{k+1}\}$. 因为 G 是连通的, 存在轨道 $P(w,v_{k+1})$, 此轨道上必存在一个顶点 x, x 的邻顶在 C 上, 但 x 不在 C 上, 如此得到一条长为

$k+1$ 的轨道 (见图 6.20 粗实线所示的轨道), 与 $P(v_1, v_{k+1})$ 是最长轨道矛盾. 因此 G 有 Hamilton 轨道.

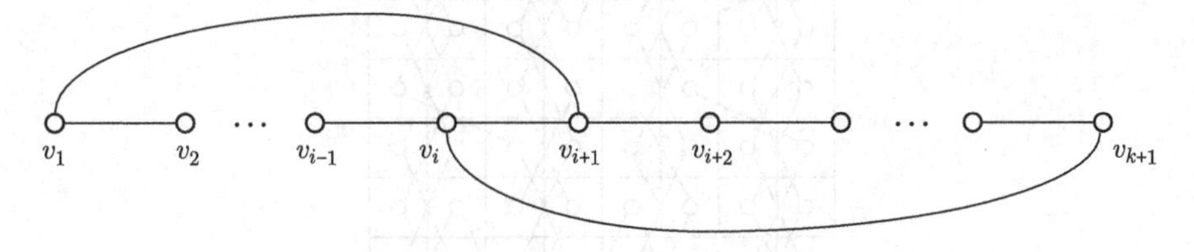

图 6.19 G 的一个长为 $k+1$ 的圈

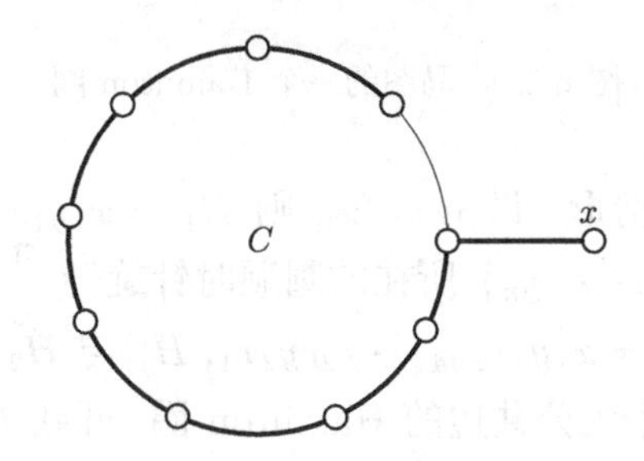

图 6.20 从 $(k+1)$-圈得到的 $(k+1)$-轨道

当对任意 $u, v \in V(G)$, $\deg(u)+\deg(v) \geqslant \nu(G)$ 时, 同理出现如图 6.19 的现象, 不过此时 G 有 Hamilton 轨道, 所以最长轨道是 Hamilton 轨道, 即 $\{v_1, v_2, \cdots, v_{k+1}\} = V(G)$, 于是相应的圈 C 就是 G 的 Hamilton 圈. 证毕.

可惜 Ore 定理的充分条件要求太高, 很多 Hamilton 图并不满足 Ore 条件 $\deg(u)+\deg(v) \geqslant \nu(G)$, 所以这类 Hamilton 图不能用这个定理来判定. 例如 n 个顶点的圈 C_n 显然是 Hamilton 图, 每个顶点度数都是 2, 当 $n > 4$ 时, $\forall u, v \in V(C_n)$, $\deg(u)+\deg(v) = 4 < \nu(G)$, 不满足 Ore 条件. 再例如国际象棋中的马是否可遍历每个格子恰好一次, 最后跳回出发的格子? 若以 64 个格子为顶点集合构造一个 "马图" G, 仅当马一步可从一个格子跳到另一个格子, 与两个格子对应的 G 的顶点是相邻的, 如此上述马的遍历问题就是问马图是不是 Hamilton 图. 在马图中, 任意两个顶点的度数之和不超过 16, 不满足 $\deg(u)+\deg(v) \geqslant 64$ 的 Ore 条件, 不能用 Ore 定理来判定. 事实上它是 Hamilton 图, 其 Hamilton 圈在图 6.21 中给出.

例 6.9 完全二分图 $K_{n,n}$ 中有多少个无公共边的 Hamilton 圈?

解 设 $X = \{x_1, x_2, \cdots, x_n\}$ 和 $Y = \{y_1, y_2, \cdots, y_n\}$ 是 $K_{n,n}$ 的顶点集合划分, 把 X 中的顶点和 Y 中的顶点分别均匀地摆放在两个同心圆上, 如图 6.22 所

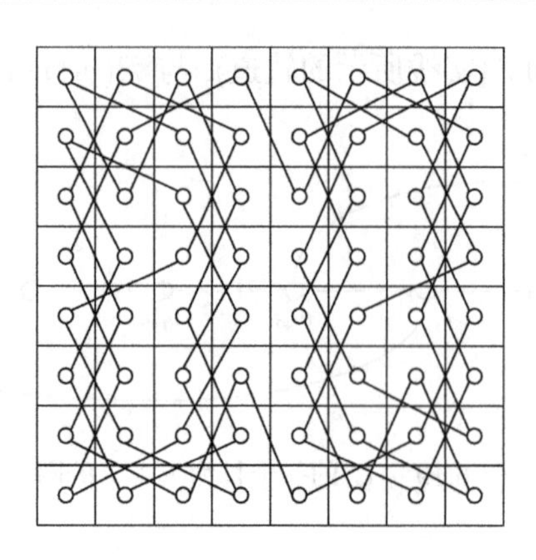

图 6.21 马图的一个 Hamilton 圈

示. 先考虑 n 为偶数的情形. 设 $n=2k$, 则 $H_1=x_1y_1x_2y_2\cdots x_{2k}y_{2k}x_1$ 是一个 Hamilton 圈. 把 $\{y_1,y_2,\cdots,y_n\}$ 所在的圆顺时针旋转 $\dfrac{\pi}{k}$ 度, x_i 位置不动, 则得另一个 Hamilton 圈 $H_2=x_1y_3x_2y_4\cdots x_{2k}y_2x_1$, H_1 与 H_2 无公共边. 这种旋转可依次进行 k 次, 得到 k 个无公共边的 Hamilton 圈, 可见 $K_{2k,2k}$ 中恰有 k 个无公共边的 Hamilton 圈.

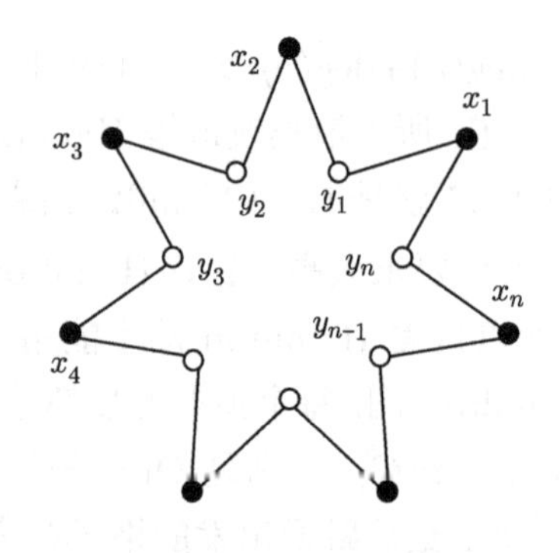

图 6.22 $K_{n,n}$ 的一个 Hamilton 圈

同理可得 $K_{2k+1,2k+1}$ 中也恰有 k 个无公共边的 Hamilton 圈.

例 6.10 m 个女孩与 m 个男孩去春游, 每位女孩与半数以上男孩相识, 每位男孩与半数以上女孩相识, 则是否可以让他们围坐一圈, 使得男孩女孩相间而坐, 且每人与其两侧的人都相识?

解 以孩子们为一个图的顶点集合, 当且仅当男孩与女孩相识时, 在相应的两个顶点之间连一条边, 如此得到一个二分图 G, 问题转化为讨论 G 是否为 Hamilton 图. 由于 $\deg(u)+\deg(v)\geqslant m=\dfrac{\nu(G)}{2}$, 不满足 Ore 条件, 所以不能用 Ore 定理来判断. 下面用反证法来证明 G 确实是 Hamilton 图.

假设 G 不是 Hamilton 图, 给 G 加一些边, 使所得加边图 G' 仍是二分图, 且是极大非 Hamilton 图 (添加一些边, 包括没有加边的情形), 即再添加任何一条边, G' 都会变成 Hamilton 图. 因为 $K_{m,m}$ 是 Hamilton 图, G' 是存在的.

由于 G' 不是 Hamilton 图, 所以 $G'\ncong K_{m,m}$, G' 中存在不相邻的女孩 g 和男孩 b, $G'+gb$ 则会出现 Hamilton 圈, 参见图 6.23. 不妨设 $g=g_0, b=b_m$, 所得的 Hamilton 圈 $H=g_0b_1g_1b_2\cdots g_{m-1}b_mg_0$. 于是 $H-b_mg_0=g_0b_1g_1b_2\cdots g_{m-1}b_m$ 是 G' 的一条 Hamilton 轨道. 与 Ore 定理的证明类似, 对于 $j=1,2,\cdots,m$, 若 G' 中有边 g_0b_j, 则不会有边 $g_{j-1}b_m$, 否则 G' 中有 Hamilton 圈 $H'=g_0b_jg_jb_{j+1}\cdots g_{m-1}b_mg_{j-1}b_{j-1}g_{j-2}\cdots b_1g_0$, 与 G' 是非 Hamilton 图矛盾.所以, 若 $\deg_{G'}(g_0)=l$, 则 $\deg_{G'}(b_m)\leqslant m-l$, 故有 $\deg_{G'}(g_0)+\deg_{G'}(b_m)\leqslant m$, 这与 $\deg_{G'}(g_0)\geqslant\deg_G(g_0)>\dfrac{m}{2}$, $\deg_{G'}(b_m)\geqslant\deg_G(b_m)>\dfrac{m}{2}$ 矛盾. 因此 G 是 Hamilton 图, 所有人按 G 的 Hamilton 圈上的次序入座即可.

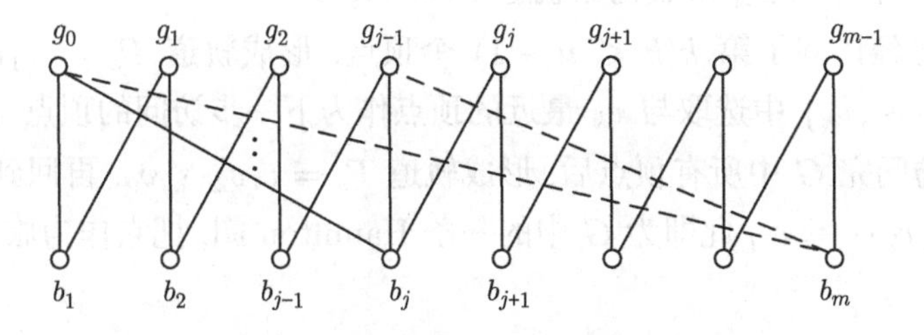

图 6.23 $G'+g_0b_m$

判断 Hamilton 图是件很困难的事情. 同样, 求解 Hamilton 圈也是一件很困难的事, 目前没有有效算法, 也无法证明不存在有效算法. 不过算法理论界普遍认为, 不存在求解 Hamilton 圈的有效算法.

6.4 旅行商问题

一个旅行商访问若干城市, 然后回到他出发的地方. 给定各城市之间的距离, 应该怎样规划路线, 使得他访问每个城市恰好一次并回到原出发点, 且总路程最短? 这就是著名的**旅行商问题**或**货郎担问题**. 这个问题可以转化为如下的图论问题.

设 $K_\nu=(V,E,w)$ 是 ν 阶完全加权图, 各边的权非负, 有的边的权可以是

$+\infty$, 求 K_ν 中权最小的 Hamilton 圈.

在完全加权图 K_ν 中, 共有 $\nu!$ 条不同的 Hamilton 圈. 即使只考虑所含边是否相同, 而不考虑通过的顺序及起点时, 还有 $\frac{1}{2}(\nu-1)!$ 种不同的 Hamilton 圈. 对旅行商问题来说, 还要计算各条圈的长度再进行比较, 这种问题的计算量相当大. 目前还没有求解旅行商问题的有效算法, 也无法证明其有效算法不存在. 可行的办法是寻找近似算法, 本节将介绍三种近似算法.

6.4.1　最近邻法

最近邻法是一个贪心算法. 设 K_ν 为 $\nu(\nu\geqslant 3)$ 阶无向完全加权图, 各边的权均为正数. 求从某顶点 (设为 v_1) 出发的 Hamilton 圈作为最短 Hamilton 圈的近似解, 算法如下.

算法 6.4　最近邻法.

输入: 加权图 $G=(V(G),E(G),w(G))$, 顶点 v_1.

输出: 图 G 的一条 Hamilton 圈.

(1) 从访问 v_1 开始, 形成初始轨道 $P_1=v_1$;

(2) 若已经访问了第 $k(k\leqslant \nu-1)$ 个顶点, 形成轨道 $P_k=v_1v_2\cdots v_k$, 从 $V-\{v_1,v_2,\cdots,v_k\}$ 中选取与 v_k 最近的顶点作为下一步访问的顶点 v_{k+1};

(3) 当访问完 G 中所有顶点后, 形成轨道 $P_\nu=v_1v_2\cdots v_\nu$, 再回到起点 v_1 得到圈 $H=v_1v_2\cdots v_\nu v_1$, 此即为 G 中的一条 Hamilton 圈, 把它作为旅行商问题的近似解.

此算法的复杂度为 $O(\nu^2)$.

最近邻法的性能并不好, 用这种方法得到的 Hamilton 圈可能是最优解, 即最短 Hamilton 圈; 也可能得到最坏的解, 即最长 Hamilton 圈. 参考下面的例子.

例 6.11　用最近邻法求图 6.24 所示的完全加权图 K_5 中的 Hamilton 圈.

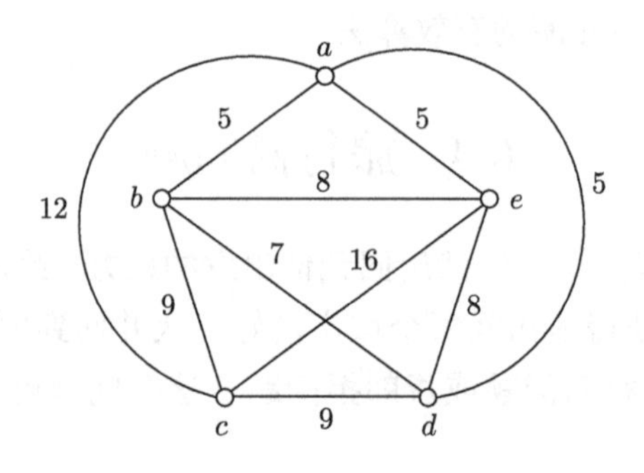

图 6.24　完全加权图 K_5

解 由于 $\nu = 5$, 所以图中存在 $\frac{4!}{2} = 12$ 条不同的 Hamilton 圈, 经过计算可知, 图中最优解 (如 $abcdea$ 和 $adcbea$ 等) 的权为 36, 而最坏的解 (如 $abdeca$ 和 $acebda$ 等) 的权为 48. 下面用最近邻法来求近似解. 如果从 a 出发, 它有 3 个距离最近的邻点 b, d 和 e, 从中任意选取一个顶点 (例如 b) 作为下一步访问的顶点, 依次下去可以得到 Hamilton 圈 $abdeca$, 权为 48, 是最坏情形. 如果从 b 出发则可能得到 Hamilton 圈 $baedcb$, 权为 36, 是最优解.

从本例可以看出, 最近邻法求得的近似解与起点、顶点访问顺序有关, 可能求出最坏情况, 也可能求出最优解. 实际上, 对于任意的边权函数来说, 任何近似算法都无法保证求出的解的质量, 即无法保证求出的解与最优解的比值. 然而, 在很多实际应用中, 边权函数满足三角不等式. 若 Hamilton 图中的边权满足三角不等式, 最近邻法的性能就有所保证, 由下面的定理给出 (证明太长, 本书略去). 后面介绍的几个算法的性能则更好.

定理 6.8 设 $G = (V, E, w)$ 是 $\nu(\nu \geqslant 3)$ 阶完全加权图, 各边的权均为正数, 且满足三角不等式, 即对于任意的三个顶点 $v_i, v_j, v_k \in V$, 边 v_iv_j, v_jv_k, v_iv_k 的权 w_{ij}, w_{jk}, w_{ik} 满足 $w_{ij} + w_{jk} \geqslant w_{ik}$, 则

$$\frac{d}{d_0} \leqslant \frac{1}{2}(\lceil \log_2 n \rceil + 1),$$

其中 d_0 是 G 中最短 Hamilton 圈的权, d 是最近邻法求出的 Hamilton 圈的权.

从定理可以看出, 最近邻法的性能不算好. 下面介绍两种性能更好的近似算法, 最小生成树法和最小权匹配法.

6.4.2 最小生成树法

设 $G = (V, E, w)$ 是 $\nu(\nu \geqslant 3)$ 阶完全加权图, 各边的权均为正数, 且满足三角不等式. 用最小生成树法求 G 中最优解的近似算法如下.

算法 6.5 最小生成树法.

输入: 加权图 $G = (V(G), E(G), w(G))$.

输出: 图 G 的一条 Hamilton 圈.

(1) 求 G 的一棵最小生成树 T.

(2) 将 T 中各边都添加一条平行边, 平行边的权与其对应边的权相同. 设所得图为 G^*, 则 G^* 为 Euler 图.

(3) 从某顶点 v 出发, 求 G^* 中一条 Euler 回路 C_v.

(4) 在 G 中按下面的方法求从顶点 v 出发的 Hamilton 圈. 从 v 出发沿 C_v “抄近路” 访问 G 的各顶点, 即假定当前访问的顶点为 x, C_v 上 x 的后续两个顶

点分别为 y 与 w, 若 y 在此之前已经被访问, 则直接从 x 经过边 xw 访问 w, 直到访问完所有顶点为止. 最后走出 G 的一条 Hamilton 圈 H_ν, 就是 G 的最优解的近似解.

本算法走出的 H_ν 显然是 G 的 Hamilton 圈, 复杂度为 $O(\nu^2)$.

例 6.12 用最小生成树法求图 6.24 中以 b 和 c 为起点的旅行商问题的近似解.

解 (1) 求得最小生成树 T(图 6.25(a)).

(2) 将 T 中各边加平行边得到 Euler 图 G^*(图 6.25(b)).

(3) G^* 中从 b 出发的 Euler 回路事实上有 4 条, 从中任取一条 $C_b = bcbaeadab$, 按抄近路法得到 G 的一条 Hamilton 圈 $H_b = bcaedb$, 权为 41. 若取的 Euler 回路是 $C'_b = baeadabcb$, 则可得权为 36 的最优解 $H'_b = baedcb$.

如果从 c 出发, 求出 G^* 的一条 Euler 回路 $C_c = cbaeadabc$, 则也可得到最优解 $H_c = cbaedc$.

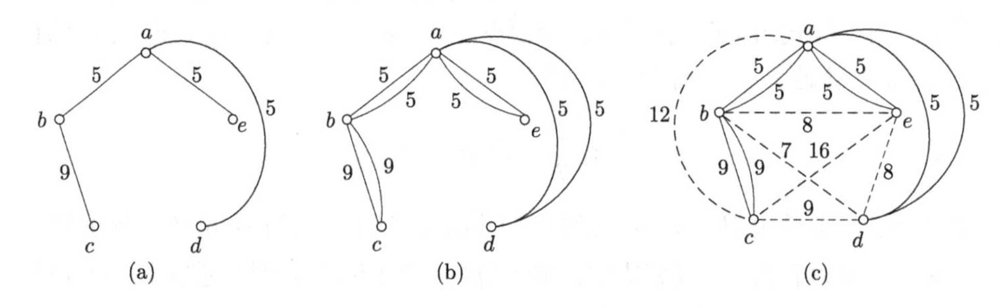

图 6.25 最小生成树法示例

从本例可以看出最小生成树法与起点和求得的 Euler 回路有关, 但总的来说性能比最近邻法好. 事实也是如此, 见下面定理.

定理 6.9 设 $G = (V, E, w)$ 是 $\nu(\nu \geqslant 3)$ 阶完全加权图, 各边的权均为正数, 且满足三角不等式, d_0 是 G 中最短 Hamilton 圈的权, d 是用最小生成树法求得的 Hamilton 圈 H 的权, 则 $\dfrac{d}{d_0} < 2$.

证明 设 T 是 G 中一棵最小生成树, G^* 是 T 各树枝加重边后所得 Euler 图, C 是 G^* 中的一条 Euler 回路, H 是抄近路法走出的 G 中的 Hamilton 圈, 则 $w(H) = d$. 易知

$$w(C) = 2w(T). \tag{6.4}$$

由于 G 中边的权满足三角不等式, 所以

$$w(H) = d \leqslant w(C). \tag{6.5}$$

设 T' 是 G 中最短 Hamilton 圈 H_0 删除任意一条边后得到的 G 的生成树, 则

$$w(T) \leqslant w(T') < d_0, \tag{6.6}$$

由 (6.4)~(6.6) 式知

$$d < 2d_0, \quad 即 \ \frac{d}{d_0} < 2.$$

6.4.3 最小权匹配法

本小节介绍的最小权匹配法修改了最小生成树法中 Euler 图 G^* 的构造方法, 虽然复杂度高了一点, 但性能更好.

设 $G = (V, E, w)$ 是 $\nu(\nu \geqslant 3)$ 阶完全加权图, 各边的权均为正数且满足三角不等式. 求 G 中最优解的近似算法最小权匹配法步骤如下.

算法 6.6 最小权匹配法.

输入: 加权图 $G = (V(G), E(G), w(G))$.

输出: 图 G 的一条 Hamilton 圈.

(1) 求 G 的一棵最小生成树 T;

(2) 设 T 中度数为奇数的顶点集合为 $V_o = \{v_1, v_2, \cdots, v_{2k}\}$, 求 V_o 的导出子图 $G[V_o] = K_{2k}$ 中总权最小的完备匹配 M, 将 M 中的 k 条边加到 T 上, 得到 Euler 图 G^*;

(3) 在 G^* 中求从某顶点 v 出发的一条 Euler 回路 C_v;

(4) 在 G 中, 从 v 出发, 沿 C_v 中的边按 "抄近路法" 走出 Hamilton 圈 H_v.

这个算法的复杂度为 $O(\nu^3)$.

例 6.13 用最小权匹配法求图 6.24 中以 a 和 b 为起点的旅行商问题的近似解.

解 (1) 求得最小生成树 T, 如图 6.26(a) 所示.

(2) T 中奇度顶点的集合为 $V_o = \{a, c, d, e\}$, $G[V_o]$ 如图 6.26(b) 所示. 总权最小的完备匹配 $M = \{ae, cd\}$, 将 M 中的边加到 T 上所得 Euler 图 G^*(图 6.26(c)), 即图 6.26(d) 中实线边所示.

(3) 在 Euler 图 G^*(6.26(c)) 中求得从 a 出发的一条 Euler 回路 $C_a = aeadcba$, 在 G 中从 a 出发的按抄近路法得到的 Hamilton 圈为 $H_a = aedcba$, 权为 36, 是最优解. 事实上 G^* 中从 a 出发还有一条 Euler 回路 $C_a = adcbaea$, 由它得出的 Hamilton 圈也是最优解.

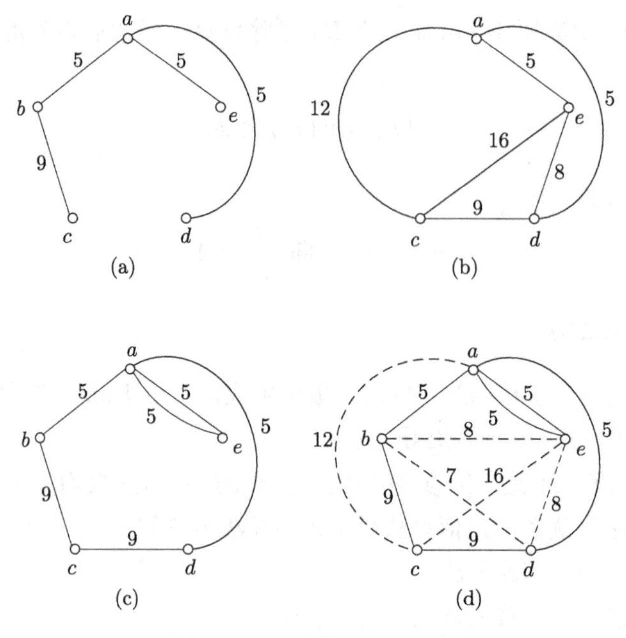

图 6.26　最小权匹配法示例

Euler 图 G^* 中从 b 出发的 Euler 回路是 $C_b = baeadcb$, 则在 G 中从 b 出发的按抄近路法得到的 Hamilton 圈为 $H_b = baedcb$, 权为 36, 也是最优解.

定理 6.10　设 $G = (V, E, w)$ 是 $\nu(\nu \geqslant 3)$ 阶完全加权图, 各边的权均为正数, 满足三角不等式, d_0 是 G 中最短 Hamilton 圈的权, 而 d 是用最小权匹配法求得的 Hamilton 圈 H 的权, 则

$$\frac{d}{d_0} < \frac{3}{2}.$$

证明　与定理 6.9 的 (6.6) 式类似, 有 $w(T) < d_0$.

设 $G[V_o] = K_{2k}$ 中最短 Hamilton 圈的权为 d_0', 由于 G 满足三角不等式, 所以 $d_0' \leqslant d_0$.

因为 $|V_o| = 2k$, 所以 $G[V_o]$ 的 Hamilton 圈是偶圈. 取 $G[V_o]$ 中最短的 Hamilton 圈, 在该圈上从某个顶点开始交错取边可以得到 $G[V_o]$ 中 2 个没有公共边的完备匹配, 设其中权较小的完备匹配为 M', 则 $w(M') \leqslant \dfrac{d_0'}{2}$. 由于算法第 (2) 步求得的是 $G[V_o]$ 中权最小的完备匹配 M, 所以 $w(M) \leqslant w(M') \leqslant \dfrac{d_0'}{2} \leqslant \dfrac{d_0}{2}$.

因此, $d = w(H) \leqslant w(G^*) = w(T) + w(M) \leqslant d_0 + \dfrac{d_0}{2} = \dfrac{3}{2}d_0$. 证毕.

习　题

1. 图 6.27 的 Herschel 图是否是 Euler 图? 是否能一笔画? 为什么?

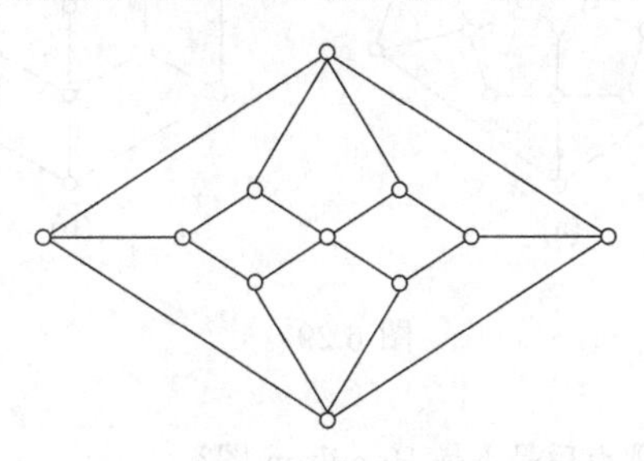

图 6.27　Herschel 图

2. 如果可能, 画出一个 ν 为偶数 ε 为奇数的 Euler 图 G, 否则说明为什么不存在这样的图.
3. 设 G 是恰有 $2k$ 个奇度顶点的连通图, 证明: G 中存在 k 条边不重的行迹 $P_1, P_2, \cdots, P_k$, 使得 $E(G)=\bigcup_{i=1}^{k} E(P_i)$.
4. 如何将 16 个二进制数字 (8 个 0, 8 个 1) 排成一个圆形, 使得 16 个长为 4 的二进制数在其中都出现且只出现一次?
5. 如何将 9 个 α, 9 个 β, 9 个 γ 排成一个圆形, 使得由这些 α, β, γ 产生的 27 个长为 3 的符号串在其中都出现且只出现一次?
6. 证明或否定:

   (1) 每个 Euler 二分图都有偶数条边;

   (2) 有偶数个顶点的每个 Euler 简单图有偶数条边.
7. 给出一个算法, 在有 Euler 迹的图中求出一条 Euler 迹.
8. 求图 6.28 的一条最优投递路线.

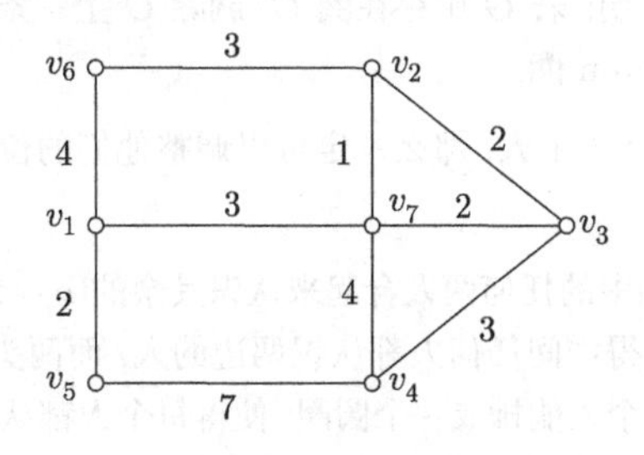

图 6.28　G

9. 设 G 是二分图, 证明: 若 G 是 Hamilton 图, 则 G 必有偶数个顶点. 习题 1 中的图 6.27 是 Hamilton 图吗? 为什么?
10. 证明图 6.29 所示的两个图都不是 Hamilton 图.

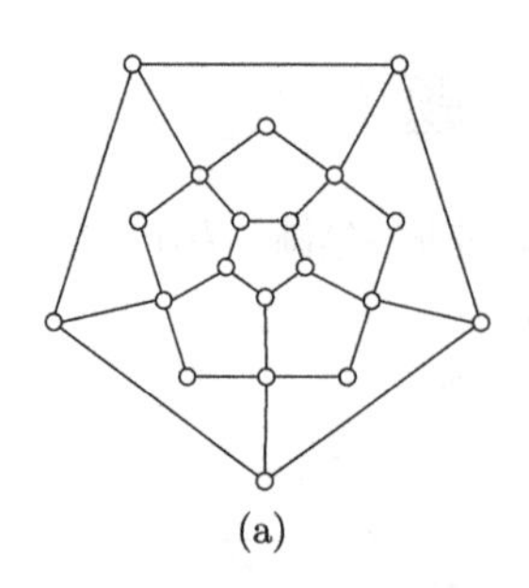

(a)

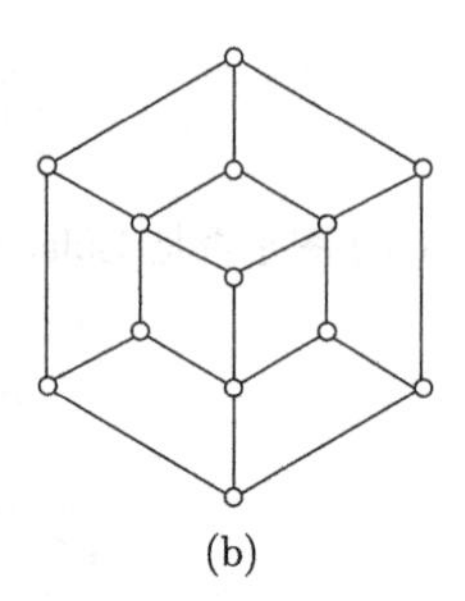

(b)

图 6.29

11. Petersen 图删除一个顶点后是不是 Hamilton 图?

12. 求 K_n 中无公共边的 Hamilton 圈的个数.

13. 亚瑟王在宫中召见他的 $2n$ 名骑士, 其中某些骑士间互存仇怨, 每个骑士的仇人不超过 $n-1$ 个, 则亚瑟王的谋士摩尔林能否让这些骑士围桌就座, 使每个骑士不与他的仇人相邻? 为什么?

14. 证明: $2k-1$ 阶的 k 次正则图是 Hamilton 图 $(k \geqslant 2)$.

15. 若图 G 的任意两个顶点之间有 Hamilton 轨道, 则称 G 是 Hamilton 连通图, 证明: 若 G 是 Hamilton 连通图且 $|V(G)| \geqslant 4$, 则 $|E(G)| > \left\lfloor \frac{1}{2}(3|V(G)|+1) \right\rfloor$.

16. 若 G 是二分图, 但其顶点的划分 X 与 Y 不均匀, 即 $|X| \neq |Y|$, 则 G 是不是 Hamilton 图, 为什么?

17. 设 G 是 ν 阶无向简单图, 边数 $\varepsilon = \frac{1}{2}(\nu-1)(\nu-2)+2$.

    (1) 证明: G 是 Hamilton 图.

    (2) 举例说明, 当 $\varepsilon = \frac{1}{2}(\nu-1)(\nu-2)+1$ 时, G 不一定是 Hamilton 图.

18. 给定连通无向图 G. 证明: 若 G 中存在圈 C, 删除 C 上一条边后便是图 G 的最长轨道, 则 C 是图 G 的 Hamilton 圈.

19. 若围一张圆桌坐着至少 6 个人, 那么一定可以调整他们的位置, 使得每个人两侧都挨着新邻居.

20. 今有 ν 个人, 已知他们中的任何两人合起来认识其余的 $\nu-2$ 人. 证明: 当 $\nu \geqslant 3$ 时, 这 ν 个人能排成一列, 使得中间任何人都认识两边的人, 而两头的人认识左边 (或右边) 的人. 当 $\nu \geqslant 4$ 时, 这 ν 个人能排成一个圆圈, 使得每个人都认识两边的人.

21. 证明: 设 G 是一个简单图, $\nu = |V(G)| \geqslant 3$, 如果对满足 $1 \leqslant m \leqslant \nu$ 的任意正整数 m, 度数不超过 m 的顶点个数小于 m, 则 G 是 Hamilton 图.

22. 5 阶完全加权图如图 6.30 所示.

    (1) 用最近邻法求以 a 为起点的旅行商问题的近似解;

(2) 用最小生成树法求以 a, b 为起点的旅行商问题的近似解;

(3) 用最小权匹配法求旅行商问题的近似解.

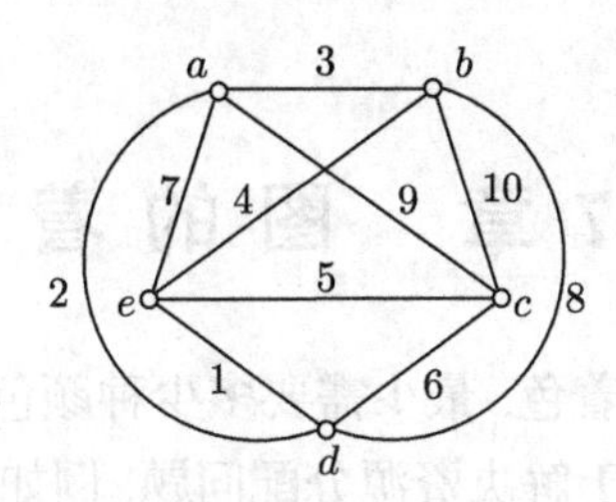

图 6.30　G

第 7 章　图的着色

图的着色问题源于地图着色: 最少需要多少种颜色能使相邻国家 (或区域) 着不同颜色? 图的着色主要用于解决资源分配问题, 例如, 某大学安排期末考试时间时, 同一位学生选修的不同课程需要安排在不同的时间段进行考试. 本章介绍图的顶点着色、边着色和平面图的面着色.

7.1 顶点着色

7.1.1 顶点着色与色数

定义 7.1　图 G 的一个 **k-顶点着色** 是指把 k 种颜色 $1,2,\cdots,k$ 分配给图 G 的顶点, 使每个顶点都分配一种颜色; 若相邻顶点的颜色不同, 则称这种着色是一个**正常 k-顶点着色**. 若图 G 有一个正常 k-顶点着色时, 称 G 是可 **k-顶点着色的**. 图 G 的**顶点色数**指的是使得图 G 可正常顶点着色的最少颜色数 k, 简称为色数, 记为 $\chi(G)$. 色数为 k 的图是可 k-顶点着色, 但不是可 $(k-1)$-顶点着色的.

用代数的方式解释, 图 G 的一个正常 k-顶点着色可以表示为顶点集合 $V(G)$ 的一个划分 $\mathcal{C}=(V_1,V_2,\cdots,V_k)$, 其中 V_i 表示着 i 色的顶点子集 (可能是空集), 满足:

(1) $V(G)=V_1\cup V_2\cup\cdots\cup V_k$;

(2) $V_i\cap V_j=\varnothing, 1\leqslant i\neq j\leqslant k$;

(3) 任给 $1\leqslant i\leqslant k$, 且任给 $u,v\in V_i$, $uv\notin E(G)$.

在进行正常 k-顶点着色时, 若要求每种颜色都必须用到, 则还需满足下面的第 (4) 个条件; 否则不需要.

(4) 任给 $1\leqslant i\leqslant k$, $V_i\neq\varnothing$.

关于顶点着色, 有下面的简单性质.

(1) ν 阶图的色数满足 $1\leqslant\chi(G)\leqslant\nu$; $\chi(G)=1$ 当且仅当 G 是零图 (即没有边的图); $\chi(G)=\nu$ 当且仅当 G 是 ν 阶完全图.

(2) $\chi(G)=2$ 当且仅当 G 是有边二分图.

(3) $\chi(C_\nu)=\begin{cases}2, & \nu\text{ 是偶数},\\ 3, & \nu\text{ 是奇数}.\end{cases}$

(4) 若图 H 是 G 的子图, 则 $\chi(H)\leqslant\chi(G)$.

定理 7.1 对任何图 G, $\chi(G)\leqslant\Delta(G)+1$.

证明 给 G 的任意一个顶点 v 着色时, v 最多有 $\Delta(G)$ 个邻点, 至多使用了 $\Delta(G)$ 种颜色, 则 v 可使用第 $\Delta(G)+1$ 种颜色, 所以 G 是可 $(\Delta(G)+1)$-顶点着色的, 命题得证. 证毕.

$\Delta(G)+1$ 是 $\chi(G)$ 的上界. 对于完全图和奇圈来说, $\chi(G)=\Delta(G)+1$, 达到了这个上界. 但是对某些图来说, $\Delta(G)+1$ 与 $\chi(G)$ 的差别则比较大. 例如, 若 G 是有边二分图, 则 $\chi(G)=2$, 但 $\Delta(G)+1$ 则可以任意大. Brooks 稍微改进了这个上界, 参见定理 7.2(证明略).

定理 7.2 (Brooks) 设 $\nu(\nu\geqslant 3)$ 阶连通图 G 不是完全图也不是奇圈, 则 $\chi(G)\leqslant\Delta(G)$.

例 7.1 Petersen 图的色数是 3.

证法一 用定理证明. 由 Brooks 定理可知, $\chi\leqslant\Delta=3$. 又因为图中有奇圈, $\chi\geqslant 3$, 所以 $\chi=3$.

证法二 因为图中有奇圈, $\chi\geqslant 3$. 又因为图中存在 3 种颜色的正常顶点着色, 如图 7.1 所示. 图中顶点处所标的数字 i 表示该顶点涂第 i 种颜色, $i=1,2,3$, 所以 $\chi\leqslant 3$, 故 $\chi=3$. 证毕.

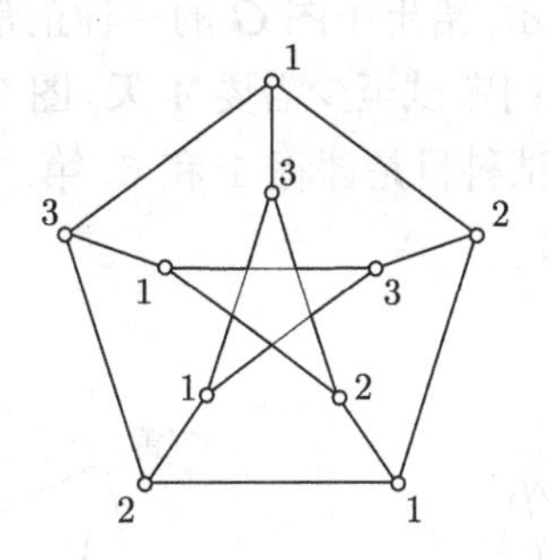

图 7.1 Petersen 图的一个正常 3-顶点着色

7.1.2 顶点着色的应用

图的顶点着色可用于解决与调度和分配相关的问题. 下面是几个常见的例子.

例 7.2 (安全装箱问题) 给定一批货物, 有些货物装在同一只箱子里不安全, 那么最少需要准备几只箱子来装这些货物?

解 这样的安排问题可以通过建立图论模型来求解. 每种货物用一个顶点表示, 若两种货物放在同一只箱子里不安全时, 在两种货物对应的顶点之间连一条边, 构成图 G. 对 G 的顶点进行着色, 同色的顶点表示对应的货物可以放在同一只箱子中, 则装箱问题对应于图 G 的正常顶点着色问题, 所以色数 $\chi(G)$ 就是所需箱子的最小数目.

对有冲突的一组对象进行资源分配的问题与“安全装箱问题”有相同的图论模型, 解法也类似. 例如“考试安排问题”: 学校期末考试如何安排各门课的考试时间, 使得没有学生同时考两门, 则考试至少需要进行多长时间? 这个问题的解法与“安全装箱问题”类似. 把课程看作货物, 同一位学生选修的两门课视为放在同一只箱子里不安全的两种货物, 则色数 $\chi(G)$ 就是最少安排的考试场次数.

例 7.3 某校需要安排七门课程 $1,2,\cdots,7$ 的期末考试. 假设课程 1 和 2, 1 和 3, 1 和 4, 1 和 7, 2 和 3, 2 和 4, 2 和 5, 2 和 7, 3 和 4, 3 和 6, 3 和 7, 4 和 5, 4 和 6, 5 和 6, 5 和 7, 以及 6 和 7 都有人同时选修. 每天安排一门, 则安排这七门考试至少需要几天?

解 此类问题可以转化为求图的色数问题. 构造课程图 G: 图的顶点集合 $V(G)$ 就是课程集合 $\{1,2,\cdots,7\}$, 若两门课程被同一位学生选修, 则在相应的顶点之间连边, 如图 7.2(a) 所示. 如上分析, $\chi(G)$ 即为所求. 图 G 的一个正常 $\chi(G)$-顶点着色就是一种考试安排方案. 下面首先证明 $\chi(G)=4$.

一方面, 图 G 含有 4 阶完全子图 (顶点 $\{1, 2, 3, 4\}$ 的导出子图), 所以 $\chi(G)\geqslant 4$. 另一方面, 如图 7.2(b) 所示, 给出了图 G 的一种正常 4-顶点着色, 即 $\chi(G)\leqslant 4$. 故 $\chi(G)=4$, 所以安排这七门考试至少需要 4 天, 图 7.2(b) 所示的着色方案给出的考试安排是: 第一天的考试科目是课程 1 和 6, 第二天是课程 2, 第三天是课程 3 和 5, 第四天是课程 4 和 7.

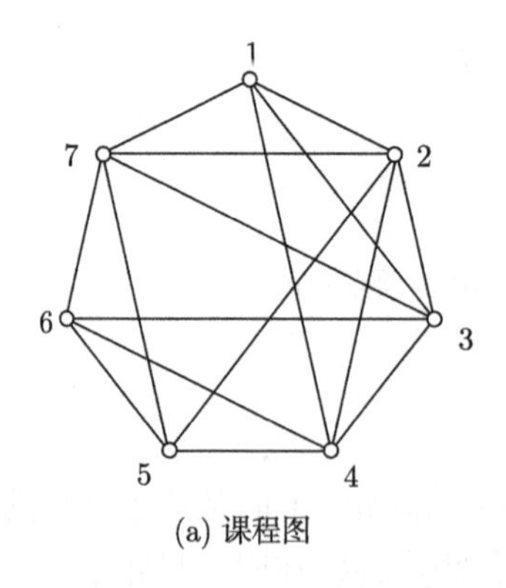

(a) 课程图

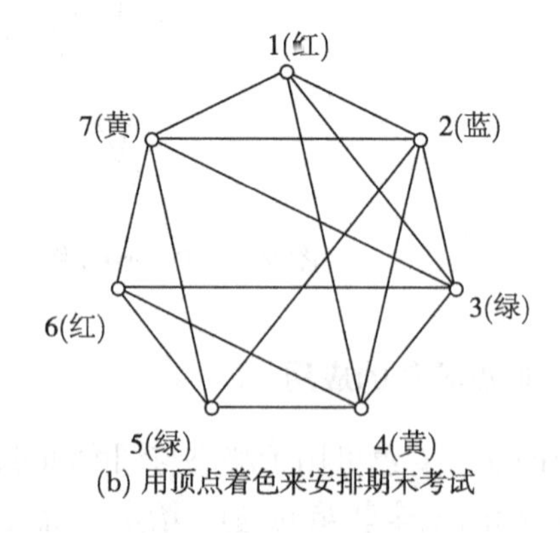

(b) 用顶点着色来安排期末考试

图 7.2 考试安排问题

再例如“信道分配问题”. 无线电传输中, 发射台所用的频率从小到大编号为 $1, 2, \cdots$, 称为信道. 为避免相互干扰, 用同一信道的两个发射台相距不得少于一个常数 $d > 0$, 则某地的各发射台至少需要使用几个不同的信道? 同样使用图论模型, 每个顶点表示一个发射台, 两个发射台之间的距离小于 d 时, 则在两台对应的顶点之间连一条边, 得图 G, 易见色数 $\chi(G)$ 即为所求.

顶点着色在编译器中也有类似的应用.

例 7.4 变址寄存器: 在有效的编译器中, 当把频繁使用的变量暂时保存在中央处理单元的变址寄存器中, 而不是保存在常规内存中时, 可以加速循环的执行. 对于给定的循环来说, 需要多少个变址寄存器?

解 可以转化为图的顶点着色问题. 构造图 G, 用顶点表示循环中的变量; 若在循环执行期间两个顶点表示的变量必须同时保存在变址寄存器中, 则在这两个顶点之间连一条边. 因为表示变量的顶点在图中相邻时, 需要给相应的变量分配不同的寄存器, 所以图 G 的色数 $\chi(G)$ 给出了最少需要的变址寄存器数.

7.2 边 着 色

7.2.1 边着色与边色数

定义 7.2 图 G 的一个 **k-边着色** 是指把 k 种颜色 $1, 2, \cdots, k$ 分配给图 G 的边, 使每条边都分配一种颜色; 若相邻边异色, 则称这种边着色为一个**正常 k-边着色**. 若图 G 有一个正常 k-边着色, 则称 G 是可 **k-边着色的**. 图 G 的**边色数**指的是使得图 G 可正常边着色的最少颜色数 k, 记为 $\chi'(G)$.

类似于顶点着色, 图 G 的一个正常 k-边着色可以用代数的方式表示为边集合 $E(G)$ 的一个划分 $\mathcal{C} = (E_1, E_2, \cdots, E_k)$, 其中 E_i 表示着 i 色的边子集 (可能是空集), 满足:

(1) $E(G) = E_1 \cup E_2 \cup \cdots \cup E_k$;

(2) $E_i \cap E_j = \varnothing, 1 \leqslant i \neq j \leqslant k$;

(3) 任给 $1 \leqslant i \leqslant k$, 且任给 $e_1, e_2 \in E_i$, e_1 与 e_2 都不相邻.

在进行正常 k-边着色时, 若要求每种颜色都必须用到, 则还需满足下面的第 (4) 个条件; 否则不需要.

(4) 任给 $1 \leqslant i \leqslant k$, $E_i \neq \varnothing$.

对于图 G 的一个正常 k-边着色 $\mathcal{C} = (E_1, E_2, \cdots, E_k)$ 来说, 每个 E_i 中的任意两条边都不相邻, 所以 E_i 是图 G 的一个匹配. 因此, 图 G 的一个正常 k-边着色等价于将 G 的边集合分成 k 个无公共边的匹配. 而对于任意图 G, 总存在顶点

v, 使得 $\deg(v) = \Delta(G)$, 由边色数的定义可知, v 关联的 $\Delta(G)$ 条边需要用不同的颜色, 所以 $\chi'(G) \geqslant \Delta(G)$. 而图 G 显然是可 $\varepsilon(G)$-边着色的, 所以 $\chi'(G) \leqslant \varepsilon(G)$.

例 7.5 Petersen 图的边色数是 4.

证明 首先给出 Petersen 图 G 的一个正常 4-边着色, 如图 7.3(a) 所示, 所以 $\chi'(G) \leqslant 4$. 下证 $\chi'(G) \geqslant 4$, 即证明对图 G 用三种颜色不能正常边着色.

为了方便观察, 将图 G 画成图 7.3(b) 的形式. 假设图 G 可以用三种颜色正常边着色. 由 Petersen 图的对称性, 不妨设与 v_{10} 关联的三条边已经分别着 1 色、2 色与 3 色. 则与这三条边相邻的边用其余两种颜色着色, 即边 v_1v_5 与 v_4v_5 分别着 2 色与 3 色, 或 3 色与 2 色; 边 v_2v_7 与 v_7v_9 分别着 1 色与 3 色, 或 3 色与 1 色; 边 v_3v_8 与 v_6v_8 分别着 1 色与 2 色, 或 2 色与 1 色. 即这 6 条边的着色有 $2 \times 2 \times 2 = 8$ 种可能的方式, 图 7.3(b) 标出了其中一种. 现在只需证明对其余的边无论怎么着色都不能完成正常 3-边着色 (同理可证对其余的 7 种方式也不能完成正常 3-边着色). 事实上, 在图 7.3(b) 所示的着色方案中, v_3v_4 只能选 3 色, 进而边 v_2v_3 只能选 2 色, 这时边 v_1v_2 的邻边已经占用了 1 色、2 色与 3 色. 这样, 边 v_1v_2 必须选第四种颜色.

综上所述, $\chi'(G) = 4$.

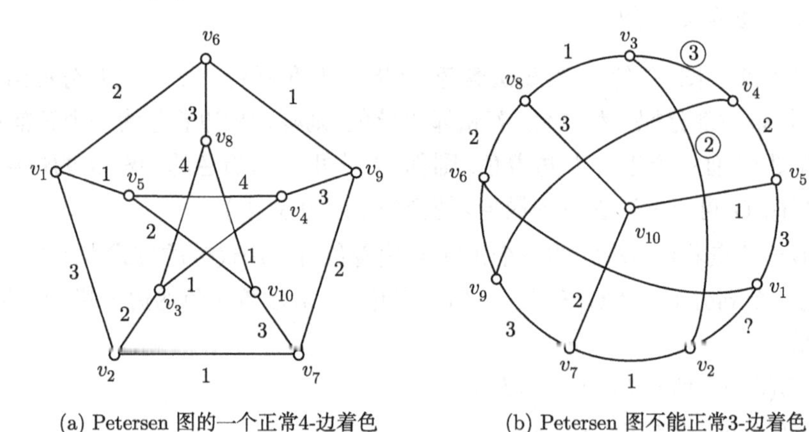

(a) Petersen 图的一个正常4-边着色 (b) Petersen 图不能正常3-边着色

图 7.3 Petersen 图的边着色

例 7.5 使用穷举法确定了 Petersen 图的边色数, 时间复杂度高. 但是, 目前尚不确定是否有求图边色数的有效算法, 它是图论的难题之一.

下面讨论一般图的边色数问题, 主要思路是从一种边着色出发, 逐步改进使得每个顶点关联的边使用不同的颜色. 首先我们观察到奇圈与非奇圈的 2-边着色对每个顶点的影响有所不同. 如图 7.4 所示, 用两种颜色对图 7.4(a) 和 (b) 进行边着色, 使两种颜色尽可能在每个度数大于等于 2 的顶点处都出现. 5 圈 (图 7.4(a)) 的任何一种 2-边着色都至少有一个顶点只出现一种颜色. 以图 7.4(a) 所示的 2-边着色为例, 边 v_1v_2 无论着 1 色还是 2 色, 总有一个 2 度顶点 (v_1 或 v_2) 处只出现一种颜色. 图 7.4(b) 不是奇圈, 可以找到一种 2-边着色满足要求, 如图 7.4(b) 所示. 下面的引理证明了该结论.

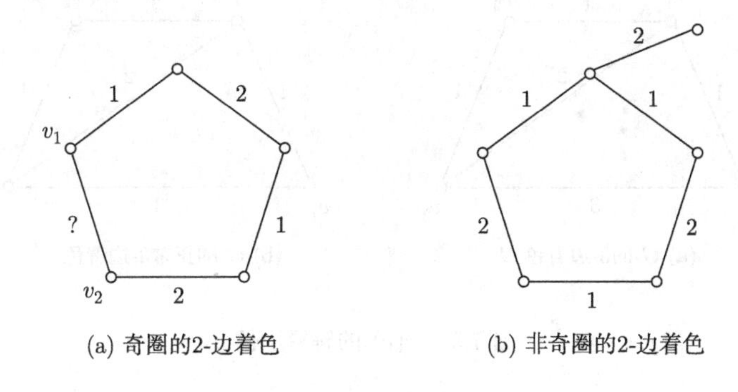

图 7.4 奇圈与非奇圈的 2-边着色

引理 7.1 若连通图 G 不是奇圈, 则存在一种 2-边着色, 使得所用的两种颜色在每个度数大于等于 2 的顶点处都出现, 即每个度数大于等于 2 的顶点所关联的边用到了这两种颜色.

证明 不妨假设 G 是非平凡连通图. 分以下两种情况讨论.

(1) G 中每个顶点的度数都是偶数, 则由定理 6.1 知, G 是 Euler 图, 有 Euler 回路 C. 若 C 是一个圈, 则 C 是一个偶圈, 只需用两种颜色沿此圈交替地对每条边着色, 即可使得每个顶点关联的两条边异色, 引理成立. 若 G 不是圈, 则 C 是多个无公共边的圈之并, 有一个度数大于等于 4 的顶点, 设为 v. 从 v 开始, 沿着 C 上边的顺序, 交替着两种颜色即可, 引理成立.

(2) G 中有度数为奇数的顶点, 则有偶数个度数为奇数的顶点. 在 G 中添加一个新顶点 v^*, 在 v^* 和每个度数为奇数的顶点之间连一条边, 得新图 G'. G' 中每个顶点的度数都为偶数, 于是 G' 有 Euler 回路, 设为 C. 从 v^* 开始, 沿着 C 上边的顺序, 交替使用两种颜色对 G' 中的边进行着色. 在相应的着色方案下, 两种颜色都会出现在图 G 中所有度数大于等于 2 的顶点处. 引理成立. 证毕.

给定图 G 的 k-边着色 $\mathcal{C}$, 用 $c(v)$ 表示顶点 v 关联的边中出现的颜色数. 显然 $c(v) \leqslant \deg(v)$. $\mathcal{C}$ 是正常 k-边着色, 当且仅当等号对 G 中所有顶点 v 都成立.

如图 7.5 所示, 图 7.5(a) 给出了图 G 的一个 3-边着色 $\mathcal{C}$, v_1 关联的 3 条边只使用了 1 色和 2 色, 所以 $c(v_1) = 2 < \deg(v_1) = 3$. 类似地, $c(v_2) = 1 < \deg(v_2) = 2$,

$c(v_3) = 3 = \deg(v_3)$, $c(v_4) = 2 = \deg(v_4)$. 显然这不是正常边着色. 修改着色方案 $\mathcal{C}$, 将边 v_1v_2 的颜色换成 3 色, 这种新的着色方案记为 $\mathcal{C}'$, 见图 7.5(b). 此时每个顶点关联的边都使用了不同的颜色, 即 $c'(v_i) = \deg(v_i)$, $i = 1, 2, 3, 4$. 这是一个正常 3-边着色, 且有 $\sum_{v\in V(G)} c(v) = 8 < \sum_{v\in V(G)} c'(v) = 10$.

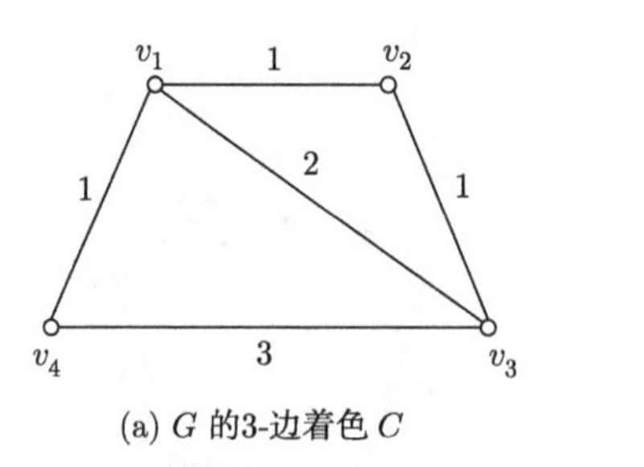

(a) G 的3-边着色 $\mathcal{C}$

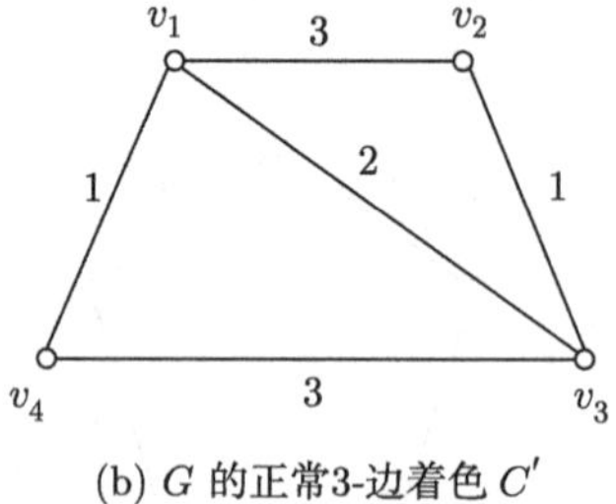

(b) G 的正常3-边着色 $\mathcal{C}'$

图 7.5 $c(v)$ 的解释示例

定义 7.3 设 $\mathcal{C}$ 和 $\mathcal{C}'$ 是图 G 的两种 k-边着色, 如果 $\sum_{v\in V(G)} c(v) < \sum_{v\in V(G)} c'(v)$, 则称 k-边着色 $\mathcal{C}'$ 是对 $\mathcal{C}$ 的一个**改进**, 其中 $c(v)$ 与 $c'(v)$ 分别表示用 $\mathcal{C}$, $\mathcal{C}'$ 着色时顶点 v 关联的边中出现的颜色数. 不能再改进的 k-边着色称为**最佳 k-边着色**.

对于任意的着色 $\mathcal{C}$ 来说, 显然有 $c(v) \leqslant \deg(v)$, 所以有 $\sum_{v\in V(G)} c(v) \leqslant \sum_{v\in V(G)} \deg(v)$. 而 $\mathcal{C}$ 是正常 k-边着色, 当且仅当对 G 中所有顶点 v, 都有 $c(v) = \deg(v)$, 此时满足 $\sum_{v\in V(G)} c(v) = \sum_{v\in V(G)} \deg(v)$. 所以对于正常边着色 $\mathcal{C}$ 来说, $\sum_{v\in V(G)} c(v)$ 达到最大值. 利用定义 7.3, 可以表示一个边着色方案偏离正常边着色方案的程度.

引理 7.2 设 $\mathcal{C} = (E_1, E_2, \cdots, E_k)$ 是图 G 的一个最佳 k-边着色. 如果存在一个顶点 v_0 和两种颜色 i 与 j, 使得 i 色不在 v_0 关联的边中出现, 但 j 色在 v_0 关联的边中至少出现两次, 则边导出子图 $G[E_i \cup E_j]$ 中含 v_0 的连通片是一个奇圈.

证明 设 H 是 $G[E_i \cup E_j]$ 中含 v_0 的连通片, 假设 H 不是奇圈. 由引理 7.1 可知, H 存在一种 2-边着色, 它的 2 种颜色在 H 中度数至少为 2 的顶点所关联的边中都出现. 因此, 我们用 i 色和 j 色对 H 重新边着色, 其他边的着色不变, 得到 G 的一个新的 k-边着色 $\mathcal{C}'$. 已知 j 色在 v_0 关联的边中至少出现两次, 即 $\deg(v_0) \geqslant 2$, 所以 i 色和 j 色在 v_0 关联的边中都出现. 于是, $c'(v_0) = c(v_0) + 1$, 而 $v \neq v_0$ 时, $c'(v) \geqslant c(v)$. 因此, $\sum_{v\in V(G)} c'(v) > \sum_{v\in V(G)} c(v)$, 与 $\mathcal{C}$ 是最佳 k-边着色矛盾, 引理得证. 证毕.

利用此引理可直接得到二分图的边色数.

定理 7.3 若 G 是二分图, 则 $\chi'(G)=\Delta(G)$.

证明 显然 $\chi'(G)\geqslant\Delta(G)$. 下证二分图 G 可 $\Delta(G)$-边着色. 反证, 假设 $\chi'(G)>\Delta(G)$, 且设 $\mathcal{C}$ 是 G 的一个最佳 $\Delta(G)$-边着色. 由于 $\mathcal{C}$ 不是最佳着色, 所以存在顶点 v, 使得 $c(v)<\deg(v)\leqslant\Delta(G)$. 因而在顶点 v 关联的边中, 有一种颜色没有出现, 且有两条边着相同的颜色. 由引理 7.2 知, G 中含有奇圈, 与 G 是二分图矛盾. 故对每个顶点都有 $c(v)=\deg(v)$, 所以 $\mathcal{C}$ 是 G 的正常 $\Delta(G)$-边着色, 故 $\chi'(G)\leqslant\Delta(G)$. 综上, $\chi'(G)=\Delta(G)$. 证毕.

由引理 7.2 可以证明, 一般图的边色数不是 $\Delta(G)$ 就是 $\Delta(G)+1$.

定理 7.4 (Vizing) 若 G 是简单图, 则 $\chi'(G)=\Delta(G)$ 或 $\Delta(G)+1$.

证明 对于简单图 G, 显然有 $\chi'(G)\geqslant\Delta(G)$. 下面证明 $\chi'(G)\leqslant\Delta(G)+1$. 反证, 假设 $\chi'(G)>\Delta(G)+1$. 为方便起见, 记 $\Delta(G)=\Delta$.

设 $\mathcal{C}=(E_1,E_2,\cdots,E_{\Delta+1})$ 是 G 的最佳 $(\Delta+1)$-边着色, u 是使得 $c(u)<\deg(u)$ 的顶点, 则存在两种颜色 i_0 和 i_1, i_0 在 u 关联的边中不出现, 而 i_1 在 u 关联的边中至少出现 2 次. 设边 uv_1 是 i_1 色的, 如图 7.6(a) 所示. 由于 $\deg(v_1)<\Delta+1$, 因此某一颜色 i_2 不在 v_1 关联的边中出现. 这样, i_2 色必然出现在 u 关联的边中, 否则可以用 i_2 色来给 uv_1 重新着色, 从而得到 $\mathcal{C}$ 的一个改进, 与 $\mathcal{C}$ 是最佳边着色矛盾. 因此存在 u 关联的一条边 uv_2 着 i_2 色. 再考虑 v_2, 由于 $\deg(v_2)<\Delta+1$, 因此某一颜色 i_3 不在 v_2 关联的边中出现, i_3 色必然出现在 u 关联的边中, 否则用 i_2 色给 uv_1、用 i_3 色给 uv_2 重新着色, 从而得到 $\mathcal{C}$ 的一个改进, 与 $\mathcal{C}$ 是最佳边着色矛盾. 依此类推, 得到顶点序列 $v_1,v_2,\cdots$, 以及颜色序列 $i_1,i_2,\cdots$, 满足:

(1) 边 uv_j 着 i_j 色;

(2) i_{j+1} 色不在 v_j 关联的边中出现.

由于颜色的数量有限,所以存在一个最小自然数 l, 使得对某个 $k<l, i_{l+1}=i_k$.

我们对 G 的边重新着色: 对于 $1\leqslant j\leqslant k-1$, uv_j 改为着 i_{j+1} 色, 得到 $\Delta+1$ 边着色 $\mathcal{C}'=(E_1',E_2',\cdots,E_{\Delta+1}')$, 参见图 7.6(b). 易见, $\forall v\in V(G), c'(v)\geqslant c(v)$, $\mathcal{C}'$ 是 G 的一个最佳 $\Delta+1$ 边着色. 由引理 7.2 知, $G[E_{i_0}'\cup E_{i_k}']$ 含顶点 u 的连通片 H' 是奇圈.

我们对 G 的边再做一次重新着色: 用 i_{j+1} 色对边 $uv_j(k\leqslant j\leqslant l-1)$ 着色, 边 uv_l 着 i_k 色, 得到 G 的 $\Delta+1$ 边着色 $\mathcal{C}''=(E_1'',E_2'',\cdots,E_{\Delta+1}'')$, 参见图 7.6(c). 同上, $\forall v\in V(G), c''(v)\geqslant c(v)$, $\mathcal{C}''$ 也是 G 的一个最佳 $\Delta+1$ 边着色, $G[E_{i_0}''\cup E_{i_k}'']$ 含顶点 u 的连通片 H'' 是奇圈. 但是, 由于顶点 v_k 在 H' 中的度数是 2, 显然在

H'' 中的度数是 1, 这与 H'' 是奇圈矛盾, 由此可知定理成立. 证毕.

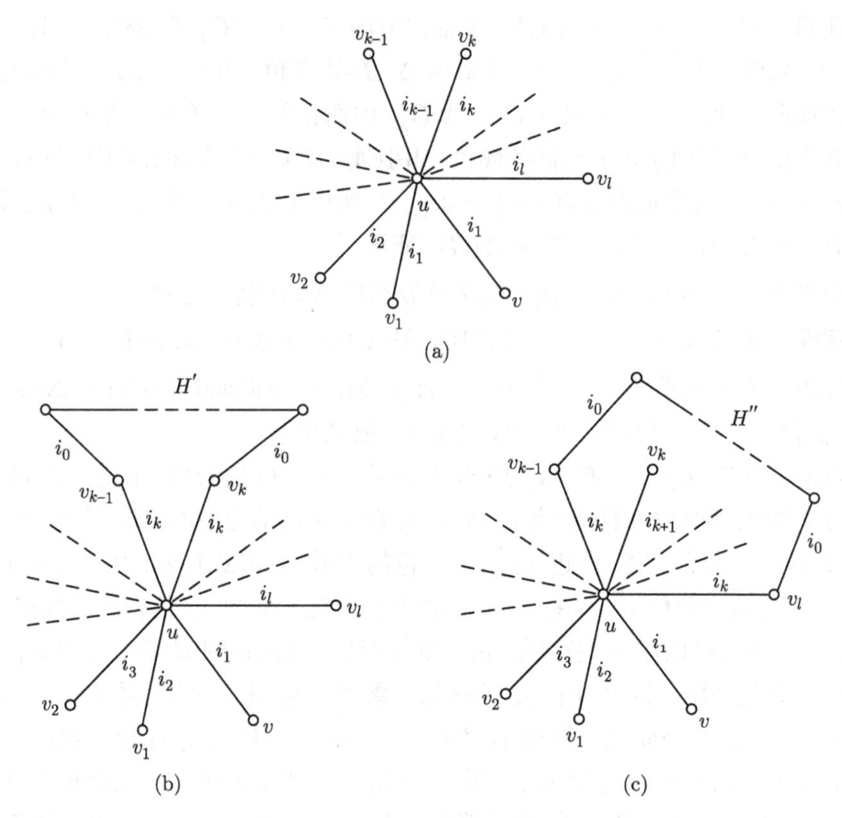

图 7.6　定理 7.4 证明的示意图

实际上, Vizing 证明了比上述定理更一般的结论, 它对所有无环图都正确. 定义 G 中连接两个顶点的最大边数称为 G 的重数, 记为 $\mu(G)$. Vizing 定理的一般形式为: 若 G 是无环图, 则 $\Delta \leqslant \chi' \leqslant \Delta + \mu$.

就下述意义来说, 这个定理的结果已经达到最佳, 即对任意的 μ, 都存在图 G, 使得 $\chi' = \Delta + \mu$. 如图 7.7 所示的图 G 中, $\Delta = 2\mu$, 且任意两条边都是相邻的, 所以 $\chi' = \varepsilon = 3\mu = \Delta + \mu$.

我们称满足 $\chi'(G) = \Delta(G)$ 的图为第一类图, 否则为第二类图. 二分图属于第一类, Petersen 图属于第二类. 尽管定理 7.4 很强, 仍然留下一个尚未解决的问题: 如何判定任意一个图是否为第一类图, 至今尚无有效算法, 这个问题的重要性在平面图的边着色时更为明显.

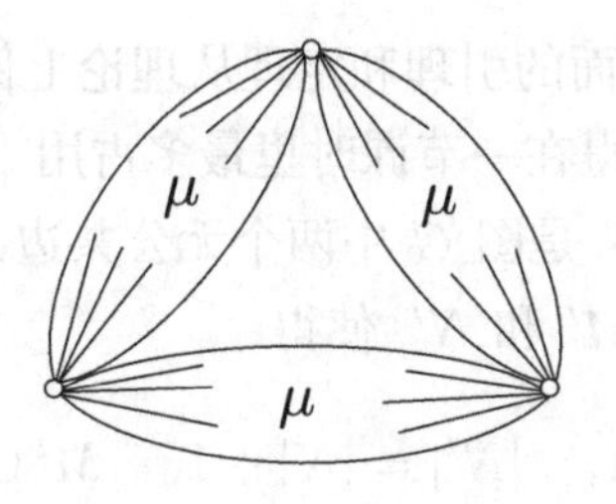

图 7.7 $\chi' = \Delta + \mu$ 的图

7.2.2 边着色的应用

边着色的一个典型应用就是“课表安排问题”. 假设某学校有 m 位教师 $x_1, x_2, \cdots, x_m$ 和 n 个班级 $y_1, y_2, \cdots, y_n$. 已知某一天教师 x_i 需要给班级 y_j 上 p_{ij} 节课, 要求设计一张课时尽量少的课表, 至少需要多少个教室? 或者在不增加课时的情况下, 能否给出一个最节省教室的课表?

这样的问题可以用边着色理论解决. 首先建立图模型, 每个顶点表示教师或者班级, 即有两类顶点: $X = \{x_1, x_2, \cdots, x_m\}$ 表示教师集合, $Y = \{y_1, y_2, \cdots, y_n\}$ 表示班级集合. 顶点 x_i 和顶点 y_j 之间连接 p_{ij} 条边, 当且仅当教师 x_i 需要给班级 y_j 上 p_{ij} 节课. 如此, 得到二分图 $G = (X, E, Y)$. 因为在任何一节课时内, 每位教师最多教一个班级, 并且每个班级最多只能由一位教师讲课. 图 G 中相邻的边表示是由同一位教师讲授的或者是同一个班级的课程. 对图 G 的边进行正常着色, 则同色的边表示相应的课程可以安排在同一课时, 所以课表安排问题对应于图 G 的正常边着色, 边色数 $\chi'(G)$ 就是所需最少课时数. 因为 G 是二分图, 所以 $\chi'(G) = \Delta$. 因此, 若没有教师教多于 Δ 节课, 没有班级上多于 Δ 节课, 则安排一张 Δ 课时的课表即可, 而且存在求二分图正常 Δ 边着色的多项式算法, 参见习题 9.

现在把教室资源纳入考虑范围. 设 $\mathcal{C} = (E_1, E_2, \cdots, E_\Delta)$ 是课程图的一个 Δ-边着色, 则 $|E_1|, |E_2|, \cdots, |E_\Delta|$ 分别是用每种颜色着色的边数, 也就是每节课时安排的课程数, 而 $\max_{i=1}^{\Delta}\{|E_i|\}$ 则是相应的课表需要的最少教室数. 对于同一个二分图 G 来说, 正常 Δ-边着色方案不唯一. 所以在课时节数为 Δ 的前提下, 对所有的正常 Δ-边着色方案 $\mathcal{C} = (E_1, E_2, \cdots, E_\Delta)$, 寻找 $\max\{|E_1|, |E_2|, \cdots, |E_\Delta|\}$ 的最小值, 这就是学校需要为开课提供的最少的教室数. 这个最小值是多少? 是否一定能达到? 为此提出以下带有约束条件的课表安排问题.

假设所有老师给所有班级共计上 l 节课, 而需要编制一张 p 课时的课表. 由上面的讨论知, $p \geqslant \Delta$, 平均每一课时至少需同时开 l/p 节课, 因此在某一课时里

至少需要 $\lceil l/p \rceil$ 个教室. 下面的引理和定理从理论上保证了在一张 p 课时的课表里总可以安排完 l 节课, 使得在一节课时里最多占用 $\lceil l/p \rceil$ 个教室.

引理 7.3 设 M 和 N 是图 G 中两个无公共边匹配, 且 $|M| > |N|$, 则存在 G 中两个无公共边的匹配 M' 和 N', 使得

$$|M'| = |M| - 1, \quad |N'| = |N| + 1, \quad M' \cup N' = M \cup N.$$

证明 考察图 $H = G[M \cup N]$. 类似 Berge 引理的证明, H 的每个连通片是边在 M 和 N 中交替出现的偶圈或者轨道. 因为 $|M| > |N|$, 所以 H 中一定有一个连通片是轨道 P, 其长度为奇数, 并且它的第一条边和最后一条边都是 M 中的边. 记 $P = v_0e_1v_1 \cdots e_{2k+1}v_{2k+1}$. 令

$$M' = (M - \{e_1, e_3, \cdots, e_{2k+1}\}) \cup \{e_2, e_4, \cdots, e_{2k}\},$$
$$N' = (N - \{e_2, e_4, \cdots, e_{2k}\}) \cup \{e_1, e_3, \cdots, e_{2k+1}\}.$$

易见 M' 和 N' 是 G 的两个匹配, 且满足引理的条件. 证毕.

定理 7.5 设 G 是二分图, $\varepsilon = |E(G)|$, $\Delta \leqslant p$, 则存在 G 的 p 个不相交匹配 $M_1, M_2, \cdots, M_p$, 使得

$$E(G) = \bigcup_{i=1}^{p} M_i,$$

且对 $1 \leqslant i \leqslant p$,

$$\lfloor \varepsilon/p \rfloor \leqslant |M_i| \leqslant \lceil \varepsilon/p \rceil.$$

证明 二分图的边色数是 Δ, 所以 G 的边集可以划分成 Δ 个匹配 M'_1, $M'_2, \cdots, M'_\Delta$. 故对于任意 $p \geqslant \Delta$, 令 $M'_i = \varnothing(\Delta < i \leqslant p)$, 则得到 G 的 p 个无公共边的匹配 $M'_1, M'_2, \cdots, M'_p$, 使得 $E(G) = \bigcup_{i=1}^{p} M_i$. 对于边数相差超过 1 的任何两个匹配, 反复应用引理 7.3, 最后就能得到 G 的 p 个无公共边的匹配, 满足定理的结论. 证毕.

注意: 该定理说明任意两个匹配的边数最多相差 1.

例 7.6 设有 4 位教师给 5 个班级上课, 教学要求如下:

$$A = \begin{array}{c} \\ x_1 \\ x_2 \\ x_3 \\ x_4 \end{array} \begin{array}{c} \begin{array}{ccccc} y_1 & y_2 & y_3 & y_4 & y_5 \end{array} \\ \begin{pmatrix} 2 & 0 & 1 & 1 & 0 \\ 0 & 1 & 0 & 1 & 0 \\ 0 & 1 & 1 & 1 & 0 \\ 0 & 0 & 0 & 1 & 1 \end{pmatrix} \end{array}.$$

试排出 4 间教室、3 间教室和 2 间教室的课表.

解 根据矩阵 $A=(a_{ij})_{4\times 5}$ 构造二分图 $G=(X,E,Y)$. 令 $X=\{x_1,x_2,x_3,x_4\}$, $Y=\{y_1,y_2,y_3,y_4,y_5\}$, 在 x_i 与 y_j 之间连接 a_{ij} 条边. 于是 $\Delta=4,\varepsilon=11$. 如果编制 4 课时的课表, $\lfloor\varepsilon/p\rfloor=\lfloor 11/4\rfloor=2,\lceil\varepsilon/p\rceil=\lceil 11/4\rceil=3$, 则由定理 9.3, 可以安排 3 个教室 4 课时的课表. 根据图 7.8(a) 所示的一种 4-边着色方案, 相应地得到一张 4 课时课表, 如图 7.8(b) 所示.

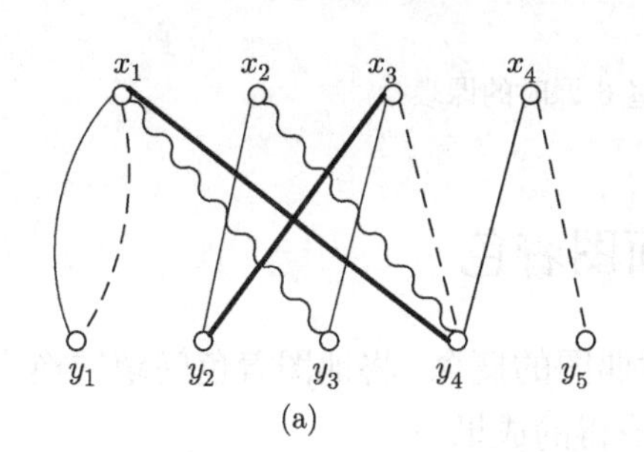

教师＼课时	1	2	3	4
x_1	y_1	y_1	y_3	y_4
x_2	y_2	–	y_4	–
x_3	y_3	y_4	–	y_2
x_4	y_4	y_5	–	–

(b)

图 7.8 4 课时的课表

注意图 7.8(a) 所示的四个匹配中, 有两个匹配包含的边数相差大于 1(细边表示的匹配 M_1 和粗边表示的匹配 M_4), 根据引理 7.3, 通过考察 $G[M_1\cup M_4]$ 能够找到一张 3 个教室 4 课时的课表 (图 7.9 (b)). $G[M_1\cup M_4]$ 有两个连通片, 每个连通片都是一条长为 3 的轨道, 并且都是从细边开始, 以细边结束. 将其中一条轨道 (例如 $y_1x_1y_4x_4$) 的粗细边互换, 得到图 7.9(a), 从而将细边减少了一条, 变成了 3 条, 粗边对应的匹配也增加到 3 条边. 这样每个课时最多三个班在上课, 只需 3 个教室.

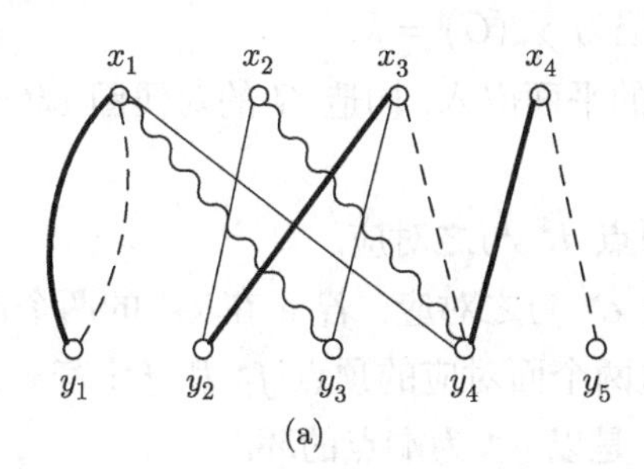

教师＼课时	1	2	3	4
x_1	y_4	y_1	y_3	y_1
x_2	y_2	–	y_4	–
x_3	y_3	y_4	–	y_2
x_4	–	y_5	–	y_4

(b)

图 7.9 3 个教室 4 课时的课表

若只有 2 个教室可供使用, 由于 $\lceil 11/2\rceil=6$, 需要安排 6 课时的课表, 由引理 7.3 和定理 7.5, 可以将图 7.9(a) 所示的匹配调整成 6 个不相交的匹配, 得到 2 个教室 6 课时的课表, 如图 7.10 所示.

教师＼课时	1	2	3	4	5	6
x_1	y_4	y_3	y_1	-	y_1	-
x_2	y_2	y_4	-	-	-	-
x_3	-	-	y_4	y_3	y_2	-
x_4	-	-	-	y_4	-	y_5

图 7.10 2 个教室 6 课时的课表

7.3 平面图着色

本节研究地图着色问题, 通过引入对偶图的概念, 将地图着色问题转换为顶点着色问题, 进而讨论为证明四色定理所取得的成果.

7.3.1 平面图着色

著名的地图着色问题可以转换为顶点着色问题. 用一个顶点代表一个国家的首都, 当且仅当两个国家有公共边界时, 在对应的两个顶点之间连一条边, 得到图 G^*, $\chi(G^*)$ 即为地图着色问题需要的颜色数. 为此, 引入对偶图和面色数的概念.

定义 7.4 平面图 G 的一个**正常面着色**是指: 对其一个平面嵌入 G' 的每个面 (国家) 着一种颜色, 使得相邻的两个面着不同的颜色. 若能用 k 种颜色给 G' 的面正常着色, 就称 G 是可 ***k*-面着色的**. 若 G 是可 k-面着色的, 但不是可 $(k-1)$-面着色的, 则称 G 的**面色数**为 k, 记为 $\chi_*(G)=k$.

定义 7.5 设 G 是平面图, G' 是 G 的平面嵌入, 构造 G 的**对偶图** G^* 如下 (图 7.11).

(1) G' 的每个面 f, 都有 G^* 的一个顶点 f^* 与之对应.

(2) G' 的每条边 e 都有 G^* 的一条边 e^* 与之对应: 若 e 在 G' 的两个面 f_i 和 f_j 的公共边界上, 则在 G^* 中 e^* 连接这两个面对应的顶点 f_i^* 和 f_j^*; 若 e 只在一个面 f_i 的边界上, 则在 G^* 中对应的 e^* 是以 f_i^* 为端点的环.

从定义易见下述性质成立.

(1) G^* 是平面图, 且是平面嵌入.

(2) 若 e 是 G' 中的环, 则它对应的边 e^* 是 G^* 的桥; 若 e 是 G' 中的桥, 则 e^* 是 G^* 的环.

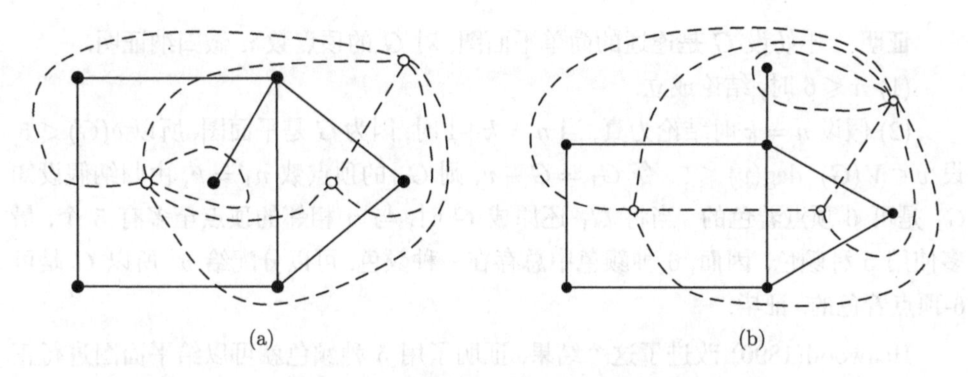

图 7.11 两个同构的平面图及其对偶图

(3) G^* 是连通的.

(4) 若 G' 的面 f_i 和 f_j 的边界上至少有两条公共边, 则关联 f_i^* 和 f_j^* 的边有重边.

(5) 两个图同构, 但它们的对偶图不一定同构.

图 7.11 中 (a) 和 (b) 所示的图同构, 但它们的对偶图 (虚线边所示的图) 并不同构. 所以, 从这个角度来说, 图与图的图示不能等同. 但是, 利用图的图示, 可以直观理解图的很多性质, 是很有意义的.

下面的对偶图与原图的关系显然成立.

定理 7.6 设 G^* 是连通平面图 G 的对偶图, n^*, m^*, ϕ^* 和 n, m, ϕ 分别是 G^* 和 G 的顶点数、边数和面数, 则

(1) $n^* = \phi, m^* = m, \phi^* = n$;

(2) 设 G^* 的顶点 f^* 与 G' 的面 f 对应, 则 $\deg_{G^*}(f^*) = \deg_G(f)$.

定理 7.7 设 G 是连通的无环平面图, 则 G 是可 k-面着色的, 当且仅当它的对偶图 G^* 是可 k-顶点着色的.

由上述定理可知, 研究地图的着色 (面着色) 等价于研究平面图的顶点着色. 因此, 四色定理 "任何平面图的面色数不大于 4" 可以转化成:

$$\chi(\text{平面图}) \leqslant 4.$$

7.3.2 五色定理

利用平面图最小度数 $\delta(G) \leqslant 5$ 的性质, 可以很简单地证明任何平面图都是可 6-顶点着色的; 通过对顶点换色, 可以进一步证明任何平面图都是可 5-顶点着色的, 但是这一方法不能证明四色定理.

定理 7.8 任何平面图都是可 6-顶点着色的.

证明　不妨设 G 是连通的简单平面图, 对 G 的顶点数 n 做归纳证明.

(1) $n \leqslant 6$ 时, 结论成立.

(2) 假设 $n = k$ 时结论为真, 当 $n = k+1$ 时, 因为 G 是平面图, 所以 $\delta(G) \leqslant 5$. 设 $v \in V(G)$, $\deg(v) \leqslant 5$. 令 $G_1 = G - v$, 则 G_1 的顶点数 $n_1 = k$, 由归纳假设知 G_1 是可 6-顶点着色的. 当将 G_1 还原成 G 时, 与 v 相邻的顶点至多有 5 个, 最多使用 5 种颜色. 因而, 6 种颜色中总存在一种颜色, 可以分配给 v. 所以 G 是可 6-顶点着色的. 证毕.

Heawood(1890) 改进了这个结果, 证明了用 5 种颜色就可以给平面图进行正常顶点着色, 这就是著名的**五色定理**.

定理 7.9　任何平面图都是可 5-顶点着色的.

证明　设 G 是连通的简单平面图, 对 G 的顶点数 n 做归纳证明.

(1) 当 $n \leqslant 5$ 时, 结论显然成立.

(2) 假设当 $n = k$ 时结论为真, 下面讨论当 $n = k + 1$ 时的情形. 因为 G 是平面图, 所以存在点 $v \in V(G)$, $\deg(v) \leqslant 5$. 令 $G_1 = G - v$, 则 G_1 是 k 阶图. 由归纳假设知 G_1 是可 5-顶点着色的. 下面证明将 G_1 还原成 G 时, v 是可正常着色的.

(2.1) 若 $\deg(v) \leqslant 4$, v 的邻点至多使用了 4 种颜色, 则 v 能用第 5 种颜色着色.

(2.2) 若 $\deg(v) = 5$, 但 v 的邻点至多使用了 4 种颜色, 则 v 也能正常着色.

(2.3) 若 $\deg(v) = 5$, 且 v 的 5 个邻点已经使用了 5 种颜色. 设 v_1, v_2, v_3, v_4 和 v_5 是 v 的邻顶, 不妨设 v_1, v_2, v_3, v_4, v_5 围绕 v 沿顺时针排列, 如图 7.12 所示. 并设它们在 G_1 中着的颜色分别是 $1, 2, 3, 4, 5$, 对应的着色方案为 $\mathcal{C} = (V_1, V_2, V_3, V_4, V_5)$. 记 G_1 中由 $V_i \cup V_j$ 导出的子图为 $G_{ij} = G[V_i \cup V_j]$. 考察 G_{13}.

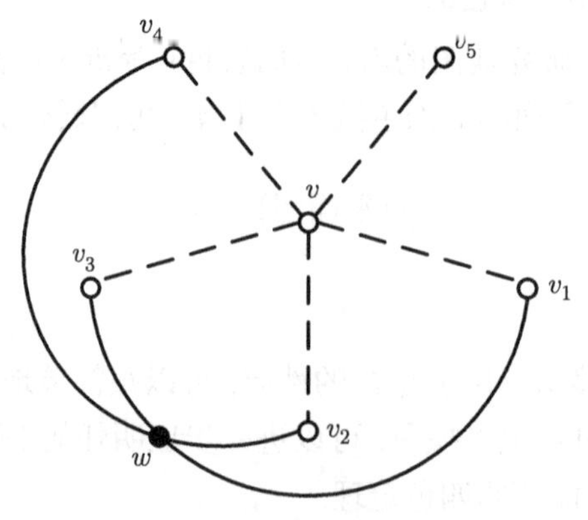

图 7.12　五色定理证明示意图

(2.3.1) 若在 G_{13} 中 v_1 与 v_3 分别在两个连通片中, 则在含 v_1 的连通片中将 1, 3 两色互换, 于是给 v_1 着 3 色, 腾出 1 色给 v 着色, 从而 G 可以用 5 种颜色正常顶点着色.

(2.3.2) 若在 G_{13} 中 v_1 与 v_3 在同一个连通片中, 则在 G_1 中存在轨道 $P(v_1, v_3)$, 它上面的顶点着 1 色或 3 色, 且两种颜色交替出现. 再考察 G_{24}. 若在 G_{24} 中 v_2 与 v_4 分别在两个连通片中, 与 (2.3.1) 类似可得 $\chi(G) \leqslant 5$. 否则, v_2 与 v_4 在同一个连通片中, 同理存在轨道 $Q(v_2, v_4)$, 其上的顶点交替着 2 色与 4 色. 注意在 G 中有圈 $vv_1P(v_1, v_3)v$, 在这个平面嵌入中 $P(v_1, v_3)$ 与 $Q(v_2, v_4)$ 有交点. 因为是平面嵌入, $P(v_1, v_3)$ 与 $Q(v_2, v_4)$ 的交点必须是它们的公共顶点, 设为 w. 因为 w 在 $P(v_1, v_3)$ 上, 所以它着 1 色或 3 色; 又因为 w 在 $P(v_2, v_4)$ 上, 它着 2 色或 4 色, 这种情形不可能, 矛盾. 因此总能腾出一种颜色给 v 正常着色. 证毕.

五色定理是不是最好的结果? 与之密切相关的是四色定理: 每个平面图都是可 4-顶点着色的. 因为存在不可 3-顶点着色的平面图, 例如 K_4, 所以四色定理已经达到最好结果.

到目前为止, 四色定理的形式化证明没有得到彻底的解决, 人们在为之努力的过程中得出许多图论的新成果, 例如颜色多项式等. 但是借助计算机, 四色定理已经被证明, 下一节将简要介绍四色猜想的机器证明.

7.3.3 Appel 和 Haken 的机器证明*

1976 年 7 月, 美国伊利诺大学的两位数学家 Kenneth Appel 和 Wolfgang Haken 用计算机证明了四色猜想成立, 这是数学史上首次用机器来证明数学定理. 这项成果 1978 年发表在《今日数学》(*Mathematics Today*). 这个证明令数学界震惊, 它用了 1200 多小时, 做出了 100 亿个独立的逻辑判断. Apple 和 Haken 认为他们证明的正确性若不借助计算机是无法检验其是否成立的. 他们还声称四色猜想是一个有趣的新型定理, 虽然不能排除简短的手写证明的出现, 但估计这种机会非常小. 有理由相信数学中计算与证明单靠人力不能完成的问题可能非常多, 他们主张传统的人工证明应该与计算机证明和计算结合起来, 跳出传统的纯粹数学方法的局限性. 1852 年以来到 1976 年在攻克四色猜想中人类付出了巨大的努力仍不能成功, 最后还是借用机器完成其证明, 颇具历史性的启发作用.

1. Kemple 的证明

1879 年 Kemple 给出的四色猜想为真的证明虽然有错, 但 Kemple 证明中发明的技巧和思想 "包含了一个世纪后终于引到正确证明的绝大部分基本概念". Heawood 给出的五色定理证明就继承了 Kemple 的 "色交换技术". Kemple 的证明阐明了两个重要的概念, 对以后问题的解决提供了途径. 第一个概念是 “构形”. 他证明了在每一张正规地图中至少有一国具有两个、三个、四个或五个邻国, 不存在每个国家都有六个或更多个邻国的正规地图, 也就是说, 由两个邻国, 三个邻国、四个或五个邻国组成的一组 “构形” 是不可避免的, 每张地图至少含有这四种构形中的一个. Kemple 提出的另一个概念是 “可约” 性. “可约” 这个词的使用是来自 Kemple 的论证. 他证明了只要五色地图中有一国具有四个邻国, 就会有国数减少的五色地图. 自从引入 “构形” 和 “可约” 的概念后, 逐步发展了检查构形以决定是否可约的一些标准方法. 能够寻求可约构形的不可避免组, 是证明 “四色问题” 的重要依据. 因此我们先介绍 Kemple 的证明.

为证明每一个平面图都是可 4-顶点着色的, 只需考虑平面三角剖分图 (plane triangulations). 每个平面图都可以通过加上一些新边而得到三角剖分图, 例如图 7.13(a) 就是图 7.13(b) 加上新边 v_4v_6, v_3v_5, v_5v_7 得到的, 而添加新边不会减小色数, 甚至可能增大色数.

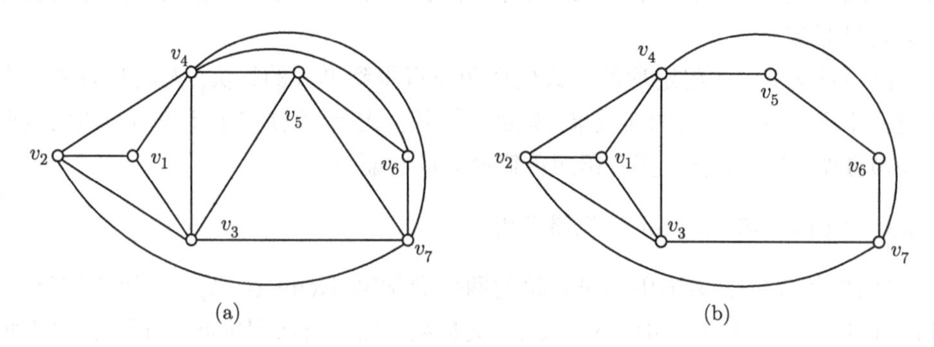

图 7.13

设 T 是 p 个顶点 q 条边和 r 个面的极大平面图, 且设度数为 k 的顶点有 p_k 个, $p_0 = p_1 = 0$. 由 Euler 公式 $p - q + r = 2$, 及 $p = \sum_k p_k$, $2q = \sum_k kp_k$ 和 $2q = 3r$ 可直接得到下面的定理.

定理 7.10　若在极大平面图 T 中, k 度顶点的数目是 p_k 个, 则

$$\sum_k (6-k)p_k = 12.$$

推论 7.1　极大平面图 T 中, 有一个度数最多为 5 的顶点.

由推论可知, T 中至少含有图 7.14 所示的四种结构之一.

若四色猜想不成立, 则可以得到一个顶点数最少的反例. 如果它不是三角剖分, 则可以加边, 使其成为三角剖分 T, 顶点数不变, 每个比 T 顶点数少的平面图

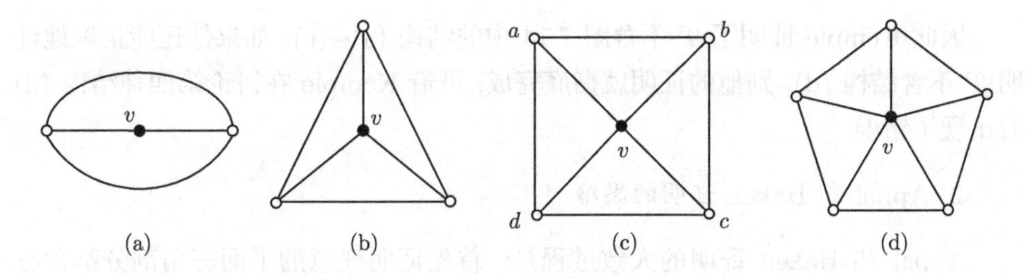

图 7.14 极大平面图包含的四种基本结构

都是可 4-顶点着色的, 而 T 不是可 4-顶点着色的. 如果 T 只含图 7.14(a) 或 (b) 这两种结构, 则删除顶点 v 之后, $\chi(T-v)\leqslant 4$(因为 $T-v$ 顶点数小于 T). 由于 v 的邻点至多 3 个, 至多使用了 3 种颜色, 所以可以用第 4 种颜色给 v 染色, 于是 $\chi(T)\leqslant 4$, 与 T 是反例矛盾, 所以 T 中不含结构 (a) 和 (b).

如果 T 含结构图 7.14(c), 若用和上面类似的方法证明, 当 a,b,c,d 的颜色两两不同时, 就不能对 v 用 4 种颜色中的一种正常着色. 为了解决这一麻烦, Kemple 采用了一种巧妙的证明方法 (称为 Kemple 链证法), 通过证明可以对 $T-v$ 的着色方案进行变更, 使得 a 与 c 或者 b 与 d 用相同颜色, 从而可以对 v 用第 4 种颜色着色, 使得 T 是可 4-顶点着色的, 得到矛盾. 为了证明这一结论, 不妨设 a,b,c,d 在 $T-v$ 中染上 1, 2, 3, 4 四种颜色. 若在 $T-v$ 中能找到从 a 到 c 的一条轨道, 上面的顶点不是 1 色就是 3 色的 (称为 Kemple 链), 也能找到一条从 b 到 d 的一条轨道, 上面的顶点着 2 色或 4 色. 但是这两条轨道不能同时存在 (图 7.15), 否则, 它们会有公共顶点, 此公共顶点是 1 色或 3 色的, 又是 2 色或 4 色的, 这不可能. 不失一般性, 假设不存在从 a 到 c 的 1-3 轨道, 这意味着可以交换颜色, 使 a 着 3 色, b,c,d 不变色, 于是可以用腾出来的 1 色给 v 着色, 使得 T 呈 4 色, 与 T 是反例矛盾.

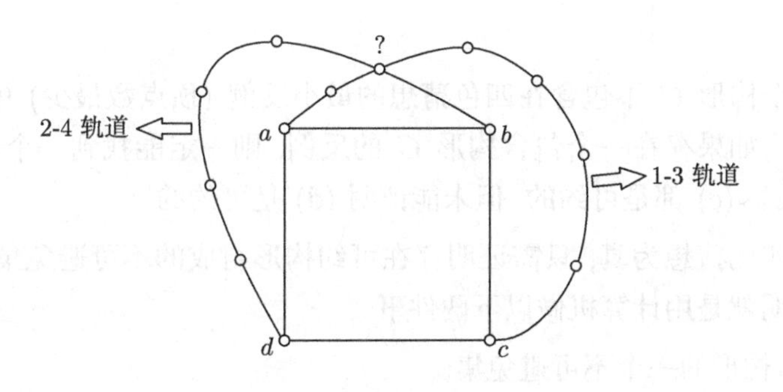

图 7.15 Kemple 链证法证明 T 不含图 7.14(c)

因此 Kemple 证明了 T 不含图 7.14 中的结构 (a)~(c). 如果他还能正确地证明 T 不含结构 (d), 则他的证明就彻底完成, 可惜 Kemple 在讨论第四种结构 (d) 时出现了错误.

2. Appel 和 Haken 证明的思路

Appel 和 Haken 证明的大致过程是: 首先证明任意的平面三角剖分都含有 1482 个 "不可避免集" 中的一个; 第二步, 借助计算机证明所有不可避免集都是可约的, 即含有 "不可避免集" 的所有平面三角剖分, 都可以由更小的 4 色三角剖分组合而成. 将上述两个事实结合起来, 运用归纳法, 可以证明任意的平面三角剖分或者说所有的平面图都是 4-可着色的.

平面三角剖分的某个圈中的顶点导出的子图称为一个构形 (configuration), 包围此构形的圈称为构形围栏, 围栏上的顶点数称为围栏长. 图 7.14 的四个图中的构形都是由一个顶点 v 导出的, 而其围栏长分别是 2, 3, 4, 5. 图 7.16 的构形由 7 个顶点 (实心点) 组成, 围栏长为 12. 若 U 是一个构形集合, 且每个平面三角剖分都至少含有 U 中一个元素, 则称 U 为**不可避免集** (unavoidable set). 例如, 图 7.14 的四个图的构形集合就是一个不可避免集.

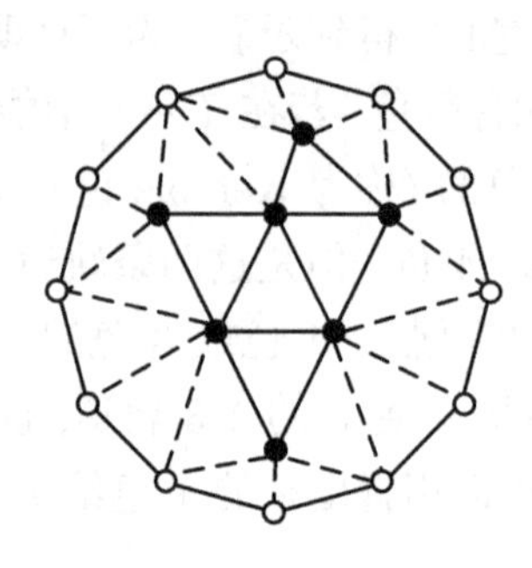

图 7.16

如果一个构形 C 不包含在四色猜想的最小反例 (顶点数最少) 中, 则称此构形为**可约的**. 如果存在一个包含构形 C 的反例, 则一定能找到一个更小的反例. 图 7.14 的 (a)~(c) 都是可约的, 但未能证明 (d) 是可约的.

要证明四色猜想为真, 只需证明存在可约构形组成的不可避免集. Appel 和 Haken 的证明就是用计算机做以下两件事:

(1) 构造构形的一个不可避免集;

(2) 证明 (1) 中的构形是可约的.

3. 不可避免集

图 7.14 的四个图中只有 (d) 没有证明是可约的, 所以尽管它是不可避免集, 仍需要寻找另外的不可避免集. 1904 年, Wernicke 构造出一个不可避免集, 如图 7.17 所示. 他用另外 2 个构形替代图 7.14(d), 其中一个构形是两个相邻的 5 度顶点, 另一个则是一个 5 度顶点和它的一个 6 度邻点. 图 7.18 是另一组不可避免集.

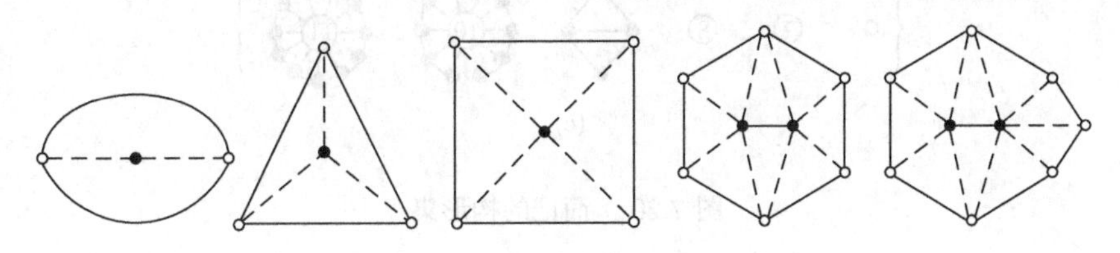

图 7.17　不可避免集 1

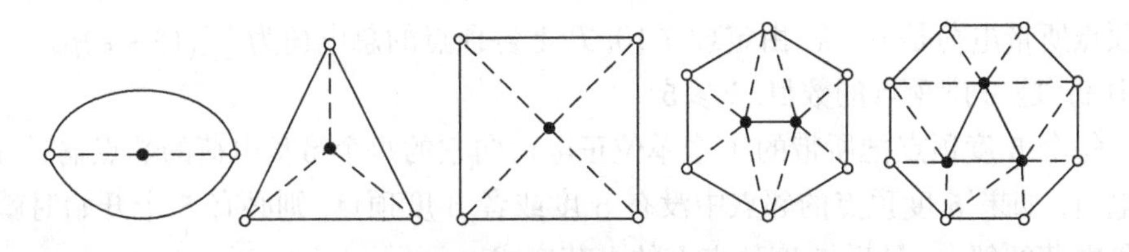

图 7.18　不可避免集 2

1913 年, G. D. Birkhoff 又找到一个可约构形, 如图 7.19 所示, 被称为 Birkhoff 钻石. 在下面的论证中, 我们做如下约定:

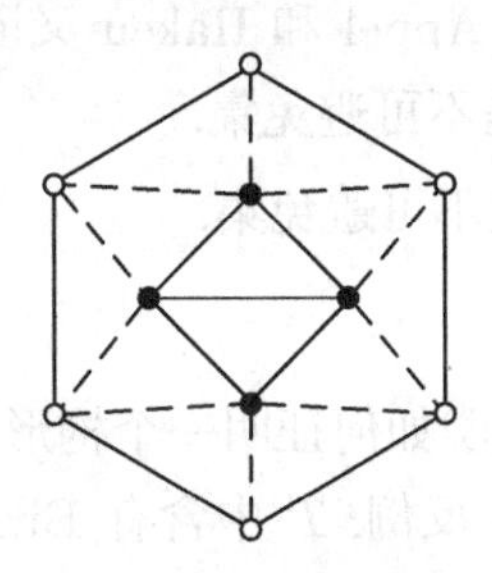

图 7.19　Birkhoff 钻石

(1) 在所描述的不可避免集中, 省去图 7.14 的 (a)~(c);

(2) 省去构形的围栏;

(3) 用 • 表示构形中的 5 度顶点, ∘ 表示 6 度顶点, ⓚ 表示构形中的 k 度顶点, $k > 6$.

例如, 图 7.14 中的构形集表示为 $\{\bullet\}$, 图 7.17 的构形集表示为 7.20(a), 而图 7.18 中的构形集则为 7.20(b).

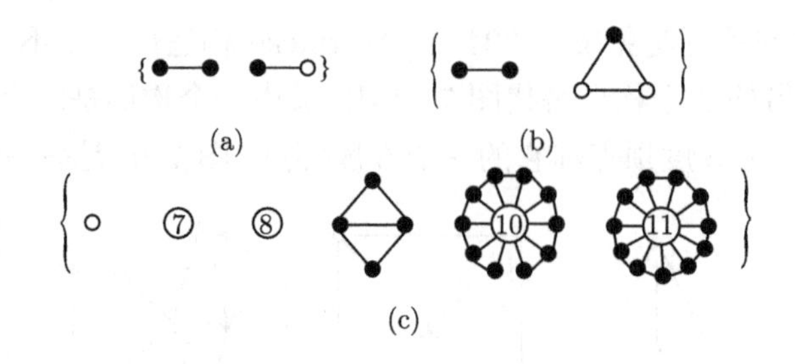

图 7.20　简记的构形集

定理 7.11 (Wernick)　图 7.20(a) 是不可避免集.

证明　令 T 是一个不含 2 度、3 度和 4 度顶点的三角剖分. 约定开始时 k 度顶点所带电荷是 $6-k$, 由定理 7.10, T 上各顶点的总电荷为 $\sum_k (6-k)p_k = 12$, 其中 p_k 是 k 度顶点的数目, $k \geqslant 5$.

每个 5 度顶点把所带的 1 个单位正电荷向它的每个带负电荷的邻点输送 1/5 个电荷. 如果 5 度顶点的邻点中没有 5 度或者 6 度顶点, 则必有 5 个开始时就带有负电荷的邻点, 最后 5 度顶点上的电荷变成 0.

考虑 $k \geqslant 7$ 的顶点, 这种 k 度顶点获得的电荷最多为 $k/10$, 使它带的电荷数不大于 $(6-k)+k/10<0$, 所以 T 上的总电荷量是负的, 不可能是 12, 此矛盾说明了 7.20(a) 是不可避免集. 证毕.

使用这种电荷输送的技术 Appel 和 Haken 又证明了下面两个定理.

定理 7.12　图 7.20(b) 是不可避免集.

定理 7.13　图 7.20(c) 是不可避免集.

4. 可约性

以 Birkhoff 钻石为例来说明如何证明一个构形是可约的.

假设 T 是四色猜想的最小反例, T 中含有 Birkhoff 钻石构形, 并且 T' 是把 T 中 Birkhoff 钻石的内部四个顶点删除后得到的图 (图 7.21). 因为 T 是最小反例, 则 T' 是可 4-顶点着色的, 即 $\chi(T') \leqslant 4$. 我们通过证明 T' 的每个正常 4-顶点着色都可以扩充为 T 的一种正常 4-顶点着色来得到矛盾. 为此, 考虑 T' 的正常 4-顶点着色方案的具体情形. 在用 4 种颜色正常着色的时候, 六边形的顶点颜色分布如下:

121212 121324√ 123143 123414 121213√ 121342√ 123212
123413 121232 121343√ 123213√ 123414√ 121234√ 123123
123432 123214√ 121312√ 121313 123124 123232√ 123424√
123234 123132√ 123432√ 121314 123134 123242 123434√
123142 121323√ 123243

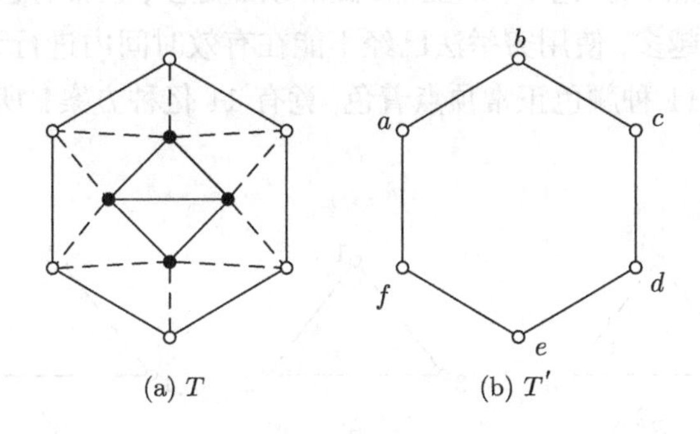

(a) T (b) T'

图 7.21 Birkhoff 钻石及删除内部四个顶点的图

上述表中不是一切可能的情形, 例如 121214 未列入, 是因为它与 121213 是同一类型. 表中用 √ 标记的是六边形的“好着色”, 即能够扩充到 Birkhoff 钻石构形. 例如 121213√, 见图 7.22. 如果上述 31 种可能的六边形颜色分布都是好的, 那么 T' 的每个可能的正常着色都可以扩充到 T, 得到 T 的正常 4-顶点着色. 事实上, 我们可以用 Kemple 链的方法把上述 31 种颜色分布中的“坏着色”转换成“好着色”. 例如, 坏着色 121313 能转换成好着色 121213 和 121343 中的一个, 只需把 Kemple 链上的 1 与 4, 或者 2 与 3 互换即可.

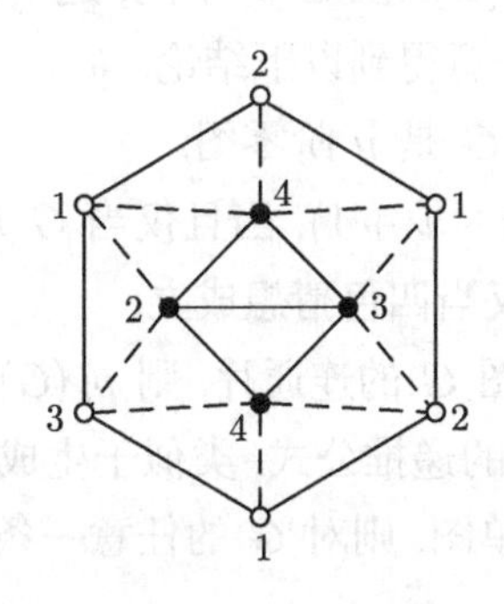

图 7.22 Birkhoff 钻石的一个正常 4-顶点着色

7.4 颜色多项式

着色问题除了研究正常着色的存在性, 有时还需考虑有多少种着色方案 (比如例 7.2 中有多少种不同的安全装箱方法). 例如对一个三角形的顶点进行 3-顶点着色, 在顶点固定的情形下有 $3! = 6$ 种方式, 每个顶点恰好分配一种颜色, 如图 7.23 所示 (顶点处所标的数字表示该顶点着第几种颜色). 所谓两种着色不同, 是指至少有一个顶点的颜色不同. 显然, 图的顶点越多, 正常着色需要的颜色数越多, 着色方案数也越多, 使用穷举法已经不能在有效时间内进行计数. 例如, 一棵 9 个顶点的树, 用 11 种颜色正常顶点着色, 竟有 11 亿种方案！所以有必要提出有效的计数方法.

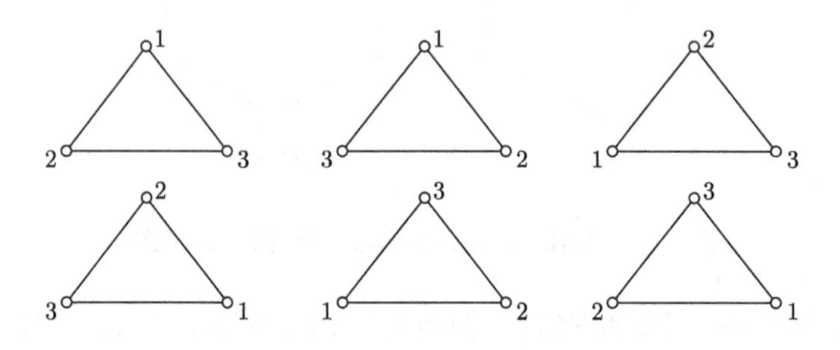

图 7.23 三角形的 6 种 3-顶点着色

本节介绍的颜色多项式是 Birkhoff (1912) 为了攻克四色猜想而提出的. 给定标定图 G(G 的顶点已经标号) 和颜色数 k, 用 $p_k(G)$ 表示图 G 的正常顶点着色的方法数. 显然 $p_k(G) > 0$, 当且仅当 G 是可 k-顶点着色的. $p_k(G)$ 是 k 的一元函数, 定义域是 $k \in N, k \geqslant \chi(G)$. 但是 G 不同, 这个函数也不同.

根据 $p_k(G)$ 的定义, 很任意得到以下结论.

- $p_k(G) = k^\nu$, 当且仅当 G 是 ν 阶零图.
- $p_k(G) = k(k-1)\cdots(k-\nu+1)$, 当且仅当 G 是 ν 阶完全图.
- p_4(平面图) > 0, 当且仅当四色猜想成立.
- 若 $G_1, G_2, \cdots, G_w$ 是图 G 的连通片, 则 $p_k(G) = \prod_{i=1}^{w} p_k(G_i)$.

一般来说, $p_k(G)$ 有如下的递推公式, 类似于生成树个数 $\tau(G)$ 的递推公式.

定理 7.14 若 G 是简单图, 则对 G 的任意一条边 e, 都有

$$p_k(G) = p_k(G-e) - p_k(G \cdot e).$$

证明 设 u 和 v 是 e 的两个端点. $G-e$ 的每个正常 k-顶点着色, 根据 u 与 v 是否异色可以分为两种情形. 若 u 与 v 异色, 则每个 $G-e$ 的正常 k-顶点着色都与 G 的一个正常 k-顶点着色一一对应, 即有 $p_k(G)$ 种; 若 u 与 v 同色, 则对应着 $G\cdot e$ 的一个正常 k-顶点着色, 其中把 u 和 v 重合后形成的顶点分配以与 u 和 v 相同的颜色, 反之亦然, 故有 $p_k(G\cdot e)$ 种. 因此 $p_k(G-e)=p_k(G)+p_k(G\cdot e)$, 由此定理得证. 证毕.

推论 7.2 对于任何 ν 个顶点 ε 条边的图 G, $p_k(G)$ 都是 k 的 ν 次多项式, 且按降幂排列时, 首项是 k^ν, 第二项为 $-\varepsilon k^\nu$, 常数项为零, 并且系数为正负交替的整数.

证明 对边数 ε 用归纳法. 不失一般性, 假设 G 是简单图.

若 $\varepsilon=0$, 则 G 是零图, 所以 $p_k(G)=k^\nu$.

假设 $\varepsilon<m$ 时推论成立, 则当 G 有 $\varepsilon=m(m\geqslant 1)$ 条边时, 取 G 的任意一条边 e, 则 $G-e$ 和 $G\cdot e$ 都各有 $m-1$ 条边. 由归纳假设可知

$$p_k(G-e)=k^\nu-(m-1)k^{\nu-1}+a_{\nu-2}k^{\nu-2}-a_{\nu-3}k^{\nu-3}+\cdots+(-1)^{\nu-1}a_1k$$

和

$$p_k(G\cdot e)=k^{\nu-1}-(m-1)k^{\nu-2}+b_{\nu-3}k^{\nu-3}+\cdots+(-1)^{\nu-2}b_1k,$$

其中 a_i,b_i 是非负整数. 根据定理 7.14, 可得

$$\begin{aligned}p_k(G)&=p_k(G-e)-p_k(G\cdot e)\\&=k^\nu-mk^{\nu-1}+(a_{\nu-2}+m-1)k^{\nu-2}-(a_{\nu-3}+b_{\nu-3})k^{\nu-3}\\&\quad+\cdots+(-1)^{\nu-1}(a_1+b_1)k,\end{aligned}$$

即 G 也满足推论, 推论得证. 证毕.

由于此推论, 函数 $p_k(G)$ 被称为 G 的**颜色多项式**. 利用定理 7.14 提供的递推公式和空图或完全图的颜色多项式, 可以使用两种方法计算图的颜色多项式:

(1) 反复应用递推公式 $p_k(G)=p_k(G-e)-p_k(G\cdot e)$, 因而把 $p_k(G)$ 表示为空图的颜色多项式的线性组合, 或者

(2) 反复应用递推公式 $p_k(G-e)=p_k(G)+p_k(G\cdot e)$, 因而把 $p_k(G)$ 表示为完全图的颜色多项式的线性组合.

方式 (1) 比较适合于边数少的图, 而方式 (2) 能更有效地应用于边数很多的图. 这两种方式见图 7.24, 其中颜色多项式用图本身表示.

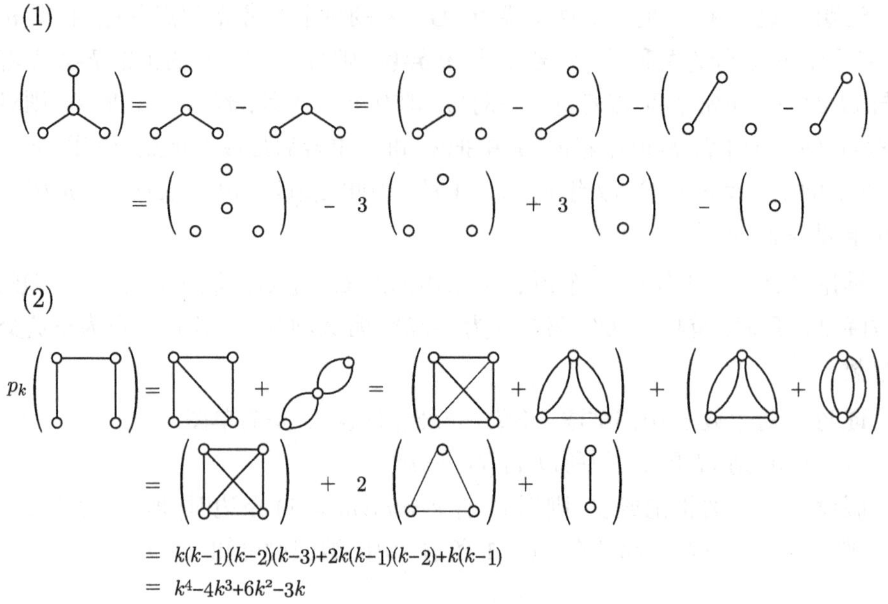

(1)

$= \quad - \quad 3 \quad + \quad 3 \quad -$

(2)

p_k

$= \quad + \quad 2 \quad +$

$= k(k-1)(k-2)(k-3)+2k(k-1)(k-2)+k(k-1)$

$= k^4-4k^3+6k^2-3k$

图 7.24

有时可以利用 G 的颜色多项式以及和 G 的各种子图的颜色多项式相联系的一些公式来简化颜色多项式的计算 (例如 $p_k(G \cup K_1) = kp_{k-1}(G)$). 然而, 求一个图的颜色多项式目前还没有好算法 (这样的好算法如果存在, 将提供一个确定色数的有效方法).

由颜色多项式引出了很多令人感兴趣的图论问题:

(1) 如何判定一个多项式是不是某个图的颜色多项式?

(2) 颜色多项式相同的一类图有什么共同的拓扑性质?

(3) 证明或反驳 Read 的猜想: 任何颜色多项式按降幂排列时, 它的系数的绝对值形成先严格单调上升再严格单调下降的单峰序列.

关于颜色多项式的进一步结果详见 Read(1968) 的综述文章.

习　题

1. 试叙述一个简单图的 $\Delta+1$ 正常顶点着色的算法.

2. 若 G 是 ν 个顶点 ε 条边的简单图, 证明: $\chi(G) \geqslant \dfrac{\nu^2}{\nu^2-2\varepsilon}$.

3. 设 G 的任意两个奇圈都有公共顶点, 则 $\chi(G) \leqslant 5$.

4. 设 G 的度数序列为 $d_1, d_2, \cdots, d_\nu$, 且 $d_1 \geqslant d_2 \geqslant \cdots \geqslant d_\nu$, 则 $\chi(G) \leqslant \max_i \min\{d_i+1, i\}$.

5. 设图 G 中 $E(G) \neq \varnothing$, 则 $\chi(G) \leqslant \lceil\sqrt{2\varepsilon}\rceil$.

6. 证明: $\chi(G)+\chi(G^c) \leqslant \nu+1$.

7. 如果图 G 的任一真子图 H 皆有 $\chi(H)<\chi(G)$, 则称 G 是色临界图; 若 $\chi(G)=k$, 则称色临界图 G 是 k 色临界图.

   (1) 证明: 1 色临界图只有 K_1, 2 色临界图只有 K_2, 3 色临界图只有 k 阶奇圈, $k \geqslant 3$.

   (2) 试给出一些 4 色临界图的例子.

   (3) 若 G 是 k 色临界图, 证明: $\forall v \in V(G)$, 均有 $\deg(v) \geqslant k-1$.

8. 轮是一个圈加上一个新顶点, 把圈上的每个顶点都和新顶点之间连一条边, 求 ν 阶轮的边色数.

9. 给出求二分图正常 Δ 边着色的算法.

10. 证明: 若二分图的顶点的最小次数为 $\delta>0$, 则对边进行 δ 着色时, 能使每个顶点所关联的边中皆出现 δ 种颜色.

11. 求 $\chi(K_{101})$ 与 $\chi'(K_{100})$.

12. 证明: 若 G 是奇数个顶点的有边正则图, 则 G 是第二类图.

13. 证明: 若 G 是无环简单图, $\nu=2n+1$, $\varepsilon>n\Delta$, 则 G 是第二类图.

14. 设有 4 名教师 $x_1, x_2, \cdots, x_4$ 给 5 个班级 $y_1, y_2, \cdots, y_5$ 上课, 某天的教学要求如下:

$$A=\begin{array}{c} \\ x_1 \\ x_2 \\ x_3 \\ x_4 \end{array}\begin{array}{c} \begin{array}{ccccc} y_1 & y_2 & y_3 & y_4 & y_5 \end{array} \\ \begin{pmatrix} 1 & 0 & 1 & 0 & 0 \\ 1 & 0 & 1 & 1 & 0 \\ 0 & 1 & 1 & 1 & 1 \\ 0 & 1 & 0 & 1 & 2 \end{pmatrix} \end{array}.$$

   (1) 这一天最少需要安排多少课时? 试排出这样的课表.

   (2) 不增加课时数的情况下, 试排出一个使用教室最少的课表.

15. 若一个平面图的平面嵌入和它的对偶图同构, 这个平面嵌入称为自对偶的.

   (1) 证明: 若 G 是自对偶的, 则 $\varepsilon=2\nu-2$.

   (2) 对于每个 $\nu \geqslant 4$, 找出有 ν 个顶点的自对偶平面图.

16. 证明: 若一个平面图的平面嵌入是 Euler 图, 则它的对偶图是二分图.

17. 设 G 是 $\nu(\geqslant 4)$ 阶极大平面图的平面嵌入, 证明: G 的对偶图 G^* 是 2-边连通的 3 次正则图.

18. 证明: 一个平面图 G 是 2-面可着色的当且仅当 G 是 Euler 图.

19. 求图 7.25 中两个图的颜色多项式.

20. 若 G 是 ν 个顶点的轮, 求颜色多项式 $p_k(G)$.

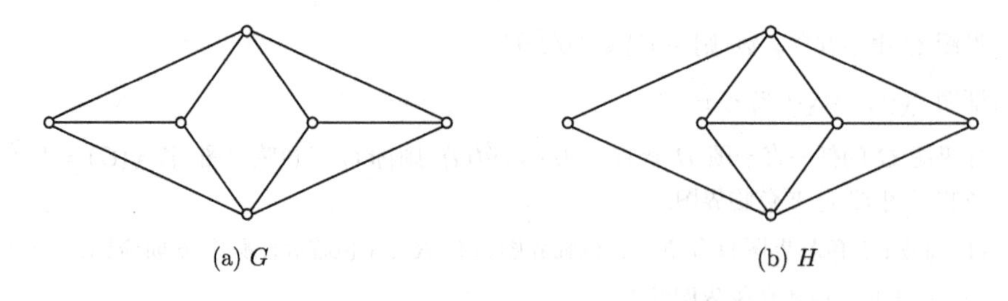

图 7.25

21. (1) 证明: 若 G 是树, 则 $p_k(G) = k(k-1)^{\nu-1}$.

    (2) 试证: 若 G 是连通图, 则 $p_k(G) \leqslant k(k-1)^{\nu-1}$, 且仅当 G 是树时等式才成立.

22. 若 $G \cap H = K_n$, 则 $p_k(G \cup H) \times p_k(G \cap H) = p_k(G) \times p_k(H)$.

23. 某年级学生共选修 6 门课程, 期末考试前必须提前将这 6 门课程考完, 每人每天只在下午至多考一门课程. 设 6 门课程分别为 $c_1, c_2, c_3, c_4, c_5, c_6$, $S(c_i)$ 是选修 c_i 的学生集合. 已知 $S(c_i) \cap S(c_6) \neq \varnothing$, $i = 1, 2, \cdots, 5$; 且 $S(c_i) \cap S(c_{i+1}) \neq \varnothing$, $i = 1, 2, 3, 4$, $S(c_5) \cap S(c_1) \neq \varnothing$. 则至少需要几天才能考完这 6 门课程? 在不增加天数的条件下至多有几种安排方案?

第 8 章　有　向　图

无向图的很多概念和性质都能直接应用到有向图中, 但是有许多涉及方向的概念却只适用于有向图. 本章介绍有向图特有的概念和性质.

8.1　有　向　图

对于一个有向图 D, 忽略每条有向边的方向, 得到的无向图 G 称为 D 的**底图**; 反之, 对于任意一个无向图 G, 给每条边指定一个方向, 得到的有向图 D 称为 G 的**定向图**. 显然, 有向图的底图唯一, 但无向图的定向图不唯一. 如图 8.1 所示, 图 8.1(b) 是有向图 8.1(a) 的底图, 图 8.1(a) 是无向图 8.1(b) 的一个定向图.

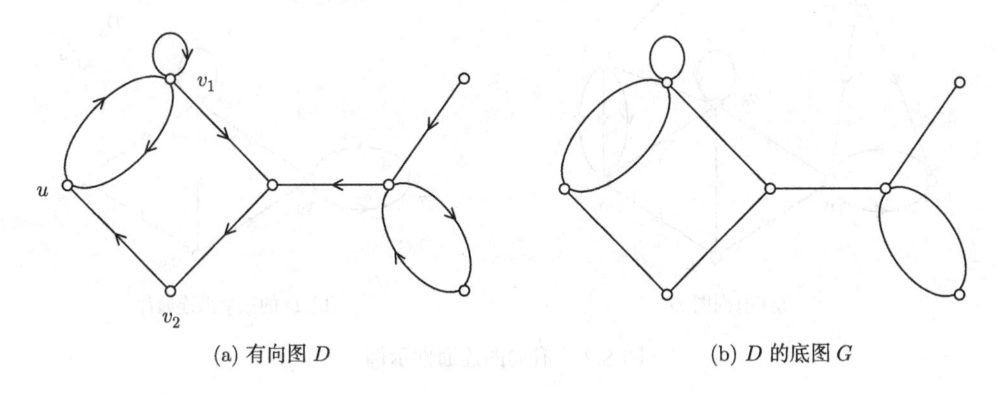

(a) 有向图 D　　(b) D 的底图 G

图 8.1　有向图及其底图

下面的定义是有向图特有的.

定义 8.1　若 D 中存在有向边 (u,v), 则称 v 是 u 的**外邻顶点**, 称 u 是 v 的**内邻顶点**. 对于顶点 $u \in V(D)$, 分别用 $N_D^+(u)$ 和 $N_D^-(u)$ 表示 D 中 u 的所有外邻顶点和所有内邻顶点构成的集合, 简称 u 的**内邻集**和**外邻集**, 即

$$N_D^+(u) = \{v|e=(u,v) \in E(D)\}, \quad N_D^-(u) = \{v|e=(v,u) \in E(D)\}.$$

例如在图 8.1 中, $N_D^+(u) = \{v_1\}$, $N_D^-(u) = \{v_1, v_2\}$.

8.2 有向图的连通性

定义 8.2 设 D 是有向图, 若存在从 u 到 v 的有向路径, 则称 u **可达** v. 若 $\forall u, v \in V(D)$, u 可达 v 而且 v 可达 u, 即 u 与 v 双向可达, 则称 D 是**强连通的**; 若 $\forall u, v \in V(D)$, u 可达 v 或 v 可达 u, 则称 D 是**单向连通的**; 若 D 的底图是连通的无向图, 则称 D 是**弱连通的**.

注 8.2.1 我们规定顶点自身可达自身, 即 $\forall u \in V(D)$, u 可达 u.

与无向图的连通类似, 双向可达在有向图 D 的顶点集 $V(D)$ 上也是一个等价关系. 根据双向可达关系可以确定 $V(D)$ 的一个划分 $(V_1, V_2, \cdots, V_\omega)$, 由它们导出的有向子图 $D[V_1], D[V_2], \cdots, D[V_\omega]$, 称为 D 的**强连通片**. 如果 D 只有一个强连通片, 则它是强连通的. 图 8.2(a) 所示的有向图不是强连通的, 是单向连通的, 也是弱连通的, 它有如图 8.2(b) 所示的三个强连通片.

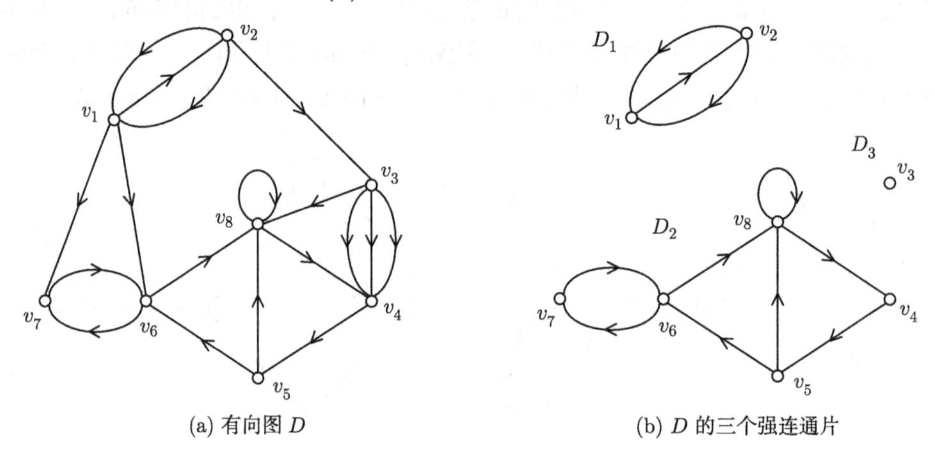

(a) 有向图 D　　(b) D 的三个强连通片

图 8.2 有向图连通性示例

下面讨论有向图是强连通的和单向连通的充要条件.

定理 8.1 D 是强连通有向图当且仅当 D 中存在有向生成回路, 即存在含有 D 中所有顶点的有向回路.

证明 设 D 中存在有向生成回路 C, 则 $\forall u, v \in V(D)$, 都有 $u, v \in V(C)$. 于是在 C 上有 u, v 之间双向的有向路径 $P_1(u, v)$ 和 $P_2(v, u)$, 所以 D 是强连通有向图.

反之, 若 D 是强连通有向图, 设 $V(D) = \{v_1, v_2, \cdots, v_\nu\}$, D 中存在有向路径 $P(v_1, v_2), P(v_2, v_3), \cdots, P(v_{\nu-1}, v_\nu)$ 和 $P(v_\nu, v_1)$. 这 ν 条有向路径首尾顺次相接就形成一个有向生成回路. 证毕.

例如, 图 8.2(a) 的有向导出子图 $D[\{v_4,v_5,v_6,v_7,v_8\}]$ 中存在有向生成回路 $v_4v_5v_6v_7v_6v_8v_4$, 所以是强连通的, 即图 8.2(b) 中的强连通片 D_2.

在街道定向成单行道后, 我们要保证任意两点间相互可达. 那么什么样的无向图可以定向为强连通有向图呢? 比如说, 若 G 是无向 Hamilton 图, 则可以把 G 中 Hamilton 圈定向成一个有向圈, 然后再将 G 中不在 Hamilton 圈上的边任意定向, 就可以得到一个强连通有向图. 但这个要求又似乎有点高了, 那么可以定向为强连通有向图的无向图有什么特征呢? 基于定理 8.1, 我们可以得到下面的定理.

定理 8.2 连通无向图 G 可以定向成强连通有向图, 当且仅当 G 中没有桥.

证明 若 G 是无桥连通图, 由于树的每条边都是桥, 所以 G 不是树. 因此 G 有圈 C_1. 若 C_1 是 Hamilton 圈, 则把 C_1 定向成有向圈, 不在 C_1 上的边任意定向, 由定理 8.1 可知, G 被定向成了强连通有向图. 若 C_1 不是 Hamilton 圈, 由于 G 是连通图, 所以存在顶点 $v_1 \notin V(C_1)$, $v_2 \in V(C_1)$, 使得 v_1v_2 是 G 的一条边. 由于 G 中无桥, 故 $G-v_1v_2$ 是连通图. 任给 $u \in V(C_1)-v_2$, $G-v_1v_2$ 中存在轨道 $P(u,v_1)$, 使得边 $v_1v_2 \notin E(P(u,v_1))$. 将 C_1 定向成有向圈 (例如图 8.3 所示的逆时针方向); 再把边 v_1v_2 定向成以 v_1 为起点的有向边; 把轨道 $P(u,v_1)$ 定向成起点为 u 的有向轨道, 则 C_1 与有向边 (v_1,v_2)、有向轨道 $P(u,v_1)$ 并在一起成为一个有向回路 C_2. 对 C_2 类似推理可得有向回路序列 $C_1,C_2,\cdots,C_k$, 使得最后得到的 C_k 含有 G 的所有顶点. 把不在 C_k 上的边任意定向, G 被定向成了包含有向生成回路 C_k 的有向图. 由定理 8.1 可知, G 被定向成了强连通有向图.

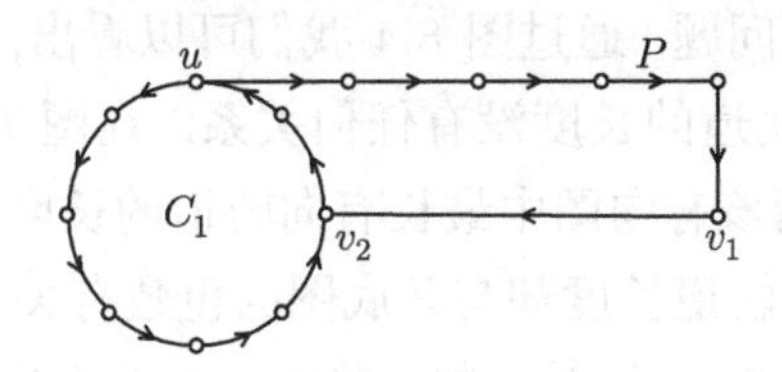

图 8.3 圈 C_1 连同圈外顶点 v_1 定向为有向回路

反之, 若无向图 G 可定向成强连通有向图, 但 G 中有桥 $e=uv$, 则边 e 定向后两个顶点 u 和 v 只能单向可达, 与强连通定义矛盾, 故 G 中无桥. 证毕.

对于单向连通的有向图, 首先注意到它有如下性质.

引理 8.1 若 D 单向连通, 则 $\forall S \subseteq V(D)$, $S \neq \varnothing$, 都存在顶点 $v \in S$, v 可达 S 中所有的顶点.

证明 通过对 $|S|$ 作归纳来证明引理成立. 若 $|S|=1$, S 中仅有一个顶点,

显然成立. 若 $|S|=2$, 设 $S=\{u,v\}$, 由于 D 是单向连通的, 所以 u 可达 v, 或者 v 可达 u, 引理成立.

假设对所有 k 元顶点子集, 引理都成立. 现假设 $|S|=k+1$. 任取 $u\in S$, $|S-\{u\}|=k$. 由归纳假设, 存在 $v\in S-\{u\}$, 使得 v 可达 $S-\{u\}$ 中所有的顶点. 因为 D 是单向连通的, 所以, v 可达 u 或者 u 可达 v. 若 v 可达 u, 则 v 可达 S 中所有的顶点; 若 u 可达 v, 而 v 可达 $S-\{u\}$ 中所有的顶点, 从而 u 可达 S 中所有的顶点. 证毕.

定理 8.3 D 是单向连通有向图, 当且仅当 D 中存在有向生成路径.

证明 如果 D 中有包含所有顶点的有向路径 W, 则 $\forall u,v\in V(D)$, 由于 u 与 v 都在 W 上, 沿着 W, u 可达 v, 或者 v 可达 u. 于是 D 是单向连通的.

若 D 是单向连通的, 根据引理 8.1, 取 $S_1=V(D)$, 存在 $v_1\in S_1$, 使得 v_1 可达 D 中任意顶点; 再取 $S_2=V(D)-\{v_1\}$, 则有 $v_2\in S_2$, 使得 v_2 可达 S_2 中任意顶点; 再取 $S_3=V(D)-\{v_1,v_2\}$, 则有 $v_3\in S_3$, 使得 v_3 可达 S_3 中任意顶点. 依此类推, 可知 v_1 可达 v_2, v_2 可达 v_3, $\cdots$, $v_{\nu-1}$ 可达 v_ν, 而 $V(D)=\{v_1,v_2,\cdots,v_\nu\}$. 于是找到了一条有向生成路径. 证毕.

例如, 图 8.2(a) 中存在有向生成路径 $v_1v_2v_3v_4v_5v_6v_7v_6v_8$, 所以是单向连通的.

8.3 竞 赛 图

在有向图中, 求最长有向轨道的长度, 特别是判断是否存在有向 Hamilton 轨道, 是一个有实际意义的问题. 通过图 8.4 我们可以看出, 有向图中最长有向轨道的长度与其底图中无向轨道的长度没有任何关系. 在图 8.4 的有向图中, 其底图有长为 8 的无向轨道, 而该有向图中最长有向轨道的长度仅为 1. 然而, 令人惊异的是, 有向图中最长有向轨道长度却与其底图的色数有关. 例如, 图 8.4 中有向图的底图 G 实际上是一个二分图, 其色数 $\chi(G)=2$, 此有向图中最长有向轨道的长度恰为 $\chi(G)-1$. Roy 和 Gallai 给出的下述定理, 说明了有向图中最长有向轨道长度与其底图色数之间的关系.

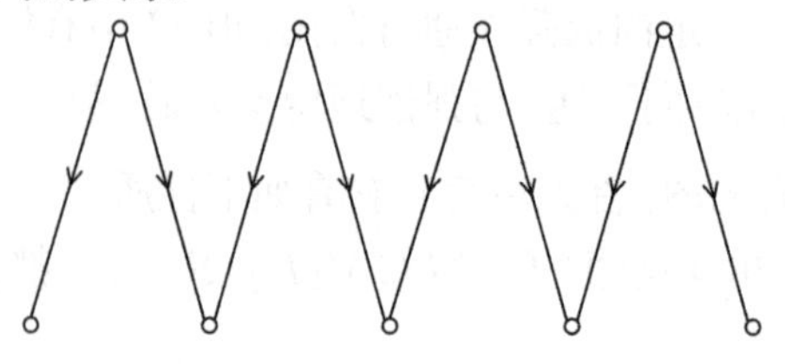

图 8.4　有向图的有向轨道示例

定理 8.4 (Roy, Gallai) 有向图 D 中含有长度为 $\chi(G)-1$ 的有向轨道, 其中 G 为 D 的底图.

证明 设 $E' \subseteq E(D)$ 是使得 $D' = D - E'$ 不含有向圈的最小边集 (至少 E' 可以在 D 的每个有向圈上取一条边), 并设 D' 中最长有向轨道的长度为 k. 现在把颜色 $1, 2, \cdots, k+1$ 分配给 D' 的顶点：当 D' 中以 v 为起点的最长有向轨道的长度是 $i-1$ 时, 给顶点 v 分配颜色 i. 用 V_i 表示颜色为 i 的顶点集合, 下面证明 $(V_1, V_2, \cdots, V_{k+1})$ 是 G 的正常 $(k+1)$-顶点着色.

首先证明 D' 中任何有向轨道的起点和终点都分配了不同的颜色. 设 $P(u,v)$ 是 D' 中一条从 u 到 v 的有向轨道,并假设 $v \in V_i$, 则在 D' 中存在一条以 v 为起点的长为 $i-1$ 的有向轨道 Q. 由于 D' 不含有向圈, P 与 Q 首尾相连就是一条以 u 为起点并且长度至少为 i 的有向轨道, 于是 $u \notin V_i$.

其次证明 D 中任何有向边的两个端点异色. 设 $(u,v) \in E(D)$. 若 $(u,v) \in E(D')$, 则边 (u,v) 自身就是 D' 中的一条有向轨道, 因此 u 和 v 异色. 若 $(u,v) \in E'$, 由 E' 的极小性可知, $D' + (u,v)$ 包含一个有向圈 C. $C - (u,v)$ 是 D' 中一条从 v 到 u 的有向轨道, 因此 u 和 v 仍然异色.

对于 G 中任意两个相邻的顶点 u 和 v, 在 D 中有一条相应的有向边 (u,v) 或 (v,u), 因此 u 和 v 不同色. 于是, $(V_1, V_2, \cdots, V_{k+1})$ 是 G 的一个正常顶点着色, 由此可知, $\chi(G) \leqslant k+1$, 所以 D 中有长为 $k \geqslant \chi(G)-1$ 的有向轨道. 证毕.

对于每个无向图 G 来说, 都有一种定向方式, 使得在得到的有向图中, 最长有向轨道的长度恰为 $\chi(G)-1$. 在这个意义上说, 上述定理的结论已经最佳. 事实上, 给定 G 的一个正常 $\chi(G)$-顶点着色 $(V_1, V_2, \cdots, V_{\chi(G)})$, 对任意一条边 $uv \in E(G)$, 如果 $u \in V_i$ 而 $v \in V_j$ 且 $i < j$, 则把这条边 uv 定向成 (u,v), 否则定向为 (v,u), 如此得到 G 的一个定向图. 显然, 在 G 的这个定向图中, 任何有向轨道上各个顶点的颜色都不相同, 因此最多包含 $\chi(G)$ 个顶点, 其长度 $\leqslant \chi(G)-1$.

完全图的定向图称为**竞赛图**. 具有四个顶点且不同构的竞赛图如图 8.5 所示, 每个竞赛图都可以看作四个运动员在循环赛中比赛的结果, 从 u 到 v 的有向边 (u,v) 表示 u 胜了 v. 例如, 图中第一个竞赛图表示有一个运动员在三次比赛中都获胜, 而另外三个运动员每人各胜一次.

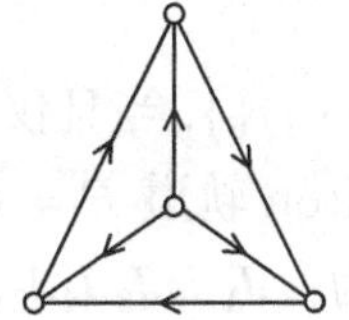
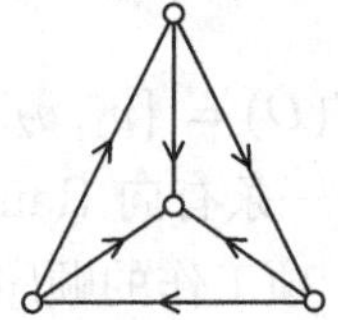
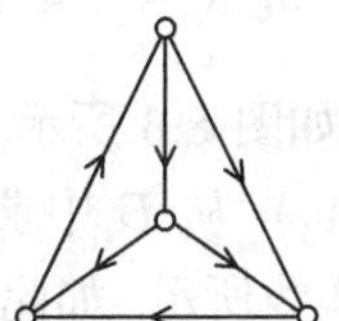
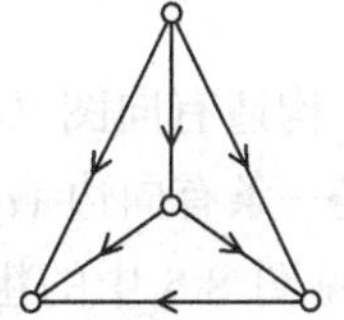

图 8.5 四阶竞赛图

注意到 $\chi(K_\nu) = \nu$, 可以直接得到以下推论.

推论 8.1 每个竞赛图都有有向 Hamilton 轨道.

例 8.1 有 ν 种害虫, 两种之中必有一种能咬死另一种, 则可以将这些虫子排序, 使得每种虫子能咬死排在它前面的那种虫子.

证明 以这 ν 种害虫为顶点集合, 甲能咬死乙时, 从甲向乙连一条有向边, 得到 ν 阶竞赛图. 由于竞赛图有有向 Hamilton 轨道, 根据这条有向 Hamilton 轨道排列这些害虫, 则可使后面的虫子能咬死排在它前面的虫子. 证毕.

利用竞赛图存在有向 Hamilton 轨道的事实, 可以近似求解工序问题. 设有 ν 种工作 $J_1, J_2, \cdots, J_\nu$ 需要在同一台机器上进行, 从 J_i 转为 J_j 的机器调整时间为 t_{ij}, 试把这 ν 项工作排序, 使得总的调整时间 $\sum t_{ij}$ 最小. 这是一个实际问题, 至今没有有效算法. 下面基于推论 8.1 给出一个近似算法.

(1) 以 $V(D) = \{v_1, v_2, \cdots, v_\nu\}$ 为顶点集合构造一个有向图 D, 其中顶点 v_i 代表工作 J_i. 当 $t_{ij} < t_{ji}$ 时, 从 v_i 到 v_j 连一条有向边; 若 $t_{ij} = t_{ji}$, 则在 v_i 和 v_j 之间连一对对称边. 显然 D 中含有一个生成竞赛图.

(2) 在 D 中求取有向 Hamilton 轨道, 按照所求有向 Hamilton 轨道上顶点的顺序来安排各项工作的顺序.

需要解释的是, 在竞赛图中寻找有向 Hamilton 轨道有有效算法. 但对于任意的有向图来说, 判断一个有向图是否有 Hamilton 轨道都没有有效算法, 当然也没有寻找 Hamilton 轨道的有效算法.

例 8.2 设工序问题的机器调整时间矩阵为 $T = (t_{ij})_{6\times 6}$, 把这 6 项工作排序, 使总加工时间最短, 其中

$$T = \begin{array}{c} \\ J_1 \\ J_2 \\ J_3 \\ J_4 \\ J_5 \\ J_6 \end{array}\begin{array}{c} \begin{array}{cccccc} J_1 & J_2 & J_3 & J_4 & J_5 & J_6 \end{array} \\ \begin{pmatrix} 0 & 5 & 3 & 4 & 2 & 1 \\ 1 & 0 & 1 & 2 & 3 & 2 \\ 2 & 5 & 0 & 1 & 2 & 3 \\ 1 & 4 & 4 & 0 & 1 & 2 \\ 1 & 3 & 4 & 5 & 0 & 5 \\ 4 & 4 & 2 & 3 & 1 & 0 \end{pmatrix} \end{array}.$$

解 构造有向图 D, 如图 8.6 所示, $V(D) = \{v_1, v_2, \cdots, v_6\}$, 当且仅当 $t_{ij} \leqslant t_{ji}$ 时, 连一条有向边 (v_i, v_j). 从 D 中求得一条有向 Hamilton 轨道 $P = v_1v_6v_3v_4v_5v_2$, 参见图 8.6 中的粗实线所示. 如此, 6 项工作的顺序为: $J_1J_6J_3J_4J_5J_2$, 所需机器调整时间为 $T_0 = 1+2+1+1+3 = 8$. 若用自然顺序 $J_1J_2J_3J_4J_5J_6$, 则机器

调整时间为 $T_1 = 5 + 1 + 1 + 1 + 5 = 13$, 比求得的近似解大了 $\frac{13-8}{8} = 62.5\%$.

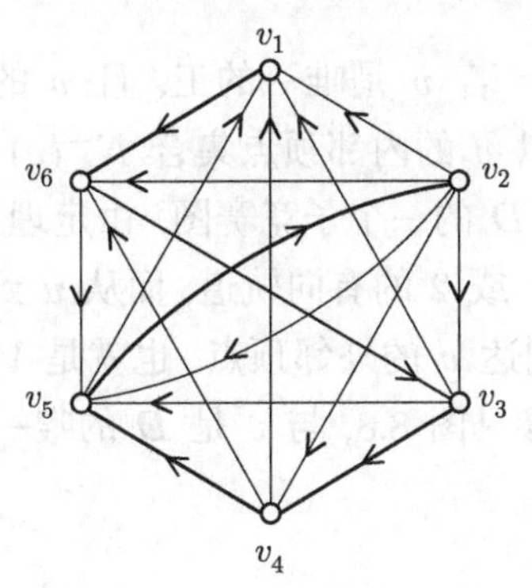

图 8.6　工序图

关于竞赛图的另一个有趣现象是：总存在一个顶点, 从它出发, 最多两步即可到达其他任何一个顶点. 这样的顶点称为竞赛图中的**王**. 直观地, 若 v_0 是王, 则其他运动员败给了 v_0 或者败给了曾经败给过 v_0 的运动员.

下面我们来证明, 在竞赛图中, 王总是存在的. 假定从 u 到 v 的有向边 (u, v) 表示 u 胜了 v, 此时我们记 u 得一分, v 得零分. 假设竞赛图中没有平局.

定理 8.5　竞赛图中得分最多的顶点是王.

证明　设竞赛图 G 有 ν 个顶点, 其中 u 得分最多. 若 u 得分为 $\nu-1$, 则从 u 出发只通过长为 1 的有向轨道即可达其他每个顶点, 由王的定义, u 是王. 若 u 得分低于 $\nu-1$, 设它胜了 $v_1, v_2, \cdots, v_k$, 而败给了 $v_{k+1}, v_{k+1}, \cdots, v_{\nu-1}$, 则 u 得了 k 分, 且任意 $v_j (k+1 \leqslant j \leqslant \nu-1)$ 不可能胜过所有的 $v_1, v_2, \cdots, v_k$, 否则 v_j 得分至少比 u 多一分, 与 u 得分最多矛盾. 因此, v_j 败给了 $v_1, v_2, \cdots, v_k$ 中的某个, 于是通过长为 2 的有向轨道, u 可达 $v_j (k+1 \leqslant j \leqslant \nu-1)$, 故 u 是王. 证毕.

王未必是唯一的, 例如图 8.7 中 u_1 和 u_2 都是王.

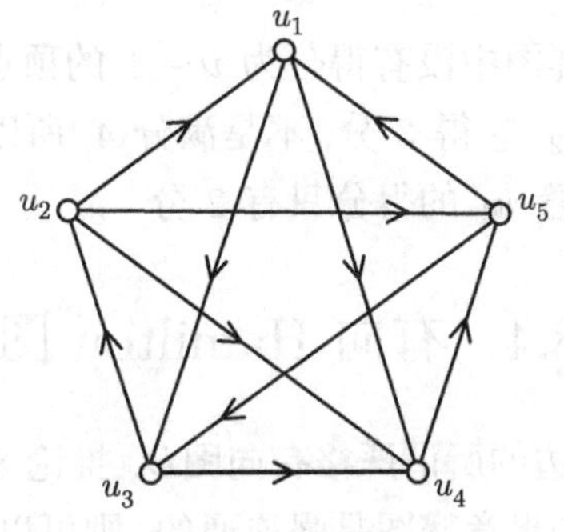

图 8.7　竞赛图, 其中 u_1 和 u_2 是王

定理 8.6 竞赛图 D 中 v 是唯一的王, 当且仅当 v 的得分是 $\nu-1$, 其中 $\nu=|V(D)|$.

证明 必要性: 反证. 若 v 是唯一的王, 且 v 的得分低于 $\nu-1$, 则存在以 v 为终点的有向边, 所以 v 的内邻顶点集合 $N^{-}(v)\neq\varnothing$. 构造顶点导出子图 $D_1=D[N^{-}(v)]$, 则 D_1 是 D 的一个子竞赛图. 由定理 8.5, D_1 有它的王 u, 即 u 到 D_1 中其他顶点有长为 1 或 2 的有向轨道; 而从 u 到 v 有长为 1 的有向轨道; 通过 v, u 至多 2 步可以到达 v 的外邻顶点, 也就是 $V(G)-N^{-}(v)-\{v\}$ 的顶点, 所以 u 也是 D 的王, 参见图 8.8, 与 v 是 D 的唯一的王矛盾, 故 v 的得分是 $\nu-1$.

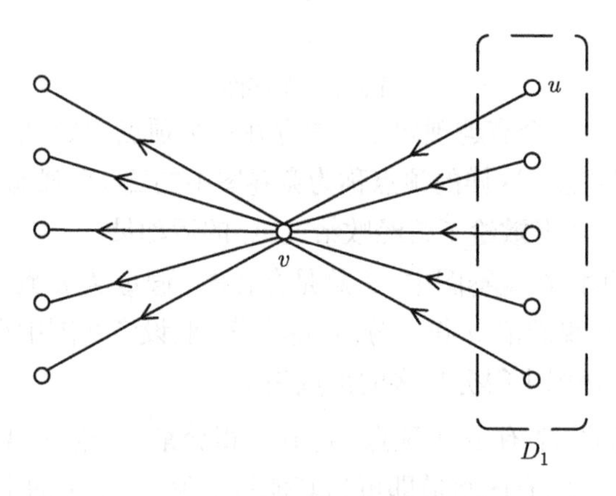

图 8.8 王的唯一性证明

充分性: 若 v 得分为 $\nu-1$, 由定理 8.5, v 是王. 若这时还有另一个王 v', 根据王的定义, 存在从 v' 到 v 的有向边 (v',v) 或长为 2 的有向轨道 $v'wv$, 使得 v 是某有向边的终点, 即 $\deg^{-}(v)>0$, 因此 v 的得分至多 $\nu-2$, 与 v 的得分为 $\nu-1$ 矛盾. 证毕.

由此定理可知, 若竞赛图中没有得分为 $\nu-1$ 的顶点, 则至少有两个王. 如图 8.7 所示, 得分最多的是 u_2, 它得 3 分, 不是满分 4, 所以 u_2 不是唯一的王. 事实上图中还有一个王 u_1, 尽管 u_1 的得分只有 2 分.

8.4 有向 Hamilton 图

本节考虑没有环和重边的所谓**严格有向图**D. 推论 8.1 表明, 每个竞赛图都包含有向 Hamilton 轨道. 如果竞赛图是强连通的, 则可以得出更强的结论. 下面的泛圈定理是 Moon 于 1966 年给出的. 若 $S,T\subseteq V(D)$, $S\cap T=\varnothing$, 我们将 D 中

从 S 到 T 的有向边集合记作 (S,T).

定理 8.7 假定 $\nu \geqslant 3$ 阶竞赛图 D 是强连通的, 则任给 $k(3 \leqslant k \leqslant \nu)$, D 中每个顶点都在某个 k 阶有向圈中.

证明 设 u 是 D 的任意一个顶点. 令 $S = N^+(u)$, $T = N^-(u)$. 对 k 用归纳法来证明这个定理. 首先证明 u 在一个有向 3 圈中. 由于 D 是强连通的, 所以 $S \neq \varnothing$, $T \neq \varnothing$, 并且 $(S,T) \neq \varnothing$, 参见图 8.9. 于是, 在 D 中存在一条有向边 (v,w), 使得 $v \in S$ 且 $w \in T$, 因而 u 在有向 3 圈 $uvwu$ 中.

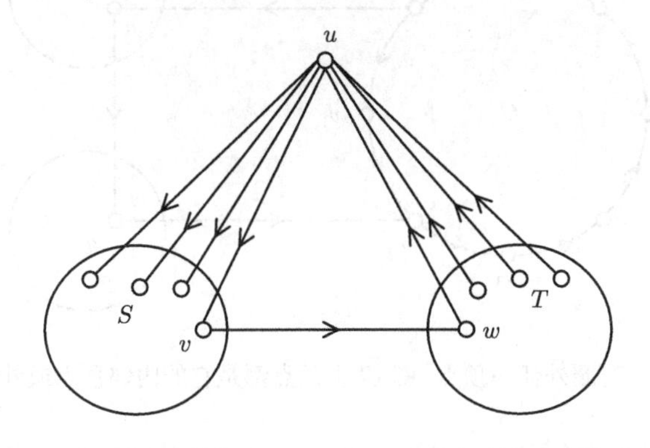

图 8.9 顶点 u 在一个有向 3 圈中

假设 u 在 D 的长为 $3,4,\cdots,n$ 的有向圈中, 其中 $n < \nu$. 下面证明 u 也在某个长为 $n+1$ 的有向圈中. 设 u 在一个有向 n 圈 $C = v_0v_1\cdots v_n$ 中, 其中 $v_0 = v_n = u$. 因为 $n < \nu$, 所以 $V(D) - V(C) \neq \varnothing$. 又因为 D 是竞赛图, 所以 C 上每个顶点与 $V(D) - V(C)$ 中每个顶点间都有一条有向边.

(1) 若 $V(D) - V(C)$ 中存在一个顶点 v, C 上既有它的内邻顶点, 也有它的外邻顶点, 参见图 8.10, 则 C 中存在相邻的两个顶点 v_i 和 v_{i+1}, 使得 $(v_i,v),(v,v_{i+1}) \in E(D)$. 于是找到包含 u 长度为 $n+1$ 的有向圈 $C_1 = v_0v_1\cdots v_ivv_{i+1}v_{i+2}\cdots v_n$.

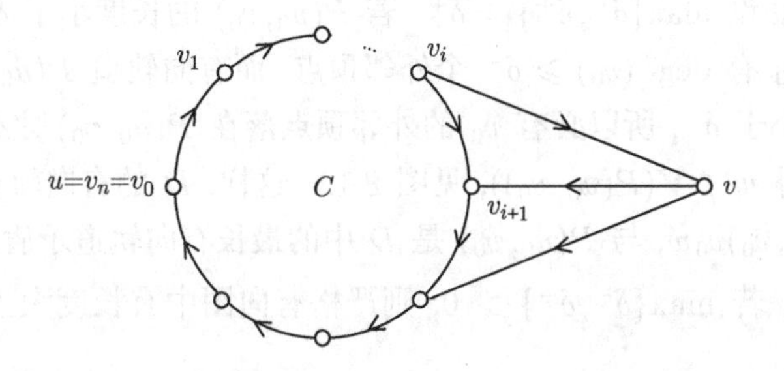

图 8.10 对圈外的某个顶点 v, 圈 C 上既有 v 的内邻顶点也有 v 的外邻顶点

(2) 否则, 对 $V(D)-V(C)$ 中的任意顶点, C 上顶点都是它的内邻顶点或者都是它的外邻顶点. 令 $S=\{v|v\in V(D)-V(C)$ 且 $V(C)\subseteq N^-(v)\}$, $T=\{v|v\in V(D)-V(C)$且$V(C)\subseteq N^+(v)\}$, 参见图 8.11. 由于 D 是强连通竞赛图, 所以 $S\neq\varnothing, T\neq\varnothing$, 且 $(S,T)\neq\varnothing$. 存在有向边 $(v,w)\in E(D)$, 使得 $v\in S$ 且 $w\in T$. 因此, u 在一个有向 $n+1$ 圈 $C_2=v_0vwv_2v_3\cdots v_n$ 中. 证毕.

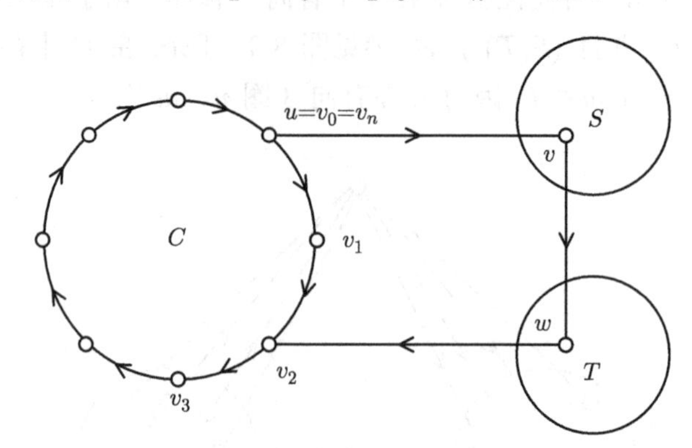

图 8.11 对圈外任一顶点, 圈 C 上顶点都是它的内邻顶点或外邻顶点

这个定理给出了强连通竞赛图 D 的一个十分强的性质: $\forall v\in V(D)$, 都可以在 D 上找到一个包含 v 的有向 3 圈、有向 4 圈、$\cdots$ 和有向 Hamilton 圈. 由定理 8.1, 也可以得知, 竞赛图 D 是强连通图的充要条件是 D 是有向 Hamilton 图. 强连通竞赛图不仅有有向 Hamilton 圈, 而且有从 3 到 $|V(D)|$ 各种长度的有向圈, 此即泛圈性质. 值得注意的是, 一般图是否有泛圈性质是一个尚未解决的图论难题.

下面讨论一般有向图是有向 Hamilton 图的充分条件.

定理 8.8 设 $P(u_0,v_0)$ 是严格有向图 D 中的最长有向轨道, 则其长度 $|E(P(u_0,v_0))|\geqslant\max\{\delta^-,\delta^+\}$. 其中, δ^-,δ^+ 分别为 D 的最小入度与最小出度.

证明 不妨设 $\max\{\delta^-,\delta^+\}=\delta^+$. 若 $P(u_0,v_0)$ 的长度小于 δ^+, 由于在严格有向图 D 中 v_0 有 $\deg^+(v_0)\geqslant\delta^+$ 个外邻顶点, 而有向轨道 $P(u_0,v_0)$ 上除了 v_0 以外的顶点数小于 δ^+, 所以必有 v_0 的外邻顶点落在 $P(u_0,v_0)$ 之外, 即存在有向边 (v_0,w), 使得 $w\notin V(P(u_0,v_0))$, 见图 8.12. 这样, D 的有向轨道 $P(u_0,v_0)$ 可延长成 $u_0P(u_0,v_0)v_0w$, 与 $P(u_0,v_0)$ 是 D 中的最长有向轨道矛盾. 证毕.

推论 8.2 若 $\max\{\delta^-,\delta^+\}>0$, 则严格有向图中有长度大于 $\max\{\delta^-,\delta^+\}$ 的有向圈.

证明 不妨设 $\max\{\delta^-,\delta^+\}=\delta^+$. 由定理 8.8 知, 严格有向图 D 中存在一

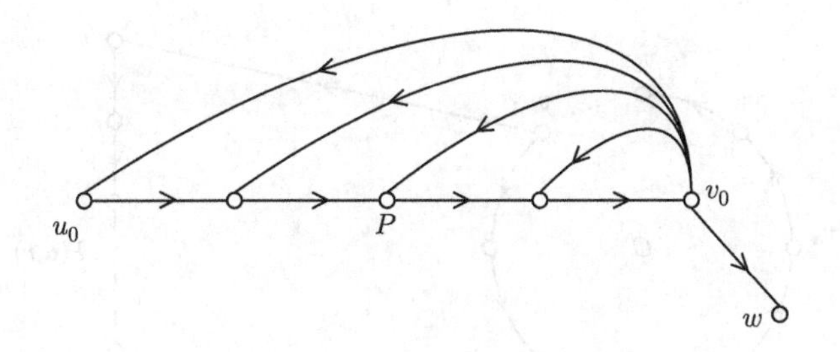

图 8.12 最长有向轨长度的证明

条最长有向轨道 $P(u_0,v_0)$, 其长度不小于 $\max\{\delta^-,\delta^+\}=\delta^+$, 而 v_0 的所有外邻顶点都在 $P(u_0,v_0)$ 上, 又 $\deg^+(v_0)\geqslant\delta^+$, 设 v_i 是沿 $P(u_0,v_0)$ 到 v_0 最远的外邻顶点, $P(v_i,v_0)$ 的长度 $\geqslant\delta^+$, 故有长度至少为 δ^++1 的有向圈 $v_iP(v_i,v_0)v_0v_i$, 见图 8.13, 证毕.

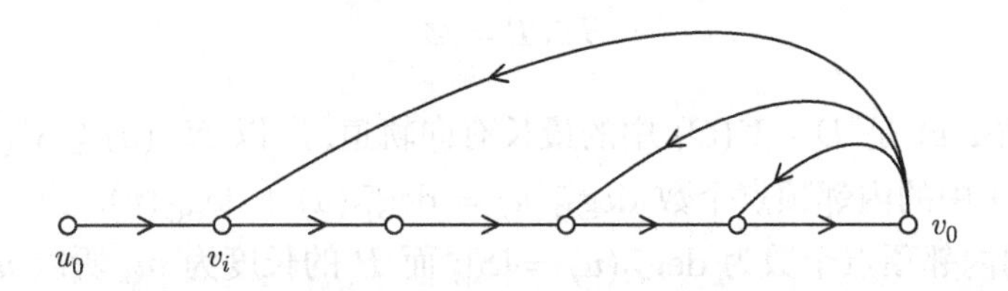

图 8.13 长度至少为 δ^++1 的有向圈构造示例

定理 8.9 设 D 是 ν 阶严格有向图, 若 $\min\{\delta^-,\delta^+\}\geqslant\dfrac{\nu}{2}>1$, 则 D 是有向 Hamilton 图.

证明 反证. 假设 D 满足定理条件, 但不包含 Hamilton 圈. 设 k 是 D 中最长有向圈的长度, 并设 $C=v_1v_2\cdots v_kv_1$ 是 D 中长为 k 的有向圈. 由推论 8.2 知, $k>\max\{\delta^-,\delta^+\}\geqslant\dfrac{\nu}{2}$. 设 $P(u,v)$ 是 $D-V(C)$ 中的最长有向轨道, 起点为 u, 终点为 v, 长为 m, 参见图 8.14. 显然

$$\nu\geqslant k+m+1>\frac{\nu}{2}+m+1,$$

所以 $m<\dfrac{\nu}{2}$. 令

$$S=\{i|(v_{i-1},u)\in E(D)\},\quad T=\{i|(v,v_i)\in E(D)\},$$

其中 v_{i-1},v_i 是有向圈 C 上的顶点.

我们首先证明: S 和 T 不相交. 设 $C_{j,k}$ 表示 C 中起点为 v_j、终点为 v_k 的有向弧. 若 $i\in S\cap T$, 即 $(v_{i-1},u),(v,v_i)\in E(D)$, 则 D 中包含一个长为 $k+m+1$

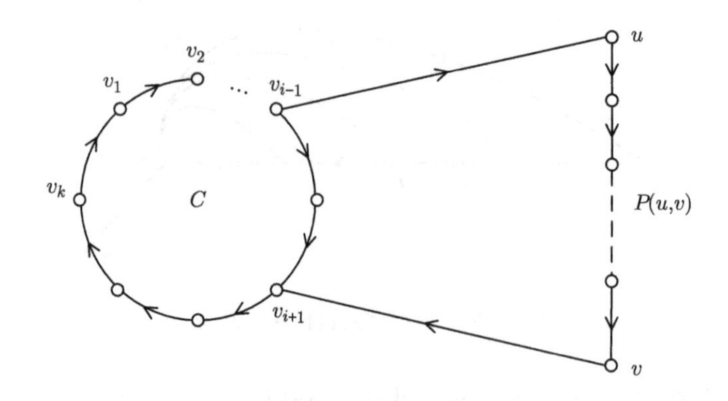

图 8.14 有向 Hamilton 图的充分性证明示意图

的有向圈 $C_{i,i-1}v_{i-1}uP(u,v)vv_i$, 与 C 是最长有向圈矛盾. 因此

$$S \cap T = \varnothing.$$

因为 $P(u,v)$ 是 $D-V(C)$ 中的最长有向轨道, 所以 $N^-(u) \subseteq V(P) \cup V(C)$, 从而 u 在 D 中的内邻顶点个数 $\deg_D^-(u) = \deg_P^-(u) + \deg_C^-(u)$. 由 S 的定义知, u 在 C 上的内邻顶点个数为 $\deg_C^-(u) = |S|$; 而 P 的长度为 m, 所以 u 在 P 上的内邻顶点个数 $\deg_P^-(u) \leqslant m$, 而且 $\deg_D^-(u) \geqslant \delta^- \geqslant \dfrac{\nu}{2}$, 所以

$$|S| \geqslant \frac{\nu}{2} - m.$$

同理,

$$|T| \geqslant \frac{\nu}{2} - m.$$

所以, $|S| + |T| \geqslant \nu - 2m$, 且因为 $m < \dfrac{\nu}{2}$, 所以 S 和 T 都是非空的. 利用 $\nu \geqslant k + m + 1$, 得

$$|S| + |T| \geqslant k - m + 1,$$

加之 $S \cap T = \varnothing$, 所以

$$|S \cup T| \geqslant k - m + 1.$$

由于 $S \neq \varnothing, T \neq \varnothing, S \cap T = \varnothing$, 故存在 $i, l \in N$, 使得 $i \in S, i + l \in T$, 且 $i + j \notin S \cup T, 1 \leqslant j \leqslant l - 1$, 这里的加法是模 k 的加法.

根据 $|S \cup T| \geqslant k - m + 1$ 和 $i + j \notin S \cup T, 1 \leqslant j \leqslant l - 1$, 得 $l \leqslant m$. 于是, 我们得到一个有向圈 $C_{i+l,i-1}v_{i-1}uP(u,v)vv_{i+l}$, 其长度为 $k + m - l + 1 > k$, 比 C 长, 矛盾. 证毕.

习　题

1. 有多少种方式把 K_5 定向成竞赛图?

2. 设 D 是没有有向圈的有向图.

   (1) 证明: $\delta^- = 0$.

   (2) 试证: 存在 D 的一个顶点序列 $v_1, v_2, \cdots, v_\nu$, 使得对于任给 $i(1 \leqslant i \leqslant \nu)$, D 的每条以 v_i 为终点的有向边在 $\{v_1, v_2, \cdots, v_{i-1}\}$ 中都有它的起点.

3. 证明: 任给无向图 G, G 都有一个定向图 D, 使得对于所有 $v \in V$, $|\deg^+(v) - \deg^-(v)| \leqslant 1$ 成立.

4. 判断图 8.15 中的各有向图是否强连通, 如果不是, 再判断是否单向连通, 是否弱连通.

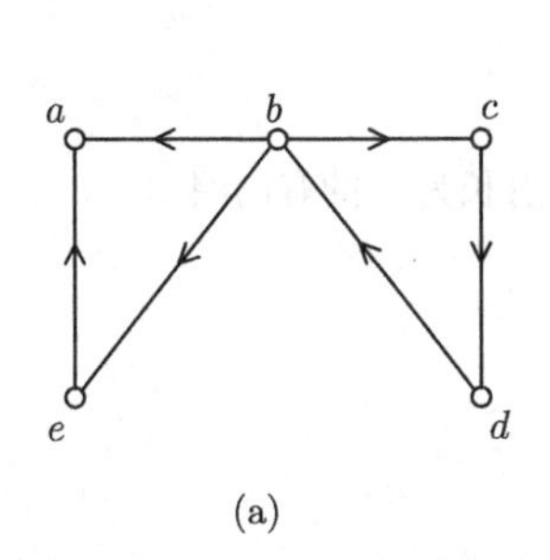

(a)

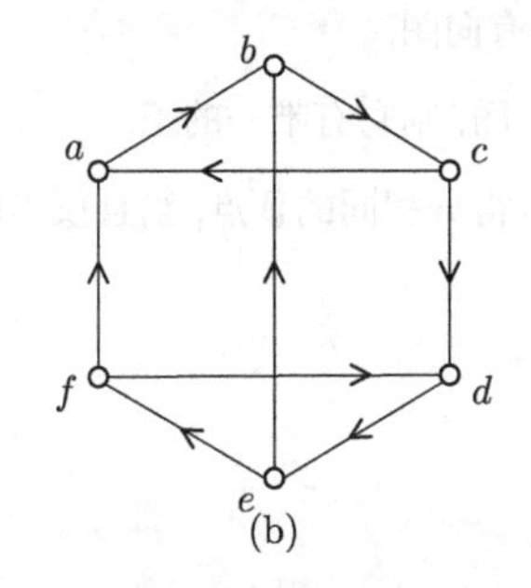

(b)

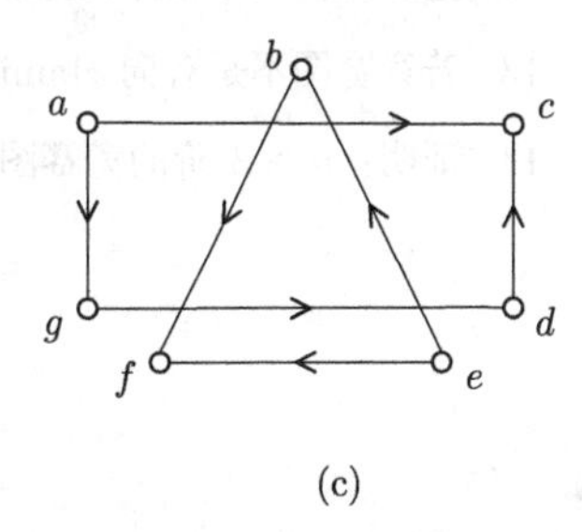

(c)

图 8.15

5. 求图 8.16 中各有向图的强连通片.

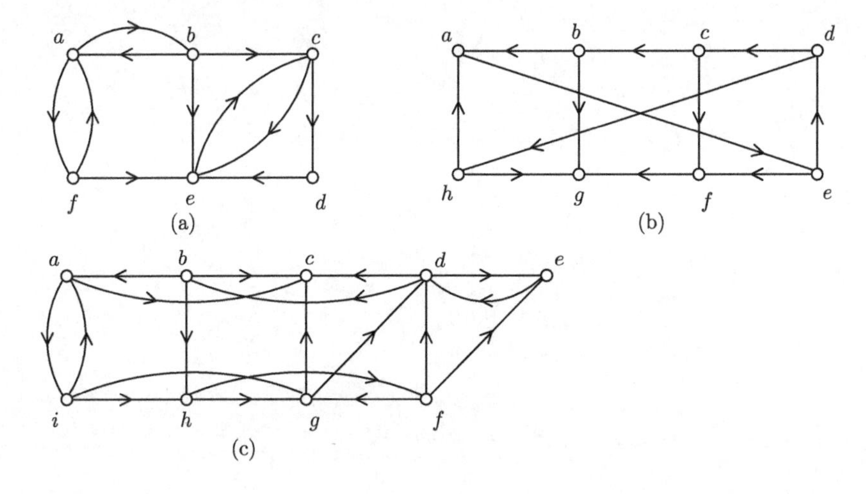

图 8.16

6. 证明：连接有向图同一个强连通片中两个顶点的有向通路上的所有顶点也都在这个强连通片中.
7. 证明无向图 G 有一种定向方法, 使得其最长有向轨道的长度不超过 Δ.
8. 设 D' 是把有向图 D 的每条边方向反向得到的有向图, 求证：D 强 (单向) 连通当且仅当 D' 强 (单向) 连通.
9. 若竞赛图不是强连通图, 最少改变几条边的方向, 可以使它变成有向 Hamilton 图?
10. 在不少于三名运动员的个人循环赛中, 无平局, 无人全胜, 则必出现甲胜丙, 乙胜丙, 丙又胜乙的现象.
11. 在 Petersen 图上定向一个单向行驶路线图, 使任意两个顶点 u 和 v 之间不是 u 可达 v, 就是 v 可达 u.
12. 把 Petersen 图定向成强连通有向图.
13. 若竞赛图不是有向 Hamilton 图, 则它有唯一的王.
14. 证明：$\nu \geqslant 3$ 阶的竞赛图中有得分相同的顶点, 当且仅当图中有长为 3 的有向圈.

第 9 章　网络流理论

9.1　网络与流函数

例 9.1　假设将某个商品从产地通过公路或铁路运到消费市场, 每段公路或铁路的运载能力有限, 如何安排每段路程的运输方案, 使得该商品能够尽快运给客户?

例 9.2　给定一个计算机网络, 每段网络或每个路由器的带宽有限, 要将一个文件从某个服务器传给一些用户, 如何进行路由, 选择恰当的数据传输方案, 使得该文件能够尽快传给用户?

随着社会化大生产的高速发展, 以及网络与信息技术的不断进步, 商品运输与网络文件传输涉及工业、农业、科学研究与人们日常生活的方方面面, 在现代社会发展中起到了重要的作用. 本章介绍相关方面最基本的网络流理论.

定义 9.1　一个**网络**可以定义为一个四元组 $N=(D,s,t,c)$, 其中:

(1) D 是一个弱连通的有向图;

(2) $s,t\in V(D)$, 分别称为**源**与**汇**;

(3) $c:E(D)\to \mathbf{R}$ 为**容量函数**, 任给 $e\in E(D)$, $c(e)\geqslant 0$ 为边 e 的**容量**.

在上述的网络定义中, 表示要将一些商品或文件从源 s 处传送到汇 t 处, 而边容量 $c(e)$ 则表示边 e 的最大运载能力或网络带宽.

例 9.3　图 9.1 为一个非常简单的网络, 其中每条边上标的第一个数值为该边的容量.

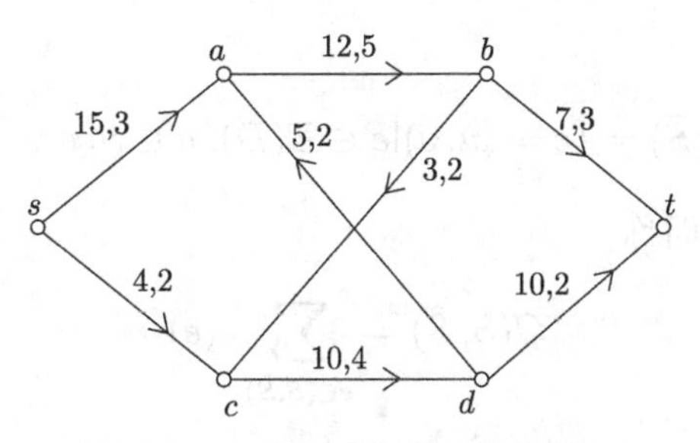

图 9.1　一个网络与流函数的例子

定义 9.2 网络 $N=(D,s,t,c)$ 上的**流函数**为 $f:E(D)\to\mathbf{R}$, 要求满足:

(1) 任给 $e\in E(D)$, 都有

$$c(e)\geqslant f(e)\geqslant 0; \tag{9.1}$$

(2) 任给 $v\in V(D)-\{s,t\}$, 都有

$$\sum_{e\in\alpha(v)} f(e)-\sum_{e\in\beta(v)} f(e)=0, \tag{9.2}$$

其中, $\alpha(v)$ 是所有以 v 为头的边集, 而 $\beta(v)$ 则是所有以 v 为尾的边集. f 的**流量**定义为

$$\begin{aligned}\mathrm{Val}(f)&=\sum_{e\in\alpha(t)} f(e)-\sum_{e\in\beta(t)} f(e)\\&=\sum_{e\in\beta(s)} f(e)-\sum_{e\in\alpha(s)} f(e).\end{aligned} \tag{9.3}$$

图 9.1 中给出了一个网络流函数的例子, 其中每条边上的第二个参数就是流函数在该边上的流量, 流函数的流量为 $\mathrm{Val}(f)=5$. 从实际应用的角度来说, 在上面的流函数定义中, 第 (1) 个条件意味着网络每条有向边上的流量不能小于 0, 也不能大于该边的容量; 而第 (2) 个条件则意味着, 对于每个不是源也不是汇的顶点来说, 它仅是一个中转节点, 所以流进的流量应该等于流出的流量. 而 f 的流量则为流进 t 的总流量减去流出 t 的总流量, 也就是净流入 t 的流量; 或者也是净流出 s 的流量. 我们将公式 (9.3) 的证明留作习题 1. 我们的目标是找到流量最大的流函数 f^*, 即

$$\mathrm{Val}(f^*)=\max_{f\text{ 是 }N\text{ 的流函数}}\mathrm{Val}(f).$$

在流函数理论中, 截是个很重要的概念, 对刻画最大流的性质起到了关键的作用. 下面我们先定义截与截量, 然后讨论截与最大流之间的关系.

定义 9.3 给定网络 $N=(D,s,t,c)$, $S\subset V(D)$, 满足 $s\in S$, $t\in\overline{S}=V(D)-S$, 则称

$$(S,\overline{S})=\{e=(u,v)|e\in E(D),u\in S,v\in\overline{S}\}$$

为网络 N 的一个**截**, 而称

$$C(S,\overline{S})=\sum_{e\in(S,\overline{S})} c(e) \tag{9.4}$$

为 $(S,\overline{S})$ 的**截量**. 截量最小的截称为**最小截**.

在例 9.3 中, 取 $S_1=\{s,a\}$, 则 $\bar{S_1}=\{b,c,d,t\}$, $(S_1,\bar{S_1})=\{(s,c),(a,b)\}$ 就是一个截, 其截量为 $C(S_1,\bar{S_1})=c((s,c))+c((a,b))=4+12=16$. 取 $S_2=\{s,a,b\}$, 则 $\bar{S_2}=\{c,d,t\}$, $(S_2,\bar{S_2})=\{(s,c),(b,c),(b,t)\}$ 就是一个截, 其截量为 $C(S_2,\bar{S_2})=c((s,c))+c((b,c))+c((b,t))=4+3+7=14$. $C(S_2,\bar{S_2})$ 是该网络的最小截. 截的含义在于, 若将一个截中所有的边从网络中移除, 则网络中不存在从 s 到 t 的有向轨道, 流函数的流量自然为 0. 所以说, 一个截的截量揭示了网络流量的上界. 参见下面所介绍的推论 9.1.

定理 9.1 设 f 是网络 $N=(D,s,t,c)$ 的流函数, $(S,\overline{S})$ 是其一个截, 则有

$$\mathrm{Val}(f)=\sum_{e\in(S,\overline{S})}f(e)-\sum_{e\in(\overline{S},S)}f(e).$$

证明 由流函数的定义知

$$\sum_{e\in\alpha(t)}f(e)-\sum_{e\in\beta(t)}f(e)=\mathrm{Val}(f),\tag{9.5}$$

$$\sum_{e\in\alpha(v)}f(e)-\sum_{e\in\beta(v)}f(e)=0,\quad v\in V(D)-\{s,t\}.\tag{9.6}$$

对于 $\overline{S}$ 中所有顶点来说, t 满足公式 (9.5), 而其余所有的顶点都满足公式 (9.6). 将公式 (9.5) 与 (9.6) 对 $\overline{S}$ 中所有顶点求和, 得到

$$\sum_{v\in\overline{S}}\left(\sum_{e\in\alpha(v)}f(e)-\sum_{e\in\beta(v)}f(e)\right)=\mathrm{Val}(f).\tag{9.7}$$

公式 (9.7) 是对一些边上的流函数值求和. 下面我们对图 D 中所有的边进行分析, 看看不同类型的边对公式 (9.7) 的贡献如何. 对于图 D 中有向边 $e=(x,y)$ 来说, 共有如下四种情况.

(1) $x,y\in\overline{S}$. 由于 x 与 y 都在 $\overline{S}$, 公式 (9.7) 中出现两次 $f((x,y))$. 一次是对顶点 x 求和, x 是边 (x,y) 的尾, $f((x,y))$ 以负项出现; 另一次是对顶点 y 求和, y 是边 (x,y) 的头, $f((x,y))$ 以正项出现. 两者抵消, 对 (9.7) 式的贡献为 0.

(2) $x\in S, y\in\overline{S}$, 则 $(x,y)\in(S,\overline{S})$. 由于仅有 $y\in\overline{S}$, y 是边 (x,y) 的头, 在 (9.7) 式中, $f((x,y))$ 在对顶点 y 求和时以正项出现, 对 (9.7) 式贡献为 $f((x,y))$.

(3) $y\in S, x\in\overline{S}$, 则 $(x,y)\in(\overline{S},S)$. 由于仅有 $x\in\overline{S}$, x 是边 (x,y) 的尾, 在 (9.7) 式中, $f((x,y))$ 在对顶点 x 求和时以负项出现, 对 (9.7) 式贡献为 $-f((x,y))$.

(4) $x,y\in S$, $f((x,y))$ 在 (9.7) 式中不出现, 贡献为 0.

综上可知, 对于图 D 中有向边 e 来说, 若 $e \in (S,\overline{S})$, 则 e 对公式 (9.7) 贡献为 $f(e)$; 若 $e \in (\overline{S},S)$, 则 e 对公式 (9.7) 贡献为 $-f(e)$; 而其余的边对公式 (9.7) 的贡献为 0. 所以

$$\mathrm{Val}(f) = \sum_{e\in(S,\overline{S})} f(e) - \sum_{e\in(\overline{S},S)} f(e).$$

证毕.

从直觉上来看, 除了 s 与 t 之外, 其余顶点处的流入流量与流出流量抵消, 所以从 S 流入 $\overline{S}$ 的流量 $\sum_{e\in(S,\overline{S})} f(e)$ 减去从 $\overline{S}$ 流回 S 的流量 $\sum_{e\in(\overline{S},S)} f(e)$ 理应是从源 s 流入汇 t 的净流量, 符合直观上的理解.

推论 9.1 设 f 是网络 $N=(D,s,t,c)$ 的流函数, $(S,\overline{S})$ 是其一个截, 则有

$$\mathrm{Val}(f) \leqslant C(S,\overline{S}).$$

证明 由定理 9.1 知

$$\begin{aligned}\mathrm{Val}(f) &= \sum_{e\in(S,\overline{S})} f(e) - \sum_{e\in(\overline{S},S)} f(e)\\ &\leqslant \sum_{e\in(S,\overline{S})} c(e) - \sum_{e\in(\overline{S},S)} 0\\ &= C(S,\overline{S}).\end{aligned}$$

证毕.

推论 9.2 设 f 是网络 $N=(D,s,t,c)$ 的流函数, $(S,\overline{S})$ 是其一个截, 若 $\mathrm{Val}(f)=C(S,\overline{S})$, 则 f 是最大流, $(S,\overline{S})$ 是最小截.

证明 假设 f' 是最大流, $(S',\overline{S'})$ 是最小截, 由流量与截量的定义知

$$\mathrm{Val}(f) \leqslant \mathrm{Val}(f') \quad 且 \quad C(S',\overline{S'}) \leqslant C(S,\overline{S}),$$

而由推论 9.1 知

$$\mathrm{Val}(f') \leqslant C(S',\overline{S'}),$$

所以有

$$\mathrm{Val}(f) \leqslant \mathrm{Val}(f') \leqslant C(S',\overline{S'}) \leqslant C(S,\overline{S}),$$

在 $\mathrm{Val}(f)=C(S,\overline{S})$ 的前提下, 上述不等式必须全部为等号才能成立. 所以, f 是最大流, $(S,\overline{S})$ 是最小截. 证毕.

事实上, 在下一节介绍的最大流算法中, 我们将求出一个流函数 f 和一个截 $(S,\overline{S})$, 使得 $\mathrm{Val}(f)=C(S,\overline{S})$. 这样一方面我们能够保证 f 一定是最大流, 另一方面也得出结论: 网络最大流的流量一定等于最小截的截量.

9.2 Ford-Fulkerson 算法

给定网络 $N=(D,s,t,c)$, Ford-Fulkerson(2F) 算法从某个初始流函数开始, 通过不断迭代, 改进流函数, 增加流函数的流量, 最后得到最大流. 以下先介绍 2F 算法中用到的可增载轨道的概念及其相关性质, 然后介绍 2F 算法, 最后再证明 2F 算法的正确性.

设有向图 D 对应的底图为 G, 也就是说, 将 D 中所有的边略去, 得到的无向图是 G. 设 $P(s,u)$ 为 G 中一条以 s 为起点、u 为终点的无向轨道. 我们在 G 中规定 $P(s,u)$ 的方向为从 s 到 u. 而 $P(s,u)$ 上每条无向边 $\overline{e}$ 都对应于 D 中的一条有向边 e. 若 e 的方向与 $P(s,u)$ 的方向相同, 则称 e 为 P 的同向边; 否则称为 P 的反向边.

例 9.4 图 9.2(a) 为例 9.3 (图 9.1) 中的有向图对应的底图, $P_1(s,d)=sad$ 是底图中一条以 s 为起点的轨道, 方向为从 s 到 d. 对应到原来的有向图 (图 9.1) 中的边, (s,a) 为 P_1 的正向边, (a,d) 为 P_1 的反向边. 同理, $P_2(s,t)=scbt$ 也是底图中一条以 s 为起点的轨道, 方向为从 s 到 t. (s,c) 与 (b,t) 均为 P_2 的正向边, (c,b) 为 P_2 的反向边.

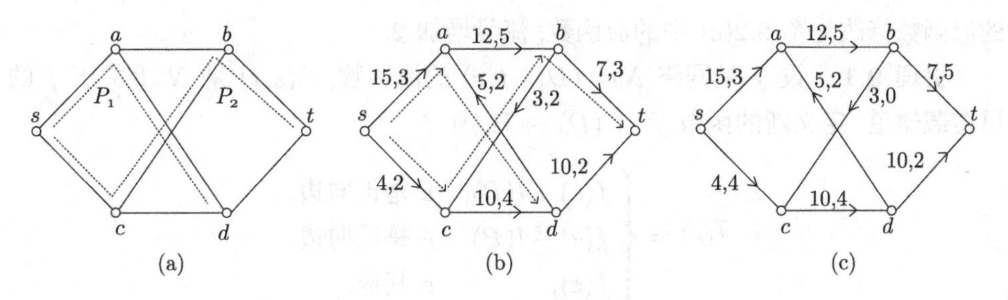

图 9.2　可增载轨道示例

定义 9.4 给定网络 $N=(D,s,t,c)$, N 上的流函数 f, 底图 G 中的无向轨道 $P(s,u)$. 定义:

(1) 若 e 是 $P(s,u)$ 的正向边, 且 $f(e)<c(e)$, 则称 e 为**未满载边**;

(2) 若 e 是 $P(s,u)$ 的正向边, 且 $f(e)=c(e)$, 则称 e 为**满载边**;

(3) 若 e 是 $P(s,u)$ 的反向边, 且 $f(e)=0$, 则称 e 为**零载边**;

(4) 若 e 是 $P(s,u)$ 的反向边, 且 $f(e)>0$, 则称 e 为**正载边**.

例如, 在图 9.2(b) 中, 对应于无向轨道 $P_2(s,t)$, (c,b) 为正载边, (s,c) 与 (b,t) 均为未满载边. 这个例子中没有出现零载边与满载边. 在后面的图 9.3 中会继续介绍.

对于无向轨道 $P(s,u)$, 我们定义 $P(s,u)$ 上每条边 e 的可增载量 $l(e)$ 为

$$l(e)=\begin{cases}c(e)-f(e), & e\text{ 是正向边},\\ f(e), & e\text{ 是反向边}.\end{cases}$$

而 $P(s,u)$ 的可增载量 $l(P)$ 则定义为

$$l(P)=\min_{e\in E(P)} l(e).$$

定义 9.5 给定网络 $N=(D,s,t,c)$, N 上的流函数为 f, 以及 N 中的无向轨道 $P(s,v)$.

(1) 若 $l(P)>0$, 则称 $P(s,v)$ 是**未满载轨道**;

(2) 若 $l(P)=0$, 则称 $P(s,v)$ 是**满载轨道**;

(3) 若 $l(P)>0$ 且 $v=t$, 则称 $P(s,t)$ 是 N 上关于 f 的**可增载轨道**.

例如, 在图 9.2(b) 中, 轨道 $P_2(s,t)=scbt$ 就是一条可增载轨道, $l(P)=2$. 给定网络 N 和流函数 f, 若我们能够找到可增载轨道 $P(s,t)$, 将 $P(s,t)$ 上正向边的流函数值增加 $l(P)$, 反向边的流函数值减少 $l(P)$, 可以得到一个新的流函数, 其流量增加 $l(P)$. 例如, 在图 9.2(b) 中, 通过可增载轨道 $P_2(s,t)$ 可以将图 9.2(b) 中的流函数修改为图 9.2(c) 中的流函数, 流量增加 2.

引理 9.1 设 f 是网络 $N=(D,s,t,c)$ 的流函数, $P(s,t)$ 是 N 上关于 f 的可增载轨道, 定义新的函数 $\overline{f}:E(D)\to\mathbf{R}$ 为

$$\overline{f}(e)=\begin{cases}f(e)+l(P), & e\text{ 是正向边},\\ f(e)-l(P), & e\text{ 是反向边},\\ f(e), & e\text{ 其他},\end{cases}$$

则 $\overline{f}$ 是网络 N 的流函数, 且 $\mathrm{Val}(\overline{f})=\mathrm{Val}(f)+l(P)$.

证明 首先证明任给 $e\in E(D)$, 都有 $c(e)\geqslant\overline{f}(e)\geqslant 0$. 因为 f 是 N 的流函数, 所以任给 $e\in E(D)$, 都有 $c(e)\geqslant f(e)\geqslant 0$. 取 $e'\in E(D)$, 若 e' 不是 $P(s,t)$ 上的边, 则有 $\overline{f}(e')=f(e')$, 所以 $c(e')\geqslant\overline{f}(e')\geqslant 0$; 若 e' 是 $P(s,t)$ 的正向边, 由 $l(P)$ 的定义 $l(P)=\min_{e\in E(P)} l(e)$ 知, $l(e')\geqslant l(P)\geqslant 0$, 而 $l(e')=c(e')-f(e')$, 故有 $c(e')=f(e')+l(e')\geqslant f(e')+l(P)=\overline{f}(e')\geqslant 0$; 若 e' 是 $P(s,t)$ 的反向边, 证明类似.

下面证明任给 $v\in V(D)-\{s,t\}$, 都有 $\sum_{e\in\alpha(v)}\overline{f}(e)-\sum_{e\in\beta(v)}\overline{f}(e)=0$. 若 v 不是 $P(s,t)$ 上的顶点, 则任给 $e\in\alpha(v)$ 或 $e\in\beta(v)$, 都有 $\overline{f}(e)=f(e)$, 所以 $\sum_{e\in\alpha(v)}\overline{f}(e)-\sum_{e\in\beta(v)}\overline{f}(e)=\sum_{e\in\alpha(v)}f(e)-\sum_{e\in\beta(v)}f(e)=0$. 若 v 是 $P(s,t)$

上的顶点, 不妨设 $P(s,t)=s\cdots e_1ve_2\cdots t$, e_1 和 e_2 都有可能是 $P(s,t)$ 的正向边或反向边, 共四种情形. 我们取 e_1 和 e_2 都是正向边这种情形给出证明, 其他情形类似.

由于 e_1 和 e_2 都是正向边, $e_1\in\alpha(v)$, $e_2\in\beta(v)$, 且 $\overline{f}(e_1)=f(e_1)+l(P)$, $\overline{f}(e_2)=f(e_2)+l(P)$. 对于 $\alpha(v)$ 和 $\beta(v)$ 中其余的边 e, 则有 $\overline{f}(e)=f(e)$. 因此

$$
\begin{aligned}
&\sum_{e\in\alpha(v)}\overline{f}(e)-\sum_{e\in\beta(v)}\overline{f}(e)\\
=&\left[\sum_{e\in\alpha(v)-\{e_1\}}\overline{f}(e)+\overline{f}(e_1)\right]-\left[\sum_{e\in\beta(v)-\{e_2\}}\overline{f}(e)+\overline{f}(e_2)\right]\\
=&\left[\sum_{e\in\alpha(v)-\{e_1\}}f(e)+f(e_1)+l(P)\right]-\left[\sum_{e\in\beta(v)-\{e_2\}}f(e)+f(e_2)+l(P)\right]\\
=&\left[\sum_{e\in\alpha(v)}f(e)+l(P)\right]-\left[\sum_{e\in\beta(v)}f(e)+l(P)\right]\\
=&\,0.
\end{aligned}
$$

综上, $\overline{f}$ 是 N 的流函数. 最后再证明 $\mathrm{Val}(\overline{f})=\mathrm{Val}(f)+l(P)$.

设 $P(s,t)=s\cdots v\cdots e_3t$, e_3 可能是正向边, 也可能是反向边. 我们取 e_3 是正向边这种情形来证明, e_3 是反向边时类似. 因为 e_3 是正向边, $e_3\in\alpha(t)$ 且 $\overline{f}(e_3)=f(e_3)+l(P)$, 对于 $\alpha(t)$ 和 $\beta(t)$ 中其余的边 e, 则有 $\overline{f}(e)=f(e)$. 所以有

$$
\begin{aligned}
\mathrm{Val}(\overline{f})&=\sum_{e\in\alpha(t)}\overline{f}(e)-\sum_{e\in\beta(t)}\overline{f}(e)\\
&=\left[\sum_{e\in\alpha(t)-\{e_3\}}\overline{f}(e)+\overline{f}(e_3)\right]-\sum_{e\in\beta(t)}\overline{f}(e)\\
&=\left[\sum_{e\in\alpha(t)-\{e_3\}}f(e)+f(e_3)+l(P)\right]-\sum_{e\in\beta(t)}f(e)\\
&=\left[\sum_{e\in\alpha(t)}f(e)-\sum_{e\in\beta(t)}f(e)\right]+l(P)\\
&=\mathrm{Val}(f)+l(P).
\end{aligned}
$$

证毕.

由引理 9.1 知, 要求网络 N 的最大流, 我们可以从一个初始流函数开始, 不断地找可增载轨道, 改进原有的流函数, 直到求出最大流. 那么余下的问题还有: 一是给定网络 N 的流函数 f, 如何在 N 中找可增载轨道; 二是在找不到可增载轨道的情形下, 如何说明当前的流函数就是最大流.

下面先给出求可增载轨道的算法. 算法的基本思想就是从源 s 开始, 向前找未满载轨道. 若找到一个未满载轨道, 其终点为 t, 则就是可增载轨道; 否则, 若找不到可增载轨道, 我们接下来将证明当前的流函数就是最大流. 算法执行过程中, 设置了一个顶点子集 S, 记录算法执行过程中找到的顶点, 使得源 s 到 S 中每个顶点都有未满载轨道. 另外, 为每个顶点 v 设置了一个标记 $\mathrm{prev}(v)$, 用来记录从 s 到 v 的未满载轨道上, v 的前继顶点. 这样在找到可增载轨道后, 通过标记 $\mathrm{prev}(v)$ 就很容易通过回溯输出可增载轨道.

算法 9.1 可增载轨道算法.

输入: 网络 $N=(D,s,t,c)$, 流函数 f.

输出: 一条可增载轨道, 或指出当前流函数是最大流.

(1) $S=\{s\}$; 令 $\mathrm{prev}(s)=*$.

(2) 若 $t\in S$, 则已经找到可增载轨道, 通过 $\mathrm{prev}(t)$ 回溯输出可增载轨道, 算法停止; 否则, 转第 (3) 步.

(3) 若存在 $u\in S$, $v\in\overline{S}$, 使得 $(u,v)\in E(D)$ 且边 (u,v) 未满载, 即 $f((u,v))<c((u,v))$ ((u,v) 是正向边), 则令 $S\leftarrow S\cup\{v\}$, $\mathrm{prev}(v)=u$, 转第 (2) 步; 否则, 转第 (4) 步.

(4) 若存在 $u\in S$, $v\in\overline{S}$, 使得 $(v,u)\in E(D)$ 且边 (v,u) 正载, 即 $f((u,v))>0$ ((v,u) 是反向边), 则令 $S\leftarrow S\cup\{v\}$, $\mathrm{prev}(v)=u$, 转第 (2) 步; 否则, 输出无可增载轨道, 算法停止.

针对图 9.1 中定义的网络与流函数, 图 9.3(a) 给出了一个找可增载轨道算法的示例. 在图 9.3(a) 中, 首先令 $\mathrm{prev}(s)=*$, $S=\{s\}$, 由于 $s\in S$ 且 $f((s,a))=3<15=c((s,a))$, 所以将顶点 a 加入 S, $S=\{s,a\}$; 并且记 $\mathrm{prev}(a)=s$, 说明是从 s 找未满载轨道找到 a 的. 类似地, 依次将顶点 b 与 t 加入 S, 使得 $S=\{s,a,b,t\}$, 且记 $\mathrm{prev}(b)=a$, $\mathrm{prev}(t)=b$. 由于 $t\in S$, 汇 t 被标记, 由算法的第 (2) 步, 输出一个可增载轨道 $P_1(s,t)=sabt$. 而 $l(P_1)=\min\{15-3,12-5,7-3\}=4$. 由引理 9.1, 我们可以将图 9.3(a) 中的流函数修改为图 9.3(b) 中的流函数, 使得流量增加 4.

引理 9.2 给定网络 $N=(D,s,t,c)$ 流函数 f. 若 N 中存在关于 f 的可增载轨道, 则算法 9.1 一定能够找到一条可增载轨道.

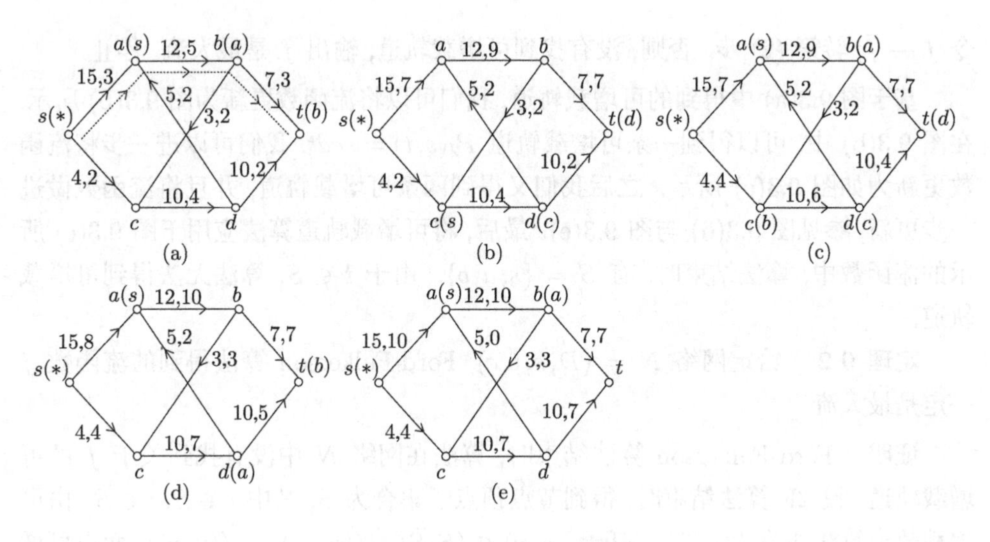

图 9.3 找可增载轨道算法示例

证明 用反证法. 设算法 9.1 结束时没有找到可增载轨道, 但 N 中存在关于 f 的可增载轨道 $P(s,t)$. 考虑算法 9.1 结束时得到的顶点子集 S. 因为算法 9.1 没有找到可增载轨道, 故有 $s \in S$, $t \in \overline{S}$. 从而在 $P(s,t)$ 上存在相继的两个顶点 u, v 使得 $u \in S$, $v \in \overline{S}$. 若 $(u,v) \in E(D)$, (u,v) 是 $P(s,t)$ 上的正向边. 因为 $P(s,t)$ 是可增载轨道, 所以 $f((u,v)) < c((u,v))$, 由算法 9.1 的第 (3) 步知, 应该 $v \in S$, 矛盾. 类似, 若 $(v,u) \in E(D)$, (v,u) 是 $P(s,t)$ 上的反向边, 也可以得到 $v \in S$, 矛盾. 所以若 N 中存在关于 f 的可增载轨道, 则算法 9.1 一定能够找到一条可增载轨道. 证毕.

例如, 在图 9.3(a) 中, 我们得到一条可增载轨道 $P_1(s,t) = sabt$. 基于可增载轨道算法, 下面我们就很容易给出 Ford-Fulkerson 最大流算法.

算法 9.2 Ford-Fulkerson 最大流算法.

输入: 网络 $N = (D, s, t, c)$.

输出: 最大流函数 f.

(1) 取初始流函数 f. 比如说可以取 $f(e) \equiv 0$.

(2) 调用可增载轨道算法. 若找到可增载轨道 $P(s,t)$, 则构造新的流函数 $\overline{f}$ 如下:

$$\overline{f}(e) = \begin{cases} f(e) + l(P), & e\text{ 是正向边}, \\ f(e) - l(P), & e\text{ 是反向边}, \\ f(e), & e\text{ 其他}, \end{cases}$$

令 $f \leftarrow \overline{f}$, 转第 (2) 步. 否则, 没有找到可增载轨道, 输出 f 是最大流. 停止.

基于图 9.3(a) 中得到的可增载轨道, 我们可以将流函数更新为图 9.3(b) 所示. 在图 9.3(b) 中, 可以得到一条可增载轨道 $P_2(s,t) = scdt$, 我们可以进一步将流函数更新为如图 9.3(c) 所示. 之后我们又得到两条可增载轨道, 并且将流函数做进一步更新, 参见图 9.3(d) 与图 9.3(e). 最后, 将可增载轨道算法应用于图 9.3(e) 所示的流函数中, 算法结束时, 有 $S = \{s, a, b\}$. 由于 $t \notin S$, 算法无法得到可增载轨道.

定理 9.2 给定网络 $N = (D, s, t, c)$, Ford-Fulkerson 算法得到的流函数 f 一定是最大流.

证明 Ford-Fulkerson 算法结束时, 算法在网络 N 中没有找到关于 f 的可增载轨道. 设 2F 算法结束时, 得到节点顶点子集合为 S, 其中 $s \in S$, $t \in \overline{S}$. 由可增载轨道算法的第 (3) 步知, 任给 $(u,v) \in (S, \overline{S})$, $f((u,v)) = c((u,v))$; 而由可增载轨道算法的第 (4) 步知, 任给 $(u,v) \in (\overline{S}, S)$, $f((u,v)) = 0$. 所以 2F 算法结束时, 我们有

$$
\begin{aligned}
\mathrm{Val}(f) &= \sum_{e \in (S,\overline{S})} f(e) - \sum_{e \in (\overline{S},S)} f(e) \\
&= \sum_{e \in (S,\overline{S})} c(e) - \sum_{e \in (\overline{S},S)} 0 \\
&= C(S, \overline{S}).
\end{aligned}
$$

由推论 9.2 知, f 是最大流, $(S, \overline{S})$ 是最小截. 证毕.

例如, 在图 9.3(e) 中, 我们得到 $S = \{s, a, b\}$, $\bar{S} = \{c, d, t\}$, $(S, \bar{S}) = \{(s,c), (b,c), (b,t)\}$, $(\bar{S}, S) = \{(d,a)\}$. $(S, \bar{S})$ 中的边都是满载, $(\bar{S}, S)$ 中的边都是零载. 所以, $\mathrm{Val}(f) = C(S, \overline{S})$, f 是最大流, $(S, \overline{S})$ 是最小截.

由定理 9.2, 我们直接就可以得到下面著名的双最定理. 它是很多有关网络流理论的基础.

推论 9.3 (最大流最小截定理) 在网络中, 最大流的流量 = 最小截的截量.

9.3 容量有上下界的网络最大流

在一些应用中, 边的容量不仅有上界, 而且也有下界. 对于流量有上下界的网络, 要求每条边上的流量在上下界之间, 其他方面的定义和要求与一般的流函数相同. 容量有上下界的网络可以定义如下.

定义 9.6 一个容量有上下界的网络可以定义为一个五元组 $N=(D,s,t,b,c)$, 其中:

(1) D 是一个弱连通的有向图;

(2) $s\in V(D)$, $t\in V(D)$, 分别称为源与汇;

(3) $c,b:E(D)\to\mathbf{R}$ 分别为容量上、下界函数, 任给 $e\in E(D)$, $c(e)\geqslant b(e)\geqslant 0$ 为边 e 的容量上界与容量下界.

容量有上下界网络的流函数则定义如下.

定义 9.7 网络 $N=(D,s,t,b,c)$ 上的流函数定义为 $f:E(D)\to\mathbf{R}$, 要求满足:

(1) 任给 $e\in E(D)$, 都有 $c(e)\geqslant f(e)\geqslant b(e)$;

(2) 任给 $v\in V(D)-\{s,t\}$, 都有 $\sum_{e\in\alpha(v)}f(e)-\sum_{e\in\beta(v)}f(e)=0$,

其中, $\alpha(v)$ 是所有以 v 为头的边集, 而 $\beta(v)$ 则是所有以 v 为尾的边集. f 的流量定义为

$$\begin{aligned}\operatorname{Val}(f)&=\sum_{e\in\alpha(t)}f(e)-\sum_{e\in\beta(t)}f(e)\\&=\sum_{e\in\beta(s)}f(e)-\sum_{e\in\alpha(s)}f(e).\end{aligned}$$

对于一般的网络, 流函数总是存在的, 比如说我们可以取流函数 $f(e)\equiv 0$. 但是, 对于容量有上下界的网络来说, 则不一定存在流函数. 因此, 我们称容量有上下界网络的流函数为可行流.

例 9.5 图 9.4 为一个非常简单的网络, 其中每条边上有两个数值, 分别为该边容量的下界与上界. 这个网络就不存在流函数. 比如说, (s,v_1) 是唯一一条以 v_1 为头的有向边, 而 (v_1,t) 则是唯一一条以 v_1 为尾的有向边. 由于 $c((s,v_1))<b((v_1,t))$, 所以不可能存在流函数 f, 满足 $\sum_{e\in\alpha(v_1)}f(e)-\sum_{e\in\beta(v_1)}f(e)=0$. 同理, 也不存在经过 v_2 的可行流. 因而这个网络不存在可行流.

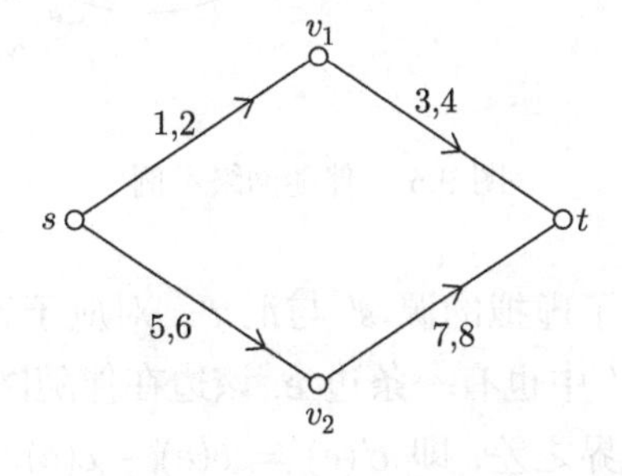

图 9.4 容量有上下界网络示例

给定一个容量有上下界的网络, 下面我们先定义其伴随网络, 伴随网络是一个容量仅有上界的一般网络; 然后我们建立容量有上下界网络是否存在可行流与伴随网络最大流之间的关系; 最后在容量有上下界网络存在可行流的前提下, 用 2F 算法来求其最大流.

定义 9.8　给定容量有上下界网络 $N=(D,s,t,b,c)$, 定义 N 的**伴随网络**为一般的网络 $N'=(D',s',t',c')$, 其中:

(1) $V(D')=V(D)\cup\{s',t'\}$, 其中, $s',t'\notin V(D)$;

(2) $E(D')=E(D)\cup\{(s',v),(v,t')|v\in V(D)\}\cup\{(s,t),(t,s)\}$;

(3) s' 与 t' 分别为伴随网络 N' 的源与汇;

(4) 容量函数 c' 定义为

$$c'(e)=\begin{cases}c(e)-b(e), & e\in E(D),\\ \sum_{e\in\alpha(v)}b(e), & e=(s',v),v\in V(D),\\ \sum_{e\in\beta(v)}b(e), & e=(v,t'),v\in V(D),\\ +\infty, & e=(s,t)\text{ 或 }(t,s).\end{cases}$$

例 9.6　图 9.5(a) 为一个容量有上下界的网络, 而图 9.5(b) 则为其伴随网络.

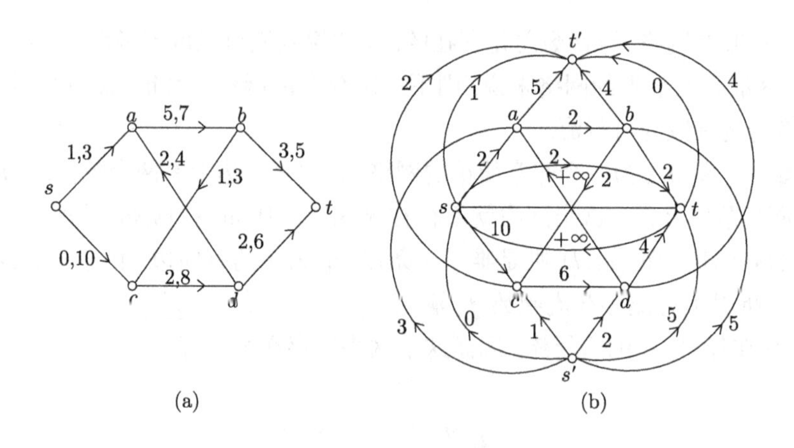

图 9.5　伴随网络示例

在伴随网络中, 引入了虚拟的源 s' 与汇 t'. 对应于容量有上下界网络 N 的每条边 e, 在伴随网络 N' 中也有一条边 e, 该边在伴随网络中的容量函数定义为 e 在 N 中容量的上、下界之差, 即 $c'(e)=b(e)-c(e)$. 而对应于 N 的每个顶点 v, 在伴随网络中定义了一条边 (s',v), 其容量函数 $c'((s',v))$ 则定义为 $\alpha(v)$ 中所有的边的容量下界之和. 若伴随网络 N' 有一个流函数 f, 使得边 (s',v) 满载, 即 $f((s',v))=c'((s',v))$, 对应到原来的网络 N, 我们将删去边 (s',v), 可以将边 (s',v) 上的流量 $f((s',v))=c'((s',v))$ 分配给 $\alpha(v)$ 中的每条边, 分给边 e 流量 $b(e)$, 这样就能在 N 中保证每条边的流量大于等于边容量的下界 $b(e)$. 例如, 在例 9.6 的图 9.5(b) 中, 边 (s',a) 的容量为 3, 若某个流函数 f 使得边 (s',a) 满载, 即 $f((s',a))=c'((s',a))=3$, 对应到图 9.5(a) 中的网络 N, 将 $f((s',a))$ 分别给边 (s,a) 和 (d,a) 分配流量 1 与 2, 则在网络 N 中可以满足边 (s,a) 和 (d,a) 流量的下界要求. 同样, 对应于 N 中的每个顶点 v, 伴随网络中定义了一条边 (v,t'), 作用与 (s',v) 类似. 对于原来的网络 N 来说, 任给 N 中的一条边 e, 我们在伴随网络中将 e 的容量定义为 $c'(e)=c(e)-b(e)$, 这样伴随网络中的流函数 (比如说 f') 在 e 上的流量满足 $0\leqslant f'(e)\leqslant c(e)-b(e)$. 加上前述的若 N' 中所有 (s',v) 类型的边都满载, 转换到 N 中分配给 e 上的流量为 $b(e)$, 刚好满足 $b(e)\leqslant f(e)\leqslant c(e)$. 而在伴随网络中引入边 (s,t) 与 (t,s) 及其容量是为了在伴随网络中保持 s 与 t 处的流量平衡.

事实上, D 中的每条边 e 都有头与尾, 设分别为 u 与 v, 即 $e=(v,u)$. 按照伴随网络的定义, $b(e)$ 被加入边 (s',u) 的容量 $c'((s',u))$ 中, 也被加入边 (v,t') 中的容量 $c'((v,t'))$ 中. 所以 $\sum_{u\in V(D)}c'((s',u))=\sum_{v\in V(D)}c'((v,t'))$. 这样, 若 N' 中某个流函数 f, 使得任给 $v\in V(D)$, 边 (s',v) 都满载的话, 即 $f((s',v))=c'((s',v))$, 则边 (v,t') 也一定满载, 即 $f((v,t'))=c'((v,t'))$.

下面的定理 9.3 给出了伴随网络中最大流与原来网络中是否有可行流之间的对应关系.

定理 9.3 给定网络 $N=(D,s,t,b,c)$, 其伴随网络为 $N'=(D',s',t',c')$, 则 N 中存在可行流, 当且仅当 N' 中最大流使得任给 $v\in V(D)$, 边 (s',v) 都满载, 即若 N' 的最大流为 f', 有 $f'((s',v))=c'((s',v))$.

证明 设 N' 的最大流为 f', f' 使得任给 $v\in V(D)$, 边 (s',v) 都满载, 即 $f'((s',v))=c'((s',v))$. 因为 $E(D)\subset E(D')$, 我们可以根据 f' 定义 N 上的边权函数 $f:E(D)\to\mathbf{R}$,

$$f(e)=f'(e)+b(e),\quad e\in E(D).$$

下面我们来证明 f 是 N 上的一个可行流.

首先, 因为 f' 是 N' 上的流函数, 所以任给 $e\in E(D)\subset E(D')$, 都有

$$0\leqslant f'(e)\leqslant c'(e)=c(e)-b(e).$$

因此有

$$b(e) \leqslant f(e) = f'(e) + b(e) \leqslant c'(e) + b(e) = c(e).$$

这样边权函数 f 满足容量有上下界网络流函数定义中的条件 (1). 下面我们来证明 f 满足容量有上下界网络流函数定义中的条件 (2).

任给 $v \in V(D) - \{s, t\}$, 由于 f' 是 N' 上的流函数, f' 在 D' 中的顶点 v 处流量均衡, 即

$$\sum_{e \in \alpha_{D'}(v)} f'(e) - \sum_{e \in \beta_{D'}(v)} f'(e) = 0, \tag{9.8}$$

其中, $\alpha_{D'}(v)$, $\beta_{D'}(v)$ 分别表示在 D' 中以 v 为头的边集合与以 v 为尾的边集合. 在下面的公式中, 我们分别用 $\alpha_D(v)$, $\beta_D(v)$ 表示在 D 中以 v 为头的边集合与以 v 为尾的边集合. 由于 $\alpha_{D'}(v) - \alpha_D(v) = \{(s', v)\}$, $\beta_{D'}(v) - \beta_D(v) = \{(v, t')\}$, 所以有

$$\sum_{e \in \alpha_{D'}(v)} f'(e) = \sum_{e \in \alpha_D(v)} f'(e) + f'((s', v)),$$

$$\sum_{e \in \beta_{D'}(v)} f'(e) = \sum_{e \in \beta_D(v)} f'(e) + f'((v, t')).$$

因为 f' 使得任给 $v \in V(D)$, 边 (s', v) 都满载, 即 $f'((s', v)) = c'((s', v)) = \sum_{e \in \alpha_D(v)} b(e)$, 我们同样有 $f'((v, t')) = c'((v, t')) = \sum_{e \in \beta_D(v)} b(e)$. 因此

$$\sum_{e \in \alpha_{D'}(v)} f'(e) = \sum_{e \in \alpha_D(v)} f'(e) + \sum_{e \in \alpha_D(v)} b(e) = \sum_{e \in \alpha_D(v)} [f'(e) + b(e)] = \sum_{e \in \alpha_D(v)} f(e), \tag{9.9}$$

$$\sum_{e \in \beta_{D'}(v)} f'(e) = \sum_{e \in \beta_D(v)} f'(e) + \sum_{e \in \beta_D(v)} b(e) = \sum_{e \in \beta_D(v)} [f'(e) + b(e)] = \sum_{e \in \beta_D(v)} f(e). \tag{9.10}$$

综合公式 (9.8)~(9.10), 我们有

$$\sum_{e \in \alpha_D(v)} f(e) - \sum_{e \in \beta_D(v)} f(e) = \sum_{e \in \alpha_{D'}(v)} f'(e) - \sum_{e \in \beta_{D'}(v)} f'(e) = 0.$$

f 满足容量有上下界网络 N 流函数定义的第二个条件. 综上, f 是容量有上下界网络 N 的一个可行流.

反之, 若 N 存在可行流, 设为 f. 我们构造 N' 上的边权函数如下:

$$f'(e)=\begin{cases} f(e)-b(e), & e\in E(D), \\ c'(e), & \text{存在 } v\in V(D), \text{ 使得 } e=(s',v) \text{ 或 } (v,t'). \end{cases}$$

将上面的证明过程逆过来, 类似可以证明, f' 是 N' 的最大流, 且使得任给 $v\in V(D)$, f' 使得边 (s',v) 满载, 即 $f'((s',v))=c'((s',v))$. 证毕.

由定理 9.3 可以得到容量有上下界网络的最大流算法如下.

算法 9.3 容量有上下界网络的最大流算法.

输入: 容量有上下界网络 $N=(D,s,t,b,c)$.

输出: 最大流函数 f, 或断定 N 没有可行流.

(1) 构造 N 的伴随网络 $N'=(D',s',t',c')$.

(2) 用 2F 算法求出 N' 的最大流函数 f'.

(3) 若 f' 满足, 任给 $v\in V(D)$, f' 使得边 (s',v) 满载, 即 $f'((s',v))=c'((s',v))$, 则转第 (4) 步; 否则, 输出结论 "N 没有可行流", 算法停止.

(4) 根据 f', 构造 N 的一个可行流 f: 任给 $e\in E(D)$,

$$f(e)=f'(e)+b(e).$$

(5) 以 f 作为初始流函数, 用 2F 算法求出 N 的最大流, 算法停止.

例 9.7 求图 9.5(a) 中网络的最大流.

解 按照算法 9.3, 我们先求出 N 的伴随网络 N', 参见图 9.5(b). 然后求出 N' 的最大流 f', 参见图 9.6(a), 其中每条边上的第一个参数为伴随网络的容量函数 c', 第二个参数为流函数 f'. 由于任给 $v\in V(D)$, f' 使得边 (s',v) 满载, N 有可行流. 我们根据 f', 对 D 中的每条边 e, 令 $f(e)=f'(e)+b(e)$, 求出 N 的一个

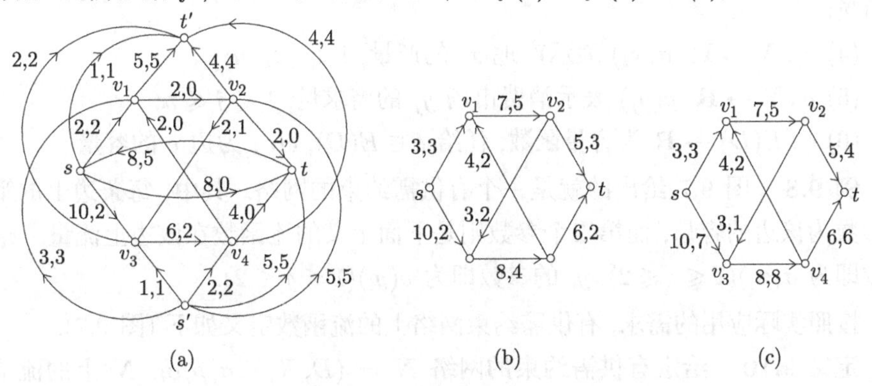

图 9.6 容量有上下界网络的最大流算法示例

可行流 f, 参见图 9.6(b), 其中每条边上的两个参数分别为容量有上下界网络容量的上界和流函数值. 最后在 f 的基础上, 用 2F 算法求出 N 的最大流 f^*, 参见图 9.6(c), f^* 的流量为

$$\mathrm{Val}(f^*) = \sum_{e\in\alpha_D(t)} f^*(e) - \sum_{e\in\beta_D(t)} f^*(e) = 6+4=10.$$

需要说明的是, 在求出伴随网络的最大流 f' 之后, 若满足任给 $v\in V(D)$, f' 都使得边 (s',v) 满载, N 有可行流. 我们通过 f' 得到 N 的一个可行流 f 之后, 再以 f 作为初始流, 用 2F 算法将其流量最大化. 在此过程中, f 在每条边上的流量都一定大于等于该边容量的下界, 因而不再需要考虑每条边上容量的下界.

9.4 有供需需求的网络流

问题 假定我们要将某种商品从若干产地运到一些消费市场, 每个产地有一定的产量, 每一个市场也有一定的消费需求, 而每一段路也有一定的运输能力限制. 问题是设计一个运输方案, 使得从每个产地的运出量不超过其产量, 每段路的运输量也不超过其运输能力, 还要保证满足每个市场的消费需求.

我们将上述运输问题转化为下面的图论模型——有供需需求的网络流.

定义 9.9 一个有供需约束的网络可以定义为一个六元组 $N=(D,X,Y,\sigma,\rho,c)$, 其中:

(1) D 是一个弱连通的有向图;

(2) $X=\{x_1,x_2,\cdots,x_m\}\subseteq V(D)$ 是源集合, 每个 $x_i(1\leqslant i\leqslant m)$ 表示一个产地;

(3) $Y=\{y_1,y_2,\cdots,y_n\}\subseteq V(D)$ 是汇集合, 每个 $y_j(1\leqslant j\leqslant n)$ 表示一个消费市场;

(4) $\sigma: X\to\mathbf{R}$, $\sigma(x_i)$ 表示产地 x_i 的产量, $1\leqslant i\leqslant m$;

(5) $\rho: Y\to\mathbf{R}$, $\rho(y_j)$ 表示消费市场 y_j 的需求量, $1\leqslant j\leqslant n$;

(6) $c: E(D)\to\mathbf{R}$ 为容量函数, 任给 $e\in E(D)$, $c(e)$ 为边 e 的容量.

例 9.8 图 9.7 给出的就是一个有供需约束的网络. 其中, 每条边上的第一个参数为该边的容量, 而第二个参数则是下面定义的流函数在该边上流量. x_i 的参数即为 $\sigma(x_i)(1\leqslant i\leqslant 2)$, y_i 的参数即为 $\rho(y_i)(1\leqslant j\leqslant 2)$.

按照实际应用的需求, 有供需约束网络上的流函数定义如下 (图 9.7).

定义 9.10 给定有供需约束的网络 $N=(D,X,Y,\sigma,\rho,c)$, N 上的流函数 $f: E(D)\to\mathbf{R}$, 要求满足:

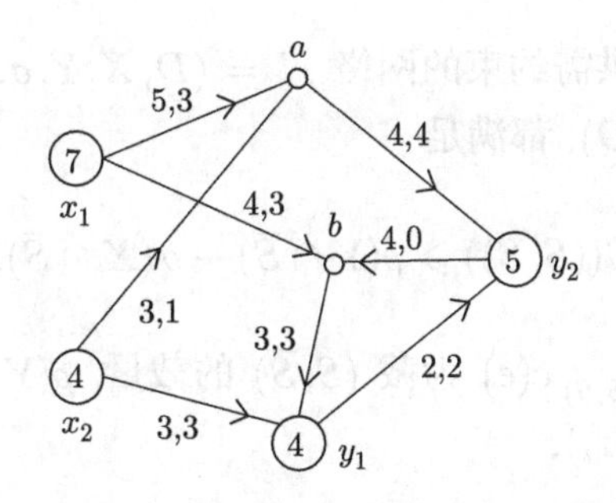

图 9.7 有供需需求的网络示例

(1) 任给 $e \in E(D)$, 都有 $0 \leqslant f(e) \leqslant c(e)$;

(2) 任给 $v \in V(D) - X \cup Y$, 都有 $\sum_{e\in\alpha(v)} f(e) - \sum_{e\in\beta(v)} f(e) = 0$;

(3) 任给 $1 \leqslant i \leqslant m$, 都有 $\sum_{e\in\beta(x_i)} f(e) - \sum_{e\in\alpha(x_i)} f(e) \leqslant \sigma(x_i)$, 表示从顶点 x_i 处实际运出量不能超过其产量;

(4) 任给 $1 \leqslant j \leqslant n$, 都有 $\sum_{e\in\alpha(y_j)} f(e) - \sum_{e\in\beta(y_j)} f(e) \geqslant \rho(y_j)$, 表示实际运入顶点 y_j 的总量大于等于其消费需求.

满足定义 9.10 的流函数 f 称为有供需约束的可行流. 有供需约束的网络不一定有可行流, 比如说, 若所有产地的总产量小于所有消费市场的需求量, 即

$$\sum_{1\leqslant i\leqslant m} \sigma(x_i) < \sum_{1\leqslant j\leqslant n} \rho(y_j),$$

则一定不存在可行流, 如图 9.8(a) 所示. 即使满足上式, 由于网络运载量的限制, 有供需约束的网络也可能没有可行流. 定理 9.4 给出了有供需约束的网络有可行流的充要条件.

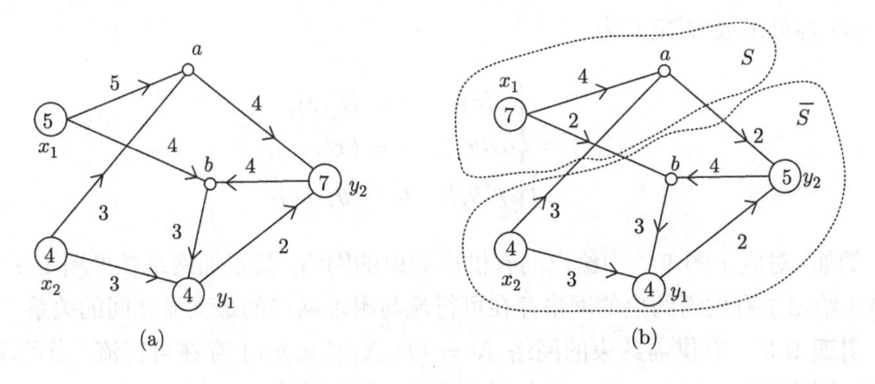

图 9.8 不存在流函数的有供需需求网络示例

定理 9.4　给定有供需约束的网络 $N=(D,X,Y,\sigma,\rho,c)$. N 有可行流的充要条件是: 任给 $S\subseteq V(D)$, 都满足

$$C((S,\overline{S}))\geqslant \rho(Y\cap\overline{S})-\sigma(X\cap\overline{S}), \tag{9.11}$$

其中, $C((S,\overline{S}))=\sum_{e\in(S,\overline{S})}c(e)$ 为截 $(S,\overline{S})$ 的截量, $\rho(Y\cap\overline{S})=\sum_{y_j\in Y\cap\overline{S}}\rho(y_j)$, $\sigma(X\cap\overline{S})=\sum_{x_i\in X\cap\overline{S}}\sigma(x_i)$.

定理 9.4 的必要性反映了一个简单直观的事实. $\rho(Y\cap\overline{S})$ 为顶点集合 $\overline{S}$ 内消费市场的总需求量, $\sigma(X\cap\overline{S})$ 为顶点集合 $\overline{S}$ 内产地的总产量. 这样, $\rho(Y\cap\overline{S})-\sigma(X\cap\overline{S})$ 就是在自产自销的前提下, $\overline{S}$ 内消费需求量的缺口. 而 $C((S,\overline{S}))$ 为从 S 到 $\overline{S}$ 的最大运载能力. 只有满足定理中的 (9.11) 式, 才有可能满足 $\overline{S}$ 内的消费缺口, N 中才可能存在可行流.

例 9.9　例如, 在图 9.8(b) 中, 若我们取 $S=\{x_1,a\}$, 则 $\overline{S}=\{x_2,y_1,y_2,b\}$, $Y\cap\overline{S}=\{y_1,y_2\}$, $X\cap\overline{S}=\{x_2\}$. $\rho(Y\cap\overline{S})-\sigma(X\cap\overline{S})=\rho(y_1)+\rho(y_2)-\sigma(x_2)=(4+5)-4=5$, 而 $(S,\overline{S})=\{(x_1,b),(a,y_2)\}$, $C((S,\overline{S}))=c((x_1,b))+((a,y_2))=2+2=4$. 所以, 图 9.8(b) 对应的有供需约束的网络没有可行流.

为了证明定理 9.4 的正确性, 我们先介绍附加网络及其性质, 后面再利用附加网络的性质来证明定理 9.4.

定义 9.11　给定有供需约束的网络 $N=(D,X,Y,\sigma,\rho,c)$, 定义 N 的附加网络 $N'=(D',x_0,y_0,c')$ 为:

(1) $V(D')=V(D)\cup\{x_0,y_0\}$, 其中 $x_0,y_0\notin V(D)$;

(2) $E(D')=E(D)\cup\{(x_0,x_i)|i=1,\cdots,m\}\cup\{(y_j,y_0)|j=1,\cdots,n\}$;

(3) x_0 与 y_0 分别为 N' 的源与汇;

(4) 容量函数 c' 定义为

$$c'(e)=\begin{cases}c(e), & e\in E(D),\\ \sigma(x_i), & e=(x_0,x_i),\\ \rho(y_j), & e=(y_j,y_0).\end{cases}$$

例如, 对应于图 9.7 中给出的有供需约束的网络, 其附加网络参见图 9.9. 引理 9.3 给出了有供需约束的网络存在可行流与附加网络的最大流之间的关系.

引理 9.3　有供需约束的网络 $N=(D,X,Y,\sigma,\rho,c)$ 存在可行流, 当且仅当其附加网络 $N'=(D',x_0,y_0,c')$ 的最大流 f' 满足: 任给 $1\leqslant j\leqslant n$, $f'((y_j,y_0))=c'((y_j,y_0))$.

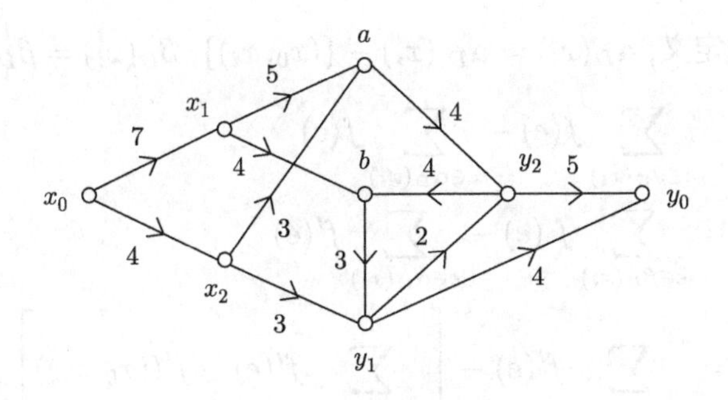

图 9.9 附加网络示例

证明 由附加网络 N' 的定义可知

$$(V(D')-\{y_0\},\{y_0\})=\{(y_j,y_0)|1\leqslant j\leqslant n\}$$

是 N' 的一个截. 若 N' 的流函数 f' 满足: 任给 $1\leqslant j\leqslant n$, $f'((y_j,y_0))=c'((y_j,y_0))$, 则

$$\mathrm{Val}(f')=\sum_{1\leqslant j\leqslant n}f'((y_i,y_0))=\sum_{1\leqslant j\leqslant n}c'((y_j,y_0))=C((V(D')-\{y_0\},\{y_0\})).$$

由推论 9.2 知, f' 是 N' 的最大流.

将附加网络 N' 上的流函数 f' 限定到网络 N 上, 得到 N 上的一个边权函数 f, 即任给 $e\in E(D)\subset E(D')$,

$$f(e)=f'(e).$$

由附加网络的定义, 任给 $v\in V(D)-X-Y$, 都有 $\alpha_D(v)=\alpha_{D'}(v)$, $\beta_D(v)=\beta_{D'}(v)$, 所以有

$$\sum_{e\in\alpha_D(v)}f(e)-\sum_{e\in\beta_D(v)}f(e)=\sum_{e\in\alpha_{D'}(v)}f'(e)-\sum_{e\in\beta_{D'}(v)}f'(e)=0.$$

所以, f 满足有供需约束网络流函数的第 (2) 个条件.

因为 f' 是 N' 的流函数, 所以任给 $1\leqslant i\leqslant m$,

$$\sum_{e\in\alpha_{D'}(x_i)}f'(e)-\sum_{e\in\beta_{D'}(x_i)}f'(e)=0.$$

按照附加网络的定义, $\alpha_D(x_i)=\alpha_{D'}(x_i)-\{(x_0,x_i)\}$, $\beta_D(x_i)=\beta_{D'}(x_i)$. 所以有

$$\begin{aligned}
&\sum_{e\in\beta_D(x_i)} f(e)-\sum_{e\in\alpha_D(x_i)} f(e)\\
&=\sum_{e\in\beta_D(x_i)} f'(e)-\sum_{e\in\alpha_D(x_i)} f'(e)\\
&=\sum_{e\in\beta_{D'}(x_i)} f'(e)-\left[\sum_{e\in\alpha_{D'}(x_i)} f'(e)-f'((x_0,x_i))\right]\\
&=f'((x_0,x_i))\\
&\leqslant c'((x_0,x_i))\\
&=\sigma(x_i).
\end{aligned}$$

所以, f 满足有供需约束网络流函数的第 (3) 个条件.

同理, 按照附加网络的定义, $\alpha_D(y_j)=\alpha_{D'}(y_j)$, $\beta_D(y_j)=\beta_{D'}(y_j)-\{(y_j,y_0)\}$. 若 f' 满足: 任给 $1\leqslant j\leqslant n$, $f'((y_j,y_0))=c'((y_j,y_0))$, 则有

$$\begin{aligned}
&\sum_{e\in\alpha_D(y_j)} f(e)-\sum_{e\in\beta_D(y_j)} f(e)\\
&=\sum_{e\in\alpha_D(y_j)} f'(e)-\sum_{e\in\beta_D(y_j)} f'(e)\\
&=\sum_{e\in\alpha_{D'}(y_j)} f'(e)-\left[\sum_{e\in\beta_{D'}(y_j)} f'(e)-f'((y_j,y_0))\right]\\
&=f'((y_j,y_0))\\
&=c'((y_j,y_0))\\
&=\rho(y_j).
\end{aligned}$$

所以, f 满足有供需约束网络流函数的第 (4) 个条件. 至于第 (1) 个条件, f 继承了 f' 的性质, 自然满足, 所以 f 是 N 上的一个可行流.

反之, 若 N 上存在可行流 f, 则可以证明其附加网络 N' 上一定存在流函数 f', 使得任给 $1\leqslant j\leqslant n$, 边 (y_j,y_0) 都满载. 留作习题 9. 证毕.

例如, 针对图 9.9 表示的附加网络, 我们可以用 2F 算法求出其最大流, 如图 9.10(a) 所示. 其中, 每条边上的第一个参数表示附加网络中边的容量, 而第二个参数则为最大流的函数值. 可以看出, 其最大流满足引理 9.3 的条件, 所以对应于图 9.7 中的有供需约束网络存在可行流, 对应的可行流如图 9.10(b) 所示.

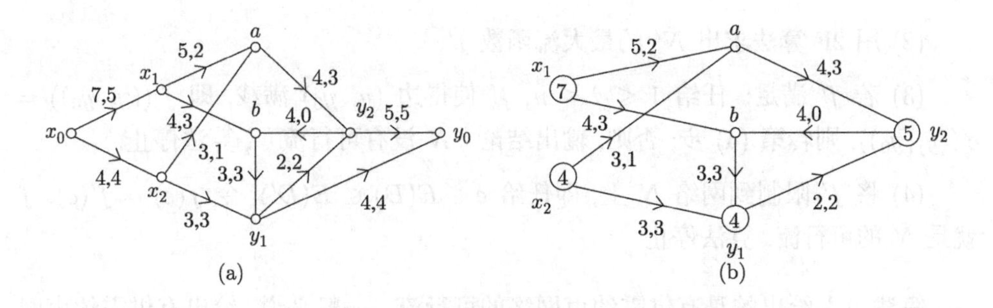

图 9.10 附加网络的最大流与有供需约束的可行流

有了引理 9.3, 下面我们来给出定理 9.4 的证明.

定理 9.4 的证明 由引理 9.3 知, N 有可行流等价于其附加网络 N' 上的最大流 f' 满足: 任给 $1 \leqslant j \leqslant n$, $f'((y_j, y_0)) = c'((y_j, y_0))$. 任给 $S \subseteq V(D)$, $(S \cup \{x_0\}, \overline{S} \cup \{y_0\})$ 是 N' 的截. 由引理 9.3 的证明过程可知, $(V(D') - \{y_0\}, \{y_0\})$ 为 N' 的最小截. 由最小截的截量可知

$$C((S \cup \{x_0\}, \overline{S} \cup \{y_0\})) \geqslant C((V(D') - \{y_0\}, \{y_0\})) = \sum_{1 \leqslant j \leqslant n} \rho(y_j) = \rho(Y). \tag{9.12}$$

而由附加网络的定义知

$$(S \cup \{x_0\}, \overline{S} \cup \{y_0\}) = (S, \overline{S}) \cup (Y \cap S, \{y_0\}) \cup (\{x_0\}, X \cap \overline{S}).$$

所以 (9.12) 式等价于

$$C(S, \overline{S}) + \rho(Y \cap S) + \sigma(X \cap \overline{S}) \geqslant \rho(Y),$$

等价于

$$\begin{aligned} C(S, \overline{S}) &\geqslant [\rho(Y) - \rho(Y \cap S)] - \sigma(X \cap \overline{S}) \\ &= \rho(Y \cap \overline{S}) - \sigma(X \cap \overline{S}). \end{aligned}$$

证毕.

由引理 9.3 的证明, 可以得到求有供需约束网络可行流的算法如下.

算法 9.4 有供需约束网络的可行流算法.

输入: 有供需约束网络 $N = (D, X, Y, \sigma, \rho, c)$.

输出: N 的可行流函数 f, 或断定 N 没有可行流.

(1) 构造 N 的附加网络 $N' = (D', x_0, y_0, c')$.

(2) 用 2F 算法求出 N' 的最大流函数 f'.

(3) 若 f' 满足: 任给 $1 \leqslant j \leqslant n$, f' 使得边 (y_j, y_0) 满载, 即 $f'((y_j, y_0)) = c'((y_j, y_0))$, 则转第 (4) 步; 否则, 输出结论 "$N$ 没有可行流", 算法停止.

(4) 将 f' 限制到网络 N 上, 即任给 $e \in E(D) \subset E(D')$, 令 $f(e) = f'(e)$. f 就是 N 的可行流. 算法停止.

算法 9.4 给出的是有供需约束网络的可行流. 一般来说, 给出有供需约束网络的可行流就可以满足应用的需求. 若要求出有供需约束网络的最大流, 可以利用引理 9.3 的证明过程, 修改算法 9.4 得到有供需约束网络的最大流算法. 至于如何修改及其正确性证明留作习题 17.

9.5　网络流在连通度中的应用

通信网络 N 可以抽象成一个有向图 $D = (V, E)$, 其中每个顶点代表 N 中的一个服务器或路由器, 而每条有向边则对应于一条单向通信链路. 任给 $u, v \in V$, 若 u 与 v 之间能够通信, N 中必须有一条从 u 到 v 的有向轨道. 若从 u 到 v 的每一条有向轨道都经过某一条特定的有向边 e, 则 e 对应的通信链路出故障后, u 与 v 之间就不能通信, 这种通信网络的可靠性就很差. 另一方面, 若每条从 u 到 v 的通信链路都经过 e, 则 e 也任意变成通信瓶颈, 网络通信带宽也小. 因此, 我们总是希望在 u 与 v 之间找到更多无公共边的有向轨道, 由此得到如下的图论问题.

问题 9.1　无公共边的有向轨道问题.

输入: 有向图 D, D 的两个顶点 $u, v \in V(D)$.

输出: u 与 v 之间一组无公共边的有向轨道, 其中有向轨道数最多.

从攻击者的角度来说, 总是希望能够破坏最少的链路, 导致 u 与 v 之间不能通信, 而从网络服务提供商的角度, 当然是希望网络的可靠性高. 因而得出如下的问题.

问题 9.2　最小边割集问题.

输入: 有向图 D, D 的两个顶点 $u, v \in V(D)$.

输出: 最小 uv-边割集.

下面我们将用网络流理论来求解上述两个问题. 在介绍求解算法之前, 我们先介绍一些相关的概念与性质.

9.5.1 循环

定义 9.12 给定有向图 $D=(V,E)$, $f:E\to\mathbf{R}$ 是 D 上的边权函数. 若 f 满足, 任给 $v\in V$, 都有

$$\sum_{e\in\alpha(v)} f(e)-\sum_{e\in\beta(v)} f(e)=0,$$

则称 f 是 D 上的一个循环.

图 9.11(a) 给出了一个有向图和该图上一个循环的例子.

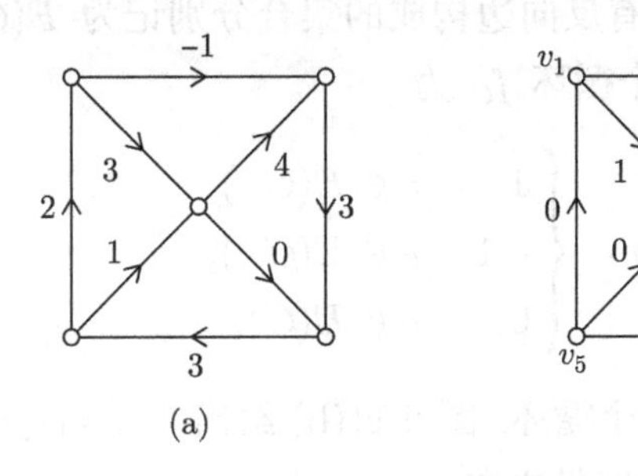

图 9.11 有向图中的循环

有向图中的循环与流函数可以互相转化. 给定一个有向图 D, 以及 D 中的两个顶点 s 与 t, $e=(t,s)$ 是 D 中的一条有向边. 假设 f 是 D 中的循环, 我们在 D 中将有向边 e 删掉, 且将函数 f 限制到 $D-e$ 上, 则 f 是 $D-e$ 中以 s,t 分别为源与汇的流函数, $\mathrm{Val}(f)=f(e)$. 反之, 若 f 是 D 中以 s,t 分别为源与汇的流函数, 我们在 D 中增加一条有向边 $e'=(t,s)$, 在 $D+e'$ 中定义函数 f', 使得任给 $e\in E(D)$, $f'(e)=f(e)$, 而 $f'(e')=\mathrm{Val}(f)$, 则 f' 是 $D+e'$ 中的循环. 对于循环来说, 权函数在所有顶点处都满足相同的条件, 不像流函数在源与汇满足的条件与其他顶点不一样, 所以研究循环的性质往往更方便. 而两者又是等价的, 有时将流函数转化为循环来研究会更方便.

定义 9.13 设 f 是集合 S 上的实函数, 即 $f:S\to\mathbf{R}$, 则称 S 中函数值不为零的元素对应的边子集为 f 的**支撑**.

例如, 在图 9.11(a) 中, 只有一条边的函数值为 0, 其余的边的函数值都不为零, 这些函数值不为零的边子集构成图 9.11(a) 中循环的支撑. 关于支撑, 我们有下面的引理.

引理 9.4 设 f 是有向图 D 上非零的循环, 即存在 $e\in E(D)$, 使得 $f(e)\neq 0$, 则 f 的支撑中含有一个圈 (指的是略去边的方向后构成的无向圈); 若 f 是非负函

数, 则 f 的支撑中含有一个有向圈.

证明　对于非零的循环来说, 在将有向图的方向略去后, 得到一个无向图 D. 设 f 的支撑为边子集 E', 边导出子图 $D[E']$. 因为 E' 是支撑边子集, $D[E']$ 中不可能存在度数小于 2 的顶点. 由例 1.8 知, $D[E']$ 中存在无向圈. 关于有向圈的结论证明类似, 留作习题 18. 证毕.

在我们后面的内容介绍中, 特别关注下面介绍的一类循环. 假定 C 是有向图 D 中的一个无向圈, 我们按照某个方向定义 C 的方向. 任给 C 中的一条边 e, 若 e 与 C 的方向一致, 我们称 e 是 C 的**正向边**; 否则称 e 是 C 的**反向边**, 我们将 C 上所有正向边构成的集合与所有反向边构成的集合分别记为 $E(C^+)$ 与 $E(C^-)$, 在 D 上定义一个 C **导出的一个循环** f_C 为

$$f_C(e) = \begin{cases} 1, & e \in E(C^+), \\ -1, & e \in E(C^-), \\ 0, & e \notin E(C). \end{cases}$$

容易验证, f_C 的确是 D 中的一个循环. 图 9.11(b) 给出由圈 $v_1v_2v_3v_4v_1$ 导出循环的例子, 其中圈的方向定义为逆时针方向.

引理 9.5　任给有向图 D 中的一个循环 f, f 都是一些圈导出循环的线性组合.

证明　设边子集 S 是 f 的支撑, 我们对 $|S|$ 做归纳来证明引理. 若 $S = \varnothing$, 则不需要证明什么; 否则, 由引理 9.4 知, 边导出子图 $D[S]$ 中含有一个圈 C. 设 e^* 为 C 上的一条有向边, 我们将 C 的方向定义为与 e^* 同向, 从而有 $f_C(e^*) = 1$. 定义一个新的函数 $f' : E(D) \to \mathbf{R}$, 使得任给 $e \in E(D)$, 定义 $f'(e) = f(e) - f(e^*)f_C(e)$. 容易验证 f' 是 D 的一个循环, 且 $f'(e^*) = 0$. 所以, f' 的支撑是 S 的一个真子集. 由归纳假设, f' 是一些圈导出循环的线性组合, 所以 $f(e) = f'(e) + f(e^*)f_C(e)$ 也是. 证毕.

类似于引理 9.5, 对于非负循环来说, 有引理 9.6. 证明的基本思想与引理 9.5 的证明相同, 留作习题 19.

引理 9.6　任给有向图 D 中的一个非负的循环 f, f 都是一些有向圈导出循环的线性组合. 若 f 的函数值都是整数, 则 f 是有向圈导出循环的某个线性组合, 使得该线性组合中的系数都是非负整数.

由前面介绍的有关循环与网络流的等价关系, 我们可以得到下面的推论.

推论 9.4　设 $N = (D, s, t, c)$ 为一个网络, 其容量函数 c 为单位容量, 即每条边上的容量均为 1, k 为正整数, 则 N 存在流量为 k 的流函数等价于 D 中存在

k 条从 s 到 t 无公共边的有向轨道.

9.5.2 Menger 定理

由推论 9.4 知, 问题 9.1 和问题 9.2 都可以通过最大流的算法来求解.

定理 9.5 任给有向图 D 以及 D 中的两个顶点 u, v, D 中无公共边的 uv-有向轨道的最大数量等于最小 uv-边割集中有向边的数量.

与有向图类似, 针对无向图, 我们也可以得到下面类似的定理.

定理 9.6 任给无向图 G 以及 G 中的两个顶点 u, v, G 中无公共边的 uv-轨道的最大数量等于最小 uv-边割集中边的数量.

从定理 9.5 可以很容易推导出定理 9.6, 留作习题 16.

下面我们介绍如何用最大流算法求解顶点连通度问题. 我们用一种归约的方法将求无公共内顶的有向轨道问题转化为求无公共边的有向轨道问题. 类似于问题 9.1, 我们有下面的求无公共内顶的有向轨道问题.

问题 9.3 无公共内顶的有向轨道问题.

输入: 有向图 D, D 的两个顶点 $u, v \in V(D)$.

输出: u 与 v 之间一组无公共内顶的有向轨道, 其中有向轨道数最多.

我们采用辅助图的方式, 将无公共内顶的有向轨道问题转化为无公共边的有向轨道问题. 给定有向图 D, D 的两个顶点 $u, v \in V(D)$. 我们构造一个辅助的有向图 D' 如下.

(1) 除了 u, v 之外, 任给顶点 $w \in V(D) - \{u, v\}$, 将 w 分成两个顶点 w^- 和 w^+, 且用一个有向边 (w^-, w^+) 来连接;

(2) 任给 D 中的一条有向边 $e = (x, y)$, 将 e 的尾由 x 换成 x^+(除非 $x = u$ 或 $x = v$), 将 e 的头由 y 换成 y^-(除非 $y = u$ 或 $y = v$).

图 9.12 给出一个辅助图构造的示例. 容易证明, D 中无公共内顶的 uv-有向轨道与 D' 中无公共边的 uv-有向轨道之间是一一对应的. 因此, 在 D 中找一组轨道数最多的无公共内顶的 uv-有向轨道就转化为在 D' 中找一组轨道数最多的无公共边的 uv-有向轨道. 而且 $\nu(D') = 2\nu(D) - 2$, $\varepsilon(D') = \varepsilon(D) + \nu(D) - 2$. 所以, D' 的顶点数、边数分别与 D 的顶点数、边数在同一个数量级. 因而, 将 D 中无公共内顶的 uv-有向轨道转化为在 D' 中无公共边的 uv-有向轨道, 然后用最大流算法来求解是有效的.

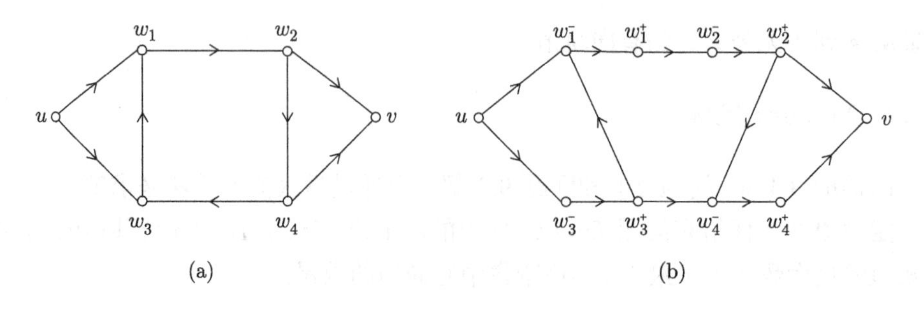

图 9.12　辅助图的构造

9.5.3　无向图的连通性问题

在第 3 章, 我们介绍了无向图的连通性问题. 在 k-连通图 G 中, 若 G 不是完全图, G 的最小顶割集中至少有 k 个顶点, 也等价于任何两个不同的顶点间都有 k 条无公共内顶的轨道. 而对于 k-边连通图 G 来说, G 的最小边割集中至少有 k 条边, 这也等价于任意两个不同的顶点间都有 k 条无公共边的轨道.

类似于问题 9.1 ~ 问题 9.3, 关于无向图我们也有如下的三个问题.

问题 9.4　无公共边的轨道问题.

输入: 无向图 G, G 的两个顶点 $u, v \in V(G)$.

输出: u 与 v 之间一组无公共边的轨道, 其中轨道数最多.

问题 9.5　最小边割集问题.

输入: 无向图 G, G 的两个顶点 $u, v \in V(G)$.

输出: 最小 uv-边割集.

问题 9.6　无公共内顶的轨道问题.

输入: 无向图 G, G 的两个顶点 $u, v \in V(G)$.

输出: u 与 v 之间一组无公共内顶的轨道, 其中轨道数最多.

给定无环无向图 G, 我们构造相应的有向图 D 如下:

(1) $V(D) = V(G)$;

(2) $E(D) = \{(u,v),(v,u) | \{u,v\} \in E(G)\}$.

也就是说 D 与 G 的顶点集合相同, 而将 G 中的一条无向边变为 D 中一对方向相反的有向边. 很容易验证, G 中一组无公共内顶 (无公共边) 的轨道与 D 中一组无公共内顶 (无公共边) 的有向轨道一一对应. 因此, 通过这个办法, 我们可以将无向图的连通性问题转化为求有向图的轨道问题, 进而可以采用最大流的算法来解决. 因为最大流的算法是有效的, 所以就存在求无向图的连通度 (边连通度) 的有效算法.

9.6 本 章 小 结

本章介绍了网络流的基本理论、最大流的 2F 算法, 还介绍了两种带有约束条件的网络流——容量有上下界的网络流与有供需约束的网络流. 对于两种有约束条件的网络流, 我们都通过变换, 将其转化为一般网络上的最大流问题, 从而可以用 2F 算法来求解.

2F 算法是最基本的网络流算法, 由其导出的最大流最小截定理是网络流理论的基础. 很多网络流理论与最大流算法的正确性都可以通过最大流最小截定理来证明. 但是, 2F 算法不是一个很高效的算法. 例如, 图 9.13 所示网络的最大流为 $2M$. 假定以 $f(e) \equiv 0$ 作为初始流函数来求其最大流. 若在 2F 算法执行过程中, 依次以两条增载轨道 sut 和 svt 来增载, 则求两次增载轨道, 就可以求出最大流; 若交替以增载轨道 $suvt$ 和 $svut$ 来增载, 则需要求 $2M$ 次增载轨道. 因而从时间复杂度的角度来说, 2F 算法不是有效算法. 有兴趣的读者可以学习 Dinic 算法, 参见王树禾著的《图论》(科学出版社, 2004 年版).

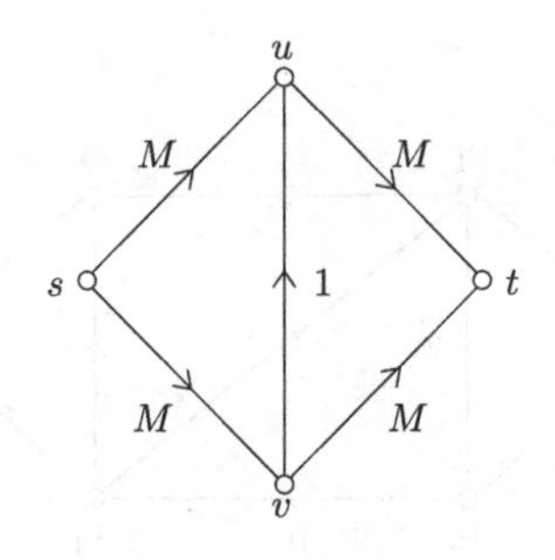

图 9.13　2F 算法复杂度高的例子

类似于容量有上下界的网络流与有供需约束的网络流, 实际应用中, 对网络及其流函数有各种各样的要求, 比如说实际应用中, 十字路口有通行能力限制, 路由器有上下行带宽限制, 等等, 这样对应的网络模型中就有顶点容量函数. 再比如, 有些网络对应的底图 (无向图) 是平面图, 其最大流算法的时间复杂度比一般网络的最大流算法就要低, 需要设计相应的最大流算法.

在本章的最后, 我们还介绍了网络流的一个应用——求图中无公共内顶 (无公共边) 的轨道问题, 进而可以求解图的连通度, 使得这两个似乎不相关的问题能够联系起来.

习　　题

1. 假设 f 是网络 $N=(D,s,t,c)$ 上的流函数. 证明:

$$\sum_{e\in\alpha(t)} f(e)-\sum_{e\in\beta(t)} f(e)=\sum_{e\in\beta(s)} f(e)-\sum_{e\in\alpha(s)} f(e).$$

2. (1) 假设 f 是网络 $N=(D,s,t,c)$ 上的流函数, $X\subset V(D)$, 证明:

$$\sum_{v\in X}\left(\sum_{e\in\beta(v)} f(e)-\sum_{e\in\alpha(v)} f(e)\right)=f^+(X)-f^-(X),$$

其中, $f^+(X)=\sum_{e\in(X,V(D)-X)} f(e)$ 表示的是尾在 X 中、头不在 X 中的边上的流函数之和, 而 $f^-(X)=\sum_{e\in(V(D)-X,X)} f(e)$ 表示的是头在 X 中、尾不在 X 中的边上的流函数之和.

(2) 举例说明: 存在网络流 f, 使得 $\sum_{v\in X}\sum_{e\in\beta(v)} f(e)\neq f^+(X)$, $\sum_{v\in X}\sum_{e\in\alpha(v)} f(e)\neq f^-(X)$.

2. 证明: 在 Ford-Fulkerson 算法的第二步, 通过可增载轨道得到的函数 $\bar{f}$ 是流函数.

3. 证明: 若网络中不存在从源 s 到汇 t 的有向轨道, 则此网络的最大流量与最小截量都是 0.

4. 求图 9.14 中网络的最大流.

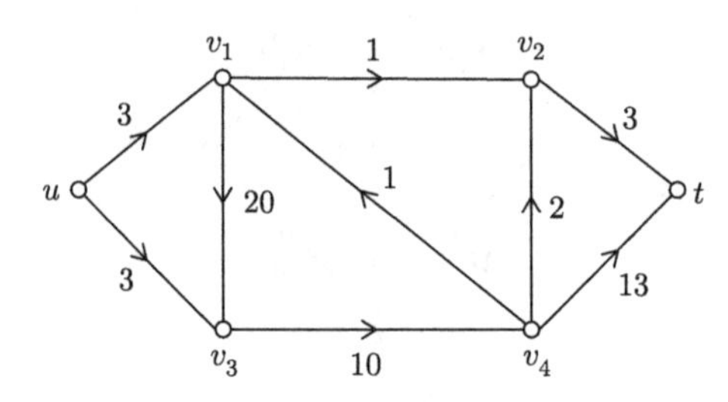

图 9.14　求最大流

5. 证明: 若网络中每条边的容量均为整数, 则最大流的流量也一定是整数.

6. 图 9.15 为一个有供需需求的网络流, x_1,x_2,x_3 为产地, 产量分别为 5, 10, 5, y_1,y_2,y_3 为消费市场, 需求量分别为 5, 10, 5. 请问网络中是否存在可行流?

7. 在图 9.16 所示的网络中, 除了边有容量外, 源 s 与汇 t 没有容量, 而其余的顶点都有容量. 求此网络的最大流.

8. (1) 写一个如同 2F 算法的标志过程, 但标记是由汇 t 开始的, 到达 s 时即得一可增载轨道.

(2) 写一个定位算法, 该算法能够确定某条边, 当该边容量增大时, 最大流量也随之增加.

(3) (2) 中所述的边是否一定存在?

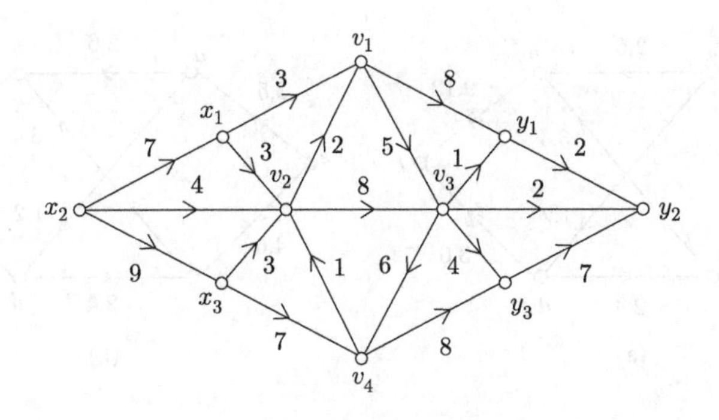

图 9.15　一个有供需需求的网络流

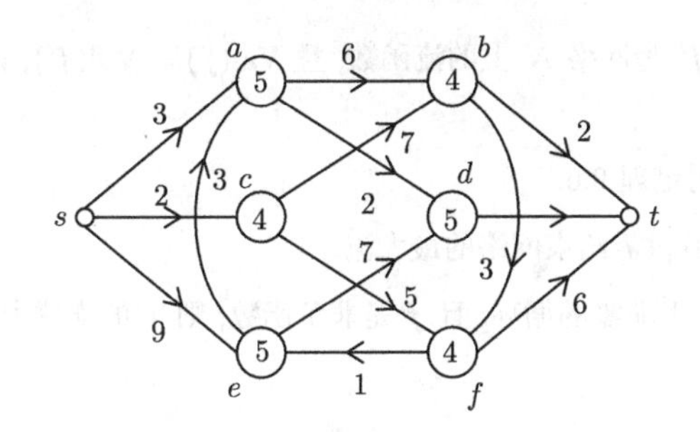

图 9.16

9. 证明: 若供需约束的网络 N 存在可行流 f, 则其附加网络 N' 上一定存在流函数 f', 使得任给 $1 \leqslant j \leqslant n$, f' 使得边 (y_j, y_0) 都满载. 参见定义 9.11.

10. 证明: 在有正下界 $b(e)$ 但无上界 $(c(e) = +\infty)$ 的网络中, 存在可行流的充要条件是对每一条边 e, 要么 e 在一个有向回路上, 要么 e 在由 s 到 t 或由 t 到 s 的有向轨道上. 注: 当 e 在 t 到 s 的有向轨道上时, 流量有可能为负值.

11. 在第 4 题中, 若边上标的数字是容量下界, 上界均为 $+\infty$. 求该网络的最小流函数.

12. 给定容量有上下界的网络 $N = (D, s, t, b, c)$ 的顶点子集 V', 记 $\alpha(V')$ 为 D 中头在 V' 中、尾在 $V(D) - V'$ 的边集合, 记 $\beta(V')$ 为 D 中尾在 V' 中、头在 $V(D) - V'$ 的边集合. 若 $\sum_{e\in\alpha(V')} c(e) - \sum_{e\in\beta(V')} b(e) < 0$, 则称需 V' “冒出” 流, 若 $\sum_{e\in\alpha(V')} b(e) - \sum_{e\in\beta(V')} c(e) > 0$, 则称需 V' “漏掉” 流. 证明: 容量有上下界的网络没有可行流, 当且仅当存在一个顶点子集 $V' \subseteq V(D) - \{s, t\}$, 使得需 V' “冒出” 流, 或者需 V' “漏掉” 流.

13. 在图 9.17 的两个图中, 若存在可行流, 请求出最大流与最小流; 若不存在可行流, 找出一个不含源与汇的顶点子集 V', 需 V' “冒出” 流或者需 V' “漏掉” 流.

14. 用最大流最小截定理 (推论 9.2) 证明: 任给二分图 G, G 的匹配数等于其覆盖数, 即 $\alpha(G) = \beta(G)$(定理 5.2).

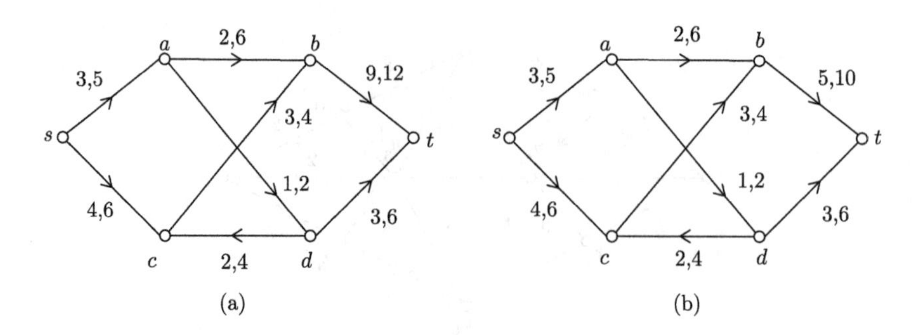

图 9.17

15. 证明: 假设 f 与 f' 为网络 N 上的流函数, 且 $\mathrm{Val}(f) = \mathrm{Val}(f')$, 证明 $f - f'$ 是 N 上的一个循环.

16. 用定理 9.5 来证明定理 9.6.

17. 修改算法 9.4, 求有供需约束网络的最大流.

18. 设 f 是有向图 D 上非零的循环, 且 f 是非负函数, 则 f 的支撑中含有一个有向圈.

19. 证明引理 9.6.

第 10 章　图矩阵与图空间

本章介绍图的矩阵表示和向量空间表示. 利用矩阵运算以及向量空间的运算与性质, 便于我们分析图的一些性质, 给出一些图的算法, 并且可以用于解决一些实际的应用问题.

10.1　线性空间简介

定义 10.1　给定数域 F, 非空集合 V, V 中元素通常称为向量.

(1) 在 V 中定义了一种二元运算, 称为**向量加法**, 记作 "+", 即对 V 中任意两个向量 α 与 β, 都按某一法则对应于 V 内唯一确定的一个向量 $\alpha+\beta$, 称为 α 与 β 的和.

(2) 在 F 与 V 的元素间定义了一种运算, 称为**数量乘法** (简称**数乘**), 即对 V 中任意元素 α 和 F 中任意元素 k, 都按某一法则对应 V 内唯一确定的一个元素 $k\alpha$, 称为 k 与 α 的积.

若上面定义的两种运算满足下面的八个性质, 则称 V 是 F 上的一个**线性空间**.

(一) 关于向量加法:

(1) 任给 $\alpha,\beta\in V$, 都满足 $\alpha+\beta=\beta+\alpha$;

(2) 任给 $\alpha,\beta,\gamma\in V$, 都满足 $(\alpha+\beta)+\gamma=\alpha+(\beta+\gamma)$;

(3) 存在向量 $\mathbf{0}$, 使得 $\forall\alpha\in V$, 都满足 $\alpha+\mathbf{0}=\mathbf{0}+\alpha=\alpha$, $\mathbf{0}$ 称为零元;

(4) 任给 $\alpha\in V$, 都存在 $\beta\in V$ 使 $\alpha+\beta=\beta+\alpha=\mathbf{0}$, β 称为 α 的逆元, 记为 $-\alpha$.

(二) 关于数乘:

(5) 对于 F 中的单位元 1, 任给 $\alpha\in V$, 都满足 $1\alpha=\alpha$;

(6) 任给 $k,l\in F$, 任给 $\alpha\in V$, 都满足 $(kl)\alpha=k(l\alpha)$;

(7) 任给 $k,l\in F$, 任给 $\alpha\in V$, 都满足 $(k+l)\alpha=k\alpha+l\alpha$;

(8) 任给 $k\in F$, 任给 $\alpha,\beta\in V$, 都满足 $k(\alpha+\beta)=k\alpha+k\beta$.

可以定义向量加法的逆运算——向量减法, 数乘的逆运算——数量除法.

例 10.1　三维欧几里得空间中的一个向量表示为 $(x,y,z)\in\mathbf{R}^3$. 任给 $(x_1,y_1,z_1),(x_2,y_2,z_2)\in\mathbf{R}^3$, 向量加法定义为 $(x_1,y_1,z_1)+(x_2,y_2,z_2)=(x_1+x_2,y_1+y_2,z_1+z_2)$. 任给 $k\in\mathbf{R}$, 数乘定义为 $k(x,y,z)=(kx,ky,kz)$. $\mathbf{R}^3$ 是实数域上的向量空间.

例 10.2　设 V 为实数域 $\mathbf{R}$ 上全体 $m\times n$ 矩阵组成的集合, V 中的向量加法与数乘分别为矩阵的加法、数与矩阵的乘法, 则 V 是 $\mathbf{R}$ 上的线性空间. V 中向量就是 $m\times n$ 矩阵.

定义 10.2　设 V 是数域 F 上的线性空间,

(1) 对于一组向量 $v_1,v_2,\cdots,v_n\in V$, 如果存在一组不全为零的系数 $k_1,k_2,\cdots,k_n\in F$, 使得 $k_1v_1+k_2v_2+\cdots+k_nv_n=\mathbf{0}$, 那么称该组向量 $v_1,v_2,\cdots,v_n$ **线性相关**. 反之, 称这组向量为**线性无关**. 更一般地, 如果有无穷多个向量, 而且其中任意有限多个向量都是线性无关的, 我们称这无穷多个向量为线性无关.

(2) 如果存在一组向量 $v_1,v_2,\cdots,v_n\in V$, $v_1,v_2,\cdots,v_n$ 线性无关, 而且 V 中任意一个向量都可以表示成 $v_1,v_2,\cdots,v_n$ 的线性组合. 我们称 $v_1,v_2,\cdots,v_n$ 为向量空间 V 的一组**基**, 称 V 的**维数**为 n.

例 10.3　在三维欧几里得空间 $\mathbf{R}^3$ 中, 3 个向量 $(1,0,0),(0,1,0),(0,0,1)$ 线性无关, 而且任给 $(x,y,z)\in\mathbf{R}^3$, $(x,y,z)=x(1,0,0)+y(0,1,0)+z(0,0,1)$. 所以, $(1,0,0),(0,1,0),(0,0,1)$ 是 $\mathbf{R}^3$ 的一组基, $\mathbf{R}^3$ 的维数是 3.

定义 10.3　设 V 是数域 F 上的线性空间, $V'\subseteq V$ 且 $V'\neq\varnothing$. 若 V' 也是 F 上的线性空间, 则称 V' 是 V 的**线性子空间**.

定理 10.1　设 V 是数域 F 上的线性空间, $V'\subseteq V$ 且 $V'\neq\varnothing$. 若 V' 中任意两个向量的线性组合仍属于 V', 即任给 $\alpha,\beta\in V'$, 任给 $k,l\in F$, 都有 $k\alpha+l\beta\in V'$, 则 V' 是 V 的线性子空间.

定理 10.1 是线性代数中的基本定理, 有兴趣的读者可参考线性代数教材.

例 10.4　在三维欧几里得空间 $\mathbf{R}^3$ 中, 令 $V'=\{(x,y,0)|x,y\in\mathbf{R}\}$, $V'\subset\mathbf{R}^3$, 且 $V'\neq\varnothing$. 任给 $(x_1,y_1,0),(x_2,y_2,0)\in V'$, 任给 $k,l\in\mathbf{R}$, $k(x_1,y_1,0)+l(x_2,y_2,0)=(kx_1+lx_2,ky_1+ly_2,0)\in V'$. 所以, V' 是 $\mathbf{R}^3$ 的线性子空间, V' 的维数为 2. 事实上, V' 构成 X 轴与 Y 轴所在的平面.

例 10.5　给定集合 $F_2=\{0,1\}$, 在 F_2 上定义加法"+"与乘法"•"运算, 分别见图 10.1(a) 与图 10.1(b). 则 F_2 在这两种运算下构成域, 也是元素最少的域.

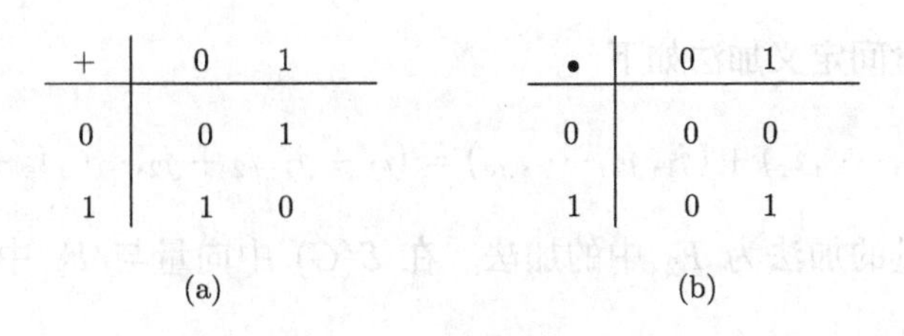

+	0	1
0	0	1
1	1	0

(a)

•	0	1
0	0	0
1	0	1

(b)

图 10.1 F_2 域上的运算

10.2 图 的 空 间

10.2.1 边空间

给定图 $G=(V,E)$, 设 $E=\{e_1,e_2,\cdots,e_\varepsilon\}$, 我们将 E 的子集与 ε 维 0-1 向量之间建立一一对应关系: 设 $E'\subseteq E$, 其对应的向量为 $(i_1,i_2,\cdots,i_\varepsilon)$, 其中

$$i_j=\begin{cases}1, & e_j\in E',\\ 0, & e_j\notin E'.\end{cases}$$

例 10.6 图 10.2 给出了一个边子集与边向量的对应关系的示例.

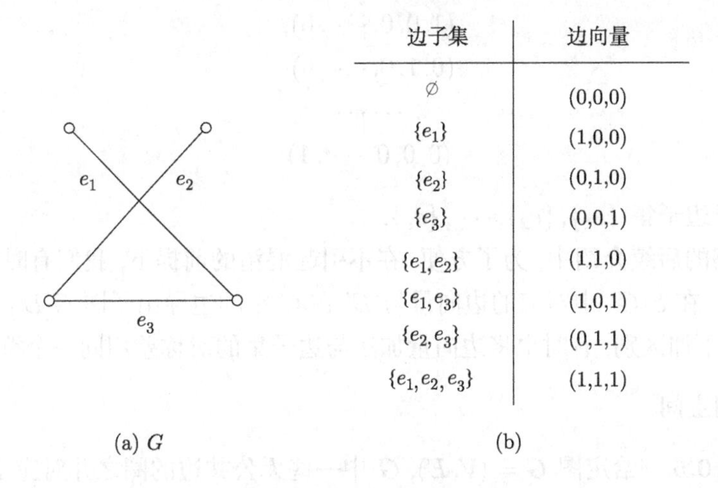

(a) G

边子集	边向量
$\varnothing$	(0,0,0)
$\{e_1\}$	(1,0,0)
$\{e_2\}$	(0,1,0)
$\{e_3\}$	(0,0,1)
$\{e_1,e_2\}$	(1,1,0)
$\{e_1,e_3\}$	(1,0,1)
$\{e_2,e_3\}$	(0,1,1)
$\{e_1,e_2,e_3\}$	(1,1,1)

(b)

图 10.2 图 G 的边子集与边向量的对应关系

定义 10.4 给定图 $G=(V,E)$, 设 $E=\{e_1,e_2,\cdots,e_\varepsilon\}$, 我们将 G 所有的边子集对应的向量作为元素, 构成下面的向量集合

$$\mathcal{E}(G)=\{E'\text{ 对应的向量}|E'\subseteq E\}.$$

在 $\mathcal{E}(G)$ 中向量间定义加法如下:

$$(i_1, i_2, \cdots, i_\varepsilon) + (j_1, j_2, \cdots, j_\varepsilon) = (i_1 + j_1, i_2 + j_2, \cdots, i_\varepsilon + j_\varepsilon),$$

其中, 每个分量的加法为 F_2 中的加法. 在 $\mathcal{E}(G)$ 中向量与 F_2 中元素定义数乘如下:

$$1 \times (i_1, i_2, \cdots, i_\varepsilon) = (i_1, i_2, \cdots, i_\varepsilon);$$
$$0 \times (i_1, i_2, \cdots, i_\varepsilon) = (0, 0, \cdots, 0).$$

则很容易验证, $\mathcal{E}(G)$ 在上面定义的运算下满足线性空间的所有要求, $\mathcal{E}(G)$ 是 F_2 上的线性空间, 称为 G 的**边空间**.

例如, 在图 10.2 中, 取两个边向量 $(1,1,0)$ 和 $(1,0,1)$, 分别对应于边子集 $\{e_1, e_2\}$ 和 $\{e_1, e_3\}$, 则这两个向量的和为 $(1,1,0)+(1,0,1) = (1+1, 1+0, 0+1) = (0,1,1)$, 对应的边子集为 $\{e_1, e_2\} \oplus \{e_1, e_3\} = \{e_2, e_3\}$. 事实上, 边向量的加法对应于边子集的对称差.

容易证明, $\mathcal{E}(G)$ 是 F_2 的一个 ε 维线性空间, 其一组基为 ε 个向量

$$\overbrace{\begin{matrix}(1,0,0,\cdots,0),\\(0,1,0,\cdots,0),\\\cdots\cdots\\(0,0,0,\cdots,1)\end{matrix}}^{\varepsilon\text{ 维向量}}$$

分别对应于边子集 $\{e_1\}, \{e_2\}, \cdots, \{e_\varepsilon\}$.

在本书的后续介绍中, 为了方便, 在不引起混淆的前提下, 我们有时将边子集 $E' \subset E$、E' 在 $\mathcal{E}(G)$ 中对应的边向量与 E' 在 G 中的边导出子图 $G[E']$ 用同一个符号表示, 不加区别, 有时也将边向量加法与边子集的对称差用同一个符号表示.

10.2.2　圈空间

定义 10.5　给定图 $G = (V, E)$, G 中一些无公共边的圈之并对应于 G 的一个边集合, 这样的边集合在 $\mathcal{E}(G)$ 中对应的边向量称为**圈向量**, 所有的圈向量和零向量构成集合 $\mathcal{C}(G)$. 定理 10.2 说明 $\mathcal{C}(G)$ 是 $\mathcal{E}(G)$ 的线性子空间, 称为**圈空间**.

例 10.7　图 10.3(a) 给出了图 G. 图 10.3(b) 给出了 G 中所有无公共边的圈之并, 包括单个的圈. 图 10.3(c) 给出了圈空间 $\mathcal{C}(G)$ 中所有的向量.

定理 10.2　$\mathcal{C}(G)$ 是 $\mathcal{E}(G)$ 的线性子空间.

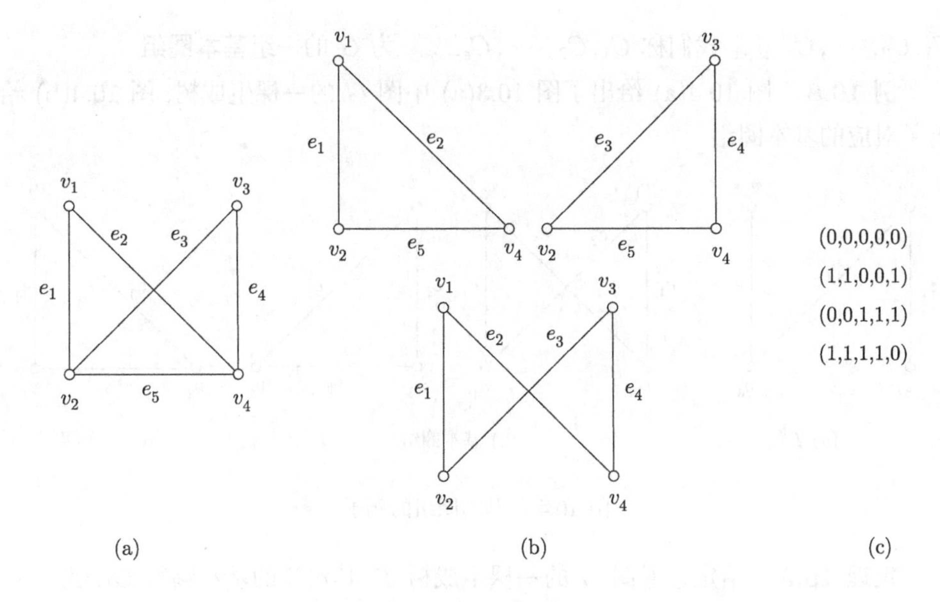

图 10.3 圈空间的例子

证明 由定理 10.1 知, 只需证明, 任给 $\mathcal{C}(G)$ 中的两个向量 C_1 和 C_2, 以及任给 $k,l \in F_2$, 都满足 $kC_1 + lC_2 \in \mathcal{C}(G)$.

因为当 $k = l = 0$ 时, $kC_1 + lC_2 = \mathbf{0}$; 当 $k = 1, l = 0$ 时, $kC_1 + lC_2 = C_1$; 当 $k = 0, l = 1$ 时, $kC_1 + lC_2 = C_2$, 此三种情况下, 都满足 $kC_1 + lC_2 \in \mathcal{C}(G)$. 若 C_1 或 C_2 是零向量, 也满足 $kC_1 + lC_2 \in \mathcal{C}(G)$.

下面证明当 $k = l = 1$, 且 C_1 与 C_2 都不是零向量时, $kC_1 + lC_2 = C_1 + C_2 \in \mathcal{C}(G)$. 由于 $C_1, C_2 \in \mathcal{C}(G)$ 为无公共边的圈之并, 由定理 6.1 知, 边导出子图 $G[C_1]$, $G[C_2]$ 的每个顶点的度数都是偶数. 设某条边 e 是 C_1 与 C_2 的公共边, v 是 e 关联的一个顶点, 则 e 在 $G[C_1]$, $G[C_2]$ 中对 v 的度数各贡献 1, 而对于边导出子图 $G[C_1 + C_2]$ 来说, e 不在 $C_1 + C_2$ 中, e 对其中的顶点 v(若存在的话) 的度数贡献为 0. 若 e 是 C_1 或 C_2 的边, 但不是 C_1 与 C_2 的公共边, 则 e 对 $G[C_1]$ 和 $G[C_2]$ 的度数总和贡献 1, 对 $G[C_1+C_2]$ 的顶点度数贡献也是 1. 因此, $G[C_1+C_2]$ 中每个顶点 v 的度数为 v 在 $G[C_1]$ 和 $G[C_2]$ 中的度数之和, 再减去一个偶数 (也许没有减, 可以看作减了 0). 所以, $G[C_1 + C_2]$ 中每个顶点的度数均为偶数. 再由定理 6.1 知, $G[C_1 + C_2]$ 为无公共边的圈之并, $C_1 + C_2 \in \mathcal{C}(G)$. 证毕.

定义 10.6 给定连通图 G, 取 G 的一棵生成树 T. 由定理 2.1 知, 任取一条边 $e \in E(G) - E(T)$, 则 $T + e$ 上有唯一一个圈. 设 $e_1, e_2, \cdots, e_{\varepsilon-\nu+1}$ 为 G 中所有不在 T 上的边. 分别记 $T + e_1, T + e_2, \cdots, T + e_{\varepsilon-\nu+1}$ 上所含的圈为

$C_1, C_2, \cdots, C_{\varepsilon-\nu+1}$ 我们称 $C_1, C_2, \cdots, C_{\varepsilon-\nu+1}$ 为 G 的一组**基本圈组**.

例 10.8 图 10.4(a) 给出了图 10.3(a) 中图 G 的一棵生成树, 图 10.4(b) 给出了对应的基本圈组.

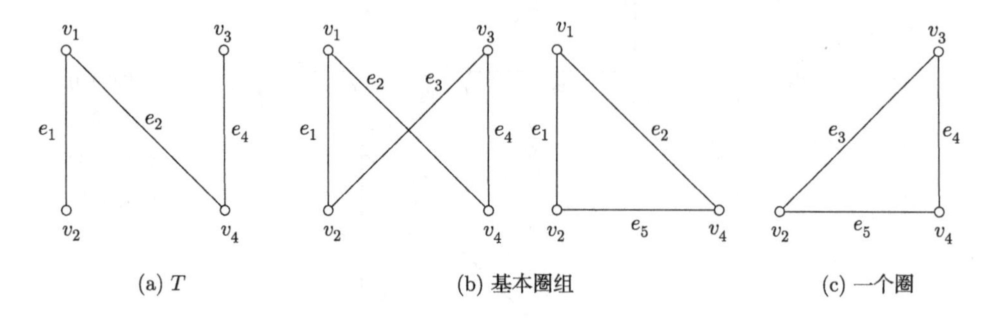

图 10.4 基本圈组的例子

定理 10.3 给定连通图 G 的一棵生成树 T, 其对应的基本圈组 $C_1, C_2, \cdots, C_{\varepsilon-\nu+1}$ 为 $\mathcal{C}(G)$ 的一组基, $\mathcal{C}(G)$ 的维数为 $\varepsilon-\nu+1$.

证明 我们将 G 中的边按照如下的方式编号: 先将 $C_1, C_2, \cdots, C_{\varepsilon-\nu+1}$ 中不在 T 上的那条边分别标记为 $e_1, e_2, \cdots, e_{\varepsilon-\nu+1}$, 然后再将 T 上的边任意编号, 则有

$$\begin{aligned} &\quad\text{非 } T \text{ 的边} \quad T \text{ 的边} \\ C_1 &= (1, 0, \cdots, 0, *, \cdots, *), \\ C_2 &= (0, 1, \cdots, 0, *, \cdots, *), \\ &\cdots\cdots \\ C_{\varepsilon-\nu+1} &= (0, 0, \cdots, 1, *, \cdots, *). \end{aligned}$$

给定一组常数 $k_1, k_2, \cdots, k_{\varepsilon-\nu+1}$, 若

$$\begin{aligned} & k_1C_1 + k_2C_2 + \cdots + k_{\varepsilon-\nu+1}C_{\varepsilon-\nu+1} \\ = & (k_1, k_2, \cdots, k_{\varepsilon-\nu+1}, *, \cdots, *) \\ = & (0, 0, \cdots, 0, 0, \cdots, 0), \end{aligned}$$

则必有 $k_1 = k_2 = \cdots = k_{\varepsilon-\nu+1} = 0$. 所以, $C_1, C_2, \cdots, C_{\varepsilon-\nu+1}$ 线性无关.

另一方面, 任给 $C \in \mathcal{C}(G)$, 设 C 上不属于 T 的边为 $e_{i_1}, e_{i_2}, \cdots, e_{i_t}$. 则有

$$\begin{aligned} &\qquad\qquad\qquad\qquad \text{非 } T \text{ 的边} \quad T \text{ 的边} \\ C + C_{i_1} + C_{i_2} + \cdots + C_{i_t} &= (0, 0, \cdots, 0, *, \cdots, *). \end{aligned}$$

一方面因为 $C+C_{i_1}+C_{i_2}+\cdots+C_{i_t}\in\mathcal{C}(G)$; 另一方面 $C+C_{i_1}+C_{i_2}+\cdots+C_{i_t}$ 却没有不在 T 上的边, 不可能含圈, 所以只能是零向量, 即 $C+C_{i_1}+C_{i_2}+\cdots+C_{i_t}=\mathbf{0}$. 因而 $C=C_{i_1}+C_{i_2}+\cdots+C_{i_t}$, 也就是说, $\mathcal{C}(G)$ 中任意一个圈向量都可以表示成 $C_1,C_2,\cdots,C_{\varepsilon-\nu+1}$ 的线性组合.

综上, $C_1,C_2,\cdots,C_{\varepsilon-\nu+1}$ 是 $\mathcal{C}(G)$ 的一组基, $\mathcal{C}(G)$ 的维数为 $\varepsilon-\nu+1$. 证毕.

例如, 针对例 10.8 中的图, 图 10.4(b) 给出了相应的基本圈组, 对应的一组基本圈向量分别为 $(1,1,1,1,0)$, $(1,1,0,0,1)$. $\mathcal{C}(G)=\{(0,0,0,0,0),(1,1,0,0,1),(0,0,1,1,1),(1,1,1,1,0)\}$. 其中, $(0,0,1,1,1)=(1,1,1,1,0)+(1,1,0,0,1)$, 对应的圈如图 10.4(c) 所示.

10.2.3 断集空间

定义 10.7 给定图 $G=(V(G),E(G))$, 取 $V'\subset V$, 使得 $V'\neq\varnothing$ 且 $\overline{V'}=V-V'\neq\varnothing$, 用 $(V',\overline{V'})$ 表示 $E(G)$ 中一个端点在 V' 中, 另一个端点在 $\overline{V'}$ 中的边子集. 我们称 $(V',\overline{V'})$ 为 G 的一个**断集**. 断集在 $\mathcal{E}(G)$ 中对应的向量称为**断集向量**. 我们将图 G 所有的断集向量与零向量组成的集合记为 $\mathcal{S}(G)$. 定理 10.4 说明 $\mathcal{S}(G)$ 是 $\mathcal{E}(G)$ 的线性子空间, 我们称之为**断集空间**.

例如在图 10.3(a) 中, 取 $V'=\{v_1,v_2\}$, 则有 $\overline{V'}=\{v_3,v_4\}$, $(V',\overline{V'})=\{e_2,e_3,e_5\}$. 显然, 若 G 是连通图, $(V',\overline{V'})\neq\varnothing$ 且 $G-(V',\overline{V'})$ 是非连通图.

定理 10.4 $\mathcal{S}(G)$ 是 $\mathcal{E}(G)$ 的线性子空间.

证明 类似于定理 10.2 的证明, 我们只需证明, 任给 $\mathcal{S}(G)$ 中的两个向量对应的断集 $(V_1,\overline{V_1})$ 和 $(V_2,\overline{V_2})$, 其对称差 $(V_1,\overline{V_1})\oplus(V_2,\overline{V_2})$ 对应的向量属于 $\mathcal{S}(G)$ 即可.

若 $V_1=V_2$ 或 $V_1=\overline{V_2}$, 则有 $(V_1,\overline{V_1})\oplus(V_2,\overline{V_2})=\varnothing$, 对应的零向量属于 $\mathcal{S}(G)$.

假定 $V_1\neq V_2$ 且 $V_1\neq\overline{V_2}$. 则有

$$
\begin{aligned}
&(V_1,\overline{V_1})\oplus(V_2,\overline{V_2})\\
=&[V_1\cap(V_2\cup\overline{V_2}),\overline{V_1}\cap(V_2\cup\overline{V_2})]\oplus[V_2\cap(V_1\cup\overline{V_1}),\overline{V_2}\cap(V_1\cup\overline{V_1})]\\
=&[(V_1\cap V_2)\cup(V_1\cap\overline{V_2}),(\overline{V_1}\cap V_2)\cup(\overline{V_1}\cap\overline{V_2})]
\end{aligned}
$$

$$
\begin{aligned}
&\oplus [(V_2 \cap V_1) \cup (V_2 \cap \overline{V_1}), (\overline{V_2} \cap V_1) \cup (\overline{V_2} \cap \overline{V_1})] \\
=& [(V_1 \cap V_2, \overline{V_1} \cap V_2) \cup (V_1 \cap V_2, \overline{V_1} \cap \overline{V_2}) \cup (V_1 \cap \overline{V_2}, \overline{V_1} \cap V_2) \cup (V_1 \cap \overline{V_2}, \overline{V_1} \cap \overline{V_2})] \\
&\oplus [(V_2 \cap V_1, \overline{V_2} \cap V_1) \cup (V_2 \cap V_1, \overline{V_2} \cap \overline{V_1}) \cup (V_2 \cap \overline{V_1}, \overline{V_2} \cap V_1) \cup (V_2 \cap \overline{V_1}, \overline{V_2} \cap \overline{V_1})] \\
=& [(V_1 \cap V_2, \overline{V_1} \cap V_2) \cup (V_1 \cap \overline{V_2}, \overline{V_1} \cap \overline{V_2})] \cup [(V_2 \cap V_1, \overline{V_2} \cap V_1) \cup (V_2 \cap \overline{V_1}, \overline{V_2} \cap \overline{V_1})] \\
=& [((V_1 \cap V_2) \cup (\overline{V_1} \cap \overline{V_2}), \overline{V_1} \cap V_2) \cup ((V_1 \cap V_2) \cup (\overline{V_1} \cap \overline{V_2}), V_1 \cap \overline{V_2})] \\
=& (V_1 \oplus V_2, \overline{V_1 \oplus V_2}).
\end{aligned}
$$

所以, $(V_1,\overline{V_1}) \oplus (V_2,\overline{V_2})$ 对应的向量属于 $\mathcal{S}(G)$. 定理得证. 证毕.

定理 10.4 证明的示意图参见图 10.5. 图中实线边与虚线边分别代表 $(V_1,\overline{V_1})$ 和 $(V_2,\overline{V_2})$ 中的边, 若一条边上同时标有实线边与虚线边, 表示同时属于这两个断集, 就不在两者的对称差中. 例如, 在图 10.3(a) 中, 若取 $V_1=\{v_1,v_2\}$, $V_2=\{v_1,v_3\}$, 则有 $(V_1,\overline{V_1})=\{e_2,e_3,e_5\}$, $(V_2,\overline{V_2})=\{e_1,e_2,e_3,e_4\}$, $(V_1,\overline{V_1})\oplus(V_2,\overline{V_2})=\{e_1,e_4,e_5\}=(V_1\oplus V_2,\overline{V_1\oplus V_2})$.

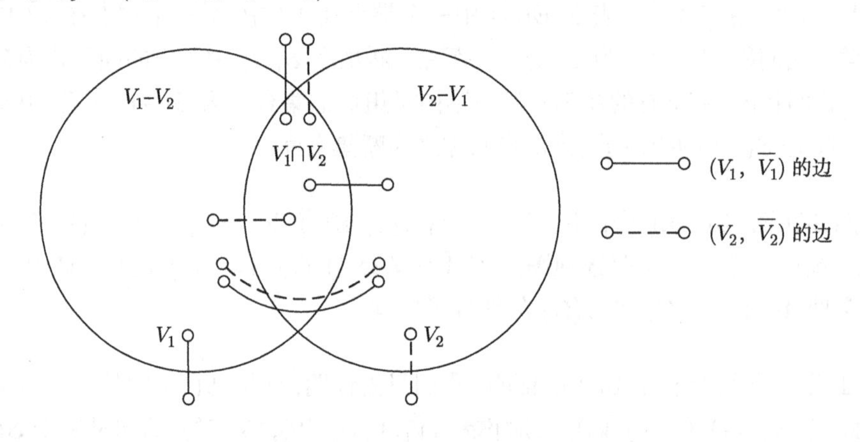

图 10.5　定理 10.4 证明的示意图

给定连通图 G, 以及 G 的一个断集 $(V',\overline{V'})$, $(V',\overline{V'})$ 包含了所有一个端点在 V' 中, 另一个端点在 $\overline{V'}$ 中的边, $G-(V',\overline{V'})$ 不连通. 但是, 也有可能不需要在 G 中删去 $(V',\overline{V'})$ 中所有的边, 只需删一部分边, 就会使得 G 不连通. 例如, 在图 10.6 中, 取 $V'=\{v_1,v_3\}$, 则 $(V',\overline{V'})=\{e_1,e_2,e_3\}$, $G-\{e_1,e_2,e_3\}$ 不连通, 但是 $G-\{e_2\}$ 也不是连通图.

定义 10.8　若 $E' \in E(G)$ 满足 $G-E'$ 不连通, 且任给 E' 的真子集 E'', $G-E''$ 都连通, 则称 E' 为图 G 的**割集**.

由割集的定义可知, 若 E' 是图 G 的割集, $G-E'$ 恰有两个连通片, 设为 G_1,

G_2. 记 $V' = V(G_1)$, 则有 $\overline{V'} = V(G_2)$, $(V', \overline{V'}) = E'$. 因此, 图 G 的割集一定是图 G 的断集.

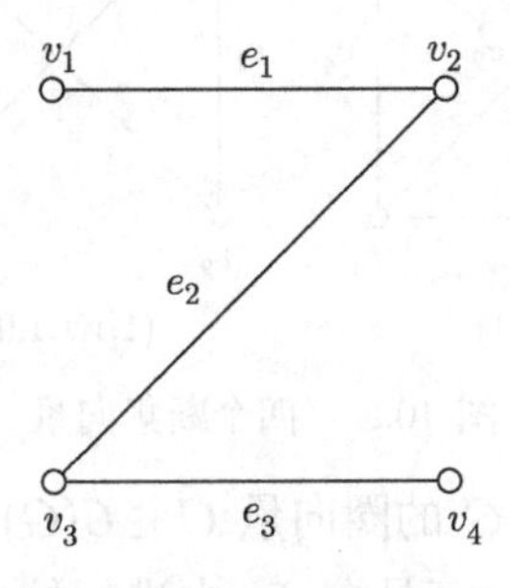

图 10.6 是断集但不是割集示例

定义 10.9 给定连通图 G 的生成树 T, 则 G 的任一割集必含树 T 上的一条边. 设 $e_1, e_2, \cdots, e_{\nu-1}$ 为树 T 上所有的边, 记 G 中含边 $e_1, e_2, \cdots, e_{\nu-1}$ 的割集分别为 $S_1, S_2, \cdots, S_{\nu-1}$. 定理 10.5 说明 $S_1, S_2, \cdots, S_{\nu-1}$ 是断集空间 $\mathcal{S}(G)$ 的一组基, 我们称之为**基本割集组**.

例如, 对于图 10.3(a) 中的图 G, 我们取图 10.4(a) 中的生成树 T, 则有 $E(T) = \{e_1, e_2, e_4\}$. 图 G 含有边 e_1, e_2, e_4 的割集分别为 $S_1 = \{e_1, e_3, e_5\}$, $S_2 = \{e_2, e_3, e_5\}$ 和 $S_3 = \{e_3, e_4\}$, 对应的割集向量分别为 $(1, 0, 1, 0, 1)$, $(0, 1, 1, 0, 1)$ 和 $(0, 0, 1, 1, 0)$, 参见图 10.7. 图 10.8 中给出了 G 的另外四个断集及其对应的四个断集向量.

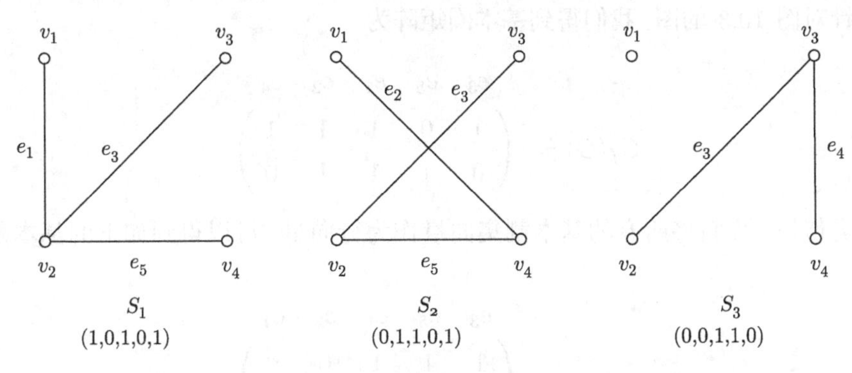

图 10.7 基本割集示例

类似于定理 10.3, 我们有定理 10.5. 证明也类似, 留作习题 3.

定理 10.5 给定连通图 G 的一棵生成树 T, 其对应的基本割集组 S_1, $S_2, \cdots, S_{\nu-1}$ 为 $\mathcal{S}(G)$ 的一组基, $\mathcal{S}(G)$ 的维数为 $\nu - 1$.

圈向量与割集向量之间还满足定理 10.6.

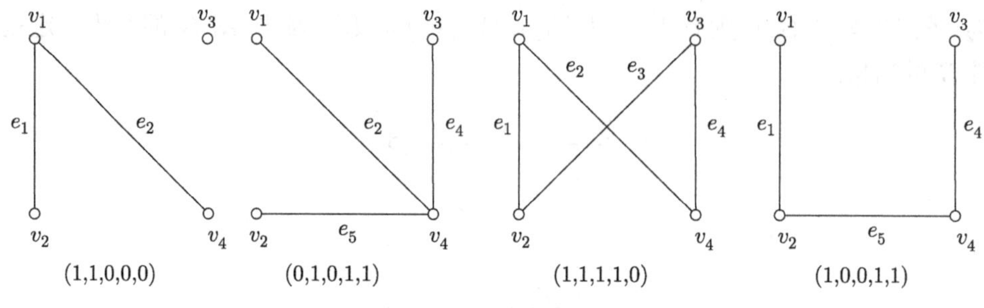

图 10.8 四个断集向量

定理 10.6 任给连通图 G 的圈向量 $C \in \mathcal{C}(G)$ 和断集向量 $S \in \mathcal{S}(G)$, C 与 S 的内积 $(C,S)=0$. 其中的运算是在 F_2 中进行的.

证明 设 $C=(c_1,c_2,\cdots,c_\varepsilon)$, $S=(s_1,s_2,\cdots,s_\varepsilon)$. 则有 $(C,S)=c_1s_1+c_2s_2+\cdots+c_\varepsilon s_\varepsilon$. 设 $S=(V',\overline{V'})$. 对于 G 的一个圈 C^* 来说, C^* 必然与 $(V',\overline{V'})$ 有偶数条公共边. 而 C 是无公共边的圈之并或者零向量, 所以 C 与 S 有偶数条公共边, 从而向量 $(c_1,c_2,\cdots,c_\varepsilon)$ 与 $(s_1,s_2,\cdots,s_\varepsilon)$ 有偶数个分量同时为 1. 所以 $(C,S)=0$. 证毕.

给定连通图 G 的生成树 T, 我们在构造边集向量时, 可以先排列余树上的边, 然后再排列树上的边. 例如, 针对 10.3(a) 中的图 G 在图 10.4(a) 中的生成树 T, 我们可以将边重新排序为 e_3,e_5,e_1,e_2,e_4.

我们将所有的基本圈向量作为行向量, 可以构成一个矩阵, 称为**基本圈矩阵**, 例如针对图 10.3 的图, 我们得到基本圈矩阵为

$$C_f(G)=\begin{array}{c} \begin{matrix} e_3 & e_5 & e_1 & e_2 & e_4 \end{matrix} \\ \begin{pmatrix} 1 & 0 & 1 & 1 & 1 \\ 0 & 1 & 1 & 1 & 0 \end{pmatrix} \end{array}.$$

类似地, 我们将所有的基本割集向量作为行向量, 可以得到如下的**基本割集矩阵**

$$S_f(G)=\begin{array}{c} \begin{matrix} e_3 & e_5 & e_1 & e_2 & e_4 \end{matrix} \\ \begin{pmatrix} 1 & 1 & 1 & 0 & 0 \\ 1 & 1 & 0 & 1 & 0 \\ 1 & 0 & 0 & 0 & 1 \end{pmatrix} \end{array}.$$

给定连通图 G 的生成树 T, 我们总是可以按照如上的方式, 将基本圈矩阵与基本割集矩阵表示成

$$C_f(G)=(I_{\varepsilon-\nu+1}:C_{12}), \qquad S_f(G)=(S_{11}:I_{\nu-1}).$$

根据定理 10.6, 我们直接可以得到推论 10.1.

推论 10.1 给定连通图 G 的生成树 T, G 关于 T 的基本圈矩阵与基本割集矩阵分别为

$$C_f(G)=(I_{\varepsilon-\nu+1}:C_{12}),\quad S_f(G)=(S_{11}:I_{\nu-1}),$$

其中, C_{12} 的列对应树 T 的边, S_{11} 的列对应余树的边, 则有

$$S_{11}=C_{12}^{\mathrm{T}}.$$

证明 由定理 10.6 知, $S_f(G)\times C_f^{\mathrm{T}}(G)=\mathbf{0}$. 而

$$S_f(G)\times C_f^{\mathrm{T}}(G)=[S_{11}:I_{\nu-1}]\times\begin{pmatrix}I\\ \cdots\\ C_{12}^{\mathrm{T}}\end{pmatrix}=S_{11}+C_{12}^{\mathrm{T}},$$

所以, $S_{11}=C_{12}^{\mathrm{T}}$. 证毕.

由推论 10.1 知, 我们可以由一组基本圈向量构造出基本圈矩阵, 然后求出基本割集矩阵, 得到一组基本割集向量. 反之亦然.

10.3 邻接矩阵

10.3.1 无向图的邻接矩阵

定义 10.10 给定无向图 $G=(V,E)$, 设 $V=\{v_1,v_2,\cdots,v_\nu\}$, 定义 G 的邻接矩阵为

$$A(G)=(a_{ij})_{\nu\times\nu},$$

其中 a_{ij} 为图 G 中顶点 v_i 与 v_j 之间的边数.

例 10.9 图 10.9 中给出了一个无向图 G 的邻接矩阵示例.

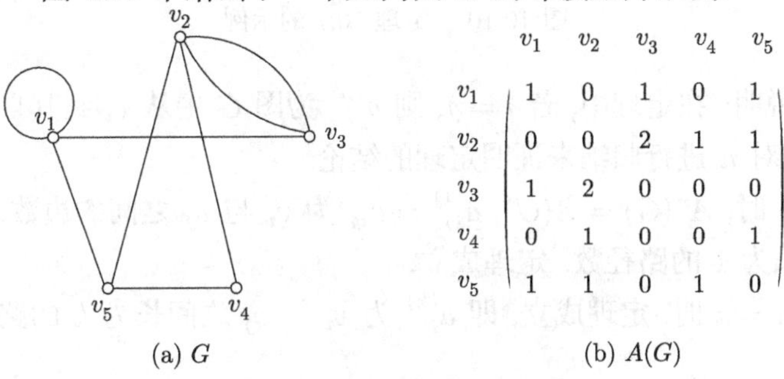

(a) G

	v_1	v_2	v_3	v_4	v_5
v_1	1	0	1	0	1
v_2	0	0	2	1	1
v_3	1	2	0	0	0
v_4	0	1	0	0	1
v_5	1	1	0	1	0

(b) $A(G)$

图 10.9 无向图邻接矩阵示例

很显然, 图与图的邻接矩阵是一一对应的. 因此, 从原理上来说, 从图的邻接矩阵可以得到图的任何性质. 比如说, 邻接矩阵第 i 行 (或列) 元素之和再加上 a_{ii} 为顶点 v_i 的度数 (因为一个环给 v_i 的度数贡献 2), 即 $\deg(v_i) = \sum_{1\leqslant j\leqslant \nu} a_{ij} + a_{ii}$, 无向图的邻接矩阵是对称矩阵等等. 但是邻接矩阵没有图的图示直观, 所以从邻接矩阵来分析一些图的性质时, 有时理解要困难一些.

图的邻接矩阵反映了图中顶点间的相邻关系, 当然也反映了图中边的信息. 但是, 邻接矩阵中没有边的标识信息, 或者说邻接矩阵无法表达图中边的标识. 有了图的邻接矩阵, 我们就可以将图存入计算机, 从而可以用计算机来进行图的分析与计算, 特别是当今的社会网络, 往往有几千万个顶点, 10 亿以上条边, 即使使用服务器对这些社会网络对应的图进行分析与计算都是一件很困难的事, 人工分析则是完全不可能的.

定理 10.7　设 $G = (V, E)$ 是无向图, $V = \{v_1, v_2, \cdots, v_\nu\}$, 其邻接矩阵为 $A(G) = (a_{ij})_{\nu\times\nu}$. 记 $A^n(G) = (a_{ij}^{(n)})_{\nu\times\nu}$, 则 $a_{ij}^{(n)}$ 为图 G 中从 v_i 到 v_j 长为 n 的路径数.

在给出定理 10.7 的证明之前, 我们先来看一个例子.

例 10.10　图 10.10(a) 给出了一个很简单的无向图 G, 图 10.10(b) 给出了 G 的邻接矩阵 $A(G)$, 图 10.10(c) 给出了 $A^2(G)$. 其中, $a_{11}^{(2)} = 2$, 说明 v_1 到其自身长度为 2 的路径有两条, 分别为 $v_1v_2v_1$ 和 $v_1v_3v_1$; $a_{23}^{(2)} = 1$, 说明 v_2 到 v_3 长度为 2 的路径有一条, 为 $v_2v_1v_3$.

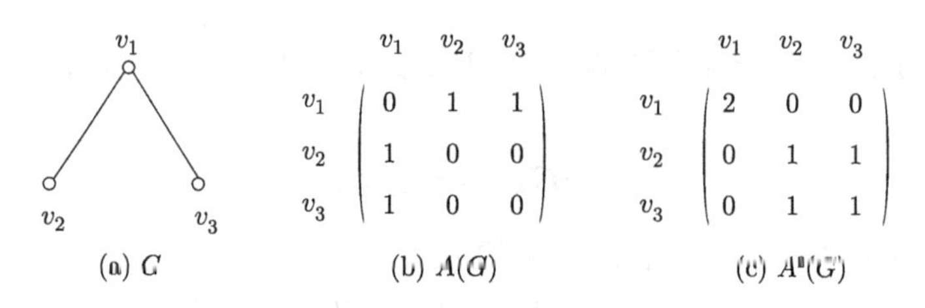

图 10.10　定理 10.7 的示例

证明　说明: 在定理中, 若 $i = j$, 则 $a_{ii}^{(n)}$ 为图 G 中从 v_i 到其自身长为 n 的回路数. 我们对 n 进行归纳来证明定理的结论.

当 $n = 1$ 时, $A^n(G) = A(G)$, $a_{ij}^{(1)} = a_{ij}$ 为 v_i 与 v_j 之间的边数, 当然也就是从 v_i 到 v_j 长为 1 的路径数. 定理成立.

假设当 $n = k$ 时, 定理成立, 即 $a_{ij}^{(k)}$ 为 v_i 与 v_j 之间长为 k 的路径数.

当 $n=k+1$ 时, $A^{k+1}(G)=A^k(G)\times A(G)$, 即

$$A^{k+1}=\begin{pmatrix} a_{11}^{(k)} & a_{12}^{(k)} & \cdots & a_{1\nu}^{(k)} \\ a_{21}^{(k)} & a_{22}^{(k)} & \cdots & a_{2\nu}^{(k)} \\ \vdots & \vdots & & \vdots \\ a_{\nu 1}^{(k)} & a_{\nu 2}^{(k)} & \cdots & a_{\nu\nu}^{(k)} \end{pmatrix}\begin{pmatrix} a_{11} & a_{12} & \cdots & a_{1\nu} \\ a_{21} & a_{22} & \cdots & a_{2\nu} \\ \vdots & \vdots & & \vdots \\ a_{\nu 1} & a_{\nu 2} & \cdots & a_{\nu\nu} \end{pmatrix}.$$

由矩阵乘法的定义知

$$a_{ij}^{(k+1)}=a_{i1}^{(k)}\times a_{1j}+a_{i2}^{(k)}\times a_{2j}+\cdots+a_{i\nu}^{(k)}\times a_{\nu j}. \tag{10.1}$$

v_i 与 v_j 之间一条长为 $k+1$ 的路径一定为一条长为 k 的路径拼接上一条长为 1 的路径. 对于 G 中任意一个顶点 v_l, 由归纳假设知, v_i 与 v_l 之间长为 k 的路径数为 $a_{il}^{(k)}$, 而 v_l 到 v_j 长为 1 的路径数为 a_{lj}, 所以从 v_i 经过长为 k 的路径到 v_l, 然后紧接着经过长为 1 的路径到 v_j 的总路径数为 $a_{il}^{(k)}\times a_{lj}$. 因此, 由 (10.1) 式可知 $a_{ij}^{(k+1)}$ 是图 G 中 v_i 与 v_j 之间长为 $k+1$ 的路径数. 证毕.

注意, 定理中给出的是从 v_i 与 v_j 之间长为 k 的路径数, 不是轨道. 这些路径上顶点与边都有可能重复. 由于图中两个顶点间有路径的话, 就一定有轨道. 再者两个不同顶点的轨道长度最长为 $\nu-1$, 一个顶点到其自身最长的圈长为 ν. 所以, 可以计算

$$R(G)=(r_{ij})_{\nu\times\nu}=A^1(G)+A^2(G)+\cdots+A^{\nu}(G).$$

若 $r_{ij}>0$, 则 v_i 与 v_j 在 G 中连通. 若 $R(G)$ 的每个元素都大于 0, 则图 G 是连通的; 否则就是不连通的. 但是, 通过这个方法来判断图是否连通, 时间复杂度偏高. 在介绍完有向图的邻接矩阵后, 我们会介绍 Warshall 算法来判断有向图中两个节点是否可达, 这样可以用来发现有向图中的强连通分量, 它也可以用来判断无向图是否连通, 但时间复杂度要低很多. 事实上, 深度优先搜索算法与宽度优先搜索算法也可以用来判断图是否连通.

10.3.2 有向图的邻接矩阵

有向图邻接矩阵的定义与无向图的类似.

定义 10.11 给定有向图 $D=(V,E)$, 设 $V=\{v_1,v_2,\cdots,v_\nu\}$, 定义 D 的邻接矩阵为

$$A(D)=(a_{ij})_{\nu\times\nu},$$

其中 a_{ij} 为图 D 中以 v_i 为尾、以 v_j 为头的边数.

例 10.11　图 10.11 中给出了一个有向图 D 的邻接矩阵示例.

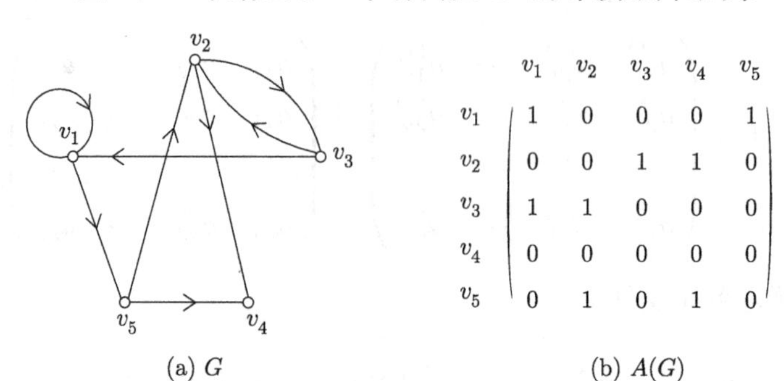

(a) G　　(b) $A(G)$

图 10.11　有向图邻接矩阵示例

与无向图类似, 有向图与其邻接矩阵是一一对应的, 从邻接矩阵可以得到有向图的性质. 比如说, 邻接矩阵第 i 行元素之和为顶点 v_i 的出度, 即 $\deg^+(v_i) = \sum_{1\leqslant j\leqslant \nu} a_{ij}$, 而第 j 列元素之和为顶点 v_j 的入度, 即 $\deg^-(v_j) = \sum_{1\leqslant i\leqslant \nu} a_{ij}$. 有向图的邻接矩阵不是对称矩阵等等.

与定理 10.7 类似, 关于有向图中的有向路径数, 我们也有下面的定理. 证明方法也几乎与定理 10.7 一样.

定理 10.8　设 $D = (V, E)$ 是有向图, $V = \{v_1, v_2, \cdots, v_\nu\}$, 其邻接矩阵为 $A(D) = (a_{ij})_{\nu\times\nu}$. 记 $A^n(D) = (a_{ij}^{(n)})_{\nu\times\nu}$, 则 $a_{ij}^{(n)}$ 为图 D 中从 v_i 到 v_j 长为 n 的有向路径数.

说明: 在定理中, 若 $i = j$, 则 $a_{ii}^{(n)}$ 为图 D 中从 v_i 到其自身长为 n 的有向回路数.

我们可以通过计算

$$R(D) = (r_{ij})_{\nu\times\nu} = A^1(D) + A^2(D) + \cdots + A^\nu(D)$$

来判断有向图 D 中一个顶点是否可达另一个顶点. 若 $r_{ij} > 0$, 则 v_i 可达 v_j; 否则不可以. 另一方面, 我们可以计算矩阵 $P(D) = (p_{ij})_{\nu\times\nu}$, 其中

$$p_{ij} = \min\{r_{ij}, r_{ji}\}.$$

则我们可以由矩阵 $P(D)$ 来求出图 D 强连通分量. 若 $P(D)$ 中第 i 行所有的非零元素为 $p_{ij_1}, p_{ij_2}, \cdots, p_{ij_l}$, 则说明 v_i 与 $v_{j_1}, v_{j_2}, \cdots, v_{j_l}$ 之间均相互可达. 令 $V' = \{v_i, v_{j_1}, v_{j_2}, \cdots, v_{j_l}\}$, 则顶点导出子图 $D[V']$ 就是图 D 的一个强连通分量.

按照上式计算 $R(D)$ 的时间复杂度很高. 下面我们介绍 Warshall 算法, 用来判断有向图中顶点间的可达性与无向图中顶点间的连通性. Warshall 算法构

造了一系列共 ν 个矩阵 $R^0(D)=(r_{ij}^{(0)})_{\nu\times\nu}$, $R^1(D)=(r_{ij}^{(1)})_{\nu\times\nu},\cdots,R^{\nu}(D)=(r_{ij}^{(\nu)})_{\nu\times\nu}$. 其中, $R^0(D)=A(D)$; 对于 $1\leqslant l\leqslant\nu$, 若图中存在从 v_i 到 v_j 的有向路径, 且该有向路径上除了 v_i 到 v_j 外, 其余顶点都在顶点子集 $\{v_1,\cdots,v_l\}$ 中, 则 $r_{ij}^l=1$; 否则 $r_{ij}^l=0$, $1\leqslant l\leqslant\nu$. 下面介绍的是有向图的 Warshall 算法, 无向图的类似.

算法 10.1 Warshall 算法.

输入: 有向图 D 的邻接矩阵 $A(D)=(a_{ij})_{\nu\times\nu}$.

输出: 可达性矩阵 $R(D)=(r_{ij})_{\nu\times\nu}$. 若 v_i 在 G 中可达 v_j, 则 $r_{ij}=1$; 否则 $r_{ij}=0$.

(1) 对所有 $1\leqslant i\leqslant v$, $r_{ii}^{(0)}=1$. 对所有 $1\leqslant i,j\leqslant\nu$, 若 $a_{ij}>0$, 令 $r_{ij}^{(0)}=1$; 否则 $a_{ij}=0$, 令 $r_{ij}^{(0)}=0$; 令 $l=0$.

(2) 若 $l=\nu$, 输出 $R(D)=(r_{ij})_{\nu\times\nu}=(r_{ij}^{(\nu)})_{\nu\times\nu}$, 算法停止; 否则转第 (3) 步.

(3) 对所有的 $1\leqslant i\leqslant\nu$, 若 $r_{i(l+1)}^{(l)}=1$, 则对所有的 $1\leqslant j\leqslant\nu$, 令 $r_{ij}^{(l+1)}=r_{ij}^{(l)}\vee r_{(l+1)j}^{(l)}$; 否则令 $r_{ij}^{(l+1)}=r_{ij}^{(l)}$. 转第 (4) 步.

(4) 令 $l\leftarrow l+1$, 转第 (2) 步.

算法中, $r_{ij}^{(l+1)}=r_{ij}^{(l)}\vee r_{(l+1)j}^{(l)}$ 表示, 若 $r_{ij}^{(l)}=1$ 或 $r_{(l+1)j}^{(l)}=1$, 则 $r_{ij}^{(l+1)}=1$; 否则 $r_{ij}^{(l+1)}=0$. 理论上来说, Warshall 算法的最坏时间复杂度是 $O(\nu^3)$. 但是, 一方面其中的运算是逻辑运算, 比整数的加法与乘法运算要快很多; 另一方面该算法在程序实现时有很大的优化空间. 所以, Warshall 算法在实际实现时非常高效.

引理 10.1 对 $0\leqslant l\leqslant\nu$, Warshall 算法满足

(1) $r_{ij}^{(l)}=1$, 当且仅当图 D 中存在从 v_i 到 $v_j(i\neq j)$ 的有向路径, 且该有向路径上除了 v_i, v_j 外, 其余顶点都在顶点子集 $\{v_1,\cdots,v_l\}$ 中;

(2) $r_{ii}^{(l)}=1$, 当且仅当 v_i 在 D 中一个有向回路上, 且该有向回路上除了 v_i 之外, 其余顶点都在顶点子集 $\{v_1,\cdots,v_l\}$ 中.

证明 我们通过对 l 做归纳来证明结论 (1), 结论 (2) 类似.

归纳基础: 当 $l=0$ 时, 由算法的第一步知, $r_{ij}^{(0)}=1$, 当且仅当从 v_i 到 v_j 存在有向边. 引理 10.1 成立.

归纳假设: 假设对于 $0\leqslant l=k\leqslant\nu-1$, 引理成立.

归纳证明: $l=k+1$. 假设图 D 中存在一条从 v_i 到 $v_j(i\neq j)$ 的有向路径 $P(v_i,v_j)$, 且除了 v_i, v_j 外, $P(v_i,v_j)$ 的其余顶点都在顶点子集 $\{v_1,\cdots,v_{k+1}\}$ 中. 若 $P(v_i,v_j)$ 不经过 v_{k+1}, 则除了 v_i, v_j 外, $P(v_i,v_j)$ 的其余顶点都在顶点子集 $\{v_1,\cdots,v_k\}$ 中. 由归纳假设, $r_{ij}^{(k)}=1$. 再由算法的第 (3) 步可知, $r_{ij}^{(k+1)}=1$. 否则, $P(v_i,v_j)$ 经过 v_{k+1}. 由此可知, $P(v_i,v_j)$ 上从 v_i 到 v_{k+1} 的一段 $P(v_i,v_{k+1})$

和从 v_{k+1} 到 v_j 的一段 $P(v_{k+1}, v_j)$, 分别是 D 中从 v_i 到 v_{k+1} 和从 v_{k+1} 到 v_j 的有向路径. 这两条有向路径上, 除了 v_i, v_{k+1} 和 v_j 之外, 其余顶点都在顶点子集 $\{v_1, \cdots, v_k\}$ 中. 由归纳假设, $r_{i(k+1)}^{(k)} = 1$ 且 $r_{(k+1)j}^{(k)} = 1$. 再由算法的第 (3) 步可知, $r_{ij}^{(k+1)} = 1$.

另一方面, 假定 $r_{ij}^{(k+1)} = 1$. 则由算法的第 (3) 步可知, 有两种情况成立: ① $r_{ij}^{(k)} = 1$; 或者 ② $r_{i(k+1)}^{(k)} = 1$ 且 $r_{(k+1)j}^{(k)} = 1$. 若 $r_{ij}^{(k)} = 1$, 由归纳假设知, D 中存在从 v_i 到 $v_j (i \neq j)$ 的有向路径 $P(v_i, v_j)$, 且除了 v_i, v_j 外, $P(v_i, v_j)$ 的其余顶点都在顶点子集 $\{v_1, \cdots, v_k\} \subset \{v_1, \cdots, v_k, v_{k+1}\}$ 中. 引理 10.1 成立. 若 $r_{i(k+1)}^{(k)} = 1$ 且 $r_{(k+1)j}^{(k)} = 1$, 由归纳假设知, D 中存在一条从 v_i 到 v_{k+1} 的有向路径 $P(v_i, v_{k+1})$, 也存在一条从 v_{k+1} 到 v_j 的有向路径 $Q(v_{k+1}, v_j)$, 且这两条轨道上除了 v_i, v_{k+1} 和 v_j 之外, 其余顶点都在顶点子集 $\{v_1, \cdots, v_k\}$ 中. $P(v_i, v_{k+1}) + Q(v_{k+1}, v_j)$ 是一条从 v_i 到 v_j 的有向路径, 且除了 v_i 和 v_j 之外, $P(v_i, v_{k+1}) + Q(v_{k+1}, v_j)$ 上其余顶点都在顶点子集 $\{v_1, \cdots, v_{k+1}\}$ 中. 引理 10.1 成立.

综上, 引理 10.1 的结论 (1) 成立. 证毕.

由引理 10.1, 直接可以导出定理 10.9.

定理 10.9 设 Warshall 算法结束时, 得到 $R(D) = (r_{ij})_{\nu \times \nu}$, 若 v_i 在 D 中可达 v_j, 则 $r_{ij} = 1$; 否则 $r_{ij} = 0$.

证明 若 v_i 在 D 中可达 v_j, 即存在一条从 v_i 到 v_j 的轨道 $P(v_i, v_j)$. $P(v_i, v_j)$ 上除了 v_i, v_j 外, 其余顶点都在顶点子集 $\{v_1, \cdots, v_\nu\}$ 中. 由引理 10.1 知, 若 $r_{ij} = r_{ij}^{(\nu)} = 1$, 则 v_i 在 D 中可达 v_j; 若 $r_{ij} = r_{ij}^{(\nu)} = 0$, 则 v_i 在 D 中不可达 v_j. 故定理 10.9 成立. 证毕.

由 Warshall 算法求出可达性矩阵 $R(D) = (r_{ij})_{\nu \times \nu}$ 之后, 我们可以计算 $P(D) = (p_{ij})_{\nu \times \nu} = (r_{ij} \wedge r_{ji})_{\nu \times \nu}$, 如前面所述, 设矩阵 $P(D)$ 第 i 行所有的非 0 元素为 $r_{ij_1} \times r_{j_1 i}, r_{ij_2} \times r_{j_2 i}, \cdots, r_{ij_l} \times r_{j_l i}$, 则说明 v_i 与 $v_{j_1}, v_{j_2}, \cdots, v_{j_l}$ 之间均相互可达. 令 $V' = \{v_i, v_{j_1}, v_{j_2}, \cdots, v_{j_l}\}$, 则顶点导出子图 $D[V']$ 就是图 D 的一个强连通分片. 由此可以求出有向图中所有的强连通分片. 此后, 我们称 $P(D)$ 为 D 的强连通分片矩阵.

例 10.12 图 10.12(a)~(d) 分别给出了图 D, 及其相应的邻接矩阵 $A(D)$、可达矩阵 $R(D)$ 和强连通分片矩阵 $P(D)$. 从 $P(D)$ 的第一行, 我们可以看出 $D[\{v_1, v_2, v_3\}]$ 是 D 的一个强连通分片. 从 $P(D)$ 的第四行与第五行知, $D[\{v_4\}]$ 和 $D[\{v_5\}]$ 又分别是 D 的一个强连通分片, 参见图 10.12(e).

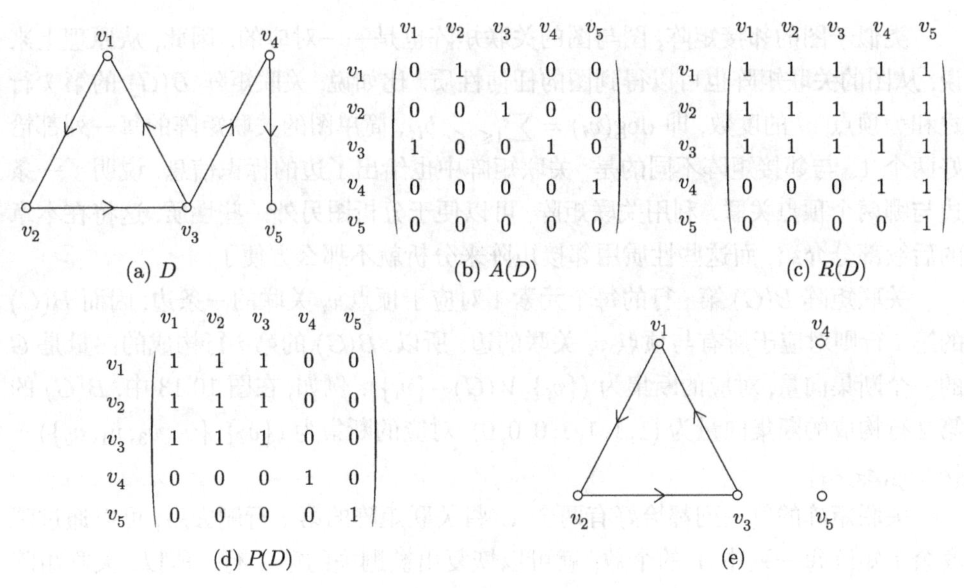

图 10.12 用可达矩阵求强连通分片的例子

10.4 关联矩阵

10.4.1 无向图的关联矩阵

定义 10.12 给定无环无向图 $G=(V,E)$, 设 $V=\{v_1,v_2,\cdots,v_\nu\}$, $E=\{e_1,e_2,\cdots,e_\varepsilon\}$, 定义 G 的**关联矩阵**为 $B(G)=(b_{ij})_{\nu\times\varepsilon}$, 其中 $\nu=|V(G)|$, $\varepsilon=|E(G)|$, b_{ij} 定义为

$$b_{ij}=\begin{cases}1, & v_i \text{ 与 } e_j \text{ 关联},\\ 0, & v_i \text{ 与 } e_j \text{ 不关联}.\end{cases}$$

例 10.13 图 10.13 中给出了一个无环无向图 G 的关联矩阵示例.

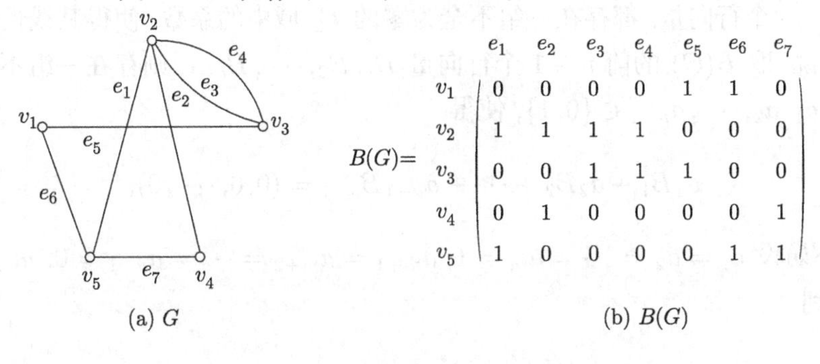

图 10.13 简单无向图关联矩阵示例

类似于图的邻接矩阵, 图与图的关联矩阵也是一一对应的. 因此, 从原理上来说, 从图的关联矩阵也可以得到图的任何性质. 比如说, 关联矩阵 $B(G)$ 的第 i 行之和为顶点 v_i 的度数, 即 $\deg(v_i) = \sum_{1 \leqslant j \leqslant \varepsilon} b_{ij}$; 简单图的关联矩阵的每一列都恰好两个 1. 与邻接矩阵不同的是, 关联矩阵中也给出了边的标识信息, 说明了一条边与哪两个顶点关联. 利用关联矩阵, 可以便于分析图另外一些性质, 这将在本章的后续部分介绍, 而这些性质用邻接矩阵来分析就不那么方便了.

关联矩阵 $B(G)$ 第 i 行的每个元素 1 对应于顶点 v_i 关联的一条边, 因而 $B(G)$ 的第 i 行则对应于所有与顶点 v_i 关联的边. 所以, $B(G)$ 的第 i 行构成的向量是 G 的一个断集向量, 对应的断集为 $(\{v_i\}, V(G)-\{v_i\})$. 例如, 在图 10.13 中, $B(G)$ 的第 2 行构成的断集向量为 $(1,1,1,1,0,0,0)$, 对应的断集为 $(\{v_2\},\{v_1,v_3,v_4,v_5\}) = \{e_1,e_2,e_3,e_4\}$.

关联矩阵的每一列都恰好有两个 1. 将关联矩阵的第 i 行删去后, 可以通过观察余下矩阵每一列中 1 的个数, 就可以恢复出被删去的第 i 行. 所以, 关联矩阵 $B(G)$ 的任意 $\nu-1$ 行就包含了 $B(G)$ 中所有的信息. 我们称删去 $B(G)$ 中任意一行后所得到的矩阵为 G 的**基本关联矩阵**, 记作 $B_f(G)$.

关于连通图的关联矩阵, 有下面的重要定理.

定理 10.10 设 G 是连通图, 则有

$$r(B(G)) = r(B_f(G)) = \nu - 1,$$

其中, $r(B(G))$ 与 $r(B_f(G))$ 分别为 $B(G)$ 与 $B_f(G)$ 的秩, $\nu = |V(G)|$ 为图 G 的阶.

证明 由于 G 的断集空间 $\mathcal{S}(G)$ 是 $\nu-1$ 维的, 而 $B(G)$ 的每一个行向量都是断集空间中的向量, 所以 $r(B(G)) \leqslant \nu-1$. 下面证明 $r(B(G)) \geqslant \nu-1$.

若 $r(B(G)) < \nu-1$, 则 $B(G)$ 中的任意 $\nu-1$ 行都线性相关. 即任给 $B(G)$ 中的 $\nu-1$ 个行向量, 都存在一组不全为零的 F_2 域中的系数, 使得其线性组合为 $\mathbf{0}$. 比如说, 取 $B(G)$ 的前 $\nu-1$ 个行向量 $B_1, B_2, \cdots, B_{\nu-1}$, 则存在一组不全为零的常数 $a_1, a_2, \cdots, a_{\nu-1} \in \{0,1\}$, 使得

$$a_1B_1 + a_2B_2 + \cdots + a_{\nu-1}B_{\nu-1} = (0,0,\cdots,0), \tag{10.2}$$

其中, 不妨设 $a_1 = a_2 = \cdots = a_m = 1$, $a_{m+1} = a_{m+2} = \cdots = a_{\nu-1} = 0$, $m \geqslant 2$, 则可以得到

$$B_1 + B_2 + \cdots + B_m = (0,0,\cdots,0). \tag{10.3}$$

我们考虑 $B(G)$ 如下的子矩阵

$$B'(G) = \begin{array}{c} \\ v_1 \\ v_2 \\ \vdots \\ v_m \end{array} \begin{array}{c} \begin{array}{cccc} e_1 & e_2 & \cdots & e_\varepsilon \end{array} \\ \begin{pmatrix} b_{11} & b_{12} & \cdots & b_{1\varepsilon} \\ b_{21} & b_{22} & \cdots & b_{2\varepsilon} \\ \vdots & \vdots & & \vdots \\ b_{m1} & b_{m2} & \cdots & b_{m\varepsilon} \end{pmatrix} \end{array}. \tag{10.4}$$

因为关联矩阵的每列有两个 1, 所以 $B'(G)$ 的每列至多一个 1. 由 (10.3) 式知, 子矩阵 $B'(G)$ 的每一列中恰有两个 1 或零个 1. 令 $V' = \{v_1, v_2, \cdots, v_m\}$, 由 (10.3) 与 (10.4) 式可知, 图 G 中任意一条边的两个端点要么都在 V' 中, 要么都不在 V' 中. 因此

$$(V', \overline{V'}) = \varnothing.$$

所以, G 不连通, 与 G 是连通图矛盾. 因此, $r(B(G)) \geqslant \nu - 1$.

综上, $r(B(G)) = \nu - 1$. 同理可证, $r(B_f(G)) = \nu - 1$. 证毕.

$B(G)$ 的每个行向量都是 G 的断集空间 $\mathcal{S}(G)$ 的一个向量. 对于连通图 G 来说, 其断集空间的维数为 $\nu - 1$. 由 $r(B_f(G)) = \nu - 1$ 知, $B_f(G)$ 的 $\nu - 1$ 个行向量线性无关. 所以定理 10.10 表明, $B_f(G)$ 中所有的行向量构成 $\mathcal{S}(G)$ 的一组基, 即 $\mathcal{S}(G)$ 的每个向量都是 $B_f(G)$ 中行向量的线性组合, 其中线性组合的系数属于 F_2 域.

如果 G 有 ω 个连通片, 分别为 $G_1, G_2, \cdots, G_\omega$. 将每个连通片看作一个独立的图, 设其关联矩阵分别为 $B(G_1), B(G_2), \cdots, B(G_\omega)$. 我们如下来构造图 G 的关联矩阵: 在第 1 至第 $\nu(G_1)$ 行列出 G_1 的顶点, 然后依次在各行列出 $G_2, \cdots, G_\omega$ 的顶点; 同样, 我们在第 1 至第 $\varepsilon(G_1)$ 列列出 G_1 的边, 然后依次在各列列出 $G_2, \cdots, G_\omega$ 的边, 这样我们得到图 G 的关联矩阵如下:

$$B(G) = \begin{array}{c} \\ G_1\text{ 的顶点} \\ G_2\text{ 的顶点} \\ \vdots \\ G_\omega\text{ 的顶点} \end{array} \begin{array}{c} \begin{array}{cccc} G_1\text{ 的边} & G_2\text{ 的边} & \cdots & G_\omega\text{ 的边} \end{array} \\ \begin{pmatrix} B(G_1) & 0 & \cdots & 0 \\ 0 & B(G_2) & \cdots & 0 \\ \vdots & \vdots & & \vdots \\ 0 & 0 & \cdots & B(G_\omega) \end{pmatrix} \end{array}. \tag{10.5}$$

对于连通片 $G_i (1 \leqslant i \leqslant \omega)$ 来说, 由定理 10.10 知

$$r(B(G_i)) = \nu(G_i) - 1.$$

因为公式 (10.5) 的矩阵为类三角矩阵, 所以

$$r(B(G))=\sum_{i=1}^{\omega}r(B(G_i))=\sum_{i=1}^{\omega}(\nu(G_i)-1)=\sum_{i=1}^{\omega}\nu(G_i)-\omega=\nu(G)-\omega.$$

同理可以证明, $r(B_f(G))=\nu(G)-\omega$. 因此, 有推论 10.2.

推论 10.2 设 G 是简单图, 则有

$$r(B(G))=r(B_f(G))=\nu(G)-\omega,$$

其中, ω 为图 G 的连通片个数.

对于连通图 G 来说, 我们还可以利用关联矩阵来判断 G 中给定的 $\nu(G)-1$ 条边是否能够构成 G 的生成树. 定理 10.11 给出了该结论.

定理 10.11 设 G 是连通图, $e_{i_1},e_{i_2},\cdots,e_{i_{\nu(G)-1}}\in E(G)$, 则 $G[\{e_{i_1},e_{i_2},\cdots,e_{i_{\nu(G)-1}}\}]$ 是 G 的生成树, 等价于 $B_f(G)$ 中由第 $i_1,i_2,\cdots,i_{\nu(G)-1}$ 列构成的子矩阵为满秩矩阵.

证明 设 $B_f(G)$ 中由第 $i_1,i_2,\cdots,i_{\nu(G)-1}$ 列构成的子矩阵为

$$B'=\begin{array}{c} \\ v_{j_1} \\ v_{j_2} \\ \vdots \\ v_{j_{\nu(G)-1}} \end{array}\begin{array}{c} \begin{array}{cccc} e_{i_1} & e_{i_2} & \cdots & e_{i_{\nu(G)-1}} \end{array} \\ \begin{pmatrix} b_{j_1i_1} & b_{j_1i_2} & \cdots & b_{j_1i_{\nu(G)-1}} \\ b_{j_2i_1} & b_{j_2i_2} & \cdots & b_{j_2i_{\nu(G)-1}} \\ \vdots & \vdots & & \vdots \\ b_{j_{\nu(G)-1}i_1} & b_{j_{\nu(G)-1}i_2} & \cdots & b_{j_{\nu(G)-1}i_{\nu(G)-1}} \end{pmatrix} \end{array}. \tag{10.6}$$

考虑以 $\{e_{i_1},e_{i_2},\cdots,e_{i_{\nu(G)-1}}\}$ 为边集合, 以 $V(G)$ 为顶点集合 G 的子图 G', 则 B' 是 G' 的基本关联矩阵. 如果 B' 是满秩矩阵, 即 $r(B')=\nu(G)-1$. 由定理 10.10 知, G' 是连通图. 由于 G' 是 $\nu(G)$ 个顶点、$\nu(G)-1$ 条边的连通图, 所以 G' 是树, 也是 G 的生成树, 且 $G[\{e_{i_1},e_{i_2},\cdots,e_{i_{\nu(G)-1}}\}]=G'$.

反之, 若 $G[\{e_{i_1},e_{i_2},\cdots,e_{i_{\nu(G)-1}}\}]$ 是 G 的生成树, 则 $G[\{e_{i_1},e_{i_2},\cdots,e_{i_{\nu(G)-1}}\}]=G'$, 且 G' 是连通图. 而 B' 为 G' 的基本关联矩阵, 故 B' 是满秩矩阵. 证毕.

定理 10.11 可以用来判断连通图 G 中任意的 $\nu(G)-1$ 条边是否构成 G 的生成树, 当然也可以用来计算图 G 的生成树个数. 任取 $B_f(G)$ 的 $\nu(G)-1$ 列, 计算出其在 F_2 中的行列式值. 若行列式的值不为零, 则相应的 $\nu(G)-1$ 条边构成 G 的生成树, 否则不是. 我们可以计算出 $B_f(G)$ 所有可能的 $\nu(G)-1$ 列的行列式值, 从而得出 G 的生成树个数. 尽管这个方法可以计算出 G 的生成树个数, 但

计算复杂度是指数级的, 对于规模稍大的图来说, 都非常耗时. 后面我们将借助于有向图的关联矩阵, 给出无向图中生成树个数的计算方法, 该方法的计算复杂度是多项式量级的, 很容易实现.

10.4.2 有向图的关联矩阵

定义 10.13 给定有向图 $D=(V,E)$, 设顶点集合为 $V=\{v_1,v_2,\cdots,v_\nu\}$, 有向边集合为 $E=\{e_1,e_2,\cdots,e_\varepsilon\}$, 定义 G 的**关联矩阵**为 $B(D)=(b_{ij})_{\nu\times\varepsilon}$, 其中 $\nu=|V(D)|$, $\varepsilon=|E(D)|$, b_{ij} 定义为

$$b_{ij}=\begin{cases}-1, & v_i \text{ 是 } e_j \text{ 的头},\\ 1, & v_i \text{ 是 } e_j \text{ 的尾},\\ 0, & v_i \text{ 与 } e_j \text{ 不关联}.\end{cases}$$

例 10.14 图 10.14 中给出了一个有向图 D 的关联矩阵示例.

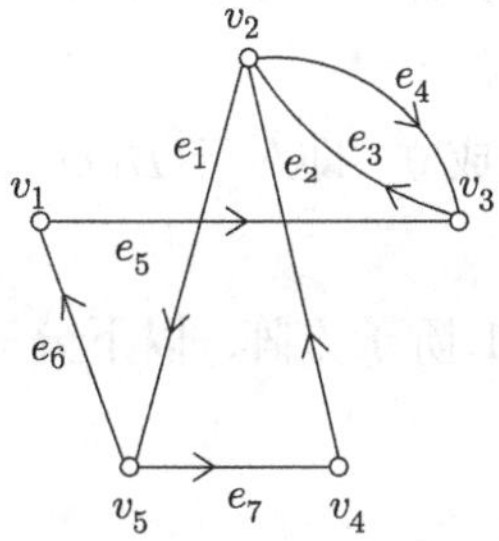

$$B(D)=\begin{array}{c} \\ v_1\\ v_2\\ v_3\\ v_4\\ v_5\end{array}\begin{array}{c}\begin{array}{ccccccc} e_1 & e_2 & e_3 & e_4 & e_5 & e_6 & e_7\end{array}\\ \left(\begin{array}{ccccccc} 0 & 0 & 0 & 0 & 1 & -1 & 0\\ 1 & -1 & -1 & 1 & 0 & 0 & 0\\ 0 & 0 & 1 & -1 & -1 & 0 & 0\\ 0 & 1 & 0 & 0 & 0 & 0 & -1\\ -1 & 0 & 0 & 0 & 0 & 1 & 1\end{array}\right)\end{array}$$

图 10.14 有向图关联矩阵示例

在有向图的关联矩阵中, 每列有一个 -1, 一个 1, 其余元素全部为 0. 同无向图的关联矩阵一样, 我们称有向图的关联矩阵任意去掉一行后得到的矩阵为基本关联矩阵, 记为 $B_f(D)$. 与无向图类似, 我们有如下的定理 10.12 和推论 10.3. 其证明方法分别与定理 10.10 、推论 10.2 类似. 注意: 其中的区别在于, 有向图关联矩阵的一切运算是在实数域中进行的, 而无向图的关联矩阵的运算是在 F_2 域中进行的.

定理 10.12 设 D 是连通有向图, 则有

$$r(B(D))=r(B_f(D))=\nu(D)-1,$$

其中, $r(B(D))$ 与 $r(B_f(D))$ 分别为 $B(D)$ 与 $B_f(D)$ 的秩, $\nu(D)=|V(D)|$ 为图 D 的阶.

推论 10.3　设 D 是有向图, 则有

$$r(B(D)) = r(B_f(D)) = \nu(D) - \omega,$$

其中, ω 为有向图 D 的底图 G 的连通片数.

除了有与无向图的关联矩阵类似的性质之外, 有向图的关联矩阵还可以用来计算无向图的生成树的个数, 而且计算简单. 在介绍用有向图关联矩阵来计算无向图的生成树个数之前, 我们先来看一个引理.

引理 10.2　设 $B(D)$ 是有向图 D 的关联矩阵, B' 是 $B(D)$ 的任意一个子方阵, 则有

$$\det(B') = 0, -1 \text{ 或 } 1.$$

证明　我们对 B' 的阶 n 用归纳法.

归纳基础: 当 $n = 1$ 时, B' 中只有一个元素, 为 $0, -1$ 或 1, 所以 $\det(B') = 0, -1$ 或 1. 引理成立.

归纳假设: 设当 $1 \leqslant n = k < \nu(G) - 1$ 时, 引理成立. 即对于 $B(D)$ 的任意 k 阶子方阵, 其行列式都为 $0, -1$ 或 1.

归纳证明: 假设 B' 是 $B(D)$ 的一个 $n = k + 1$ 阶子方阵. 以下分三种情况说明:

(1) B' 的某一列中元素全为 0, 则 $\det(B') = 0$;

(2) B' 的每一列中都有一个 1, 一个 -1, 其余元素为 0, 则所有行向量的和为零向量, 所以 $\det(B') = 0$;

(3) B' 的某一列中仅有一个 1, 其余元素全为 0; 或者仅有一个 -1, 其余元素全为 0. 则我们以该列对 B' 构成的行列式进行余子式展开. 由于该列仅有一个元素不是 0 (为 1 或者 -1), 设在进行余子式展开时, 该非 0 元素对应的子行列式为 B^*, 则 $\det(B') = \pm\det(B^*)$. 因为 B^* 的阶为 k, 由归纳假设知, $\det(B^*) = 0, -1$ 或 1. 所以, $\det(B') = \pm\det(B^*) = 0, -1$ 或 1. 证毕.

在图 10.14 中, 关联矩阵 $B(D)$ 有以下三类子方阵, 分别对应于引理 10.2 的证明中的情况 (1)~(3), 参见图 10.15(a)~(c). 其中, 我们对图 10.15(c) 中的子方阵用第 1 列进行余子式展开, 第 1 列唯一的非 0 元素为第 2 行的 -1, 图 10.15(c) 删去第 2 行第 1 列得到的子行列式为图 10.15(d).

在线性代数中, 我们学过如下的 Binet-Cauchy 定理.

定理 10.13 (Binet-Cauchy)　设 A, B 分别为一个 $m \times n$ 与 $n \times m$ 矩阵, 其

$$\begin{array}{c|ccc|} & e_2 & e_3 & e_4 \\ v_1 & 0 & 0 & 0 \\ v_2 & -1 & -1 & 1 \\ v_3 & 0 & 1 & -1 \end{array} \qquad \begin{array}{c|ccc|} & e_2 & e_3 & e_4 \\ v_1 & -1 & -1 & 1 \\ v_2 & 0 & 1 & -1 \\ v_3 & 1 & 0 & 0 \end{array}$$

(a) (b)

$$\begin{array}{c|ccc|} & e_2 & e_3 & e_5 \\ v_1 & 0 & 0 & 1 \\ v_2 & -1 & -1 & 0 \\ v_3 & 0 & 1 & -1 \end{array} \longrightarrow \begin{array}{c|cc|} & e_3 & e_5 \\ v_1 & 0 & 1 \\ v_3 & 1 & -1 \end{array}$$

(c) (d)

图 10.15 引理 10.2 证明示例

中 $m \leqslant n$, 则 A 与 B 的积的行列式满足下列公式:

$$\det(A \times B) = \sum_{1 \leqslant k_1 < k_2 < \cdots < k_m \leqslant n} \det(A(12 \cdots m; k_1 k_2 \cdots k_m)) \times \det(B(k_1 k_2 \cdots k_m; 12 \cdots m)),$$

其中, $\det(A(12\cdots m; k_1k_2\cdots k_m))$ 为矩阵 A 的第 $1, 2, \cdots, m$ 行, 第 $k_1, k_2, \cdots, k_m$ 列构成的行列式, 而 $\det(B(k_1k_2\cdots k_m; 12\cdots m))$ 则为矩阵 B 的第 $k_1, k_2, \cdots, k_m$ 行第 $1, 2, \cdots, m$ 列构成的行列式.

例如, 设矩阵 A, B 分别为

$$A = \begin{pmatrix} 1 & 2 & 3 \\ 4 & 5 & 6 \end{pmatrix}, \quad B = \begin{pmatrix} 7 & 8 \\ 9 & 10 \\ 11 & 12 \end{pmatrix}.$$

则有

$$\begin{aligned} & \det(A \times B) \\ = & \det(A(12;12)) \times \det(B(12;12)) + \det(A(12;13)) \times \det(B(13;12)) \\ & + \det(A(12;23)) \times \det(B(23;12)) \\ = & \begin{vmatrix} 1 & 2 \\ 4 & 5 \end{vmatrix} \times \begin{vmatrix} 7 & 8 \\ 9 & 10 \end{vmatrix} + \begin{vmatrix} 1 & 3 \\ 4 & 6 \end{vmatrix} \times \begin{vmatrix} 7 & 8 \\ 11 & 12 \end{vmatrix} + \begin{vmatrix} 2 & 3 \\ 5 & 6 \end{vmatrix} \times \begin{vmatrix} 9 & 10 \\ 11 & 12 \end{vmatrix}. \end{aligned}$$

有了引理 10.2 和 Binet-Cauchy 定理, 我们可以介绍如何用有向图的关联矩

阵来计算连通无向图中生成树的个数. 首先, 类似于无向图关联矩阵的定理 10.11, 我们有定理 10.14.

定理 10.14　设 D 是弱连通有向图, G 是 D 的底图, $e_{i_1}, e_{i_2}, \cdots, e_{i_{\nu(G)-1}} \in E(D)$, 在略去边 $e_{i_1}, e_{i_2}, \cdots, e_{i_{\nu(G)-1}}$ 的方向后, 在底图中 $G[\{e_{i_1}, e_{i_2}, \cdots, e_{i_{\nu(G)-1}}\}]$ 是 G 的生成树, 等价于 $B_f(D)$ 中由第 $i_1, i_2, \cdots, i_{\nu(G)-1}$ 列构成的子矩阵为满秩矩阵.

例如在图 10.14 中, 有向图 D 的底图为图 10.16(a) 中的无向图 G, 图 10.16(b) 是 G 的一棵生成树 T, 图 10.16(c) 是 T 对应到 $B_f(D)$ 中的子方阵, 其行列式为1.

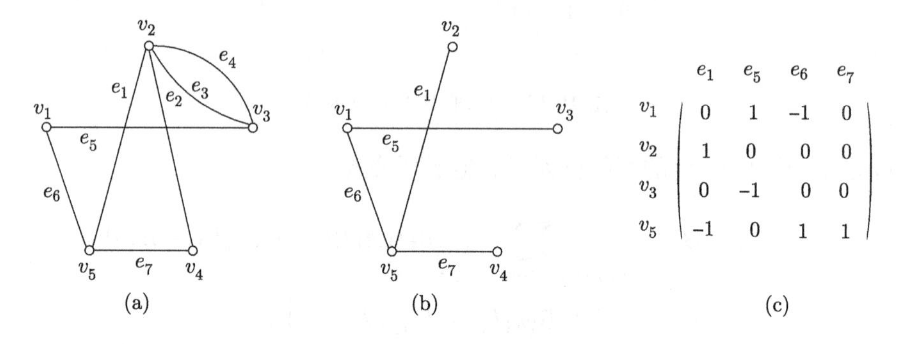

图 10.16　定理 10.14 示例

定理 10.15　设 G 是无环连通无向图, 将 G 的每条边任意定向, 得到一个有向图 D. 则有 G 的生成树个数为

$$\tau(G) = \det(B_f(D) \times B_f^{\mathrm{T}}(D)).$$

证明　任给 G 的一棵生成树 T, 设 T 中边对应的 D 的边集合为 $\{e_{i_1}, e_{i_2}, \cdots, e_{i_{\nu(G)-1}}\}$. 由定理 10.14 知, 这等价于 $B_f(D)$ 中由第 $i_1, i_2, \cdots, i_{\nu(G)-1}$ 列构成的子矩阵为满秩矩阵, 而由引理 10.2 知, 等价于

$$\det[B_f(D)(12\cdots(\nu(G)-1); i_1 i_2 \cdots i_{\nu(G)-1})] = 1 \text{ 或 } -1.$$

因为

$$\begin{aligned}&\det[B_f(D)(12\cdots(\nu(G)-1); i_1 i_2 \cdots i_{\nu(G)-1})]\\ =&\det[B_f^{\mathrm{T}}(D)(i_1 i_2 \cdots i_{\nu(G)-1}; 12\cdots(\nu(G)-1))],\end{aligned}$$

所以

$$\begin{aligned}&\det[B_f(D)(12\cdots(\nu(G)-1); i_1 i_2 \cdots i_{\nu(G)-1})]\\ \times&\det[B_f^{\mathrm{T}}(D)(i_1 i_2 \cdots i_{\nu(G)-1}; 12\cdots(\nu(G)-1))] = 1.\end{aligned}$$

由 Binet-Cauchy 定理知

$$
\begin{aligned}
&\det(B_f(D)\times B_f^{\mathrm{T}}(D))\\
=&\sum_{1\leqslant i_1<i_2<\cdots<i_{\nu(G)-1}\leqslant\varepsilon(D)}\det(B_f(D)(12\cdots(\nu(G)-1);i_1i_2\cdots i_{\nu(G)-1}))\\
&\times\det(B_f^{\mathrm{T}}(D)(i_1i_2\cdots i_{\nu(G)-1};12\cdots(\nu(G)-1)))\\
=&\sum_{1\leqslant i_1<i_2<\cdots<i_{\nu(G)-1}\leqslant\varepsilon(D)}[\det(B_f(D)(12\cdots(\nu(G)-1);i_1i_2\cdots i_{\nu(G)-1}))]^2\\
=&\tau(G).
\end{aligned}
$$

证毕.

例 10.15 计算图 10.13 中无向图的生成树个数.

我们将图 10.13(a) 中无向图的边任意定向, 假定定向为图 10.14 中的有向图, 取 $B(D)$ 的前 4 行作为基本关联矩阵 $B_f(D)$, 则有

$$
\tau(G)=\det\left(\begin{pmatrix}0&0&0&0&1&-1&0\\1&-1&-1&1&0&0&0\\0&0&1&-1&-1&0&0\\0&1&0&0&0&0&-1\end{pmatrix}\begin{pmatrix}0&1&0&0\\0&-1&0&1\\0&-1&1&0\\0&1&-1&0\\1&0&-1&0\\-1&0&0&0\\0&0&0&-1\end{pmatrix}\right)
$$

$$
=\begin{vmatrix}2&0&-1&0\\0&4&-2&-1\\-1&-2&3&0\\0&-1&0&2\end{vmatrix}=19.
$$

由定理 2.4, 我们可以递归地求出无向图的生成树个数. 由定理 10.11, 我们也可以计算出无向图的生成树个数. 但是, 这些方法的计算量比用定理 10.14 方法要大很多.

10.5 开关网络及其优化

本节我们将介绍图的矩阵表示的一个重要应用——开关网络优化. 我们将首先介绍如何用图来表示开关网络, 然后讨论与开关网络相关的一些图的性质, 最后再介绍如何优化开关网络. 我们只讨论简单的接触式开关网络.

一个开关网络可以抽象成一个无向加权图, 例如图 10.17(a) 是一个开关网络, 而图 10.17(b) 是其对应的无向加权图, 其中权定义为

$$x_i = \begin{cases} 1, & \text{开关 } x_i \text{ 接通}, \\ 0, & \text{开关 } x_i \text{ 断开}. \end{cases}$$

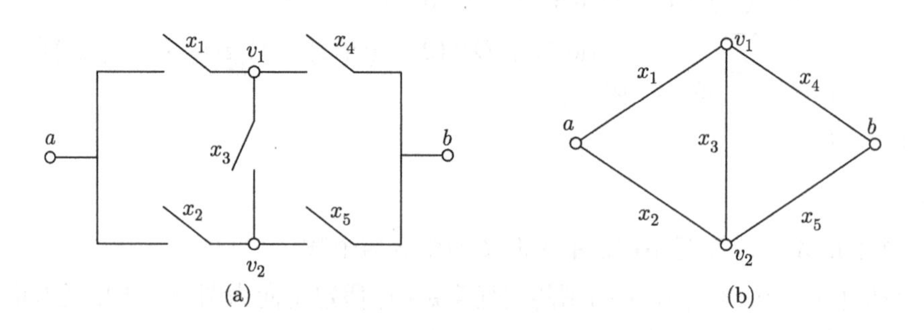

图 10.17 开关网络与加权无向图

定义 10.14 给定加权无向图 G, $E(G) = \{e_1, e_2, \cdots, e_\varepsilon\}$, 边 e_i 的权为一个变量 $\omega(e_i) = x_i$, 取值为 $x_i \in \{0, 1\}$, $i = 1, 2, \cdots, \varepsilon$, 则称之为**开关网络**, 记作 $N(G, x_i)$.

给定开关网络 $N(G, x_i)$, 取两个顶点 $a, b \in V(G)$, 设 $P(a, b)$ 是 a 与 b 之间的一条轨道, 记 $P(a, b)$ 的权为

$$w(P(a,b)) = \prod_{e \in E(P)} w(e). \tag{10.7}$$

公式 (10.7) 反映了开关网络的性质, 若 $w(P(a,b)) = 1$, 则 $P(a,b)$ 上所有的开关都处于接通状态, a 与 b 之间接通; 否则 a 与 b 之间没有接通. 假定 a 与 b 之间共有 n 条不同的轨道 $P_k(a,b)$, $k = 1, 2, \cdots, n$, 我们令

$$f(a,b) = \sum_{k=1}^{n} w(P_k(a,b)).$$

其中的加法定义为 $1+1 = 1+0 = 0+1 = 1$, $0+0 = 0$. 乘法与 F_2 域中乘法相同 (注: 等价于数理逻辑中的“或”运算). 若 $f(a,b) = 1$, 则存在 $1 \leqslant k \leqslant n$, 使得某条轨道 $P_k(a,b)$ 的权值为 1, 即 $P_k(a,b)$ 处于接通状态, 从而 a 与 b 之间接通; 否则 a 与 b 之间没有接通. 我们称 $f(a,b)$ 为关于 a 与 b 的**开关函数**, 它表示了 a 与 b 之间所有可能的接通方式. 当 $N(G, x_i)$ 中不同边的权 x_i 均为独立变量时, 我们称 $N(G, x_i)$ 为**简单开关网络**.

例如, 图 10.17(b) 表示的开关网络就是一个简单开关网络, 它的开关函数为

$$f(a,b) = x_1x_4 + x_1x_3x_5 + x_2x_5 + x_2x_3x_4.$$

而图 10.18 表示的开关网络就不是简单开关网络, 它的开关函数为

$$f(a,b) = x_1x_3 + x_1x_2\bar{x}_1 + x_3\bar{x}_1 + x_3x_2x_3,$$

其中, $\bar{x}_1$ 与 x_1 是互补的, 即两者中的一个取值为 1, 另一个则取值为 0, 表示两者永远都是一个处于接通状态, 另一个处于断开状态. 我们可以将这个网络简化为

$$\begin{aligned} f(a,b) &= x_1x_3 + x_1x_2\bar{x}_1 + x_3\bar{x}_1 + x_3x_2x_3 \\ &= x_1x_3 + x_3\bar{x}_1 + x_2x_3 \\ &= x_3 + x_2x_3 \\ &= x_3. \end{aligned}$$

通过这样简单的公式约简, 我们得知图 10.18 表示的开关网络等价于仅仅用一个开关 x_3. 通过这个方式, 我们可以简化开关网络.

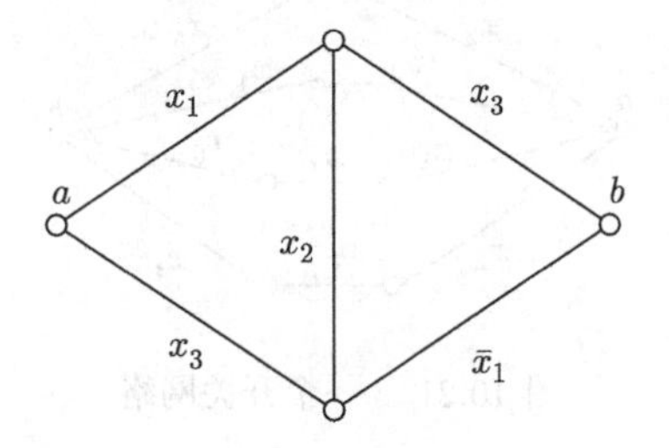

图 10.18 非简单开关网络

图 10.19 表示的是一个非常常用的非简单开关网络, 其中图 10.19(a) 为对应的加权无向图, 其开关函数的值参见图 10.19(b). 从图 10.19(b) 可以看出, 只变化 x_1 与 x_2 其中之一, 就会引起 $f(a,b)$ 的变化, 它代表的就是我们常见的双控开关, 其电路图参见图 10.20. 所以说, 非简单开关网络也有很强的应用背景.

我们的中心问题是, 根据实际的应用需求, 给定了开关函数 $f(a,b)$, 如何设计满足 $f(a,b)$ 的简单开关网络. 当然, 如果仅仅是为了满足特定的开关函数, 开关网络的设计是比较简单的. 例如, 给定开关函数

$$f(a,b) = x_1x_4 + x_1x_3x_5 + x_2x_5 + x_2x_3x_4, \tag{10.8}$$

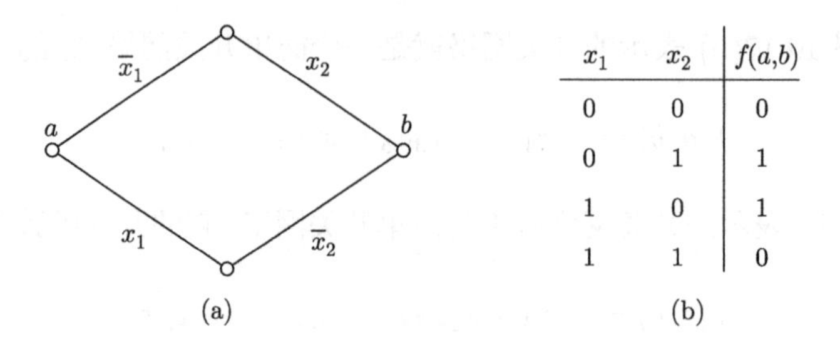

x_1	x_2	$f(a,b)$
0	0	0
0	1	1
1	0	1
1	1	0

图 10.19 一个常见的非简单开关网络

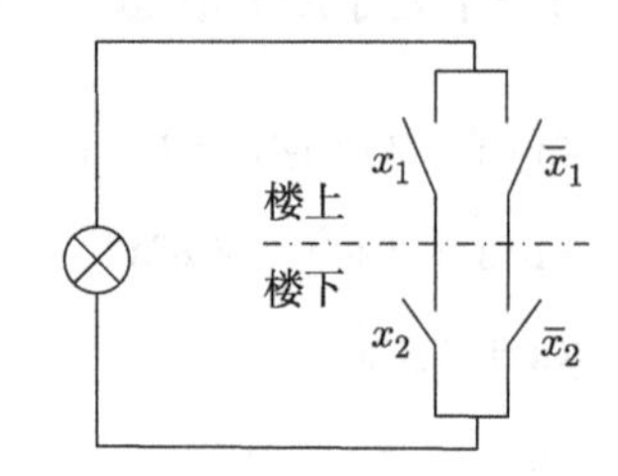

图 10.20 图 10.19 对应的电路图

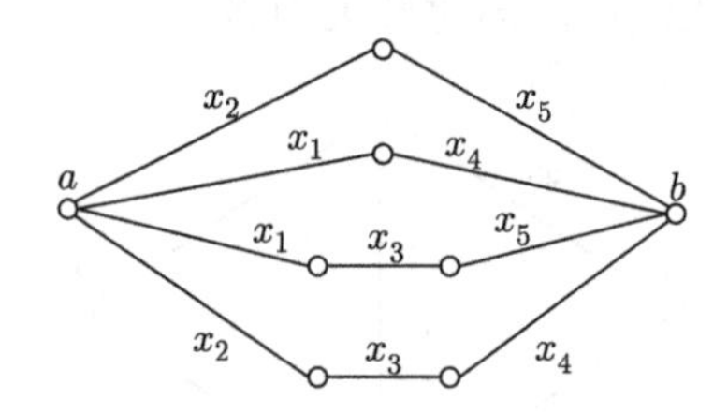

图 10.21 一个开关网络

如果我们不进行简化, 可以采用图 10.21 对应的开关网络.

其实, 图 10.17(b) 表示的开关网络也满足这个开关函数, 但使用的开关数量就少很多. 事实上, 图 10.21 表示的开关网络不是简单开关网络, 有些不同的边的权值是相同的, 而非独立的. 在节省开关个数的意义下, 简单开关网络是最优的.

为了介绍简单开关网络的设计, 我们先建立两个引理.

引理 10.3 假设 $P_i(a,b)(i=1,2,\cdots,m)$ 为 m 条从 a 到 b 的轨道, G 是由这些轨道构成的图, 记为 $G=\bigcup_{i=1}^m P_i(a,b)$, $e_0=ab\in E(G)$, 则对于 G 中任意一个不含 e_0 的圈 C, 都存在两条轨道 $P'(a,b)$ 和 $P''(a,b)$, 使得

$$E(C)=E(P'(a,b))\oplus E(P''(a,b)).$$

在讨论开关网络设计时, 往往给定开关函数 $f(a,b)$, 要设计出满足 $f(a,b)$ 的开关网络. 例如, 对于公式 (10.8) 对应的开关函数, 可以得到图 10.21 所示的开关网络. 该开关网络是由一些从 a 到 b 的轨道构成的. 事实上, 若图中一条边不在任意从 a 到 b 的轨道上, 则对于实现一个开关函数就没有作用. 所以, 引理 10.3 中涉及的图 G 在讨论开关网络设计时有特殊的意义. 注意: 引理 10.3 中给定的这些轨道 $P_i(a,b)(i=1,2,\cdots,m)$ 可能有公共边. 另外, "$\oplus$" 是两个集合的对称差.

引理 10.3 的证明 以下分三种情况分别讨论证明.

(1) 若 a 与 b 都在圈 C 上, 自然成立.

(2) 若 a 与 b 仅有一个在圈 C 上, 不妨设 a 在 C 上. 由于 G 中每个顶点都在某条从 a 到 b 的轨道上, 所以 C 上每个顶点到 b 都有一条轨道, 我们取 C 上的顶点 $u \neq a$, 使得对于 C 上所有顶点来说, 从 u 到 b 的轨道 $P(u,b)$ 是最短者, 参见图 10.22. a 与 u 将 C 分成两条轨道 $P'(a,u)$ 和 $P''(a,u)$. 构造两条轨道

$$P'(a,b)=P'(a,u)\cup P(u,b),$$
$$P''(a,b)=P''(a,u)\cup P(u,b),$$

则有 $E(C)=E(P'(a,b))\oplus E(P''(a,b))$.

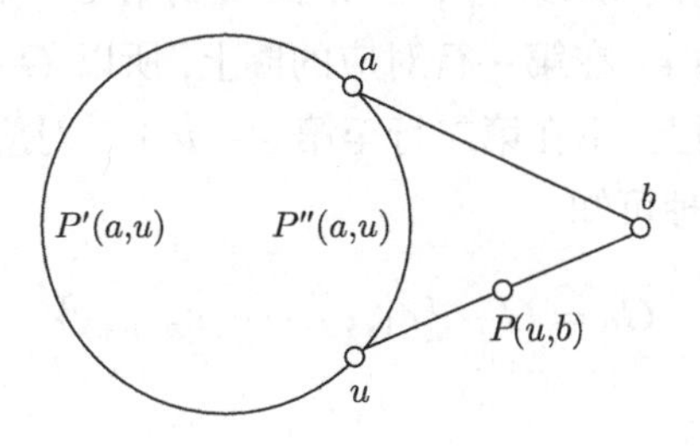

图 10.22 a 与 b 仅有一个在圈 C 上

(3) 若 a 与 b 都不在圈 C 上. 任取 C 上的某条边 e, 由 G 的构造知, 存在 $1\leqslant k\leqslant m$, 使得 e 在轨道 $P_k(a,b)$ 上. 按照从 a 到 b 的顺序, 假设 $P_k(a,b)$ 与 C 的第一个与最后一个公共顶点分别为 v 与 w. 我们将 $P_k(a,b)$ 上从 a 到 v 的一段记为 $P_k(a,v)$, 从 w 到 b 的一段记为 $P_k(w,b)$, C 被 v 与 w 划分为两条轨道, 分别记为 $P'(v,w)$ 与 $P''(v,w)$, 参见图 10.23. 这样我们得到两条从 a 到 b 的轨道

$$P'(a,b)=P_k(a,v)\cup P'(v,w)\cup P_k(w,b),$$
$$P''(a,b)=P_k(a,v)\cup P''(v,w)\cup P_k(w,b),$$

则有 $E(C) = E(P'(a,b)) \oplus E(P''(a,b))$. 证毕.

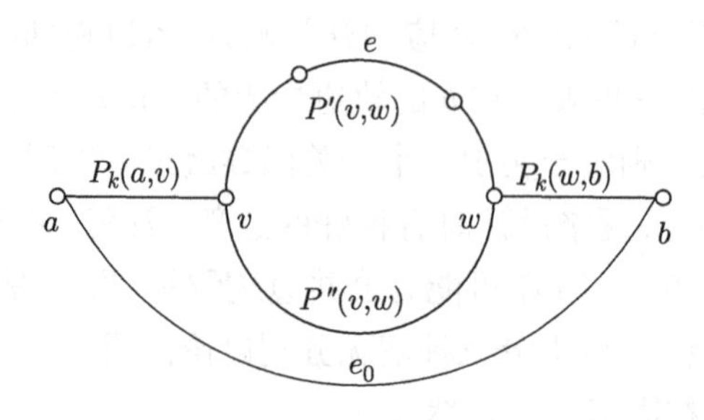

图 10.23　a 与 b 都不在圈 C 上

引理 10.4　设 G 是连通图, 且矩阵

$$\bar{C} = [I : *]_{(\varepsilon-\nu+1)\times\varepsilon}$$

是由 G 的圈空间 $\mathcal{C}(G)$ 中的向量构成的 $\varepsilon-\nu+1$ 行、ε 列的矩阵, 其中 I 是 $\varepsilon-\nu+1$ 阶单位矩阵. 则存在 G 的一棵生成树 T, 使得 G 的 $\varepsilon-\nu+1$ 个行向量恰好是 G 关于 T 的一组基本圈向量, 而构成 $\bar{C}$ 的单位子矩阵 I 的前 $\varepsilon-\nu+1$ 列对应于 G 关于 T 的余树边.

证明　假设在圈空间 $\mathcal{C}(G)$ 中, $\bar{C}$ 的第一到第 $\varepsilon-\nu+1$ 对应的边分别为 $e_1, e_2, \cdots, e_{\varepsilon-\nu+1}$. 因为 e_1 在第一行对应的圈上, 所以 $G-e_1$ 是连通图. 又因为 e_1 仅在第一行对应的圈上, 不在第二行至第 $\varepsilon-\nu+1$ 对应的圈上, 所以这些圈在 $G-e_1$ 中仍然存在. 同理可知

$$G_0 = G - \{e_1, e_2, \cdots, e_{\varepsilon-\nu+1}\}$$

也是连通图. 但

$$|E(G_0)| = \varepsilon - (\varepsilon-\nu+1) = \nu - 1,$$

所以 G_0 是树, 是 G 的生成树, 而 $e_1, e_2, \cdots, e_{\varepsilon-\nu+1}$ 是 G 关于 G_0 的余树边. 故 $\bar{C}$ 的所有行向量是以 G_0 作为生成树构成的一组基本圈向量. 证毕.

有了引理 10.3 和引理 10.4 作为基础, 我们以一个例子来介绍如何由已知的开关函数构造简单开关网络.

例 10.16　已知开关函数

$$\begin{aligned} f(a,b) = {} & x_1x_2x_3x_5x_7 + x_1x_3x_4x_6 + x_1x_5x_6x_8 \\ & + x_2x_4 + x_2x_3x_5x_8 + x_3x_4x_6x_7x_8 + x_5x_6x_7. \end{aligned}$$

试构造相应的开关网络.

解 此网络中共有 8 条边. 我们分为以下几步来构造相应的开关网络.

第一步: 写出以 $f(a,b)$ 中的各项对应的向量为行组成的矩阵. 因为每一项代表一条从 a 到 b 的轨道, 我们称这样构造出来的矩阵为开关函数 $f(a,b)$ 对应的轨道矩阵.

$$M(a,b)=\begin{array}{c}\begin{matrix} x_1 & x_2 & x_3 & x_4 & x_5 & x_6 & x_7 & x_8\end{matrix}\\ \begin{pmatrix} 1 & 1 & 1 & 0 & 1 & 0 & 1 & 0\\ 1 & 0 & 1 & 1 & 0 & 1 & 0 & 0\\ 1 & 0 & 0 & 0 & 1 & 1 & 0 & 1\\ 0 & 1 & 0 & 1 & 0 & 0 & 0 & 0\\ 0 & 1 & 1 & 0 & 1 & 0 & 0 & 1\\ 0 & 0 & 1 & 1 & 0 & 1 & 1 & 1\\ 0 & 0 & 0 & 0 & 1 & 1 & 1 & 0\end{pmatrix}\end{array}.$$

第二步: 记边 $x_0=ab$, 写出 $G+x_0$ 中含 x_0 的圈向量构成的矩阵

$$C_1(a,b)=\begin{array}{c}\begin{matrix} x_1 & x_2 & x_3 & x_4 & x_5 & x_6 & x_7 & x_8 & x_0\end{matrix}\\ \begin{pmatrix} 1 & 1 & 1 & 0 & 1 & 0 & 1 & 0 & 1\\ 1 & 0 & 1 & 1 & 0 & 1 & 0 & 0 & 1\\ 1 & 0 & 0 & 0 & 1 & 1 & 0 & 1 & 1\\ 0 & 1 & 0 & 1 & 0 & 0 & 0 & 0 & 1\\ 0 & 1 & 1 & 0 & 1 & 0 & 0 & 1 & 1\\ 0 & 0 & 1 & 1 & 0 & 1 & 1 & 1 & 1\\ 0 & 0 & 0 & 0 & 1 & 1 & 1 & 0 & 1\end{pmatrix}\end{array}.$$

第三步: 按照 F_2 域中运算的定义, 对 C_1 进行行、列初等变换, 求出 $\bar{C}_1(a,b)$, 得到

$$\bar{C}_1(a,b)=\begin{array}{c}\begin{matrix} x_1 & x_4 & x_8 & x_6 & x_2 & x_3 & x_5 & x_7 & x_0\end{matrix}\\ \begin{pmatrix} 1 & 0 & 0 & 0 & 1 & 1 & 1 & 1 & 1\\ 0 & 1 & 0 & 0 & 1 & 0 & 0 & 0 & 1\\ 0 & 0 & 1 & 0 & 1 & 1 & 1 & 0 & 1\\ 0 & 0 & 0 & 1 & 0 & 0 & 1 & 1 & 1\\ 0 & 0 & 0 & 0 & 0 & 0 & 0 & 0 & 0\\ 0 & 0 & 0 & 0 & 0 & 0 & 0 & 0 & 0\\ 0 & 0 & 0 & 0 & 0 & 0 & 0 & 0 & 0\end{pmatrix}\end{array}.$$

我们按 $x_1,x_4,x_8,x_6,x_2,x_3,x_5,x_7,x_0$ 把 $G+x_0$ 的边重新排序. 由引理 10.3

知, $G+x_0$ 的基本圈向量可以由 $C_1(a,b)$ 的行向量线性表示, 而 $\bar{C}_1(a,b)$ 是由 $C_1(a,b)$ 经过初等变换而得的. 因此, $G+x_0$ 的每个基本圈向量都可以由 $\bar{C}_1(a,b)$ 的前四行线性表示. 又因为 $\bar{C}_1(a,b)$ 的前四行线性无关, 所以 $\bar{C}_1(a,b)$ 的前四行构成圈空间 $\mathcal{C}(G+x_0)$ 一组基本圈向量. 我们用 $\bar{C}_1(a,b)$ 的前四行构成 $G+x_0$ 的基本圈矩阵 $C_f(G+x_0)$. 由于 $G+x_0$ 中有 9 条边, 又由 $C_f(G+x_0)$ 知, $\varepsilon-\nu+1=4$, 所以 $\nu=9-4+1$, $G+x_0$ 中有 6 个顶点.

另一方面, 由引理 10.4, 存在 $G+x_0$ 的生成树 T, 使得 $C_f(G+x_0)$ 的前四行构成 $G+x_0$ 关于 T 的一组基本圈向量, 且 x_1,x_4,x_8,x_6 是 $G+x_0$ 关于 T 的余树边.

第四步: 利用推论 10.1, 我们可以由基本圈矩阵 $C_f(G+x_0)$ 构造出 $G+x_0$ 的基本割集矩阵

$$S_f(G+x_0)=\begin{array}{c} \begin{matrix} x_1 & x_4 & x_8 & x_6 & x_2 & x_3 & x_5 & x_7 & x_0 \end{matrix} \\ \begin{pmatrix} 1 & 1 & 1 & 0 & 1 & 0 & 0 & 0 & 0 \\ 1 & 0 & 1 & 0 & 0 & 1 & 0 & 0 & 0 \\ 1 & 0 & 1 & 1 & 0 & 0 & 1 & 0 & 0 \\ 1 & 0 & 0 & 1 & 0 & 0 & 0 & 1 & 0 \\ 1 & 1 & 1 & 1 & 0 & 0 & 0 & 0 & 1 \end{pmatrix} \end{array}.$$

第五步: 由 $S_f(G+x_0)$ 求出 $B_f(G+x_0)$. 因为 $B_f(G+x_0)$ 中的每个行向量都是断集空间的向量, 所以 $B_f(G+x_0)$ 的每个行向量可以由基本割集向量线性表示. 我们对 $S_f(G+x_0)$ 进行初等变换, 得到每列最多只有两个 1 的矩阵, 即得到 $G+x_0$ 的基本关联矩阵 $B_f(G+x_0)$:

$$B_f(G+x_0)=\begin{array}{c} \begin{matrix} x_1 & x_4 & x_8 & x_6 & x_2 & x_3 & x_5 & x_7 & x_0 \end{matrix} \\ \begin{pmatrix} 0 & 0 & 0 & 1 & 1 & 0 & 0 & 0 & 1 \\ 1 & 0 & 1 & 0 & 0 & 1 & 0 & 0 & 0 \\ 0 & 0 & 1 & 0 & 0 & 0 & 1 & 1 & 0 \\ 1 & 0 & 0 & 1 & 0 & 0 & 0 & 1 & 0 \\ 0 & 1 & 0 & 0 & 0 & 0 & 1 & 0 & 1 \end{pmatrix} \end{array}.$$

第六步: 由 $B_f(G+x_0)$ 求出 $B(G+x_0)$. 在 $B_f(G+x_0)$ 的最后加上一行, 将

$B_f(G+x_0)$ 的每列补齐为两个 1.

$$B(G+x_0)=\begin{pmatrix} 0 & 0 & 0 & 1 & 1 & 0 & 0 & 0 & 1 \\ 1 & 0 & 1 & 0 & 0 & 1 & 0 & 0 & 0 \\ 0 & 0 & 1 & 0 & 0 & 0 & 1 & 1 & 0 \\ 1 & 0 & 0 & 1 & 0 & 0 & 0 & 1 & 0 \\ 0 & 1 & 0 & 0 & 0 & 0 & 1 & 0 & 1 \\ 0 & 1 & 0 & 0 & 1 & 1 & 0 & 0 & 0 \end{pmatrix}.$$

(列依次为 $x_1\ x_4\ x_8\ x_6\ x_2\ x_3\ x_5\ x_7\ x_0$)

第七步: 由 $B(G+x_0)$ 画出开关网络, 如图 10.24 所示. 在图 10.24 中删去边 x_0, 就得到满足开关函数 $f(a,b)$ 的简单开关网络.

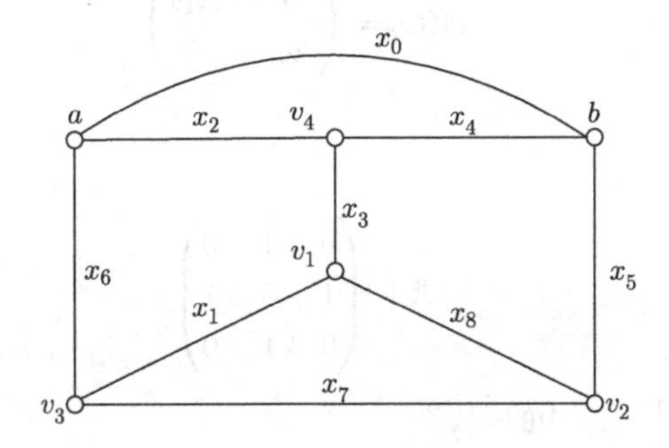

图 10.24　开关网络

注意, 在第三步与第五步对矩阵进行初等变换时, 得到的矩阵一般不唯一. 因此, 最终得到的关联矩阵 $B(G+x_0)$ 也不唯一, 对应的简单开关网络也就不唯一, 但都满足开关函数 $f(a,b)$.

习　题

1. 给出图 10.25 中图 G 的一棵生成树 T, 求出 G 关于 T 的一组基本圈组和圈空间 $\mathcal{C}(G)$ 中的所有向量, 并给出图示.

2. 给出图 10.25 中图 G 的一棵生成树 T, 求出 G 关于 T 的一组基本割集组和断集空间的 $\mathcal{S}(G)$ 中的所有向量, 并给出图示.

3. 证明定理 10.5.

4. 证明: G 是 Euler 图, 当且仅当任给 $S\in\mathcal{S}(G)$, S 中非零分量有偶数个.

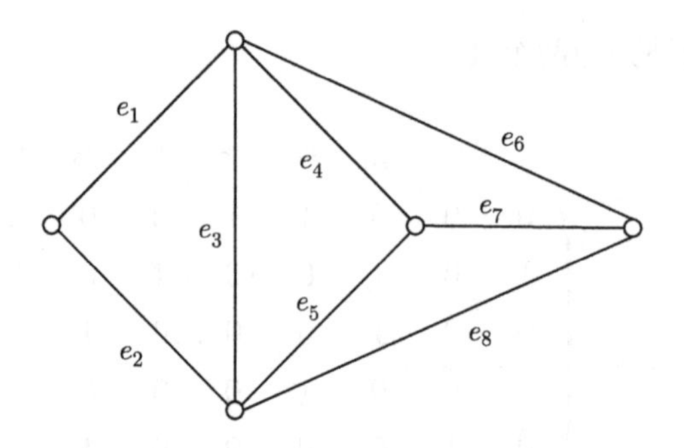

图 10.25　习题 1 与习题 2 的图

5. 证明: G 是二分图, 当且仅当 G 可以对 G 的顶点进行适当编号, 使得 $A(G)$ 呈如下的形状

$$A(G) = \begin{pmatrix} 0 & A_{12} \\ A_{21} & 0 \end{pmatrix},$$

其中, $A_{21} = A_{12}^T$.

6. 已知

$$A = \begin{pmatrix} 0 & 1 & 0 \\ 1 & 0 & 1 \\ 0 & 1 & 0 \end{pmatrix},$$

求 $A^{1001} = (a_{ij}^{(1001)})_{3\times 3}$ 中的 $a_{22}^{(1001)}$.

7. 求 K_4 中任意一个顶点到其自身长为 3 的道路数, 且在图上标出这些道路.

8. 已知图 G 的邻接矩阵为

$$A(G) = \begin{pmatrix} 0 & 1 & 0 & 0 \\ 1 & 0 & 0 & 0 \\ 0 & 0 & 0 & 1 \\ 0 & 0 & 1 & 0 \end{pmatrix},$$

在不画出图的前提下, 说明 G 是否连通.

9. 已知图 G 的基本圈矩阵为

$$\mathcal{C}_f(G) = \begin{pmatrix} 1 & 1 & 1 & 0 & 0 & 0 & 0 & 0 \\ 1 & 0 & 0 & 1 & 0 & 1 & 0 & 1 \\ 0 & 0 & 0 & 0 & 1 & 1 & 0 & 1 \\ 1 & 0 & 1 & 0 & 0 & 1 & 1 & 1 \end{pmatrix},$$

求 G 的基本割集矩阵 $\mathcal{S}_f(G)$.

10. 已知图 G 的基本关联矩阵为

$$B_f(G)=\begin{pmatrix}1&1&0&0&0&0\\0&1&1&0&0&0\\0&0&1&1&0&1\\0&0&0&1&1&0\end{pmatrix},$$

求 G 的基本圈矩阵 $\mathcal{C}_f(G)$ 和基本割集矩阵 $\mathcal{S}_f(G)$.

11. 已知连通图 G 的基本圈矩阵为

$$\mathcal{C}_f(G)=\begin{pmatrix}1&0&0&1&1&0&0\\0&1&0&0&1&1&0\\0&0&1&0&0&1&1\end{pmatrix}.$$

（列依次对应 $a\ b\ c\ d\ e\ f\ g$）

在不画出图的前提下, 回答一下问题:

(1) $\{b,c,e,f\}$ 是否导出生成树?

(2) $\{a,c,e,f\}$ 是否导出生成树?

(3) $\{a,b,e,g\}$ 是否是割集?

(4) $\{b,c,f\}$ 是否是割集?

(5) $\{d,e,f,g\}$ 是否是割集?

(6) $\{a,b,c,d,g\}$ 是否导出一个圈?

(7) $\{a,c,d,e,f,g\}$ 是否导出一个圈?

12. 画出图 10.26 中的每棵生成树.

13. 已知开关函数 f_{ab}, 画出相应的简单开关网络:

(1) $f(a,b)=x_1x_3+x_1x_2x_5+x_2x_3x_4+x_4x_5$.

(2) $f(a,b)=x_1x_2x_5+x_1x_4x_8+x_2x_3x_6+x_3x_4x_7+x_1x_2x_6x_7x_8$
$+x_1x_4x_5x_6x_7+x_2x_3x_5x_7x_8+x_3x_4x_5x_6x_8$.

14. 设图 G 的邻接矩阵为 $A(G)$,

(1) $A^2(G)$ 的主对角线之和为 100, 求 $\varepsilon(G)$;

(2) $A^3(G)$ 的主对角线之和为 600, 求 G 中三角形个数.

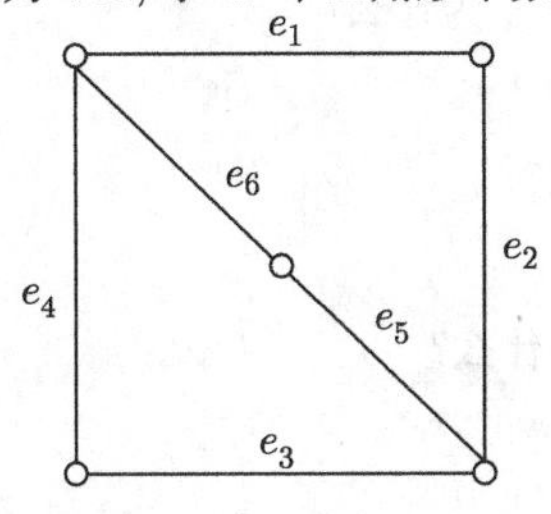

图 10.26　习题 12 的图

15. 给定 n 阶矩阵

$$A=\begin{pmatrix}0&1&0&0&\cdots&0\\0&0&1&0&\cdots&0\\\vdots&\vdots&\vdots&\vdots&&\vdots\\0&0&0&0&\cdots&1\\1&0&0&1&\cdots&0\end{pmatrix},$$

试用图论方法求

(1) A^2 的主对角线之和;

(2) A^3 的主对角线之和.

16. 证明: K_5 中存在 6 个圈 C_1,C_2,C_3,C_4,C_5,C_6, 使得

$$E(K_5)=E(C_1)\oplus E(C_2)\oplus E(C_3)\oplus E(C_4)\oplus E(C_5)\oplus E(C_6).$$

17. 图 G 的每个基本圈向量中, 非零分量的个数皆为偶数, G 的邻接矩阵为 $A(G)$, 求 $\sum_{i=1}^{+\infty}A^{2i-1}(G)$.

18. T_1 与 T_2 是图 G 的两棵生成树, 相应的基本圈矩阵分别为 $\mathcal{C}_f^{(1)}(G)$ 与 $\mathcal{C}_f^{(2)}(G)$. 证明: $\mathcal{C}_f^{(2)}(G)$ 可以由 $\mathcal{C}_f^{(1)}(G)$ 通过初等变换得出.

19. 设 $A(G)=(a_{ij})_{\nu\times\nu}$ 是图 G 的邻接矩阵,

(1) 对任意自然数 k, $A^{2k-1}(G)$ 主对角线元素之和为零, $\varepsilon(G)\neq 0$, 求 $\chi'(G)$;

(2) 对任意自然数 k, $A^{2k-1}(G)$ 主对角线元素之和为零, $\varepsilon(G)\neq 0$, 求 $\chi(G)$.

20. 已知图 G 的基本关联矩阵为

$$B_f(G)=\begin{pmatrix}1&0&1&0&0\\1&1&0&1&0\\0&0&0&1&1\end{pmatrix},$$

在不画出图的前提下, 回答一下问题:

(1) G 是否是连通图?

(2) G 是否是 Euler 图?

(3) G 是否可以 “一笔画出”, 为什么?

(4) G 是否是平面图, 为什么?

(5) $\mathcal{C}(G)$ 是多少维线性空间?

(6) G 共有几个圈, 为什么?

(7) G 是否 Hamilton 图, 为什么?

(8) 求 $\tau(G)$.

第 11 章 无 标 度 图

真实世界的交通网络图、网页链接图与社交网络图等都呈现一种类似的特征——少数顶点的度数非常大, 而大多数顶点的度数都很低. 这些图一般被称为无标度图, 它们在交通出行、搜索引擎、舆情分析、推荐系统等方面都有很重要的应用. 本章介绍无标度图的概念与性质、图的中心性指标以及无标度图上的一些典型算法与应用①.

11.1 无标度图的概念和性质

定义 11.1 若无向连通图 $G = (V, E)$ 中顶点的度数分布满足幂律关系: $p(d) \propto d^{-\gamma}$, 其中 $p(d)$ 表示顶点度数为 d 的概率, γ 为大于 1 的常数, 则称 G 是一个**无标度图**.

定义 11.1 给出的是无向无标度图的定义. 有向无标度图的定义则类似, 只是要求有向图是强连通图, 而针对具体的应用, 定义中采用的度数可以是出度、入度或度数. 图 11.1 给出了 $\gamma = 2$ 的无标度图的度数分布示意图. 从图中可以看出, 无标度图中大部分顶点度数很小, 小部分顶点的度数则很大, 但这小部分度数很大的顶点对于整个图的某些特性来说是至关重要的, 通常把度数很大的顶点称作图的枢纽 (hub).

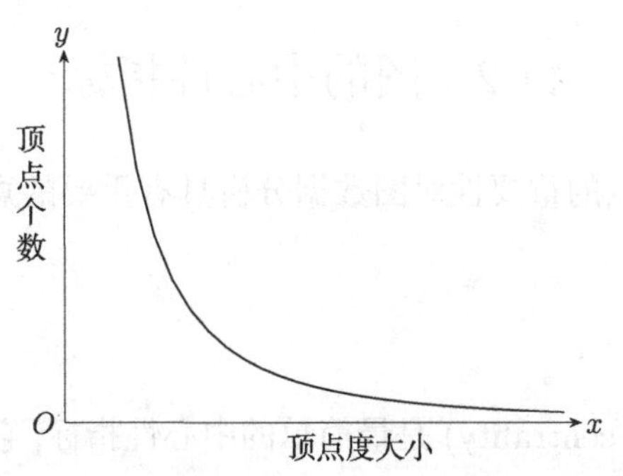

图 11.1 无标度图 ($\gamma = 2$) 的度数分布示意图

① 本章无标度图和第 12 章图计算系统的内容, 主要介绍图在真实世界场景的应用以及如何在内外存中高效存储和管理图数据, 可以作为前面章节的扩展阅读.

在现实生活中有很多常见的无标度图, 如社交网络图、网页链接图、交通网络图等.

社交网络图　将社交网络中的用户当作顶点, 用户间的关系作为边, 这样就得到社交网络图. 例如微博, 其中少数的顶点 (例如明星) 拥有超过百万甚至千万的关注度数, 而绝大部分的顶点只有很少的关注度.

网页链接图　将网页作为图的顶点, 将网页之间的链接关系作为图的边, 这样的图称为网页链接图. 少数的网页含有大量的链接, 而大部分网页一般只与很少的网页存在链接关系.

交通网络图　交通网络图也是无标度图, 以航线网络为例, 将机场作为顶点, 机场间直达航线作为边, 可以发现只有少数顶点跟其余顶点有大量边相连.

以上的一些无标度图, 特别是社交网络与网页链接图, 在斯坦福网络分析平台 SNAP (Standford network analysis platform)[1] 上都可以下载到真实的图数据.

无标度图具有以下性质.

异质性　无标度图顶点的度数分布极其不均衡. 图中少部分的枢纽顶点拥有很大的度数, 而大部分顶点的度数都很小.

连通性　连通性不易受到顶点**随机**故障的影响, 比如我们**随机**删除图中的一些顶点, 对图的连通性影响很小. 这是因为无标度图中存在少数枢纽, 它们由度数特别高的顶点组成, 且这些枢纽和图中的大量顶点都有边相连. 当随机删除少量顶点时, 枢纽顶点被删除的概率是很小的.

脆弱性　蓄意删除度数大的顶点则会使图的连通性变差. 这是因为无标度图的各个顶点主要依靠枢纽顶点来连接, 如果删除掉枢纽顶点, 图的连通性会受到很大影响.

11.2　图的中心性指标

如何衡量图中顶点的重要性对图数据分析具有重要的意义. 接下来将介绍一些常用的中心性指标.

11.2.1　度中心性

度中心性 (degree centrality) 是最简单的中心性指标, 它以顶点的度数作为该顶点的中心性指标. 例如顶点 v 的度数为 $\deg(v)$, 则它的度中心性指标 $\mathcal{D}(v) = \deg(v)$. 例如, 图 11.2 中顶点 v_1 的度中心性 $\mathcal{D}(v_1) = 4$. 在有向图中, 顶点的出度和入度都可以作为该顶点的度中心性指标, 但代表的含义不同. 例如微博中, 用户关注的人越多, 则他能从更多用户那里获取消息. 反之, 用户粉丝越多, 则他的行为可能影响更多的用户.

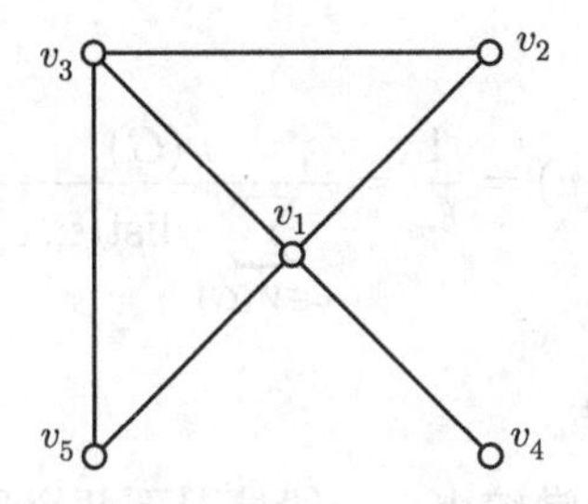

图 11.2 5-顶点图

上述定义并没有考虑图的规模 (顶点数 $\nu(G)$). 为了反映图规模变化带来的影响, 斯坦利 · 沃瑟曼 (Stanley Wasserman) 和凯瑟琳 · 福斯特 (Katherine Faust) 提出了标准化度中心性, 公式如下:

$$\mathcal{D}'(v) = \frac{\mathcal{D}(v)}{\nu(G)-1}. \tag{11.1}$$

标准化度中心性的值在 0 到 1 之间, 值为 0 时表示该顶点度数为 0, 值为 1 时表示该顶点与图中其他顶点都有边.

11.2.2 接近中心性

接近中心性 (closeness centrality) 主要考虑一个顶点与图中其他顶点的平均距离. 顶点 u 到其他顶点的平均距离定义为

$$\ell_u = \frac{1}{\nu(G)} \sum_{v \in V(G)} \text{dist}(u,v), \tag{11.2}$$

其中, $\text{dist}(u,v)$ 是顶点 u 到顶点 v 的距离, $\nu(G)$ 为图的顶点数. 例如, 图 11.2 中顶点 v_1 的平均距离 $\ell_u = \frac{1}{5}\sum_{i=1}^{5} \text{dist}(v_1, v_i) = 0.8$.

注 11.2.1 扩展阅读 有学者认为在计算平均距离时应该排除掉 $v = u$ 的情况, 因为一个顶点对自己的影响和图的中心性无关. 即

$$\ell_u = \frac{1}{\nu(G)-1} \sum_{v \in V(G), v \neq u} \text{dist}(u,v). \tag{11.3}$$

公式 (11.3) 相对公式 (11.2) 的唯一区别是增加了一个系数 $\frac{\nu(G)}{\nu(G)-1}$. 当图的顶点数很大时, 这个系数的影响很小. 简单起见, 本节使用公式 (11.2) 作为顶点 u 与图中其他顶点的平均距离.

定义 11.2 对于图 $G = (V, E)$, $\nu(G) = |V|$, $\text{dist}(u, v)$ 为顶点 u 与顶点 v 之间的距离, ℓ_u 为顶点 u 到图中其他顶点的平均距离, 则顶点 u 的接近中心性定义为

$$\mathcal{C}(u) = \frac{1}{\ell_u} = \frac{\nu(G)}{\sum\limits_{v \in V(G)} \text{dist}(u, v)}. \tag{11.4}$$

定义 11.2 存在如下特点.

接近中心性值的范围通常较小 一般情况下两个顶点之间的距离不超过图中顶点数的对数, 即 $1 \leqslant \text{dist}(u, v) \leqslant \log_2(\nu(G))$. 因此一个节点 u 的平均距离 ℓ_u 以及接近中心性的值范围通常也较小. 这会导致很难区分各个顶点中心性的强弱.

若不是连通图, 则所有节点接近中心性为 0 对于非连通图来说, 图中的任何一个顶点 u, 总存在顶点 v 使得 $\text{dist}(u, v)$ 趋近无穷大, 即对于所有顶点的接近中心性都为 0.

注 11.2.2 扩展阅读 通常有两种方法解决非连通图的情况: ① 分别计算不同连通片的接近中心性, 但这可能使得一些较小的子图具有较大的接近中心性; ② 将接近中心性重新定义为 $\mathcal{C}'(u) = \frac{1}{\nu(G)-1} \sum_{v \in V(G), v \neq u} \frac{1}{\text{dist}(u, v)}$. 该定义有两方面的优点: ① 如果顶点 u 与顶点 v 在不同的连通片中, 那么顶点 v 对顶点 u 接近中心性的贡献为 0; ② 距离顶点 u 更近的顶点对顶点 u 的接近中心性贡献更大.

11.2.3 中介中心性

中介中心性 (betweeness centrality) 反映一个顶点在多大程度上位于顶点对的"中间", 它能体现一个顶点作为其他顶点信息交换媒介的重要性. 考虑如下问题: 从顶点 s 给顶点 t 发送信息, 假设任意两个顶点在单位时间内发送消息的概率是相等的, 且消息只会经过它们的最短路径 (如果有多条最短路径, 随机选择一条), 那么经过足够长的时间后平均会有多少个信息经过某一特定的顶点呢? 显然对于以上假设, 经过某一个顶点的信息数量正比于该顶点出现在任意两个顶点最短路径上的次数. 于是, 把一个顶点出现在其他顶点对的最短路径上的次数称为该顶点的中介中心性.

定义 11.3 对于图 $G = (V, E)$, 令 n_{st}^u 表示顶点 u 是否在顶点 s 与顶点 t 的最短路径中. $n_{st}^u = 1$ 表示顶点 u 在顶点 s 与 t 的最短路径上, $n_{st}^u = 0$ 表示顶点 u 不在顶点 s 与 t 的最短路径上 (或者最短路径不存在). 顶点 u 的中介中心

性 $\mathcal{B}(u)$ 为

$$\mathcal{B}(u)=\sum_{s,t\in V(G)} n_{st}^{u}. \tag{11.5}$$

注 11.2.3 扩展阅读 定义 11.3 包含了一个顶点给自己传送消息 $(s=t)$ 的路径, 有学者倾向于将这些路径从定义中去掉, 即 $\mathcal{B}(u)=\sum_{s,t\in V(G),s\neq t} n_{st}^{u}$. 但实际上两个定义之间的差别非常小, 其值只会相差 1, 且这并不会改变中介中心性值的排序.

对于定义 11.3 , 在两顶点之间存在多条最短路径时, 随机选择一条作为最终的最短路径. 为了更好地处理两顶点之间存在多条最短路径的情况, 可以重新定义中介中心性, 将两个顶点间的中介中心性看作一个整体的权 1, 等比例分配到各条最短路径上. 如图 11.3 所示, 顶点 v_1 与顶点 v_4 之间含有两条最短路径, 分别是 $v_1v_2v_4$ 以及 $v_1v_3v_4$, 假设两个路径的权重都为 $\frac{1}{2}$, 那么顶点 v_1, v_4 对顶点 v_2 与 v_3 的中介中心性的贡献均为 $\frac{1}{2}$. 即某顶点的中介中心性定义为该顶点在所有最短路径上的加权和.

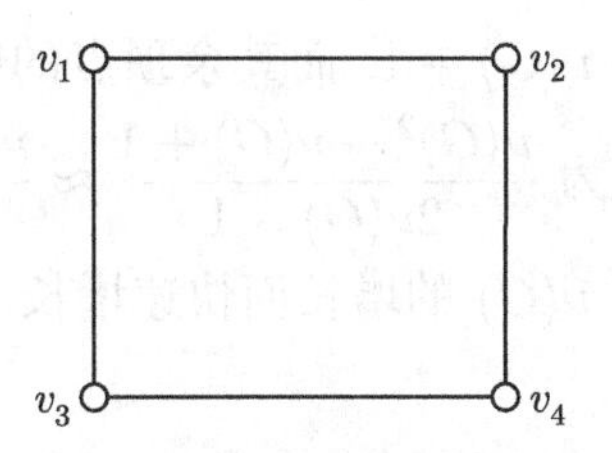

图 11.3 4-顶点图

定义 11.4 对于图 $G=(V,E)$, 令 n_{st}^{u} 表示顶点 u 在顶点 s 与顶点 t 的最短路径上出现的次数. $n_{st}^{u}=k$ 表示顶点 u 在顶点 s 与 t 的 k 条最短路径上, $n_{st}^{u}=0$ 表示顶点 u 不在顶点 s 与 t 的最短路径上 (或者最短路径不存在). 令 g_{st} 表示从顶点 s 到 t 的最短路径的条数. 则顶点 u 的中介中心性 $\mathcal{B}'(u)$ 为

$$\mathcal{B}'(u)=\sum_{s,t\in V(G)} \frac{n_{st}^{u}}{g_{st}}. \tag{11.6}$$

定义 11.4 中介中心性有如下优点.

不受顶点的度数以及到其他顶点平均距离的影响 即使某个顶点的度数变小或者到其他顶点的平均距离变远, 但它的中介中心性不会受影响变小, 仍可能很大. 一个典型的例子如图 11.4 所示, 两个子图 G_1 和 G_2 通过顶点 A 连接在一起.

因为子图 G_1 中的任何一个顶点要发送消息给子图 G_2 中的顶点时, 都必须经过顶点 A. 因此 A 的中介中心性非常的大.

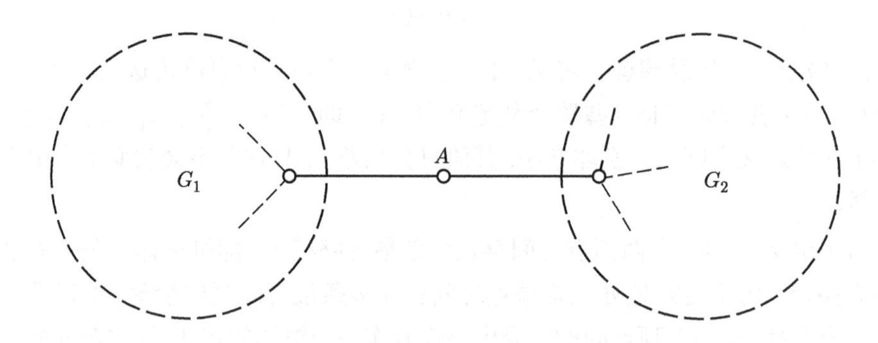

图 11.4 顶点 A: 中介中心性大但度中心性小

值的范围很大 一个图中不同顶点的中介中心性最多可能相差 $\dfrac{\nu(G)}{2}$ 倍. 考虑星型网络, 如图 11.5 所示, 顶点 v 与其他 $\nu(G)-1$ 个顶点相连接. 中心顶点的中介中心性的值为 $\nu(G)^2-\nu(G)+1$, 而其余顶点的中介中心性值为 $2\nu(G)-1$. 因此最大值与最小值的比值为 $\dfrac{\nu(G)^2-\nu(G)+1}{2\nu(G)-1}\approx\dfrac{\nu(G)}{2}$. 在实际图中, 中介中心性的值通常会随着网络规模 $\nu(G)$ 的增长而快速增长.

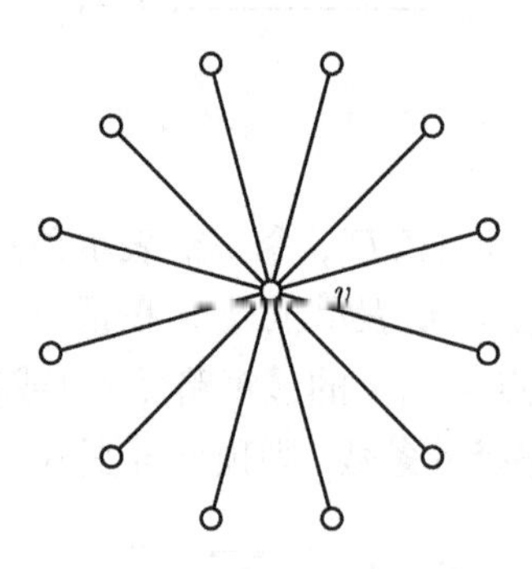

图 11.5 星型网络

注 11.2.4 扩展阅读 以上几种中心性在计算时都假设其他顶点的重要性是均等的, 但是现实生活中图的顶点重要性是不同的. 因此又定义了特征向量中心性 [2]、Katz 中心性 [3]、PageRank 中心性 [3]. 在后面的小节我们会详细介绍 PageRank 中心性.

11.3 图上的若干算法

11.3.1 随机游走

定义 11.5 给定无向图 $G=(V,E)$, 以及一个初始顶点 u. 从初始顶点 u 开始, 在每一时刻, 以某个概率随机选择当前顶点的一个邻居顶点作为下一跳, 并重复若干次, 称该过程为**随机游走**. 例如, 对于图 11.6 , 从顶点 v_1 开始的一条 5 步随机游走序列可能为: $v_1v_3v_2v_3v_5v_3$, 每一步, 都访问当前顶点的一个邻居顶点, 直到 5 步时结束.

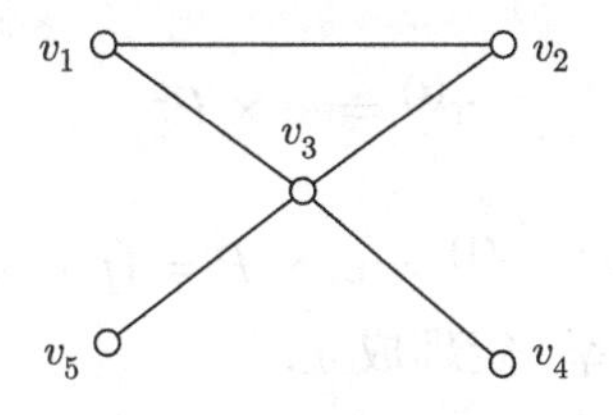

图 11.6 无向连通图

随机游走的每一步都是随机选择当前顶点的一个邻居顶点作为下一跳, 因此不需要图的全局信息, 而只依赖当前顶点的局部信息.

给定无向连通图 $G=(V,E)$, 设 $V=\{v_1,v_2,\cdots,v_n\}$, 若随机游走从当前顶点 v_i 随机均匀地选取它的一个邻居顶点 v_j 作为下一跳, 则称该随机游走过程为**简单随机游走**. 我们定义随机游走在 G 的转移概率矩阵为 $P=(p_{ij})_{n\times n}$, 其中 p_{ij} 表示在顶点 v_i 选择顶点 v_j 作为下一顶点的概率. 对简单随机游走有

$$p_{ij}=\begin{cases}\dfrac{1}{\deg(v_i)}, & v_iv_j\in E,\\ 0, & \text{否则}.\end{cases} \tag{11.7}$$

例如, 对于图 11.6 所示的无向连通图, 在它上面进行简单随机游走的转移概率矩阵 P 为

$$P=\begin{pmatrix}0 & 0.5 & 0.5 & 0 & 0\\ 0.5 & 0 & 0.5 & 0 & 0\\ 0.25 & 0.25 & 0 & 0.25 & 0.25\\ 0 & 0 & 1 & 0 & 0\\ 0 & 0 & 1 & 0 & 0\end{pmatrix}. \tag{11.8}$$

上述定义也适用于有向图, 只是在有向图中只能选择当前顶点的一个外邻顶点作为下一顶点. 由于有向图可能会出现某顶点出度为 0 的情况, 为了方便起见, 本节仅考虑无向连通图上的简单随机游走.

基于概率矩阵 P, 下面我们讨论, 从一个顶点出发经 t 步随机游走后停在某个顶点上的概率分布.

定理 11.1 记 e_i 为第 i 个元素为 1, 其余元素全为 0 的行向量, P 为随机游走在图 G 的转移概率矩阵, 从顶点 v_i 出发, 经过 t 步之后达到 v_j 的概率为 $\pi_j^{(t)}$, 则 $\pi^{(t)}=(\pi_1^{(t)},\pi_2^{(t)},\cdots,\pi_n^{(t)})$ 为随机游走经过 t 步之后在各个顶点上的概率分布. $\pi^{(t)}$ 满足

$$\pi^{(t)}=e_i\times P^t. \tag{11.9}$$

证明 首先, 当 $t=1$ 时, $\pi^{(1)}=e_i\times P=(p_{i1},p_{i2},\cdots,p_{in})$, 就是从 v_i 出发经过一步到达各个顶点的概率. 定理成立.

当 $t=2$ 时, 有

$$\begin{aligned}\pi^{(2)}&=(e_i\times P)\times P\\&=(p_{i1},p_{i2},\cdots,p_{in})\times P\\&=(p_{i1}^{(2)},p_{i2}^{(2)},\cdots,p_{in}^{(2)}),\end{aligned} \tag{11.10}$$

其中, $p_{ij}^{(2)}=p_{i1}\times p_{1j}+p_{i2}\times p_{2j}+\cdots+p_{in}\times p_{nj}$. 从顶点 v_i 出发, 经过两步随机游走到达顶点 v_j 相当于先从 v_i 走一步到某个顶点 v_k, 再从 v_k 走一步到 v_j, 即 $p_{ij}^{(2)}$ 中将所有的 $p_{ik}\times p_{kj}$ 加起来, 就是从顶点 v_i 出发到达顶点 v_j 的概率.

当 $t>2$ 时, 根据数学归纳法很容易证明 $\pi^{(t)}=e_i\times P^t$. 证毕.

接下来, 考虑经过很多次随机游走时, 访问到各个顶点的概率分布, 即当 $t\to\infty$ 时 $\pi^{(t)}$ 的分布情况.

定理 11.2 设图 $G=(V,E)$ 是一个无向连通图, 从图中任意顶点出发进行随机游走, 在随机游走进行到一定步数以后, 随机游走停留在各个顶点的概率分布 π 会趋于稳定, 即

$$\pi=\pi\times P. \tag{11.11}$$

该特性称为随机游走的收敛性. 我们将分布 $\pi=(\pi_1,\pi_2,\cdots,\pi_n)$ 称作随机游走在 G 上的静态分布. 这个静态分布 π 仅仅与图的结构有关, 与随机游走出发的

初始顶点无关, 对简单随机游走, 我们有

$$\pi_j = \frac{\deg(v_j)}{\sum\limits_{u \in V} \deg(u)} = \frac{\deg(v_j)}{2\varepsilon(G)}. \tag{11.12}$$

在证明随机游走的收敛性及其静态分布之前, 我们首先回顾一下线性代数中关于矩阵特征值的相关知识.

定义 11.6 假设实数 λ 是一个矩阵 M 的特征值, 当且仅当存在某个非零行向量 v, 满足以下关系:

$$v \times M = \lambda \times v, \tag{11.13}$$

我们称向量 v 是矩阵 M 的**特征向量**. 一般来说, 一个 $n \times n$ 的矩阵 M 有 n 个特征值 (不一定是实数, 且可能存在某些特征值相等). 但是当 M 为对称矩阵时, n 个特征值 $\lambda_1, \lambda_2, \cdots, \lambda_n$ 都是实数, 每个特征值 λ_i 对应一个特征向量 v_i, 并且矩阵 M 与特征值、特征向量之间满足以下关系:

$$M^t = \sum_i \lambda_i^t v_i^{\mathrm{T}} v_i. \tag{11.14}$$

定理 11.2 证明 由于转移概率矩阵 P 不一定是对称矩阵, 为了用到对称矩阵的良好性质, 构造一个对称矩阵 S

$$S = D^{-\frac{1}{2}} A D^{-\frac{1}{2}} \tag{11.15}$$

其中, A 是图 G 的邻接矩阵, $D = (d_{ij})_{n \times n}$ 是图 G 的度对角矩阵, 即 $d_{ii} = \deg(v_i)(1 \leqslant i \leqslant n)$; 当 $i \neq j$ 时, $d_{ij} = 0$. $D^{-\frac{1}{2}}$ 表示的是将 D 中主对角线上的元素开平方后, 再求倒数, 所得到的矩阵, 即 $D^{-\frac{1}{2}}$ 主对角线上的第 i 个元素为 $d_{ii}^{-\frac{1}{2}}$. 其他后面的表示方式类同. 对于无向图来说, 因为邻接矩阵 A 是一个对称矩阵, 很明显 S 也是一个对称矩阵, 于是 S 存在 n 个实数特征值 $\lambda_1, \lambda_2, \cdots, \lambda_n$, 设对应的 n 个特征向量分别为 $v_1, v_2, \cdots, v_n$. 对于任意 λ_i 和 v_i, 满足关系

$$v_i \times S = \lambda_i \times v_i. \tag{11.16}$$

另外, 图 G 的转移概率矩阵 P 满足

$$P = D^{-1} A, \tag{11.17}$$

代入等式 (11.15), 有

$$S = D^{-\frac{1}{2}} A D^{-\frac{1}{2}} = D^{\frac{1}{2}} P D^{-\frac{1}{2}}. \tag{11.18}$$

于是, 矩阵 P 满足下列关系:

$$(v_i D^{\frac{1}{2}}) P = v_i D^{\frac{1}{2}} D^{-\frac{1}{2}} S D^{\frac{1}{2}} = v_i S D^{\frac{1}{2}} = \lambda_i (v_i D^{\frac{1}{2}}). \tag{11.19}$$

也就是说, 矩阵 S 的 n 个特征值也是概率矩阵 P 对应的特征值, 且概率矩阵 P 的特征值 λ_i 对应的特征向量为 $u_i = v_i D^{\frac{1}{2}}$. 根据公式 11.14 , 也即矩阵的 t 次方可以通过特征值和特征向量进行表示, 从任意顶点 v_j 出发经过 t 步随机游走后到达各顶点的概率密度分布 π^t 可以表示为

$$\pi^t = e_j P^t = e_j \sum_i (\lambda_i)^t u_i^{\mathrm{T}} u_i. \tag{11.20}$$

下面我们证明对于上式中的任意特征值 λ_i, 都有 $|\lambda_i| \leqslant 1$. 证明如下: 令 v_j 是使得 $\dfrac{|u_i(j)|}{\deg(v_j)}$ 最大的顶点, 其中 $u_i(j)$ 表示向量 u_i 的第 j 个元素. 根据 λ_i 的定义, 可得到

$$\lambda_i u_i(j) = (u_i P)(j) = \sum_{k: v_k v_j \in E} \frac{u_i(k)}{\deg(v_k)}. \tag{11.21}$$

于是

$$|\lambda_i||u_i(j)| \leqslant \sum_{k: v_k v_j \in E} \frac{|u_i(k)|}{\deg(v_k)} \leqslant \sum_{k: v_k v_j \in E} \frac{|u_i(j)|}{\deg(v_j)} = |u_i(j)|, \tag{11.22}$$

所以有 $|\lambda_i| \leqslant 1$. 利用线性代数的知识, 很容易证明 P 存在一个特征值等于 1.

不妨设 $\lambda_1 = 1$, 在等式 (11.20) 中, 当 t 趋近无穷大时, 对于求和中 $|\lambda_i| < 1$ 的项都会等于 0, 于是

$$\begin{aligned}
\pi &= \lim_{t \to \infty} \pi^t = \lim_{t \to \infty} e_j P^t \\
&= e_j \lim_{t \to \infty} \sum_i (\lambda_i)^t u_i^{\mathrm{T}} u_i \\
&= e_j u_1^{\mathrm{T}} u_1 \\
&= C u_1,
\end{aligned} \tag{11.23}$$

其中, C 表示常数. 等式 (11.23) 表明, 静态分布 π 只与特征值为 1 对应的特征向量相关, 与随机游走的初始节点无关.

由 (11.22) 可知, 如果 $\lambda_1 = 1$, 那么 $\sum\limits_{k:v_iv_j\in E}\frac{|u_i(k)|}{\deg(v_k)} = \sum\limits_{k:v_iv_j\in E}\frac{|u_i(j)|}{\deg(v_j)}$. 又由于 v_j 是使得 $\frac{|u_i(j)|}{\deg(v_j)}$ 最大的顶点, 因此我们有 $\frac{u_1(k)}{\deg(v_k)} = \frac{u_1(j)}{\deg(v_j)}$, 其中 k 满足 $v_kv_j \in E$. 也就是说, 对于顶点 v_i 的任意一个邻居 v_j 都要满足 $\frac{u_1(i)}{\deg(v_i)} = \frac{u_1(j)}{\deg(v_j)}$. 由于图是连通的, 因此对于任意两个顶点 v_i 和 v_j, 必有

$$\frac{u_1(i)}{\deg(v_i)} = \frac{u_1(j)}{\deg(v_j)} \tag{11.24}$$

上式说明 $u_1(i) = \alpha\deg(v_i)$, 其中 α 表示一常数, 归一化之后有 $u_1(i) = \frac{\deg(v_i)}{\sum_{j\in V}\deg(v_j)} = \frac{\deg(v_i)}{2\varepsilon(G)}$, 也即 $\pi_i = \frac{\deg(v_i)}{2\varepsilon(G)}$, 定理 11.2 成立. 证毕.

例 11.1 计算在图 11.6 上的简单随机游走的静态分布.

解 根据图 11.6 的转移概率矩阵 (11.8), 静态分布向量 π 与转移概率矩阵满足的关系: $\pi P = \pi$, 以及 π 元素和为 1: $\sum_{i=1}^{5}\pi_i = 1$, 解得 $\pi = \left(\frac{1}{5}, \frac{1}{5}, \frac{2}{5}, \frac{1}{10}, \frac{1}{10}\right)$.

简单随机游走可能不能完全满足某些场景的需求. 例如浏览网页时, 我们很有可能会在浏览完一个网页后随机跳转到任意一个页面. 于是在随机游走的基础上又引入了一些变种, 比如跳转随机游走 (random walk with jump) 以及重启随机游走 (random walk with restart). 跳转随机游走实际上是 Google 网页排序算法上的一个应用, 它在随机游走到每一个顶点都有一定概率随机跳转到图中的任何一个顶点中去. 重启随机游走是跳转随机游走的一个特例, 与跳转随机游走不同的是, 它随机游走到每一个顶点并以一定概率回到初始顶点, 重启随机游走被大量运用到计算两个顶点的亲密度以及图像分割算法当中.

11.3.2 图采样

图采样, 即在已知图中, 根据相应的方法, 随机选择图中边和顶点的过程. 图采样的应用场景主要分为两类: 第一个是通过采样获得能反映图完整拓扑结构的子图, 第二个是以已知的采样概率去获得一些样本顶点的集合, 以估计图上的某些性质. 典型的图采样方法有顶点采样、边采样以及基于遍历的采样.

顶点采样与边采样 在已知图 $G = (V, E)$ 的完整信息的情况下, 顶点采样是指随机均匀 (或者以某些概率) 选择图中的某些顶点, 并保留采样顶点在原图中关联的边. 边采样指随机均匀 (或者以某些概率) 选择图中的边, 并且保留与边相连的顶点信息. 顶点采样与边采样都能获得原图的子图, 并且简单有效, 但由于实际中的一些图的 ID 空间非常大, 实际用户数远远小于 ID 空间, 这使得随机选择顶

点或者边时, 有很大的概率选择到空用户. 比如, 在图中有 100 个用户, 但是使用了 4 位数字来作为用户的 ID, 即图中 100 个用户的 ID 空间是 [0000, 9999], 如果我们随机选择某一个用户, 则这 100 个用户被选择到的概率只有 $\frac{1}{100}$.

基于遍历的采样 基于遍历的采样指从某一个顶点开始, 遍历图中的顶点. 这种采样算法只需要知道当前探索顶点的局部信息, 因此在实际问题中有着很广泛的应用. 根据探索顶点方式的不同, 基于遍历的采样又分为广度优先采样、深度优先采样、随机优先采样、“滚雪球”采样 (snow-ball sampling)、随机游走采样等等.

(i) 广度优先采样、深度优先采样和随机优先采样: 探索顶点主要运用了深度优先、广度优先和随机优先方式. 算法如下.

算法 11.1 基于广度优先的采样算法.

输入: $G=(V,E)$, 初始顶点 v_0, 控制采样数量参数 B, 每次采样对 B 缩减 b.

输出: 采样顶点的集合.

(1) 初始化队列 $Q=\{\}$, $L=\{\}$, 将 v_0 加入 Q;

(2) 将一个元素从 Q 中出队列: $v=Q.\text{dequeue}()$;

(3) $B\leftarrow B-b$, $L\leftarrow L+\{v\}$;

(4) 将 v 的不在 L 和 Q 中的邻居顶点加入 Q 中;

(5) 重复 (2)~(4) 直到 $B<1$.

最终采样得到的顶点就是 L 中的顶点. 这里的 B 是控制采样数量的参数, 通常情况下可以设置 B 为需要采样的顶点数, b 表示每次采样对 B 的缩减量, 通常情况下设置为 1. 广度优先采样与深度优先采样的不同点是移出队列的方式不同. 广度优先采样选择队列里的第一个元素, 深度优先采样选择队列里的最后一个元素, 随机优先采样随机选择队列中的元素.

(ii) 滚雪球采样: 滚雪球采样被大量运用到社会学研究中, 例如调查人群中的隐藏群体 (如吸毒者). 主要思想如下.

• 从初始阶段 0 开始, 并从初始顶点集合 $V^{(0)}$ 出发. 集合 $V^{(0)}$ 可以是已知隐藏人群当中的一个随机子集.

• 在阶段 i 时, 获得上一阶段顶点集合 $V^{(i-1)}$ 中的任意一个顶点 v 的 k 个邻居顶点, 将新得到的邻居顶点加入集合 $\tilde{V}^{(i)}$, 新得的边加入边集合 $E^{(i)}$. 将新加的顶点放入集合 $V^{(i)}$, 即 $V^{(i)}=\tilde{V}^{(i)}-\bigcup_{j=0}^{i-1}V^{(j)}$.

• 持续 t 阶段后, 得到的采样图为 $G_s=(V_s,E_s)$, 其中顶点集合 $V_s=\bigcup_{j=0}^{t}V^{(j)}$, 边集合 $E_s=\bigcup_{j=1}^{t}E^{(j)}$.

滚雪球采样可以获得原图的子图. 但是在社会学中, 通常只关心采样的顶点

集合 V_s. 通过滚雪球采样获得的顶点集合 V_s 是具有某些特性的代表性人群. 研究表明, 对于绝大多数的应用来说, 对这一部分人群进行某些问题的调查, 得到的结果几乎与整个图上进行调查得到的结果相同.

(iii) 随机游走采样: 随机游走采样的具体过程如下.

• 初始时刻从顶点 $v^{(0)}$ 出发, 每一个时刻选择一个顶点.

• 在时刻 i 时, 选择时刻 $(i-1)$ 顶点的任意一个邻居顶点作为时刻 i 的顶点, 即 $v^{(i)} \leftarrow u, u \in N(v^{(i-1)})$, 并将该条边加入 $\tilde{E}_s \leftarrow \tilde{E}_s + \{(v^{(i-1)}, v^{(i)})\}$.

• 进行到时刻 $t = \dfrac{B}{b}$ 时结束. 得到采样图 $G_s = (V_s, E_s)$. 其中 $V_s = \{v^{(0)}, v^{(1)}, \cdots, v^{(t)}\}$, $E_s = \tilde{E}_s$.

实际上, 当滚雪球采样设置 $k = 1$ 时, 就是随机游走采样. 随机游走采样是无记忆的, 即下一时刻的顶点选择只与当前的顶点有关, 与上一时刻的顶点无关. 这种无记忆性使得更易于对随机游走进行一些理论分析, 比如分析其马尔可夫链, 获得其收敛之后的稳态分布.

注 11.3.1 扩展阅读 因为随机游走采样算法简单, 而且对采样的准确性有理论保证, 所以成了图采样的主流算法. 但是随机游走采样算法收敛速度较慢, 对此有一些优化算法, 例如非回溯随机游走 (NBRW)[4]、循环邻居随机游走 (CNRW)[5] 等来加速随机游走的收敛过程.

11.3.3 相似性

图上另一个非常重要的应用是研究顶点之间的相似性. 例如, 在浏览一个网页或者视频后能推荐另一个相似内容的网页或者视频. 在本小节中, 我们研究基于图的顶点相似性.

定义图上的相似性有两种方法: 结构等价 (structural equivalence) 以及规则等价 (regular equivalence). 结构等价是研究两个顶点具有多少共同邻居顶点, 共同邻居顶点越多则认为它们的相似性越高. 在规则等价中两个顶点的邻居顶点之间的相似性越高, 则这两个顶点的相似性也越高. 为方便理解, 我们只介绍无向图的结构等价.

最简单的结构等价是仅仅考虑两个顶点所具有的共同邻居数量. 在一个无向图中, 令 n_{ij} 表示顶点 v_i 和顶点 v_j 的共同邻居数量, $A = (a_{ij})$ 为图的邻接矩阵, 则

$$n_{ij} = \sum_k a_{ik} a_{jk}. \tag{11.25}$$

然而, 上面的定义只能反映两顶点的共同邻居数量. 为了反映两顶点的相似

程度, 我们需要对上面定义做一个标准化, 一个简单的方法是直接除以总顶点数 $\nu(G)$, 但是这样对于度数小的顶点不公平, 比如, 一个顶点的度数为 3, 那么它与其他顶点最多只有 3 个共同邻居顶点, $\nu(G)$ 很大时, 它们的相似性会非常小. 使用余弦相似性可以解决上述问题.

在几何学中, 向量 x 与 y 之间的内积满足关系: $\langle x, y\rangle = |x||y|\cos\theta$, $|x|$ 是 x 的模, θ 是 x 和 y 之间的夹角, 那么 θ 的余弦值为

$$\cos\theta = \frac{\langle x, y\rangle}{|x||y|}. \tag{11.26}$$

借用以上思想, 下面定义余弦相似性.

定义 11.7 对于图 $G=(V,E)$, $A=(a_{ij})$ 是图 G 的邻接矩阵, 那么顶点 v_i 与顶点 v_j 的余弦相似性为

$$\sigma_{ij} = \cos\theta = \frac{\sum\limits_k a_{ik}a_{jk}}{\sqrt{\sum\limits_k a_{ik}^2}\sqrt{\sum\limits_k a_{jk}^2}}. \tag{11.27}$$

余弦相似性要求两个顶点的度数都不为 0, 当两个顶点中有 0 度顶点时, 令它们的余弦相似性为 0.

另一种标准化共同邻居数的方式是皮尔逊系数: 将已知图 $G=(V,E)$ 的两个顶点的共同邻居数与随机连接时的图的两顶点共同邻居数的期望做对比. 假设顶点 v_i 的度数为 $\deg(v_i)$, 顶点 v_j 的度数为 $\deg(v_j)$, 并且图中各个顶点随机与其余顶点相连, 那么两个顶点之间的平均共同邻居数为 $\dfrac{\deg(v_i)\deg(v_j)}{\nu(G)}$. 将实际图中两顶点公共邻居数与平均邻居数相减

$$\begin{aligned}
\sum_k a_{ik}a_{jk} - \frac{\deg(v_i)\deg(v_j)}{\nu(G)} &= \sum_k a_{ik}a_{jk} - \frac{1}{\nu(G)}\sum_k a_{ik}\sum_k a_{jk} \\
&= \sum_k a_{ik}a_{jk} - \nu(G)\langle A_i\rangle\langle A_j\rangle \\
&= \sum_k [a_{ik}a_{jk} - \langle A_i\rangle\langle A_j\rangle] \\
&= \sum_k (a_{ik} - \langle A_i\rangle)(a_{jk} - \langle A_j\rangle),
\end{aligned} \tag{11.28}$$

上式的 $\langle A_i\rangle$ 表示邻接矩阵第 i 行元素的均值, 即 $\langle A_i\rangle = \nu(G)^{-1}\sum_k a_{ik}$. 皮尔逊系数值 (可能为负) 越大, 两个顶点的相似性更高.

定义 11.8 对于图 $G=(V,E)$, $A=(a_{ij})$ 是图 G 的邻接矩阵, 那么顶点 v_i 与顶点 v_j 的皮尔逊系数为

$$r_{ij}=\frac{\sum_k(a_{ij}-\langle A_i\rangle)(a_{jk}-\langle A_j\rangle)}{\sqrt{\sum_k(a_{ik}-\langle A_i\rangle)^2}\sqrt{\sum_k(a_{jk}-\langle A_j\rangle)^2}}. \tag{11.29}$$

皮尔逊系数是常用的相似性指标, 它可以通过与共同期望邻居数相比, 使我们直观看到两顶点的相似程度.

11.4 典型应用问题

11.4.1 影响力传播

在社交网络中, 一个人对某事物的看法或选择可能会影响其他人, 我们把这种现象叫做社交网络上影响力的传播. 现实中, 企业往往会利用影响力的传播来对新产品进行推广. 关于影响力传播的研究中, 最受关注的是影响力最大化问题: 选择社交网络中 k 个用户, 使得通过这 k 个用户最终可以影响到的用户数最多. 影响力最大化问题有着很多应用场景, 如口碑营销、推荐系统、舆论控制等. 在本节中, 我们首先介绍影响力的传播模型, 即影响力在社交网络中按照怎样的规律传播, 然后介绍一个简单的影响力最大化算法.

在一个社交网络 $G=(V,E)$ 中, 每个顶点有两种可能的状态: 激活和待激活. 初始阶段有若干已经激活的种子顶点, 处于激活状态的顶点可以通过影响力传播模型去激活处于待激活状态的顶点. 目前最常用的影响力传播模型有两种: 独立级联模型和线性阈值模型.

独立级联模型 (IC) 独立级联模型的传播过程可按顺序分为若干轮, 轮次序号记为 t. 每轮处于激活状态的顶点会有一定概率 p 激活其处于未激活状态的邻居顶点, 具体传播过程如下:

• 初始状态 $t=0$ 时, 有 k 个顶点处于激活状态.

• 在 $t=i$ 时, 上一轮 $(t=i-1)$ 被激活的顶点以一定概率 p 激活其未激活的邻居顶点. 无论激活行为是否成功, 在之后的轮次, 这些顶点都不再去激活其他顶点, 即每个顶点最多有一次激活其他顶点的机会.

• 当某一轮不再有新顶点被激活时传播结束, 否则传播过程继续.

线性阈值模型 (LT) 线性阈值模型的基本思想是: 给定每个顶点一个阈值

θ, 当某顶点的所有处于激活状态的邻居顶点对它的影响概率之和大于 θ 时, 则认为该顶点满足激活条件并激活它. 具体传播过程如下.

- 初始状态 $t=0$ 时, 有 k 个顶点处于激活状态.
- 在 $t=i$ 时, 遍历上一轮 $(t=i-1)$ 中新激活顶点的邻居顶点, 将其中满足激活条件的顶点激活.
- 当某一个轮次没有新的顶点被激活时传播结束, 否则传播过程继续.

基于影响力传播模型, 我们定义顶点集合的影响力传播值.

定义 11.9 已知图 $G=(V,E)$, 用户子集 $S\subseteq V$, 以及影响力传播模型 M, S 在图 G 上的影响力传播值等于把 S 作为种子顶点集, 最终能激活的顶点数量的期望, 记作 $\sigma_{G,M}(S)$.

给定图 $G=(V,E)$ 和影响力传播模型 M 的情况下, $\sigma_{G,M}(\cdot)$ 是 S 的函数, 我们称作**影响力函数**, 可简写为 $\sigma(\cdot)$. 基于影响力传播值, 我们定义影响力最大化 (IM).

定义 11.10 已知图 $G=(V,E)$, 影响力传播模型 M, 以及正整数 k, IM 选择 V 的一个最多包含 k 个顶点的子集 S^*, 使得 S^* 在图 G 的影响力传播值最大, 即

$$S^*=\arg\max_{S\subseteq V,|S|\leqslant k}\sigma_{G,M}(S). \tag{11.30}$$

定义 11.11 给定影响力函数 $\sigma(\cdot)$, 当 $S\subseteq S'\subseteq V$ 时有 $\sigma(S)\leqslant\sigma(S')$, 称其满足**单调性**.

定义 11.12 给定影响力函数 $\sigma(\cdot)$, 若 $S\subseteq S'\subseteq V$ 且 $v\in V-S'$, 有 $\sigma(S\cup\{v\})-\sigma(S)\geqslant\sigma(S'\cup\{v\})-\sigma(S')$, 称其满足**子模性**.

通俗地讲, 单调性代表当一个顶点加入种子集合 S 时, 不会减小种子集合的影响力传播值. 子模性代表影响力传播的边际效应随着顶点的加入逐渐减小.

定理 11.3 若影响力传播模型 M 为 IC 或 LT, 影响力函数满足单调性和子模性.

定理 11.3 的证明可以参考文献[6].

影响力最大化问题的求解复杂度高, 通常采用近似方法求解. 利用以上两个性质, 可以保证近似方法的求解质量, 也就是可以将求得的解与最优解的比值限定在一定的范围内. 在这里, 我们给出一个贪心算法 (算法 11.2), 总共包括 k 轮, 每一轮添加一个非种子顶点到种子顶点集合中, 使得该集合影响力函数值增量最大. 由于影响力函数满足单调性, 因此, 每次加入的顶点都不会使种子顶点的影响力变小.

算法 11.2 基本贪心算法.

输入: k: 正整数; $\sigma(\cdot)$: 影响力函数.

输出: k 个影响力最大的种子顶点集合.

(1) 初始种子顶点集合 S 为空;

(2) 分别计算非种子顶点加入到 S 时的影响力;

(3) 找出使得影响力变化最大的顶点加入 S 中;

(4) 重复 (2) (3) 过程直到选出 k 个种子顶点.

11.4.2 个性化推荐

令 $u = \{u_1, u_2, \cdots, u_n\}$ 和 $v = \{v_1, v_2, \cdots, v_m\}$ 分别代表用户集和产品集, 其中 n 是用户的数量, m 是产品的数量. 一个用户 u_i 可以给任意产品打分, $R \in \mathbf{R}^{n\times m}$ 表示评分矩阵 (rating matrix), 其中 r_{ij} 表示用户 u_i 对产品 v_j 的评分, $r_{ij}=$ "?" 表示用户 u_i 对产品 v_j 没有打分. 推荐系统的目标可以概括为:

(1) 预测 u_i 对 v_j 的评分;

(2) 为指定的用户推荐产品.

传统的推荐系统主要使用两种方法: 基于内容的方法 (content-based methods) 和基于协同过滤的方法 (collaborative filtering based methods).

基于内容的推荐系统 基于内容的推荐系统主要基于用户以往的喜好记录, 推荐给用户相似的物品, 这类推荐系统通常用于推荐文本信息, 比如新闻、书籍、文档等. 推荐系统中"内容"通过关键词实现, 关键词对文档重要程度通过 TFIDF 权重来评价. TFIDF 权重由 TF 权重和 IDF 权重两部分组成, TF 权重表示一个关键词在某文档中的词频, IDF 权重表示出现该关键词文档数的倒数. TFIDF 权重越大, 关键词对文档的重要程度越大, 则文档的相似程度也就越大, 优先推荐.

基于协同过滤的推荐系统 基于协同过滤的推荐系统的基本假设是, 两个在过去有共同喜好的用户将来更可能有共同的喜好. 目前基于协同过滤的方法可以分为基于记忆的方法和基于模型的方法. 这里, 我们仅介绍基于记忆的协同过滤方法.

基于记忆的协同过滤方法直接通过用户–产品评分矩阵来预测未知项目的评分, 可以分为基于用户的协同过滤方法和基于产品的协同过滤方法. 基于用户的协同过滤方法分为两步: ① 计算其他用户与该用户的相似性; ② 取相似性高于某个值的其他用户对该产品评分的平均值作为该用户对该产品的评分. 基于产品的协同过滤思想类似, 同样分为两步: ① 计算其他产品与待评分产品的相似性; ② 取用户对相似性高于某个值的其他产品的评分的平均值作为该用户对待评分产品的评分. 在这里相似性可以使用 11.3.3 节中介绍的相似性指标衡量.

11.4.3 PageRank

PageRank 算法最早由 Brin 和 Page 提出, 主要用于计算网页的重要性. 网页的重要性可以通过中心性指标来衡量. 之前介绍的度中心性, 假设所有的邻居顶点都是同等重要的. 但是在实际情况下, 不同的邻居顶点重要性不同, 于是顶点 v 的中心性可以修改为

$$\chi_v = \sum_u a_{uv}\chi_u, \tag{11.31}$$

其中, a_{uv} 表示顶点 u 对顶点 v 的权重, 即边 e_{uv} 的权重. 但以上的定义可能导致两个问题. ① 在有向图中可能出现所有顶点的中心性都为 0. 例如, 在图 11.7 中, 顶点 A 无入边, 其中心性为 0, 同时, 它的三个邻居中心性也为 0, 以此类推, 图中所有顶点的中心性都为 0, 所以我们很难对该图中的顶点进行排名. ② 拥有高中心性的顶点很容易把中心性传递给它的邻居, 即使这个邻居可能并不重要. 比如, Google 网页的重要性很高, 但是它连接的网页重要性却可能不高.

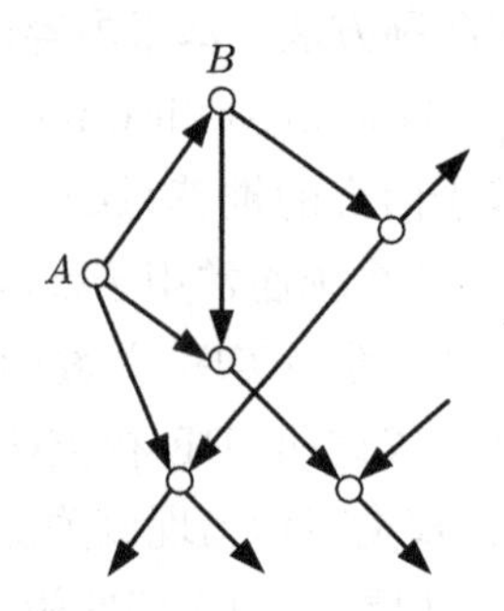

图 11.7　所有顶点的中心性都为 0 的一个有向图

为解决第一个问题, 我们可以通过给每一个顶点提供一个初始的非零中心性值 β, 为解决第二个问题, 我们可以将某顶点对其邻居顶点中心性的贡献除以它的出度来稀释中心性的传播. 这就是 PageRank 中心性的思想, 公式如下:

$$\chi_v = \alpha\sum_u a_{uv}\frac{\chi_u}{\deg^+(u)} + \beta, \tag{11.32}$$

其中, α 和 β 都是正数, 式中第一部分中分母 $\deg^+(u)$ 表示节点 u 的出度, 是为了稀释顶点 u 对 v 的中心性贡献. 第二部分 β 是为了防止有向图中所有顶点中心性全为 0. 当某个顶点 u 没有出边, 即 $\deg^+(u) = 0$ 时, 以上公式会出现除以 0 的

情况. 显然, 没有出边的顶点对其他顶点中心性的贡献应该为 0, 因此只需要令出度为 0 的顶点 u 的 $\deg^+(u)=1$(任一非零数值都可以). 将上式写为矩阵的形式:

$$\chi = \alpha AD^{-1}\chi + \beta\mathbf{1}, \tag{11.33}$$

其中, $\mathbf{1}$ 表示向量 (1,1, $\cdots$,1,1), D 表示对角矩阵且对角线元素 $d_{ii}=\max(\deg^+(i), 1)$, A 为图的邻接矩阵, χ 表示顶点的 PageRank 值的向量. 通常我们只关心 PageRank 值的相对顺序, β 的值对排序结果没有影响. α 和 β 的比值反映了邻居顶点对中心性的重要程度. 例如 $\alpha=0$ 时, 所有顶点的中心性值都是 β, 即完全不受邻居顶点影响. 而当 α 太大时, 特别是当两者比值等于 AD^{-1} 的最大特征值 λ 的倒数时, 上式不会收敛. 因此通常应当使 α 的范围在 0 到 λ^{-1} 之间.

PageRank 算法用一种类似随机游走的方式模拟用户浏览网页的行为, 即用户在浏览网页时有 α 的概率浏览当前网页所指向的某一个链接, 有 $1-\alpha$ 的概率选择任意一个网页浏览. 鉴于 β 对 PageRank 中心性的影响不大, 式 (11.33) 可以修正为 $\chi=\alpha AD^{-1}\chi+(1-\alpha)\frac{1}{n}\mathbf{1}$. 此时求解 χ 是一个不断迭代的过程, 当 χ 在某一次迭代前后的差别小于某个阈值时, 可近似认为此时的 χ 为所求的 PageRank 值向量, 迭代结束.

注 11.4.1 扩展阅读 PageRank 在随机游走的基础上定义了一个重启概率, 使得在随机游走过程中有一定概率跳转到图中的任意一个顶点当中. 在此基础上, 又有学者提出了 Personalized PageRank[7], 是将重启向量替换为个性化向量, 该算法常用于个性化的网页排序或顶点之间亲密度的计算.

11.4.4 子图模式分析

图的子结构分析在很多领域都有重要的作用, 如何在一个图中挖掘出有用的子图信息 (例如 graphlet) 是目前的研究热点. graphlet 是由 3 ~ 5 个顶点组成的图的基本结构单元, 计算图中 graphlet 出现的频率, 可以用于分子网络建模, 追踪互联网热点以及识别突发状况等等. 我们首先介绍一些相关概念.

诱导子图 对于图 $G=(V,E)$ 以及图 $G'=(V',E')$, 若满足 $V'\subseteq V$, $E'=\{uv|u,v\in V'\wedge uv\in E\}$, 则称 G' 是 G 的诱导子图.

定义 11.13 Graphlet 是指大图中那些顶点数目相对较少的、连通的、非同构的诱导子图 (如图 11.8 所示, 其中 3-graphlet 有 g_1^3 和 g_2^3).

要计算网络中 graphlet 出现的频率, 最简单的办法是枚举. 枚举给定顶点数的连通的诱导子图, 判断与哪种 graphlet 同构, 从而计算出该网络中每种 k-graphlet 的出现次数. 枚举法的优点是计算精确, 算法简单, 但其时间复杂度呈指

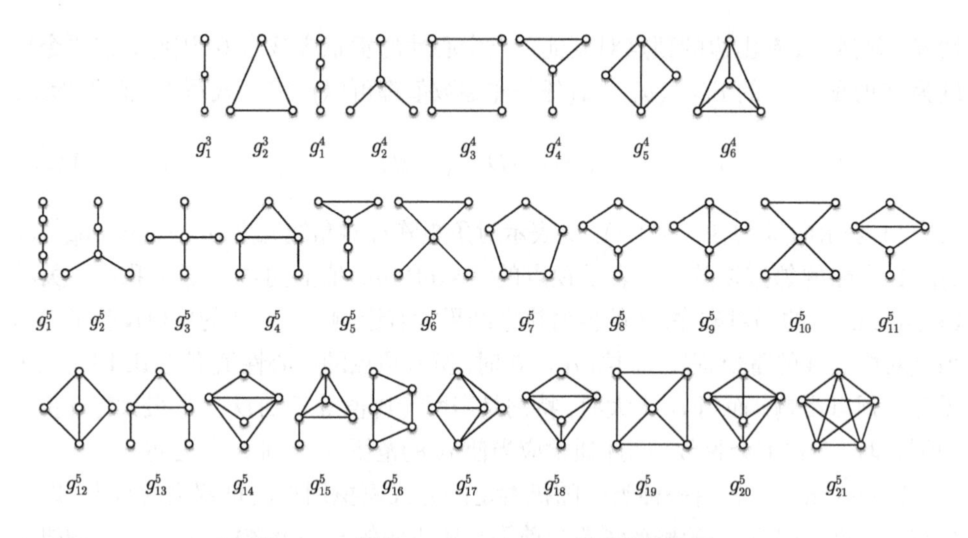

图 11.8　所有 3, 4, 5-graphlet 类型的结构图

数级, 对于稍微大一点的图来说, 都难以在有效时间内完成. 另一种计算方式是近似计算, 主要包含两类: 基于边采样的方法、基于随机游走采样的方法. 基于边采样的方法的大致思想是, 对于采样的边, 估计该边参与形成某类型的 graphlet 的数量. 典型的方法有 Graft[8]、Wedge Sampling[9]、Path Sampling[10] 等. 基于随机游走采样方法的算法有 GUISE[11]、SRW、PSRW 和 MSS[12] 等.

习　题

1. 计算图 11.9 中图 G 各顶点的各个中心性指标, 包括度中心性、接近中心性、中介中心性和 PageRank 中心性.

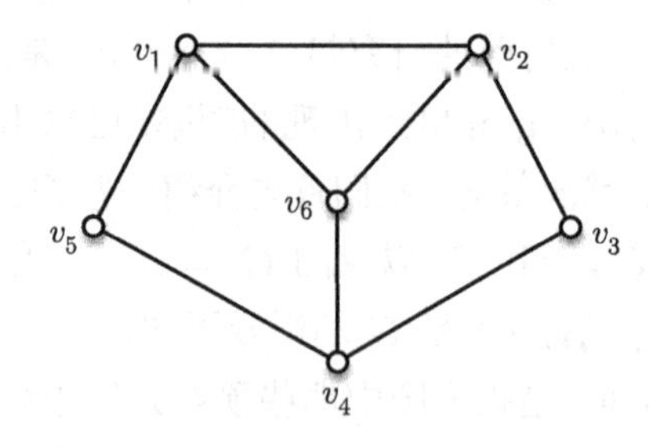

图 11.9　图 G

2. 证明一个连通无向图的转移概率矩阵 P 至少有一个特征值等于 1.
3. 计算图 11.9 中顶点 v_4, v_6 之间的余弦相似性.

4. 给出算法实现独立级联模型以及线性阈值模型，并分析两者的区别.

5. 证明一个二分图的转移概率矩阵存在一个特征值为 -1.

6. 计算图 11.9 中从顶点 v_1 出发进行简单随机游走，经过三步后在各顶点上的概率分布.

7. 计算图 11.9 中进行简单随机游走收敛后的静态分布.

第 12 章　图计算系统

近年来出现的一些图数据处理的应用, 如网页排序、在线社交网络分析、推荐系统和导航系统等, 对应的图规模非常大. 比如说, 现有的爬虫得到的网页链接图已经达到了数十亿个顶点、上千亿条边, 并且还在不断增长. 如此大规模的图数据很难存放于一个普通单机的内存, 想要分析这种大规模的图数据, 需要从算法设计、图数据的存储管理、调度和分析等多个方面设计良好的图计算系统.

现有的大规模图计算系统有分布式图处理系统和基于外存的单机图处理系统. 分布式图处理系统将大规模图数据切割划分后存放于分布式集群的不同机器上, 在计算时, 每台机器各自处理相关部分图数据, 机器之间的数据交换通过网络通信. 基于外存的单机图处理系统是将大规模图数据存放于外存, 比如磁盘, 每次加载部分图数据进入内存执行计算, 通过数据在内存和外存之间的换入换出来协调处理.

一个图计算系统的设计主要包括两个方面: 计算模型, 即系统通过何种模式来进行图上的分析计算; 存储模型, 即系统如何存储和调度大规模的图数据. 本章分别介绍计算模型和存储模型的设计以及几个典型的图处理系统.

12.1　计算模型

图计算系统的计算模型定义了通过何种模式来分析处理图数据. 目前通用的图计算系统大多采用**迭代式计算模型**, 将所有的计算任务拆分成多个**轮**的迭代, 每一轮迭代时遍历图数据进行计算, 一直迭代至所有计算任务完成. 而根据具体的计算单位, 又可以分为以顶点为中心的计算模型、以边为中心的计算模型和以 I/O 请求为中心的计算模型, 下面分别介绍这三种计算模型在有向图上的定义和计算过程, 这里我们将以顶点 v 为终点的有向边简称为 v 的入边, 以顶点 v 为起点的有向边简称为 v 的出边, 无向图场景可以将每条边看成两条方向相反的有向边.

12.1.1 以顶点为中心

以顶点为中心的计算模型 指采用以顶点为中心进行更新计算各顶点的参数值. 在每一轮计算中, 遍历图中所有的顶点, 对每个顶点 $v \in V$, 首先从 v 的入边收集 (gather) 信息; 然后应用 (apply) 收集的信息执行用户定义的更新函数 $f(v)$; 最后再将更新后的参数值通过 v 的出边散播 (scatter) 出去. 当所有顶点的参数值都不再需要更新时, 迭代计算结束. 我们将这种计算模型称为**以顶点为中心计算的 GAS 迭代模型**, 简称以顶点为中心的计算模型. 图 12.1 给出了该模型的示意图.

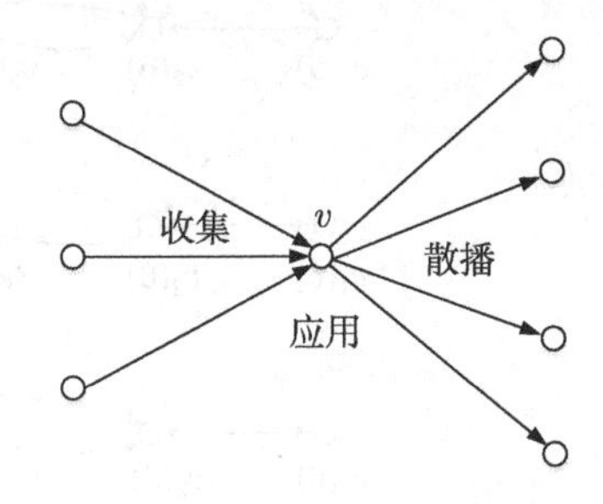

图 12.1 以顶点为中心的计算模型

对于以顶点为中心的计算模型, 下面详细阐述其计算过程.

程序输入 程序输入一个有向图. 图中每个顶点有唯一的标识符 (顶点 ID)、用户程序定义的更新函数 $f(x)$ 以及各个顶点的初始值.

算法执行 迭代计算, 在每一轮计算中, 遍历图中顶点, 每个顶点接收从上一轮发送过来的消息, 执行用户定义的更新函数, 修改对应顶点及其出边的值, 甚至是改变整个图的拓扑结构 (增加或删除顶点和边), 并发送消息到其外邻顶点 (将在下一轮中被接收). 各顶点之间可以并行执行.

算法终止 采用投票终止 (vote to halt) 的方式结束程序. 即每个顶点被赋予一个状态, 表示活跃或非活跃, 初始时, 每个顶点都处于活跃状态. 在每一轮迭代中, 所有活跃顶点参与, 当一个顶点计算结束时, 它投票终止程序并将自己设置为非活跃状态, 表示其在下一轮中不参与计算. 而当一个顶点收到消息, 则再次激活自己的状态并参与计算. 当所有顶点都处于非活跃状态时, 表示没有顶点再需要更新, 则程序判定算法终止.

程序输出 系统根据应用程序的需求输出相应的值. 比如在单源最短路径算法中, 输出图中每个顶点到给定源顶点的最短路径.

下面通过一个简单的例子, 演示以顶点为中心的计算模型的执行过程.

例 12.1　给定一个 4 个顶点的强连通图, 每个顶点有一个初始值, 要求将其中最大的值传播到每个顶点. 如图 12.2 所示, 第 0 轮时, 所有顶点都将自己的值发送到他们的外邻顶点; 之后在每一轮, 若某个顶点收到其内邻顶点的值, 则更新自己的值 (选择一个最大的值), 并将更新后的值发送给其外邻顶点; 当所有顶点的值不再有更新时, 算法终止.

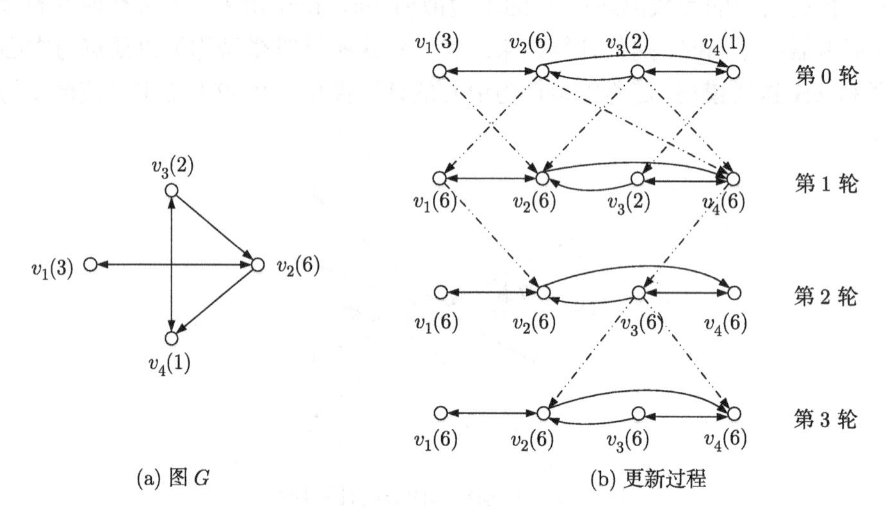

(a) 图 G　　(b) 更新过程

图 12.2　传播最大值的例子

以顶点为中心的计算模型在 2010 年 SIGMOD 上由 Pregel[13] 首次提出, 之后被广泛地应用于分布式图计算系统 [14,15] 和基于外存的单机图计算系统 [16,17]. 该模型有以下优点.

(1) 通用性, 大多数图算法都可以通过该模型进行计算.

(2) 并行性, 每一轮计算中, 各个顶点之前的更新运算相互独立, 可以非常方便地利用多线程甚至多个机器来进行高效的并行计算.

(3) 可靠性, 在多线程并行计算过程中, 一定会存在多个线程需要同时修改顶点的值或边的值的情况. 但在该模型中, 每个顶点只会更新该顶点以及该顶点所关联的出边的值, 这些要修改的值在各个顶点之间不冲突. 所以不会产生数据竞争, 可以可靠地并行执行.

(4) 容错性, 在分布式场景下, 当一个机器出现故障时, 由于各顶点的计算相互独立, 所以并不会影响其他机器上顶点值和边值的正确更新. 实际上, 当检测到一个机器发生故障时, 只需要将该机器上的那部分计算任务再重新分配到其他可用机器上继续执行即可. 所以该模型具有很好的容错性.

(5) 选择调度, 该模型中设置了活跃顶点的概念, 即只有与活跃顶点相关的信息才需要更新. 在每一轮的迭代中, 可以选择性的调度与活跃顶点相关联的边. 选择调度可以减少对顶点和边的遍历开销以及 I/O 开销.

以顶点为中心的计算模型也存在一些缺点. 一般来说, 数据访问的局部性越好, 对计算机的处理越友好. 但是图数据通常局部性较差, 在该模型中, 一个顶点需要访问它的邻居顶点的值, 而这些值通常并不连续, 所以计算过程中会造成大量的随机内存访问, 一定程度上增大了时间开销. 另一方面, 在单机图处理系统中容易产生随机 I/O, 在分布式图计算系统中容易造成不同机器间数据交换频繁, 使得图计算系统效率变差.

12.1.2 以边为中心

以边为中心的计算模型 是指以边为中心更新计算各顶点的值. 如图 12.3 所示, 在每一轮计算中, 首先遍历图中所有的边, 对每条边 $e \in E$, 根据边 e 的起点的信息将需要更新的数据散播 (scatter) 到一个更新列表中; 然后遍历收集 (gather) 更新列表中的信息, 修改对应终点的值. 迭代计算直至没有边的值需要更新时结束. 这种计算模型称为**以边为中心计算的 SG 迭代模型**, 简称以边为中心的计算模型.

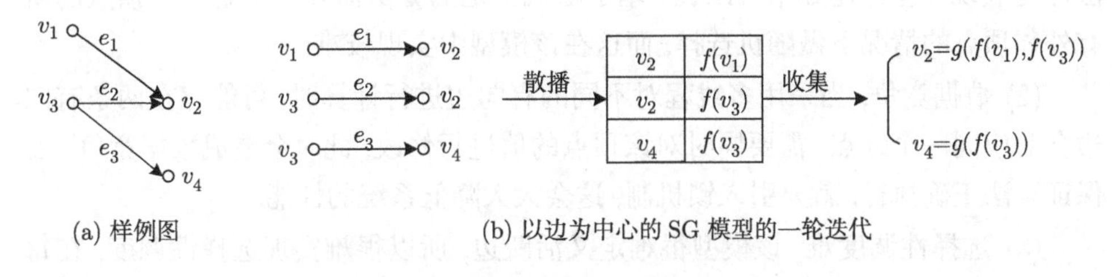

图 12.3 以边为中心的计算模型

对于以边为中心的计算模型, 下面详细阐述其计算过程.

程序输入 相对于以顶点为中心的计算模型, 该模型的程序输入要松弛一些, 只需要输入一个无序的有向边集合来表示一个有向图. 图中每个顶点有唯一的标识符 (顶点 ID)、用户程序定义的值.

算法执行 算法执行迭代计算, 在每一轮计算中, 首先遍历所有有向边, 每条边根据其起点的值, 将需要对其终点进行的修改保存到更新列表. 之后, 遍历更新列表, 将修改更新到对应的顶点. 以边为中心的计算模型将对大量边数据和更新数据的访问变成了顺序读取, 而代价是对顶点的访问是随机访问. 一般而言, 一个图中的边数要远大于顶点数, 所以这种做法大大减少了由内存随机存取带来的时间开销.

算法终止　某一轮遍历边的计算中, 没有需要更新的数据, 即边遍历之后, 更新队列为空时, 算法结束.

程序输出　系统会根据应用程序的需求输出相应的值.

以边为中心的计算模型在 2013 年的 X-Stream[18] 中首次提出, 之后被广泛应用于基于外存的单机图系统中[19]. 相比于以顶点为中心的计算模型有以下优点.

(1) 顺序访问, 该模型将对图中边数据的随机内存访问转换成顺序访问. 通常对于存储设备而言 (包括缓存、内存、磁盘和 SSD), 顺序访问的带宽要远大于随机访问的带宽, 所以大大减少了由内存随机存取带来的时间开销.

(2) 预处理开销小, 程序输入只要求是一个无序的有向边集, 所以在系统的预处理中无需对一个图数据集的边进行排序, 减小了预处理的开销.

(3) 支持流处理, 流处理是指对系统输入的每个数据项按顺序执行操作. 在机器内存受限的情况下, 该模型可以很方便地将输入的无序有向边集以流的形式从外存流入到内存处理, 增加了系统的处理能力.

以边为中心的计算模型也存在不足.

(1) 通用性受限, 该模型虽然能很好地支持基于流的图分析, 但是对于有些算法性能表现较差. 比如第 11 章中基于随机游走的算法需要在了解一个顶点的所有外邻顶点的情况下做随机选择, 而这在该模型中实现较难.

(2) 数据竞争, 当采用多线程对不同的有向边进行计算时, 可能存在两条有向边会对应同一个终点, 需要同时对该顶点的值进行修改, 此时会造成数据竞争. 要保证算法正确执行, 就要引入锁机制, 这会大大降低系统的性能.

(3) 选择性调度难, 该模型很难定义活跃边, 所以很难实现选择性调度, 在每一轮迭代中往往都要访问图中所有边信息, 对某些不需要访问全局图信息的算法来说会带来不必要的访问开销.

12.1.3　其他计算模型

在基于外存的单机图处理系统中, 采用以顶点为中心和以边为中心的计算模型需要在每一轮迭代计算中遍历所有的活跃顶点或边进行更新处理, 这往往需要从外存中加载整个图信息进入内存 (具体请参考下一节存储模型中对 I/O 的介绍). 对于很多算法, 尤其是非计算密集型算法 (比如图查询算法, 只需要根据部分图数据进行分析计算), 在每一轮迭代中, 加载全部图数据会带来很多无效的 I/O (即加载的数据有些是不需要被访问的). 而大量无效 I/O 带来的时间开销却往往成为基于外存的单机图处理系统中的性能瓶颈. 针对该问题, Graphene[20] 提出了以 I/O 请求为中心的计算模型.

以 I/O 请求为中心的计算模型 是指以 I/O 请求为中心更新各顶点的值. 在每一轮计算中, 首先统计该轮计算中需要用到哪些图数据, 并作为 I/O 请求记录下来, 比如记录活跃顶点所对应的出边信息的位置. 然后根据 I/O 请求从外存中加载对应的图数据进入内存, 并以每个 I/O 请求为单位, 对得到的图数据中的顶点和边信息进行处理和更新. 迭代计算直至没有 I/O 请求时结束.

该模型可以与以顶点为中心的计算模型或者以边为中心的计算模型相结合, 应用于图计算系统中. 这样有效避免大量从外存到内存的无效 I/O, 大大减少了系统的时间开销.

此外, 某些系统还采用了其他计算模型, 比如 Arabesque[21] 采用一种以嵌入为中心 (embedding-centric) 的计算模型, Galois[22]、Green-Marl[23] 和 Trinity[24] 采用一种领域特定语言 (domain-specific language) 的计算模型.

12.2 存储模型

本节介绍图计算系统的存储模型. 存储模型主要包含数据存储和数据访问, 数据存储解决如何在外存 (如磁盘) 中存储图中的顶点和边数据, 数据访问解决如何访问或调度外存中存储的图数据.

12.2.1 数据存储

第 10 章介绍了邻接矩阵和关联矩阵等图的几种代数表示方式, 但这几种表示方式所需要的存储和访问开销比较大, 因此只适合在内存中存储小图, 例如对于一个 64GB 内存的机器, 可能只能存储百万个节点级别的图. 而对于需要存储在外存的大图 (包含数十亿个顶点和数千亿条边, 且边的数目要大于节点数的图) 来说, 这几种表示方式会带来巨大的存储开销和 I/O 访问开销.

设有向图 $D=(V,E)$, 其边的数目远大于顶点数, 即该图共有 $|V|$ 个顶点, $|E|$ 条边, 且 $|V| \ll |E|$. 为方便表示和高效存储、索引, 给每一个顶点唯一的 ID, 即图 D 的顶点编号分别为 $0,1,\cdots,|V|-1$. 通常, 使用下面几种存储格式来存储这样的大图数据.

(1) **边列表** (edge list) 边列表格式将有向图数据以有向边集合的形式存放于文件, 文件中的每一行代表一条有向边, 每一行有两个数, 分别表示这条有向边的起点 ID 和终点 ID. 文件共有 $|E|$ 行, 分别代表 $|E|$ 条边.

边列表是最简单的存储图数据的格式, 也是大多数图数据集默认的存储格式. 但这种存储格式的存储开销较大, 假如每个顶点 ID 用一个 4 字节整数类型数据

表示, 则一条有向边需要 8 字节存储空间, 整个文件最小需要 $8|E|$ 字节. 因为多条有向边可能会共享同一个起点或终点, 所以同一个顶点 ID 可能被存储多次, 因而边列表存储格式在存储图数据时可能存在大量冗余.

(2) **邻接列表** (adjacency list) 邻接列表将图中的每个出度不为 0 的顶点存成一行, 最多 $|V|$ 行. 其中第 i 行的第一个数代表当前顶点 v_i 的 ID, 第二个数代表当前顶点的出度 $\deg^+(v_i)$, 即外邻顶点的数目, 接下来会有 $\deg^+(v_i)$ 个数, 分别代表该顶点各个外邻顶点的 ID.

采用邻接列表的存储格式, 避免了存储冗余数据. 当每个顶点的 ID 和出度都用一个 4 字节整数类型数据表示时, 邻接列表存储开销最大为 $8|V|+4|E|$ 字节, 由于 $|V| \ll |E|$, 所以邻接表的存储开销比边列表的小很多.

邻接列表虽然大大减少了图数据的存储开销, 但是对图数据的索引开销却比较大. 比如给定一个顶点 ID, 想要获取这个顶点的内邻顶点集, 则需要逐行的去查找该顶点, 然后找到对应的内邻顶点并统计入度.

(3) **压缩稀疏行** (compressed sparse row, CSR) 压缩稀疏行通过将含有大量零元素的稀疏邻接矩阵进行压缩来存储图数据. 我们知道, 图数据也可以看成一个 $|V| \times |V|$ 的邻接矩阵, 矩阵中的行代表起点, 列代表终点, 矩阵的第 i 行第 j 列的元素为 1 则代表存在一条由顶点 v_i 指向顶点 v_j 的有向边.

CSR 采用两个文件来存储图数据, 分别称为**列索引文件**和**行偏移文件**. CSR 将稀疏邻接矩阵中的行进行压缩, 依次将每一行中非零元素对应的列的索引号存储到列索引文件中, 即列索引文件是按照顶点 ID 的顺序存储以各个顶点为起点的每条有向边的终点 ID. 而行偏移文件中存储每一行第一个非零元素在列索引文件中的位置偏移, 即每个顶点第一个外邻顶点 (若存在) 在列索引文件中的位置偏移.

采用 CSR 的存储格式, 存储开销最大为 $4(|V|+1)+4|E|$ 字节, 所以该种存储格式比边列表和邻接列表格式的存储开销更小. 另外, 采用 CSR 的索引开销也很小, 当需要访问一个顶点 v 的外邻顶点, 只需要先在行偏移文件中得到顶点 v 和 $v+1$ 的偏移量, 然后根据两个偏移量对应的前合后开的区间存储的数就是顶点 v 的外邻集.

为更好地理解 CSR 的存储方式和索引过程, 我们来看一个例子.

例 12.2 图 12.4(a) 给定了一个含有 4 个顶点的有向图, 顶点编号分别为 $0, 1, 2, 3$; 图 12.4(b) 给出了它的边列表. 图 12.4(c) 中 csr 表示列索引文件, 按照节点 ID 的顺序, 依次存储各个节点的外邻顶点 ID, 例如首先存储顶点 v_0 的外邻顶点 ID: $1, 2$; 然后存储顶点 v_1 的外邻顶点 ID: $3, \cdots$, 直到所有顶点的外邻顶点都完全存储. beg-pos 表示行偏移文件, 存储了每个顶点的外邻集在列索引文件中的位置偏移, 最后再加上图 12.4(a) 的总边数 7. 当我们想访问一个顶点 v_2 的外邻集, 我们从行偏移文件中得到顶点 v_2 和顶点 v_3 在列索引文件的偏移量分别是 3 和 5, 然后读取 csr 中偏移量为 3 到 4 的 ID, 即可取出顶点 v_2 的外邻顶点有 v_0 和 v_3, 之所以只读到 4, 是因为偏移量为 5 的顶点是顶点 v_3 的一个外邻顶点.

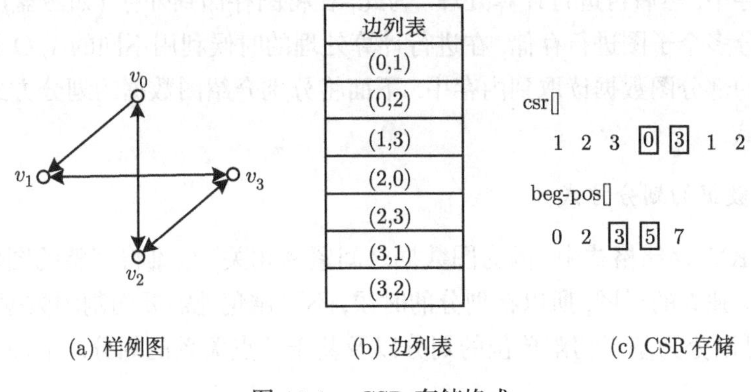

(a) 样例图 (b) 边列表 (c) CSR 存储

图 12.4 CSR 存储格式

(4) **压缩稀疏列** (compressed sparse column, CSC) CSC 与 CSR 类似, 可以看成将稀疏邻接矩阵转置后采用 CSR 存储. 相对应地, 称 CSC 的两个文件为**行索引文件**和**列偏移文件**. 行索引文件中依次存储邻接矩阵每一列非零元素所对应的行的索引号, 即每个顶点的内邻顶点, 列偏移文件存储每一列第一个非零元素在行索引文件中的位置偏移, 即每个顶点第一个内邻顶点 (若存在) 在行索引文件中的偏移. CSC 可以高效地索引访问图中顶点的内邻集, 前面介绍的几种存储格式更适用于访问图中顶点的外邻集, 很难有效地通过索引访问图中顶点的内邻顶点.

(5) **KV** (key-value, 键值对) **存储** KV 存储格式中, 数据按照键值对的形式进行组织、索引和存储. 例如以顶点为 key, 以这个顶点的外邻集为 value 进行存储. KV 存储可以实现快速写入数据到磁盘. KV 存储格式可以有效地解决动态图场景中顶点和边的增加或删除问题, 而上面提到的几种存储格式都是比较适用于静态图, 即图中的顶点和边都是静态不变的. KV 存储也被应用到其他场景, 如专门针对图应用的图数据库和图计算系统中[25], 有兴趣的读者可自行阅读相关论文.

12.2.2 数据访问

前面提到了图数据的不同存储格式, 实际上可以将它们分为 KV 存储格式和非 KV 存储格式.

在基于 KV 的存储格式中, 图数据以 KV 键值对的形式存放于外存, 并有相应的索引管理机制去实现快速的插入和删除. 例如以顶点为 key, 当需要访问一个顶点的邻居信息时, 调用 get() 函数就能直接从磁盘上获取 value 的值. 即使对于大规模的图数据, KV 存储格式也能高效地存储和访问. 而对于其他存储格式, 单个机器内存往往无法放下完整的图数据, 所以图处理系统一次只能将部分图数据加载到内存中, 然后再进行计算处理. 为此, 在将图存储到外存 (如磁盘) 中时, 需要将图划分多个子图进行存储, 在进行计算处理的时候利用不同的 I/O 读取方式将外存中的部分图数据读取到内存中. 下面将分别介绍图数据的划分方式以及 I/O 读取方式.

1. 图数据的划分方式

在非 KV 存储格式中, 因为图数据之间紧密相关, 很难将完整的图数据划分成几个完全独立的子图, 所以在划分的时候, 不可避免地需要切割图数据. 根据切割方式, 可以分为基于切割单位的划分以及基于顶点关系的划分. 下面将分别进行介绍.

1) 基于切割单位的划分

切割边　切割边的图划分方式是指按照顶点来划分子图, 例如要将一个有向图 $D=(V,E)$ 划分成 p 个分区, 首先将所有的顶点划分成 p 个不相交且覆盖所有顶点的子集. 然后将与一个子集中所有顶点相关联的入边和出边也加入此子集以构成一个子图分区. 而跨越不同子图分区的边会被切割, 这些被切割的边需要在对应分区重复存储.

边切割划分方式将有向图划分成多个相对完整的子图, 便于存储和检索且通用性好, 适用于所有的图存储格式, 可有效地支持大多数图算法. 但是这种方式由于把与顶点相关联的边都加入顶点所在分区, 所以在度分布不均匀的图中会造成边的划分不均匀. 此外, 如果某顶点度数很大, 这种方式可能造成该顶点及其所有边所在的分区个数很多, 不能有效地进行图划分.

切割顶点　切割顶点的图划分方式是按照边来进行划分, 对一个有向图 $D=(V,E)$, 直接将所有的边划分成 p 个不相交且覆盖所有边的子集, 然后将与一个子集中边相关联的顶点也加入此子集以构成一个子图分区. 同样, 跨越不同子图分区的顶点会被切割, 分别存储在相应的多个分区中.

切割顶点划分方式可以很简单地实现边的均匀划分, 但是这种方式通用性较差, 不太适用于有些算法, 如随机游走算法.

例 12.3　图 12.5 给出了将一个含有 10 个顶点的有向图分别按照切割边与

切割顶点的方式划分成 3 个分区的划分结果. 图 12.5(a) 表示切割边的划分方式, 其中与虚线相交的有向边都将被切割, 比如边 (0,3), 将重复存储在 2 个子图中, 分别存放于其起点和终点对应的子图分区. 图 12.5(b) 表示切割顶点的划分方式, 其中与虚线相交的点都将被切割, 比如顶点 3, 被分割到两个分区, 也需要在 2 个子图分区中存储.

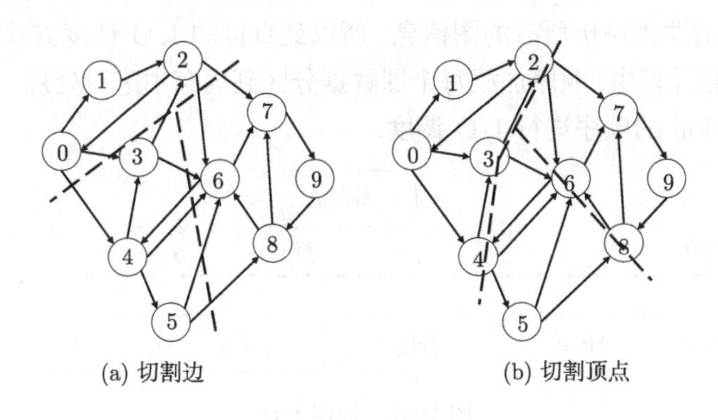

图 12.5 图划分

2) 基于顶点关系的划分

随机划分 在进行图划分时, 随机地将整个图划分成多个子图. 例如在进行边划分时, 不考虑不同边之间的关联关系, 直接随机将所有的边均匀地划分成多个子集. 在进行顶点划分时, 不考虑顶点之间的关系, 随机地将所有的顶点划分成多个子集. 这种划分方式实现简单, 但对于需要访问局部子图的算法时, 索引开销会比较大, 比如很难去判断一个顶点的边都被划分到哪些分区了.

区间划分 根据顶点 ID 将图划分成多个互不相交的子图. 例如在进行顶点划分时, 根据顶点 ID 将顶点集划分成多个不相交子集, 即同一子集中顶点 ID 是连续的. 只需记录每个区间的范围就可以计算出一个顶点属于哪个分区.

社区划分 社区划分是将关联比较紧密的顶点划分到同一个分区中. 因为关联紧密的顶点之间更容易产生数据交互, 将它们放在同一个分区, 可以减少总的 I/O 调度次数, 同时加载到内存进行处理可以使数据分析更加高效, 但由于图数据中顶点间的连接关系复杂, 想要实现很好的社区划分不是一件容易的事情.

对现实生活中的图数据来说, 顶点 ID 比较接近的顶点往往关联性也比较强. 比如社交网络, 在同一个区域同期注册的用户往往会有相近的用户 ID, 这些用户也更有可能去建立好友关系. 所以, 综合考虑划分算法的复杂度以及划分结果对图计算的高效支持, 目前的图计算系统中大多数都会采用区间划分的方式.

2. I/O 读取方式

将图数据划分好并存储在外存上之后, 需要通过一些 I/O 调度策略, 将图数据分区加载到内存中进行分析计算. 目前已有的 I/O 调度策略有顺序 I/O 和按需 I/O.

顺序 I/O 之前介绍到大多数图计算系统都是采用迭代式的计算模式, 在每一轮计算中, 需要去遍历所有的图信息. 所以最直接的 I/O 调度方式就是顺序 I/O, 即在每一轮计算中, 顺序加载每个图数据分区到内存中进行处理. 例如图 12.6 中按照 Partition 的顺序进行 I/O 调度.

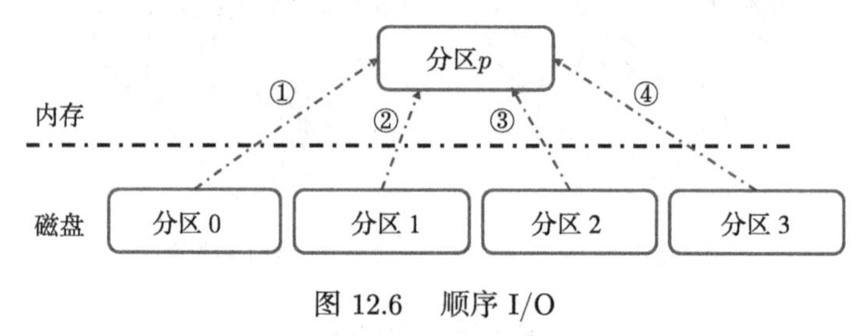

图 12.6 顺序 I/O

由于迭代式计算模型的每一轮计算并不一定需要访问到每个顶点或边的信息, 所以在加载数据时可以顺序扫描每一个数据分区, 选择性地加载所需要的数据分区, 因此这种方式也称为选择性顺序 I/O. 比如采用以顶点为中心的计算模型, 只需要加载活跃顶点所在的分区.

按需 I/O 按需 I/O 是一种不再遵循迭代式计算模型的 I/O 调度方式, 它针对一些对全局图信息访问不均衡的图计算算法. 比如针对局部图的查询算法和基于随机游走的图算法, 均匀地迭代访问每个分区的效率很低, 而按需 I/O 可以优先加载所需数据中最密集的子图.

12.3 典型的图计算系统

前两节介绍了图计算系统中常见的计算模型和存储模型, 接下来介绍几个典型的图计算系统: GraphChi、X-Stream 和 Graphene. 它们分别采用以顶点为中心、以边为中心和以 I/O 请求为中心的计算模型.

12.3.1 GraphChi

GraphChi 最早提出借助外存在单机上进行大图计算, 成果发表于 2012 年的 OSDI[16]. GraphChi 采用基于异步更新的以顶点为中心的迭代式计算模型, 前面提到, 以顶点为中心的计算模型易产生大量对图中边数据的随机访问, 当图被存放在外存时, 对硬盘随机访问带来的时间开销将更严重. 以 SSD 为例, 顺序读的带宽要比随机读的带宽高几十倍, 对 HDD 来说更高达数百倍. GraphChi 通过 shard 划分和平行滑动窗口 I/O 的方法, 大大减少了对外存随机访问, 从而在可接受的时间内解决分布式才能处理的图计算问题. 下面介绍 GraphChi 的几个功能模块.

基于异步更新的以顶点为中心的计算模型 GraphChi 采用以顶点为中心的计算模型, 用户需要指定一个顶点更新函数 update_function(v) 用以访问和修改顶点 v 及与它相关联的边的值. 在每轮计算中, 对每个顶点执行该更新函数, 直到满足终止条件.

与 12.1.1 节中提到的以顶点为中心的迭代式计算模型稍有不同的是, GraphChi 采用异步的更新方式. 通常以顶点为中心的计算模型采用同步更新, 也称为块同步并行 (bulk-synchronous parallel, BSP) 模型, 即更新函数需要观察上一轮计算得到的值以进行当前轮的更新计算. 同步更新方式实现简单且允许最大程度的并行计算, 但每一轮结束之后需要一次同步, 且每个值需要存储两个版本, 导致了额外的时间和空间开销. 与同步更新不同, 异步更新允许更新函数使用顶点和边的最新值来进行当前轮的更新计算. 异步更新不仅能避免上述额外开销, 且能加快很多数值算法的收敛.

Shard 划分 分析计算一个大图之前, GraphChi 采用切割边的顶点划分策略, 并采用区间划分, 首先将一个有向图的所有顶点划分成 p 个不相交的区间, 每个区间关联一个 shard, 存储该 shard 所有顶点的入边, 并且按照这些有向边的起点顺序存储, 如图 12.7 所示. 划分区间时尽量使每个 shard 的边数均匀, 而 p 的选择要保证任何一个 shard 都可以完全放入内存.

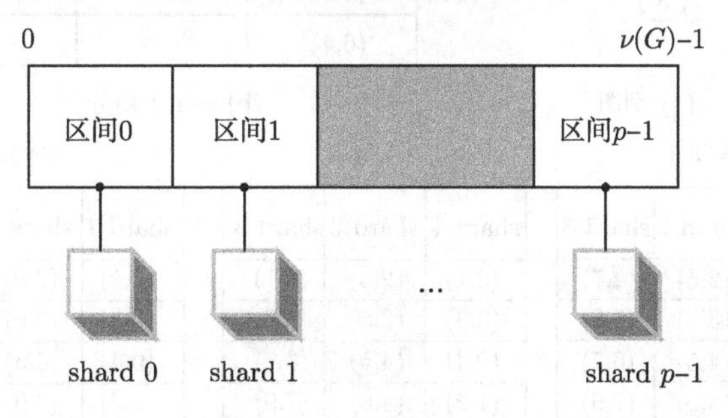

图 12.7 Shard 划分

平行滑动窗口 I/O 方法 GraphChi 每次加载一个区间所包含的子图到内存, 然后进行更新计算. 为了构建区间 i 所包含的子图, GraphChi 首先从 shard i 中读入所有顶点的入边. 由于所有的有向边在 shard 中有序存放, 因此区间 i 中顶点的出边分别散落在其他的 shard 的连续块中, 所以我们需要另外 $p-1$ 次磁盘读加载区间 i 中所有顶点的出边.

当一个区间顶点更新完毕, 按照同样的方法加载区间 $i+1$. 区间 $i+1$ 的边恰好存在区间 i 的边的后面, 因此移动到下一个区间进行读入就像在每个 shard 中向下滑动一个窗口, 所以将这种 I/O 方法称为平行滑动窗口 (parallel sliding windows, PSW). 采用该方法, 处理一个区间只需要 p 次随机读, 完成一轮迭代计算最多需要 p^2 次随机读.

一个区间的所有子图信息都被加载到内存之后, GraphChi 并行处理该区间的所有顶点, 对每个顶点执行用户定义的更新函数 update_function(v) 并修改相应的顶点和边的值. 并将更新后的信息写回磁盘, 下一个区间执行更新时可直接加载使用. 同样, 完成一个区间的信息写回也只需要 p 次对磁盘的随机写. 下面举例说明 GraphChi 的 shard 划分和平行滑动窗口方法.

例 12.4　图 12.8 中一个 10 顶点的有向图被划分成 3 个区间, 每个区间关联一个 shard, 且区间所有顶点的入边按照起点 ID 的顺序存储. 对区间 1 进行分

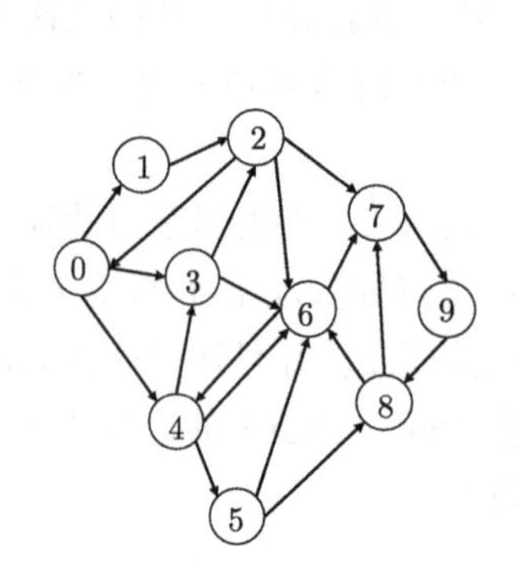

(a) 例图

区间1	区间2	区间3
0 1 2 3 4	5 6	7 8 9
shard 1	shard 2	shard 3
(0,1)	(2,6)	(2,7)
(0,3)	(3,6)	(5,8)
(0,4)	(4,5)	(6,7)
(1,2)	(4,6)	(7,9)
(2,0)	(5,6)	(8,7)
(3,2)	(8,6)	(9,8)
(6,4)		

(b) shard 划分

区间 1

shard 1	shard 2	shard 3
(0,1)	(2,6)	(2,7)
(0,3)	(3,6)	(5,8)
(0,4)	(4,5)	(6,7)
(1,2)	(4,6)	(7,9)
(2,0)	(6,6)	(8,7)
(3,2)	(8,6)	(9,8)
(6,4)		

区间 2

shard 1	shard 2	shard 3
(0,1)	(2,6)	(2,7)
(0,3)	(3,6)	(5,8)
(0,4)	(4,5)	(6,7)
(1,2)	(4,6)	(7,9)
(2,0)	(6,6)	(8,7)
(3,2)	(8,6)	(9,8)
(6,4)		

区间 3

shard 1	shard 2	shard 3
(0,1)	(2,6)	(2,7)
(0,3)	(3,6)	(5,8)
(0,4)	(4,5)	(6,7)
(1,2)	(4,6)	(7,9)
(2,0)	(6,6)	(8,7)
(3,2)	(8,6)	(9,8)
(6,4)		

(c)滑动窗口示意

图 12.8　GraphChi 的 shard 划分和平行滑动窗口方法示意

析计算时, 首先从 shard 1 读入区间 1 中顶点的所有入边, 然后分别从 shard 2 和 shard 3 中读入起点是 0, 1, 2, 3, 4 的所有出边, 这样就构成了区间 1 关联的子图. 处理完成之后, 采用平行滑动窗口继续读入区间 2、区间 3. 这样完成一轮的迭代计算.

GraphChi 是个开源系统, 有 C++ 和 Java 版本. 一个基于 GraphChi 的数据库 GraphChi-DB 有 scala 版本的实现. 另外, 还有一个基于 GraphChi 且针对随机游走设计的计算框架 DrunkardMob[26], 实现语言为 Java.

GraphChi 源码地址为: https://github.com/GraphChi/.

12.3.2 X-Stream

X-Stream[18] 是一个共享内存单机图处理系统, 可以高效地处理各种规模的图数据, 包括存储于内存的内存图和存储于外存的外存图. X-Stream 采用以边为中心的计算模型, 并采用流式处理无序边集, 大大减少了对数据的随机访问 (这里不仅减少了对磁盘的随机访问, 也同时减少了对内存以及 CPU 缓存的随机访问). 对一个规模大于内存容量的外存图, X-Stream 首先采用一个外存流引擎将图数据拆分成若干个适应内存大小的图数据块, 然后依次读入到内存进行处理. 对每个流入内存的图数据块, X-Stream 使用内存流引擎, 将其进一步拆分成更小的数据分片, 用多线程并行处理. 下面我们进一步介绍 X-Stream 的以边为中心的流处理模型、外存流引擎和内存流引擎.

以边为中心的流处理模型 流处理依次读入系统传输的每个数据项然后进行处理. 流可以分为输入流和输出流, 输入流只提供从流中读入下一项的方法, 输出流只提供添加一项到流中的方法. X-Stream 将流处理应用到以边为中心计算的 SG 迭代模型, 在每一轮的散播阶段, X-Stream 将边作为输入流, 逐个读入处理, 并将更新信息写入输出流; 在收集阶段, 将散播阶段产生的更新信息作为输入流, 逐个读入处理, 并更新目的节点.

上述计算过程产生的对边的访问主要是顺序访问, 因此可以将其放入慢速存储器 (比如内存图场景下的内存或外存图下的磁盘). 但是这样会造成对节点信息的随机访问, 即使节点信息的规模相对较小, 也可能无法一次性放入快速存储器 (比如内存图场景下的缓存或外存图下的内存).

X-Stream 采用流划分的策略来解决上述问题, 每个流分区包含一个顶点集、一个边列表和一个更新列表. 流划分首先将所有顶点均匀地划分成多个不相交的子集, 分别作为各个流分区的顶点集; 然后将每个流分区中的顶点的出边加到相对应的边列表; 而各个流分区的更新列表则存储目的顶点属于该分区的更新信息.

针对流分区的以边为中心的计算模型, 每一轮的散播阶段产生的更新信息被统一写入到一个输入流, 在收集阶段之前需要重新整理这些更新信息, 将它们分配到相应的流分区的更新列表中, X-Stream 称之为**洗牌** (shuffle).

外存流引擎 外存流引擎的输入是一个无序的边列表文件, X-Stream 通过流划分将该边列表文件划分为 K 个流分区, 其中每个流分区有三个文件, 分别保存它的顶点集、边列表和更新列表. 在迭代计算时, 依次从磁盘加载一个流分区的信息进入内存进行计算.

在执行一个流分区的 Scatter 和 Gather 的计算时, 除了要在内存中保存顶点数组以外, 还需要保存输入流和输出流的缓存信息. 为了避免动态内存分配带来的开销, X-Stream 采用一个静态分配、固定大小的流缓冲区来保存上述缓存信息. 一个流缓冲区包括一个块数组 (chunk array) 和一个索引数组 (index array). 其中块数组存储比较大的缓存数据, 而索引数组共有 K 项, 分别存储描述块数组中与各个流分区相关的块信息.

处理外存图时, X-Stream 将洗牌阶段合并到散播阶段执行, 即在内存中建立一个缓冲区, 存储散播阶段产生的更新, 当这个缓冲区满了, 就直接在内存内执行一次洗牌操作, 将缓冲区内的更新信息分发到各个分区的更新队列中并追加写入相应的文件. 程序开始前的流划分操作也正好可以利用内存内洗牌来完成.

另外, 在进行磁盘 I/O 时, X-Stream 采用异步直接 I/O, 绕过系统内核的页缓存机制, 并采取一个预取策略, 来充分利用磁盘 I/O 的带宽. 具体包括: ① 当完成一个流缓冲区的读入, 在对它进行计算的同时将下一个缓冲区读入到另一个输入流的缓冲区; ② 完成对一个流缓冲区的计算后且写回磁盘, 同时对另一个输入流缓冲区计算. 输入和输出也可以放到不同的磁盘并行实现.

最后一个问题是, X-Stream 进行流划分时, 流分区的个数 K 该如何选择. X-Stream 的主要内存开销分为两部分, 一个是节点存储开销, 为 $\dfrac{N}{K}$, 另一个是流缓冲区的存储开销, 包括输入流、输出流各 2 个流缓冲区, 洗牌阶段需要的 1 个流缓冲区, 共 5 个流缓冲区. 因为我们需要一个足够大的 I/O 单元来接近磁盘的流带宽, 所以流缓冲区不能太小, 假设内存容量为 M 字节, 这个最小的 I/O 单元是 S 字节, 则每个流缓冲区的大小为 $S\cdot K$. 所以 K 的设置需要满足: $\dfrac{N}{K}+5SK\leqslant M$. 对于上式的左边, 当 $K=\sqrt{\dfrac{N}{5S}}$ 时取得最小值, 此时的内存需求为 $M=2\sqrt{5NS}$. 比如, 当最小的 I/O 单元 $S=16\text{MB}$, 顶点集大小 $N=1\text{TB}$ 时, 我们取 $K=120$, 只需要 17GB 的内存.

内存流引擎 X-Stream 将能直接存入内存的图或通过外存流引擎载入内存

的一个流分区交给内存流引擎来处理. 内存流引擎中, X-Stream 将图数据进一步划分成若干更小的流分区, 使每个小分区均能放入 CPU 缓存. 然后在 CPU 缓存中利用流缓冲区来存放边数据和更新数据, 以实现从内存到 CPU 缓存的流处理(这里不需要预取, 所以只需要 3 个流缓冲区). 内存中不同的分区之间流操作是相互独立, 因此 X-Stream 允许用多线程并行处理不同流分区的 Scatter 和 Gather 操作.

由于 CPU 缓存远小于内存容量, 所以内存流引擎中的流分区数量非常多, shuffle 阶段要将更新数据写入到相应的流分区对应的更新列表中, 流分区数量太多会导致不能很好地利用顺序访问内存的带宽. 为解决这个问题 X-Stream 提出分级洗牌 (multi-stage shuffle) 的策略, 即将所有的流分区进行多级分组, 形成一个树结构. X-Stream 设置一个分支系数 (fanout)F, 即每一级分成 F 个组, 然后分级进行 shuffle 操作, 这样总共 K 个分区就可以通过 $\lceil \log_F K \rceil$ 次 shuffle 操作完成.

为了在多级洗牌过程中并行处理, 需要令多个线程同时访问流缓冲区, 因此 X-Stream 将流缓冲区划分成 P 个相同大小的分片 (slice), 其中 P 是线程数, 每个线程访问一个分片, 如图 12.9 所示. 每个线程有个独立的索引数组, 描述了流缓冲区中与当前分片相关的信息. 这样每个线程就可以处理自己的 slice, 并行进行洗牌操作.

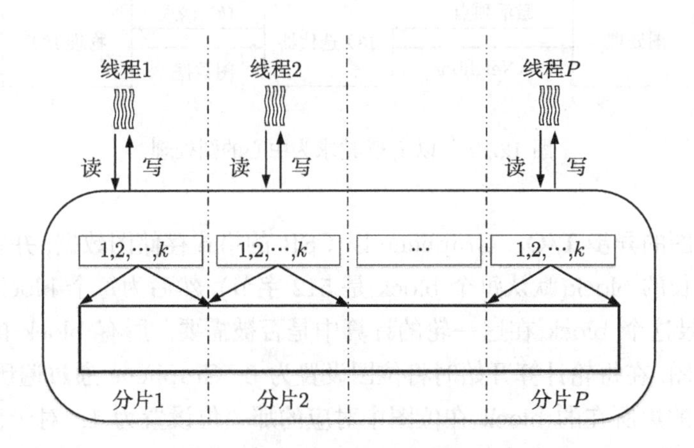

图 12.9 对一个流缓冲区分片

X-Stream 也是开源系统, 其源码地址为: http://labos.epfl.ch/x-stream.

12.3.3 Graphene

Graphene 是一个半外存单机图处理系统, 适用于顶点数据可以完全存入内存, 但边数据不能完全存入内存的场景. Graphene 采用以 I/O 请求为中心的迭代式计算模型. 在每一轮迭代计算中, 系统中有部分数据能够记录应用对图数据的访问请求, 并根据这些请求只加载相应的数据并进行计算, 这样能够大大减少无效 I/O. Graphene 还采用直接大页支持来载入边信息, 进一步提高 I/O 效率. 另外, Graphene 还将数据分成多个分区并存储到不同的磁盘上, 不同分区之间并行处理, 并采用一种均匀边的二维划分的方式实现负载均衡. 接下来, 我们分别介绍 Graphene 的这几个模块.

以 I/O 请求为中心的图处理 在基于外存的单机图系统中, 从磁盘到内存的 I/O 请求一般是整个系统的瓶颈, 因此 Graphene 重点关注图数据部分, 旨在提供更高的 I/O 性能, 从而提升系统效率. Graphene 在图处理系统和物理 I/O 层之间添加一层 I/O 层, 称之为 I/O 迭代器 (I/O Iterator). 在每一轮计算开始的时候, 图系统将活跃顶点传到 I/O 迭代器, I/O 迭代器将这些顶点转化为对磁盘数据的 I/O 请求, 并从磁盘中得到相应的图数据, 最后将图数据中的顶点信息转化为每个活跃顶点的邻居, 依次发送给图处理系统进行计算. 图 12.10 展示了 Graphene 的以 I/O 请求为中心的图处理模型.

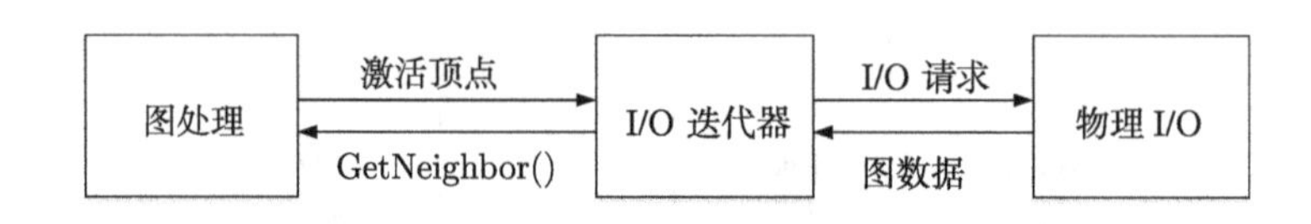

图 12.10 以 I/O 请求为中心的图处理

基于位图的异步 I/O Graphene 以 CSR 的格式存储图数据, 并将所有图数据划分成等长的 block(默认每个 block 是 512 字节), 然后为每个 block 分配 1 比特, 用于记录这个 block 在这一轮的计算中是否被需要. 所有 block 的这一比特构成一个位图, 在每轮计算开始时将位图设置为 0. Graphene 通过遍历所有顶点, 将活跃顶点的边所在的 block 在位图中对应的那一位设置为 1. 对于位图上为 0 的 block, 按照连续为 0 的次数 (给定大小) 分为大间隔 (big gap) 和小间隔 (small gap), 然后将相邻为 1 或者为小间隔的 block 合并成一个 chunk, 并以 chunk 为单位加载到内存中进行计算, 如图 12.11 所示. 此外, Graphene 还采用异步 I/O 的方式, 将 I/O 与计算并行处理.

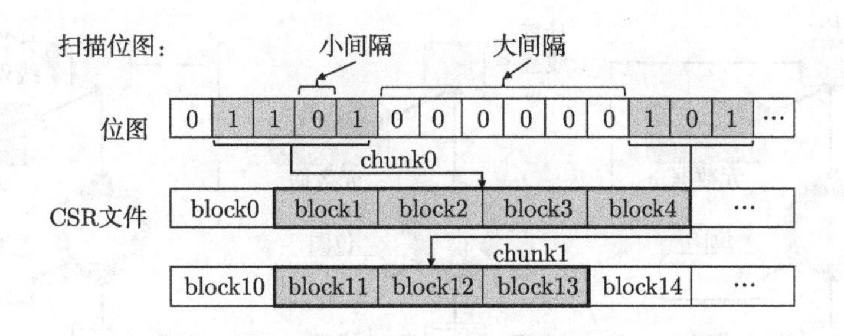

图 12.11 基于位图的 I/O 管理

数据和负载均衡 对于度分布高度不均衡的图, 传统二维划分对图数据采用均匀顶点的划分方式, 其使得每个分区的顶点数划分尽量均匀, 但会造成严重的边数据的负载不均衡. Graphene 采用行列均衡的二维划分. 主要有两个步骤, 首先进行一维划分, 此时要保证以一个顶点为起点的出边划分在同一个分区, 并且尽量使得每个分区的边数差不多; 然后在每个分好的一维分区里再实现二维划分, 此时要保证以一个顶点为终点的入边划分在同一个分区, 并且尽量使得每个分区的边数也差不多. 如图 12.12 所示. 这样的划分方式, 使得每个分区里的边数都相对均匀, Graphene 将划分好的分区分别存放到不同磁盘上, 实现数据的负载均衡.

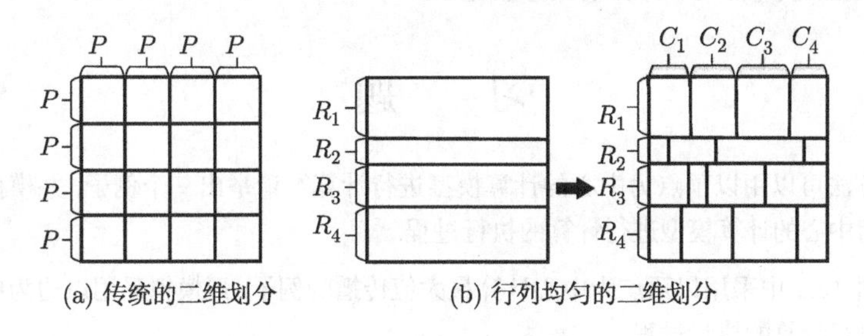

图 12.12 行列均衡的二维划分

直接大页支持 当系统使用小页来存储图信息时, 同样的 TLB 容量所能映射的内存容量就小, 而使用大页能映射的内存容量更大. 当访问相同数量的内存大小时, 相比于小页, 使用大页可以减少 TLB 的项, 从而减少 TLB miss. Graphene 直接采用大页来存储图信息和位图信息, 能够极大提升 TLB 的命中率. 由于每个 I/O 请求的数据量通常不会很大 (很少达到 2MB), Graphene 允许多个 I/O 请求通过环形 I/O 缓存区共享大页.

综上所述, Graphene 调度管理 I/O 请求如图 12.13 所示.

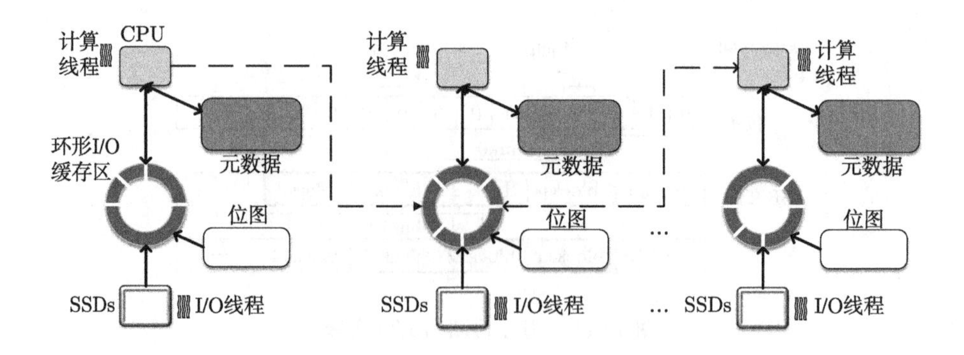

图 12.13 Graphene 的调度管理

Graphene 也是开源系统, 其源码地址为: https://github.com/iHeartGraph/Graphene.

注 12.3.1 扩展阅读 除了上面介绍的三个典型图系统外, 近年来还有很多图计算系统被提出, 其中基于外存的单机图系统有: GridGraph[19], FlashGraph[27], ODS[17], CLIP[28], CGraph[29] 和 V-Part[30]. 分布式图计算系统有: Pregel[27], GraphLab[14], PowerGraph[15], GraphX[31], Powerlyra[32], Arabesque[21] 和 Gemini[33]. 感兴趣的读者可以去阅读这些论文.

习 题

1. 哪些算法可以用以顶点为中心的计算模型进行计算? 请举出一个例子, 并模拟它采用以顶点为中心的计算模型进行计算的执行过程.
2. 对于图 12.2 中采用以顶点为中心计算最大值传播的例子, 请模拟采用以边为中心的计算模型进行计算的执行过程.
3. 对比以顶点为中心的计算模型和以边为中心的计算模型的优缺点以及它们各自的适用场景.
4. 对比邻接列表和压缩稀疏行 (CSR) 这两种图数据的存储格式在存储开销和访问开销上的差别.
5. 在基于块的数据访问方式中, 阐述块大小的可能影响, 尤其是它对不同 I/O 方式的影响.
6. 在 12.3 节介绍的三个开源图系统中, 选择一个源码下载, 运行其中的一个算法 (比如 PageRank 算法), 在此基础上实现另一个自己感兴趣的算法 (比如随机游走).

参考文献

[1] Standford. Standford network analysis platform. http:// snap.stanford.edu/ data/ index.html.

[2] Bonacich P. Some unique properties of eigenvector centrality. Social Networks, 2007, 29(4): 555-564.

[3] Newman M. Networks: An Introduction. Oxford: Oxford University Press, 2010.

[4] Lee CH, Xu X, Eun D Y. Beyond random walk and metropolis-hastings samplers: Why you should not backtrack for unbiased graph sampling. ACM SIGMETRICS Performance Evaluation Review, 2012, 4: 319-330.

[5] Zhou Z J, Zhang N, Das G. Leveraging history for faster sampling of online social networks. Proceedings of the VLDB Endowment, 2015, 8(10):1034-1045.

[6] Leskovec J, Krause A, Guestrin C, et al. Cost-effective outbreak detection in networks. Proceedings of the 13th ACM SIGKDD International Conference on Knowledge Discovery and Data Mining, 2007: 420-429.

[7] Bahmani B, Chowdhury A, Goel A. Fast incremental and personalized pagerank. Proceedings of the VLDB Endowment, 2010, 4(3): 173-184.

[8] Rahman M, Bhuiyan M A, Hasan M A. Graft: An efficient graphlet counting method for large graph analysis. IEEE Transactions on Knowledge and Data Engineering, 2014, 26(10): 2466-2478.

[9] Seshadhri C, Pinar A, Kolda T G. Triadic measures on graphs: The power of wedge sampling. Proceedings of the 2013 SIAM International Conference on Data Mining, 2013: 10-18.

[10] Jha M, Seshadhri C, Pinar A. Path sampling: A fast and provable method for estimating 4-vertex subgraph counts. Proceedings of the 24th International Conference on World Wide Web, 2015: 495-505.

[11] Bhuiyan M A, Rahman B, Rahman M, et al. Guise: Uniform sampling of graphlets for large graph analysis. 2012 IEEE 12th International Conference on Data Mining, 2012: 91-100.

[12] Wang P H, Zhao J Z, Lui J C, et al. Sampling node pairs over large graphs. 2013 IEEE 29th International Conference on Data Engineering (ICDE), 2013: 781-792.

[13] Malewicz G, Austern M H, Bik A J, et al. Pregel: A system for large-scale graph processing. SIGMOD. ACM, 2010.

[14] Low Y, Bickson D, Gonzalez J, et al. Distributed graphLab: A framework for machine learning and data mining in the cloud. VLDB, 2012.

[15] Gonzalez J E, Low Y, Gu H, et al. PowerGraph: Distributed graph-parallel computation on natural graphs. USENIX OSDI, 2012.

[16] Kyrola A, Blelloch G E, Guestrin C. Graphchi: Large-scale graph computation on just a PC. OSDI, 2012.

[17] Vora K, Xu G Q, Gupta R. Load the edges you need: A generic I/O optimization for disk-based graph processing. USENIX ATC, 2016.

[18] Roy A, Mihailovic I, Zwaenepoel W. X-stream: Edgecentric graph processing using streaming partitions. SOSP. ACM, 2013.

[19] Zhu X W, Han W T, Chen W G. GridGraph: Large-scale graph processing on a single machine using 2-Level hierarchical partitioning. USENIX ATC, 2015.

[20] Liu H, Huang H H. Graphene: Fine-grained IO management for graph computing. FAST, 2017.

[21] Teixeira C H, Fonseca A J, Serafini M, et al. Arabesque: A system for distributed graph mining. SOSP. ACM, 2015.

[22] Nguyen D, Lenharth A, Pingali K. A lightweight infrastructure for graph analytics. SOSP. ACM, 2013.

[23] Hong S, Chafi H, Sedlar E, et al. Green-Marl: A DSL for easy and efficient graph analysis. Proceedings of the ACM SIGARCH Computer Architecture News, 2012.

[24] Shao B, Wang H X, Li Y T. Trinity: A distributed graph engine on a memory cloud. SIGMOD. ACM, 2013.

[25] Shi Y X, Yao Y Y, Chen R, et al. Fast and concurrent RDF queries with RDMA-based distributed graph exploration. OSDI, 2016: 317-332.

[26] Kyrola A. Drunkardmob: Billions of random walks on just a PC. ACM Conference on Recommender Systems, 2013.

[27] Zheng D, Mhembere D, Burns R, et al. FlashGraph: Processing billion-node graphs on an array of commodity SSDs. USENIX FAST, 2015.

[28] Ai Z Y, Zhang M X, Wu Y W, et al. Squeezing out all the value of loaded data: An out-of-core graph processing system with reduced disk I/O. USENIX ATC, 2017.

[29] Zhang Y, Liao X F, Jin H, et al. CGraph: A correlations-aware approach for efficient concurrent iterative graph processing. USENIX ATC, 2018: 441-452.

[30] Elyasi N, Choi C, Sivasubramaniam A. Large-scale graph processing on emerging storage devices. USENIX FAST, 2019: 309-316.

[31] Gonzalez J E, Xin R S, Dave A, et al. GraphX: Graph processing in a distributed dataflow framework. USENIX OSDI, 2014.

[32] Chen R, Shi J X, Chen Y Z, et al. Powerlyra: Differentiated graph computation and partitioning on skewed graphs. EuroSys. ACM, 2015.

[33] Zhu X W, Chen W G, Zheng W M, et al. Gemini: A computation-centric distributed graph processing system. USENIX OSDI, 2016.